普通高等教育材料类系列教材

挤压工艺及模具

主　编　贾俐俐

副主编　张水忠

参　编　徐新成　潘晓涛　谢斌

主　审　洪深泽

机械工业出版社

本书系统地介绍了挤压工艺及模具设计的相关理论、工艺及模具设计知识。在内容上以介绍冷挤压工艺及模具设计为主，同时兼顾到热挤压技术和温挤压技术。考虑到工业发展状况，铝型材挤压技术在近十几年来得到迅速发展，本书加强了对铝型材挤压的内容介绍。

本书在编写时注重：内容宽与精相结合；图例新、知识新；理论与工程实践的结合。全书共分十章，分别讨论了挤压基本原理、工艺设计及模具设计等知识。通过实例分析，详细地介绍了挤压技术应用的一般步骤，并对挤压模具结构选用、模具选材及制造技术等进行了分析，对实际生产具有指导意义。

本书可作为高等学校材料成形及控制工程专业、模具设计与制造专业等机械工程类、材料工程类的本、专科教材，亦可供从事相关领域工程技术人员参考。

图书在版编目（CIP）数据

挤压工艺及模具/贾俐俐主编．—北京：机械工业出版社，2004.3（2024.7 重印）

普通高等教育材料类系列教材

ISBN 978-7-111-14681-0

Ⅰ．挤…　Ⅱ．贾…　Ⅲ．①挤压-技术-高等学校-教材　②挤压-模具-设计-高等学校-教材　Ⅳ．TG37

中国版本图书馆 CIP 数据核字（2004）第 056251 号

机械工业出版社（北京市百万庄大街 22 号　邮政编码 100037）
策划编辑：张祖凤　责任编辑：董连仁　版式设计：冉晓华
责任校对：张　媛　封面设计：陈　沛　责任印制：张　博
北京雁林吉兆印刷有限公司印刷
2024 年 7 月第 1 版第 15 次印刷
169mm×239mm · 17.25 印张 · 332 千字
标准书号：ISBN 978-7-111-14681-0
定价：38.00 元

电话服务　　　　　　　　　网络服务
客服电话：010-88361066　机　工　官　网：www.cmpbook.com
　　　　　010-88379833　机　工　官　博：weibo.com/cmp1952
　　　　　010-68326294　金　　书　　网：www.golden-book.com
封底无防伪标均为盗版　机工教育服务网：www.cmpedu.com

普通高等教育应用型人才培养系列教材
编审委员会名单

材料成形及控制工程专业教材编委会

序

工程科学技术在推动人类文明的进步中一直起着发动机的作用。随着知识经济时代的到来，科学技术突飞猛进，国际竞争日趋激烈。特别是随着经济全球化发展和我国加入WTO，世界制造业将逐步向我国转移。有人认为，我国将成为世界的“制造中心”。有鉴于此，工程教育的发展也因此面临着新的机遇和挑战。

迄今为止，我国高等工程教育已为经济战线培养了数百万专门人才，为经济的发展作出了巨大的贡献。但据IMD1998年的调查，我国“人才市场上是否有充足的合格工程师”指标排名世界第36位，与我国科技人员总数排名世界第一形成很大的反差。这说明符合企业需要的工程技术人员，特别是工程应用型技术人才市场供给不足。在此形势下，国家教育部近年来批准组建了一批以培养工程应用型本科人才为主的高等院校，并于2001年、2002年两次举办了“应用型本科人才培养模式研讨会”，对工程应用型本科教育的办学思想和发展定位作了初步探讨。本系列教材就是在这种形势下组织编写的，以适应经济、社会发展对工程教育的新要求，满足高素质、强能力的工程应用型本科人才培养的需要。

航天工程的先驱、美国加州理工学院的马·卡门教授有句名言：“科学家研究已有的世界，工程师创造未有的世界。”科学在于探索客观世界中存在的客观规律，所以科学强调分析，强调结论的惟一性。工程是人们综合应用科学（包括自然科学、技术科学和社会科学）理论和技术手段去改造客观世界的实践活动，所以它强调综合，强调方案优缺点的比较并做出论证和判断。这就是科学与工程的主要不同之处。这也就要求我们对工程应用型人才的培养和对科学研究型人才的培养应实施不同的培养方案，采用不同的培养模式，采用具有不同特点的教材。然而，我国目前的工程教育没有注意到这一点，而是：①过分侧重工程科学（分析）方面，轻视了工程实际训练方面，重理论，轻实践，没有足够的工程实践训练，工程教育的“学术化”倾向造成了“课题训练”的偏软现象，导致学生动手能力差。②人才培养模式、规格比较单一，课程结构不合理，知识面过窄，导致知识结构单一，所学知识中有一些内容已陈旧，交叉学科、信息学科的内容知之甚少，人文社会科学知识薄弱，学生创新能力不强。③教材单一，注重工程的科学分析，轻视工程实践能力的培养；注重理论知识的传授，轻视学生个性特别是创新精神的培养；注重教材的系统性和完整性，造成课程方面的相互重复、脱节等现象；缺乏工程应用背景，存在内容陈旧的现象。④老师缺乏工程实践经验，自身缺乏“工程训练”。⑤工程教育在实践中与经济、产业的联系不密切。要使我国工程教育适应经济、社会的发展，培养更多优秀的工程技术人才，我们必须努力改革。

组织编写本套系列教材，目的在于改革传统的高等工程教育教材，建设一套富有特色、有利于应用型人才培养的本科教材，满足工程应用型人才培养的要求。

本套系列教材的建设原则是：

1. 保证基础，确保后劲

科技的发展，要求工程技术人员必须具备终生学习的能力。为此，从内容安排上，保证学生有较厚实的基础，满足本科教学的基本要求，使学生日后具有较强的发展后劲。

2. 突出特色，强化应用

围绕培养目标，以工程应用为背景，通过理论与工程实际相结合，构建工程应用型本科教育系列教材特色。本套系列教材的内容、结构遵循如下9字方针：知识新、结构新、重应用。教材内容的要求概括为："精"、"新"、"广"、"用"。"精"指在融会贯通教学内容的基础上，挑选出最基本的内容、方法及典型应用；"新"指在将本学科前沿的新进展和有关的技术进步新成果、新应用等纳入教学内容，以适应科学技术发展的需要，妥善处理好传统内容的继承与现代内容的引进，用现代的思想、观点和方法重新认识基础内容和引入现代科技的新内容，并将这些按新的教学系统重新组织；"广"指在保持本学科基本体系下，处理好与其相邻以及交叉学科的关系；"用"指注重理论与实际融会贯通，特别是注入工程意识，包括经济、质量、环境等诸多因素对工程的影响。

3. 抓住重点，合理配套

工程应用型本科教育系列教材的重点是专业课（专业基础课、专业课）教材的建设，并做好与理论课教材建设同步的实践教材的建设，并力争做好与之配套的电子教材的建设。

4. 精选编者，确保质量

遴选一批既具有丰富的工程实践经验，又具有丰富的教学实践经验的教师担任编写任务，以确保教材质量。

我们相信，本套系列教材的出版，对我国工程应用型人才培养质量的提高必将产生积极作用，会为我国经济建设和社会发展作出一定的贡献。

机械工业出版社颇具魄力和眼光，高瞻远瞩，及时提出并组织编写这套系列教材，他们为编好这套系列教材做了认真细致的工作，并为该套系列教材的出版提供了许多有利的条件，在此深表衷心感谢！

编委会主任
湖南工程学院院长　刘国荣教授

前言

本教材为应用型本科材料成形及控制工程专业的系列教材，是为适应材料成形及控制工程专业课程的教学要求而编写的。

挤压技术作为一种高效、优质、低消耗的精密成形技术，在金属材料的塑性成形领域中得到迅速发展和广泛应用。特别是20世纪90年代以来，工业发达国家汽车工业开始进行战略调整，逐渐加强了生产当地化、人才本土化的趋势，中国汽车工业参与全球化的重要领域就是汽车零部件生产。汽车工业的发展促进了精密成形技术及装备的发展。但是长期以来，我国挤压技术产业化工作没有得到良性发展，与工业先进国家相比有较大的差距，人才较为匮乏，与逐步成长的精密锻件市场不相适应，因此不少高校为相关专业开设了挤压技术课。但是，目前可供选用的教材品种较少，经材料成形及控制专业教材指导委员会讨论决定组织编写《挤压工艺及模具》教材。

本教材系统地介绍了挤压工艺及模具设计的相关理论、工艺及模具设计知识。在内容上以介绍冷挤压工艺及模具设计为主，同时兼顾到热挤压技术和温挤压技术。考虑到工业发展状况，铝型材挤压技术在近十几年来发展很快，故本书加强了对铝型材挤压的内容介绍。

本书可作为高等学校材料成形及控制工程专业、模具设计与制造专业等机械工程类、材料工程类的本、专科教材，亦可供从事相关领域工程技术人员参考。

在编写时注意以下几点：

（1）注重内容宽与精相结合　内容覆盖范围宽，包括冷挤压、热挤压、温挤压，以及零件挤压、型材挤压。内容精炼，每章内容精心取舍。

（2）注重图例新、知识新　随着制造技术的发展，模具加工设备也得到了很快的更新，模具结构及加工技术也相应地发生了变化，老的教材及资料中不少图例老化，对教学及生产容易产生误导，近些年来模具材料的发展变化也很大，本书的编写将要注重知识内容的更新。

（3）注重理论与工程实践的结合　教材中的例子尽可能选自生产一线，有利于应用型人才的培养，其工艺和方法亦对从事挤压的技术人员有参考价值。

全书共分十章。第一、二、四、五章由南京工程学院贾俐俐编写；第三章、

第六章的第一至第八节、第十章由上海工程技术大学张水忠编写；第七、第八章由上海工程技术大学徐新成编写；第九章由广东工业大学潘晓涛编写；第六章的第九节由南京工程学院谢斌编写。全书由贾俐俐教授任主编，张水忠副教授任副主编，合肥工业大学洪深泽教授任主审。

本书在编写过程中得到同行的大力支持，通过借鉴参考文献中的研究成果，丰富了本书的内容；尤其得到了合肥工业大学洪深泽教授和上海交通大学吴公明教授的悉心指导和帮助，在此一并表示衷心感谢。由于编者水平有限，不当之处敬请读者提出宝贵意见和建议。

编　者

2004年4月

目　　录

第一章　绪　论

第一节　挤压的定义和分类

一、挤压定义

挤压是对将放在模具模腔（或挤压筒）内的金属坯料施加外力，迫使金属从模孔中挤出，获得所需断面形状、尺寸并具有一定力学性能的挤压制件的塑性加工方法。挤压变形的特征是由大截面向小截面的变形。

挤压既可在专用挤压机上进行，也可在一般的机械压力机、液压机、摩擦压力机以及高速锤上进行。

二、挤压分类

1. 按照挤压坯料的温度分类

（1）冷挤压　一般指在回复温度以下的挤压，对于黑色金属常指在室温中对坯料进行的挤压。

（2）温挤压　将坯料加热到金属再结晶温度以下、回复温度以上某个适当的温度范围内进行的挤压。对于黑色金属，又以600℃为界，划分为低温温挤压和高温温挤压。

（3）热挤压　将坯料加热至金属再结晶温度以上的某个温度范围内进行的挤压。黑色金属的热挤压温度一般在1000℃以上，铝的热挤压温度则为450℃以上。

严格地说，冷挤压和温挤压皆属冷压力加工范畴，是指在金属的再结晶温度以下进行的挤压变形。

2. 按照毛坯材料种类分类

（1）有色金属挤压　被挤坯料为有色金属及其合金。

（2）黑色金属挤压　被挤坯料为黑色金属及其合金。

3. 按照加工对象的属性分类

（1）一次塑性加工的挤压　主要应用于生产原材料的挤压，如各种型材、管材等，其中铝型材的挤压近20年来得到迅速发展。

（2）二次塑性加工的挤压　主要用于挤压零件的生产。

4. 按照挤压时金属坯料流动方向与凸模运动方向之间的关系分类

常见的挤压方法可分为：正挤压、反挤压、复合挤压、径向挤压等基本挤压方法。

三、挤压的基本方法

（1）正挤压　挤压时金属坯料的流动方向与凸模的运动方向相一致。正挤压又分为实心件正挤压（图1-1a）和空心件正挤压（图1-1b）。挤压件的断面形状既可以是圆形也可以是非圆形。

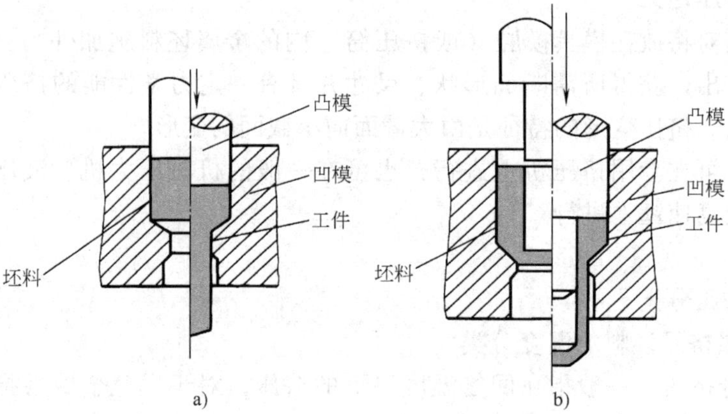

图1-1　正挤压
a）实心件正挤压　b）空心件正挤压

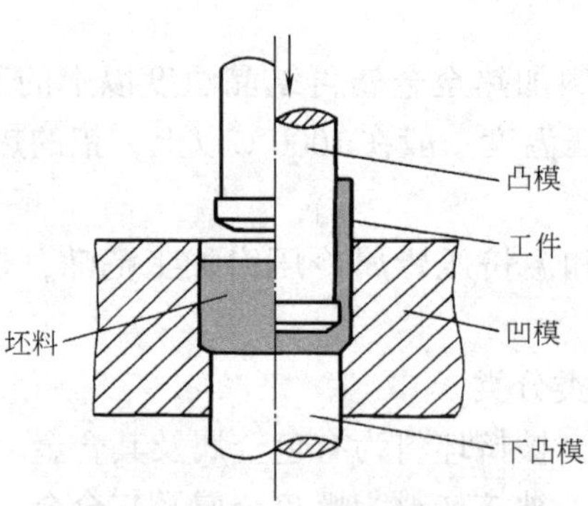

图1-2　反挤压

（2）反挤压　挤压时金属坯料的流动方向与凸模的运动方向相反，见图1-2。反挤压法适用于制造断面是圆形、方形、长方形、“山”形、多层圆形、多格盒形等的空心件。

（3）复合挤压　一部分金属坯料的挤出方向与凸模的运动方向相同，另一部分金属坯料的挤出方向与凸模的运动方向相反，是正挤和反挤的复合，见图 1-3。复合挤压法适用于制造断面是圆形、方形、六角形、齿形等的双杯类、杯－杆类或杆－杆类挤压件，也可以是等断面的不对称挤压件。

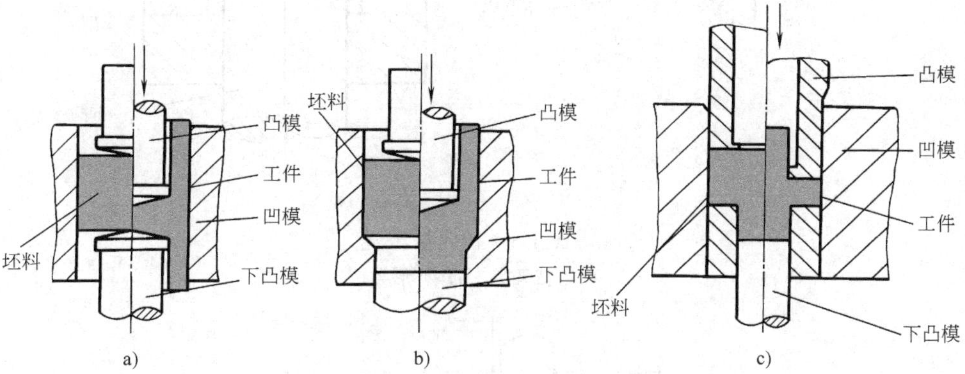

图 1-3　复合挤压

a）双杯类　b）杯-杆类　c）杆-杆类

（4）减径挤压　它是一种变形程度较小的变态正挤压法，坯料断面仅作轻度缩减，见图 1-4。减径挤压法主要用于制造直径差不大的阶梯轴类挤压件以及作为深孔薄壁杯形件的修整工序。减径挤压力低于坯料杆部的屈服力，因此其模具可以是开式的，所以也叫“开式挤压”或“无约束正挤压”。它特别适合于长轴类件的挤压，是加工带有多台阶轴的有效方法，并适合于加工沟槽浅的花键轴和三角形齿花键轴。

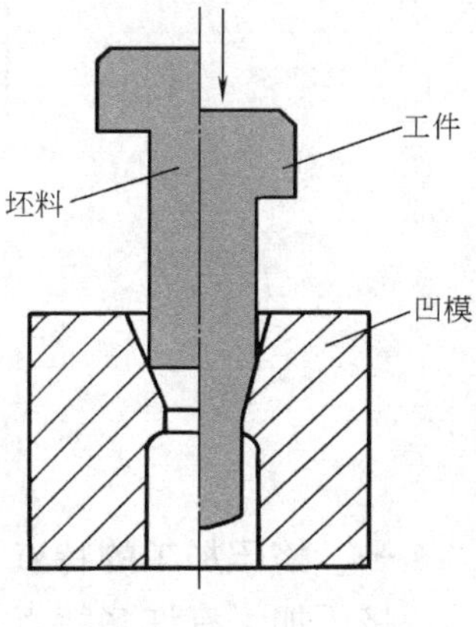

图 1-4　减径挤压

以上是挤压工艺中应用最广的几种方法，它们的共同特点是：金属流动方向都与凸模轴线平行，因此又统称为轴向挤压法。

（5）径向挤压　挤压时金属的流动方向与凸模的运动方向相垂直，见图 1-5。可以成形枝叉类零件及杯形类零件，还可以制造花键轴的齿形部分以及直齿和螺旋齿小模数齿轮的齿形部分等。

（6）镦挤复合法　它是将局部镦粗与挤压结合在一起的加工方法，见图 1-6。该方法主要用于制造带凸缘和粗腰形的杆类挤压件。

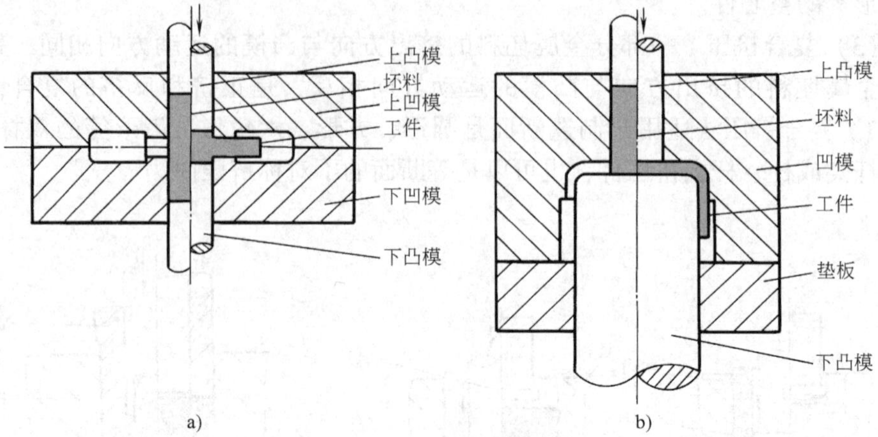

图 1-5　径向挤压

a）枝叉类　b）杯形类

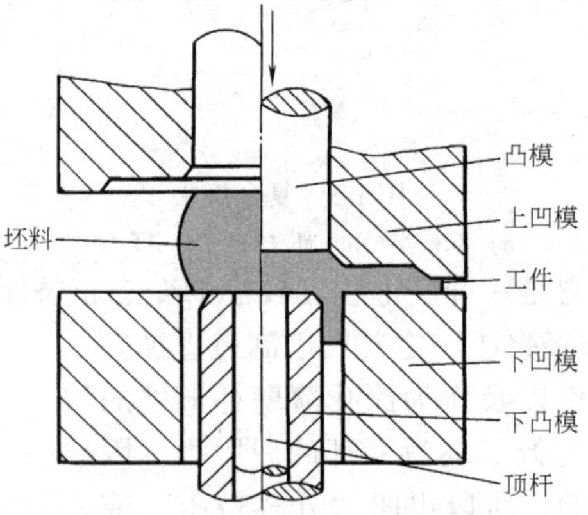

图 1-6　镦挤复合法示意图

第二节　挤压的特点

一、挤压加工的特点

挤压加工有许多特点，主要表现在挤压变形过程的应力应变状态、金属流动行为、产品的综合质量、生产的灵活性与多样性、生产效率与成本等方面。

（1）提高金属的变形能力　金属在挤压时处于强烈的三向压应力状态，可以充分发挥其塑性，获得大变形量。例如，纯铝的挤压比（挤压坯料断面积与制品断面积之比）可以达到500，纯铜的挤压比可达400，钢的挤压比可达40～50。对于难加工乃至不能加工的低塑性难变形金属及合金，甚至有如铸铁一类脆性材料，也可采用挤压法进行加工。

（2）制品综合质量高 挤压变形可以改善金属材料的组织，提高其力学性能，特别是对于一些具有挤压效应的铝合金，其挤压制品在淬火时效后，纵向（挤压方向）力学性能远高于其他加工方法生产的同类产品。与轧制、锻造等加工方法相比，挤压制品的尺寸精度高、表面质量好。

（3）节约原材料 挤压属于少、无切削加工，大大节约了原材料。

（4）产品范围广 挤压加工不但可以生产断面形状简单的工件、管、棒、线材，而且还可以生产断面形状复杂的实心和空心件、型材、制品断面沿长度方向分阶段变化的和逐渐变化的变断面型材，其中许多断面形状的制品是采用其他塑性加工方法所无法成形的。挤压制品的尺寸范围也非常广。

（5）生产灵活性大、生产效率高 挤压加工具有很大的灵活性，只需更换模具就可以在同一台设备上生产形状、尺寸规格和品种不同的产品。挤压操作简便，容易掌握，生产效率高，对工人技术等级要求较低。

（6）工艺流程简单、设备投资较少。

二、冷挤压的特点

（一）除了上述的共性优点外，冷挤压还具有以下优点

（1）能够得到强度大、刚性好而质量轻的零件 在冷挤压过程中金属的变形剧烈，故产生冷作硬化，且金属纤维完整，这就大大提高了金属的强度指标。这给用低强度材料代替高强度材料找到了路子，或者用同种材料由于强度提高，零件的尺寸可以缩小。

（2）零件的精度等级高、表面粗糙度值低 表面粗糙度一般在 $R_a = 0.4 \sim 1.6\mu m$ 以下，精度等级可达 IT7 ~ IT8 级。

（3）节约能源，工作环境得到较大改善。

（二）冷挤压的主要问题

由于冷挤工艺具有上述优点，它已越来越多地用来大量生产软质金属、低碳钢、低合金钢零件。但是冷挤的优点往往不能用简单的方法发挥出来，因为冷挤压是金属在冷态下、强烈的三向压应力状态下变形的，变形抗力较大。现以制造一个直径 38mm、厚 5.6mm、高 100mm 的杯形低碳钢零件为例，采用深拉深方法加工，最后一道拉深工序仅需变形力 170kN；而采用冷挤压加工则需变形力 1320kN。作用在凸模上的单位压力达到 2300MPa 以上。由于变形抗力高，所以就导致以下的缺点：

（1）模具易磨损，易破坏，因此要求模具材料好 目前一般模具钢，其许用应力最大只能达 2500MPa，最好的硬质合金也不超过 3500MPa。为了解决冷挤压的主要矛盾，就得采取各种技术措施，在尽力降低冷挤压材料变形抗力的同

时，设法提高模具的承受能力，如采用多层的预应力组合凹模，以利于冷挤压生产的顺利进行。

（2）对挤压设备要求较高，吨位要大　除了要求挤压设备应有较大的强度以外，还要求有较好的刚度。此外，还要求设备具有良好的精度并具有可靠的保险装置。

（3）对所加工的原材料要求高　冷挤压时材料在冷态下发生很大的变形。坯料的截面积可能被挤至原来的几分之一至几十分之一，为了避免加工过程中的多次退火，必须注意选用组织致密和杂质少（特别是易导致钢的冷脆性的磷的含量要低）的材料。冷挤压件一般在挤压后都不进行精加工，所以必须选用精度高的坯料。冷挤后要进行切削加工的零件，须选用易切削材料。冷挤后要进行淬火的零件，则需选淬透性好的材料。材料的这些性质和它的冷挤工艺性往往正好相反。因而需要研制适合冷挤的新材料，以满足两方面的要求。

（4）挤压前坯料处理复杂　所用毛坯往往要进行软化退火和表面磷化皂化等润滑处理。润滑对冷挤压来说非常重要。目前常用的磷化皂化方法是有效的，但是工序多、周期长、易污染。在连续镦挤工艺中，坯料是在压力机上剪切后再加工的，无法用磷皂化来处理剪切面，这就需要用新的润滑方法。专门研制的高分子涂剂及专用配方的润滑液可以满足这类工艺的要求。

（5）工艺流程设计技术水准较高，研发过程周期长，投入大。

三、温挤压的特点

冷挤压虽有很多优点，但变形抗力大，限制了可生产零件的尺寸及难变形材料的成形；热挤压虽然可以使材料变形抗力变小，但由于加热，产生氧化、脱碳及热膨胀等问题，降低了产品的尺寸精度和表面质量，因而一般都需经过大量的切削加工后才能作为最后产品。

温挤压是将坯料加热到金属再结晶温度以下某个适当的温度进行挤压。坯料的变形抗力减小，成形容易。但与热挤压不同，因为是在低温范围内加热，氧化、脱碳的可能性小，产品的力学性能与冷挤压的产品差别不大。特别是在室温下难变形的材料，例如析出硬化相的不锈钢和中、高碳钢、含铬量高的一些钢、高温合金以及钛合金等，温挤压时可能变成可以加工或容易加工。

温挤压有便于组织连续生产的优点。与冷挤压不同，温挤压时可以不进行预先软化退火和各工序之间的退火，也可不进行表面处理，这就使得组织连续生产成为可能，可以减少许多辅助工序。

一般，温挤压的许用变形程度较大，可减少工序数，温挤压可以采用通用锻压设备，是一种较为经济的加工工艺。

四、热挤压特点

热挤压时，由于坯料加热至金属再结晶温度以上的某个温度，材料的变形抗力大为降低。它不仅可以成形有色金属及其合金，低、中碳钢，而且也可以成形高碳钢、结构用特殊钢、不锈钢、高速工具钢、耐热钢等。但是，由于加热时产生氧化、脱碳等缺陷，必然会降低产品的尺寸精度和表面质量。

冶金行业已开始采用热挤压加工型钢、钢管和双层金属等。它与轧制法相比有如下优点：①小批量生产或加工非标准件时比轧制法经济得多；②从生产一种型钢改为另一种型钢比较简便，只需要更换模具；③能够加工一些不能轧制的低塑性合金，适用范围比轧制更广。

轻金属及轻合金由于具有良好的挤压特性，特别适合于挤压加工。20 世纪 70 年代以来，铝及铝合金的热挤压型材及管材在建筑、交通运输等行业的应用得到迅速的发展。以铝合金型材为代表的有色金属热挤压的生产得到持续的增长，型材挤压已经形成了新兴的工业领域。

第三节 挤压技术的历史与发展

挤压技术的发展经历了漫长的历史过程。19 世纪末，法、英、美、德等国开始用冷挤压法生产软质有色金属零部件。第一次世界大战期间，美国采用冷挤压法大批量生产黄铜弹壳，并曾企图用冷挤压法生产钢质弹壳，但未获成功，原因是当时还不可能用工具钢作为模具材料，也没有找到良好的表面处理方法和润滑剂。

第一次世界大战后，德国人于 1921 年制造出冷挤钢管专用压力机，经过近十年的研究及试验，直到 1931 年冷挤钢管才在实验室里试制成功，但不能正式投入生产，其原因也是由于钢冷挤压时变形抗力过大，找不到用于生产的模具材料和表面润滑处理方法。第二次世界大战前夕，德国对弹壳的需求量猛增，当时用黄铜材料制造弹壳，因原料来源不足，满足不了战争的需要。为了扩大弹壳的生产量，德国秘密试验用冷挤压法生产钢弹壳，但一直没有成功，直到 1942 年德国人找到了采用表面磷化、皂化处理法，并用合金工具钢作为模具材料，成功地用冷挤压法大批量生产了钢弹壳，当时在战场上引起了极大的震动和惊诧。第二次世界大战一结束，美国查明了德国人关于钢的冷挤压的全部资料，并聘用德国专家，继续深入地研究钢的冷挤压，大规模地开办了用冷挤压法生产弹壳和弹体的军工厂。第二次世界大战以后冷挤压工艺的应用开始由军工向民用转化。从 1949 年开始，美、德等国在民用工业中采用冷挤法加工各种钢制零件，并进一步开展了钢的冷挤压研究工作。日本于 1957 年引进第一台专用冷挤压力机，首先在钟表等精密仪器工业中采用冷挤压加工。由于这种加工方法的经济效益显著，不久，便在大批量生产的汽车和电器等工业部门中得到广泛应用，现在已成为一种重要的加工手段，遍及于各个工业部门。

在我国，解放前的冷挤压技术是很落后的，当时只有极少数工厂用铅、锡等有色金属挤压牙膏管、线材和管材等。解放后冷挤压技术得到了一定程度的发展，20 世纪 50 年代开始了铜及其合金的冷挤压，60 年代开始了黑色金属的冷挤压。近年来，随着我国工业生产及科学技术的蓬勃发展，冷挤压技术也得到了迅猛发展。这种先进的压力加工工艺已在我国的工业建设中起着令人瞩目的作用。目前，我国已能对铝、锡、银、纯铜、无氧铜、黄铜、锡青铜、锌及其合金、纯铝、防锈铝、锻铝、硬铝、镍、可伐合金、泊莫合金、低碳钢以及中碳钢等多种金属进行冷挤压，甚至对轴承钢、高速钢等也可进行一定变形量的冷挤压。我国可以制造的冷挤压件及型材的品种也多种多样。在模具材料的使用方面，除了采用高速钢、高碳高铬钼钢、滚珠轴承钢、弹簧钢等以外，还采用不少新型模具钢、硬质合金以及钢结硬质合金等。在模具结构方面，采用近代的最优化设计方法以及计算机辅助设计，在保证强度、刚度、可靠性等要求的前提下充分发挥了模具材料的潜力。在冷挤压技术的理论研究方面，国内不少高校和研究院所正在采用有限元等计算方法、数值模拟冷挤压成形全过程，以及揭示冷挤压时的金属流动规律及应力应变分布规律，这些工作都会对冷挤压技术的发展起着更大的推动作用。

综上所述，我国冷挤压技术的研究水平还是较高的，在冷挤压技术推广方面曾一度达到轰轰烈烈的局面，但发展速度较为缓慢。其主要原因有：作为冷挤压零件最广泛应用领域的汽车工业尚不发达，汽车零部件生产厂点多、批量小，达不到规模经济生产；缺少专用冷挤压力机，用通用压力机代用又满足不了冷挤工艺的特殊要求；缺少冷挤压专用钢种，虽有标准件用冷镦钢，但品种少、规格小，不能满足较大零件冷挤压的要求等。近年来，我国汽车工业、摩托车工业得到迅速发展，给冷挤压技术应用带来了新的机遇。当代轿车某些关键部件，从设计开始就是立足于精密成形，从结构方面很难用机加工方法来代替，这些关键零部件的国产化，大大促进了精密锻造特别是冷、温挤压的发展。

温挤压是在冷挤压基础上发展起来的一种新的挤压工艺。20 世纪 60 年代初，国外开始用于工业生产，我国从 70 年代初开始对温挤压技术进行了试验研究，并很快将这项技术应用于生产实际。目前温挤压件的原材料不但有碳素钢、合金结构钢，而且还有不锈钢、耐热钢、合金工具钢和高速工具钢。生产的温挤压件形状也是多种多样的，截面形状有轴对称形的，亦有非轴对称形的。我国除了对温挤压进行了一系列的工艺研究外，还根据产品要求，分别对产品性能和质量作了比较深入的研究，这对于拓宽温挤压的应用范围起了很大的促进作用。

热挤压法也是从挤压有色金属开始的。约在 1797 年，英国人布拉曼（S. Braman）设计了世界上第一台用于铅挤压的机械式挤压机，并取得了专利。1820 年英国人托马斯（B. Thomas）首先设计制造了液压式铅管挤压机，这台挤压机具有现代管材挤压机的基本组成部分：挤压筒、可更换挤压模、装有垫片的挤压轴和通过螺纹连接在轴上的随动挤压针，从此，管材挤压得到了较快的发展。著名的 Tresca 屈服准则就是法国人 Tresca 在 1864 年通过铅管的挤压实验建立起来的。1870 年，英国人 Haines 发明了铅管反向挤压法，即挤压筒的一端封闭，将挤压模固定在空心挤压轴上实现挤压。1879 年法国、德国先后开发了铅包覆电缆生产工艺，成为世界上采用挤压法制备复合材料的历史开端。大约在 1893 年，英国人 J. Robertson 发明了静液挤压法，但当时没有发现这种方法有何工业应用价值，直到 20 世纪 50 年代（1955 年）才开始得以实用化。1894 年英国人 G. A. Dick 设计了第一台可挤压熔点和硬度较高的黄铜及其他铜合金的挤压机，其操作原理与现代的挤压机基本相同。1910 年出现了铝材挤压机，1927 年出现了可移动挤压筒，并采用了电感应加热技术。1930 年欧洲出现了钢的热挤压，但因采用油脂、石墨等作润滑剂，其润滑性能差，存在挤压制品缺陷多、模具寿命短等致命缺点。钢的热挤压真正得到较大发展并被用于工业生产，是在 1942 年发明了玻璃润滑剂之后。1971 年英国人 D. Green 申请了 Conform 连续挤压专利之后，挤压生产的连续化受到重视，于 20 世纪 80 年代初实现了工业化应用。

由上述可知，挤压技术的前期发展过程是从软金属到硬金属，从手工到机械化、半连续化，进一步发展到连续化的过程。而从 20 世纪 50 年代后期至 80 年代初期，欧美、日本等先进国家对建筑、运输、电力、电子电器用铝合金挤压型材需要量的急剧增长，20 年来高速发展的工业技术对挤压制品断面形状复杂化、尺寸大范围化（向小型化与大型化两个方向发展）与高精度化、性能均匀化等的要求，以及厂家对高效率化生产和高剩余价值产品的追求，促进了挤压技术的迅速发展，具体表现为：①小断面超精密型材与大型或超大型型材（如大型整体壁板）的挤压、等温挤压、水封挤压、冷却模挤压、高速挤压等正向挤压技术的发展与进步；②反向挤压、静液挤压技术应用范围的扩大；③以 Conform 为代表的连续挤压技术的实用化；④各种特殊挤压技术，如粉末挤压，以铝包钢线和低温超电导材料为代表的层状复合材料挤压技术的广泛应用；⑤半固态金属挤压、多坯料挤压等新方法的开发研究等。从应用范围看，从大尺寸金属铸锭的热挤压开坯至小型精密零件的冷挤压成形，从以粉末、颗粒料为原料的直接挤压成形到金属间化合物、超导材料等难加工材料的挤压加工，现代挤压技术得到了极为广泛地开发与应用；⑥超塑性变形加工技术的研究与应用等。

近半个世纪以来，随着机械工业、航空工业的发展，要求钢材品种日益增多，断面形状也日益复杂化，轧制技术越来越难以满足这些高技术的要求，因而黑色金属的挤压技术日益受到重视。钢的热挤压技术转入工业性生产已有40多年历史，它在配合火箭工业、原子能工业和其他高技术部门的发展上，起了很大的作用。20世纪50年代以来，一些国家先后兴建了专门生产挤压型钢和钢管的工厂，装备了现代化的大功率挤压设备，掌握了难于或不可能用其他热加工方法生产的各种高级钢种和复杂断面的生产工艺。热挤压生产操作的自动化程度也迅速得到了提高。因此，热挤压技术在钢的热压力加工领域中得到了越来越广泛的应用。

第二章　挤压基本原理

第一节　挤压变形的金属流动分析

为了搞清楚各种挤压方法的金属流动情况，可以采用坐标网格法、视塑性法、光塑性法、密栅云纹法等实验方法和上限法、有限元法等数值计算方法。下面采用直观、简便的坐标网格法来分析各种挤压方法的金属流动情况。

一、正挤压实心件黑色金属流动分析

为了解黑色金属正挤压实心件的金属流动情况，可将圆柱体坯料切成两块，见图 2-1a。在其中的一块剖面刻上均匀的网格，并在剖面上涂润滑油，再与另一块的剖面拼合在一起放入挤压凹模模腔内进行正挤压。当挤压至某一时刻时停止挤压，取出试件，将试件沿拼合面分开，此时可以观察到坐标网格的变化情况。

假如凹模出口形状和润滑状态是理想的话，则挤出的材料变形为理想情况，见图 2-1b，是均匀的、无剪切变形的理想变形。但是，由于外部摩擦、工件形状、变形程度及各种因素的影响，实际情况与之有一定的差别。理想润滑时的挤压金属变形见图 2-1c。可以看到，坯料的边缘接近凹模孔口时才发生变形。坯料的中心部分首先开始变形，横格线向挤压方向弯曲，接近模具孔口部分的弯曲程度最大。而与模具型腔表面的接触部分，却倾向于停留不动，其表现是位于表层的横格线间隔基本不变。由于锥面的推挤作用，纵向方格线向中心靠拢，发生不同程度的扭曲，位于模具孔口附近的扭曲变形最为显著，可见，变形主要集中在模具孔口附近。处于凹模下底面转角处的那一小部分金属很难变形或停留不动，被称之为死区。死区的大小与摩擦、凹模锥角、变形程度有关。

在实际生产中，润滑条件达不到理想的情况。因而，坯料与模具表面之间的摩擦会使变形不均匀程度加剧，见图 2-1d。其表现是网格歪扭得更严重，死区也相应比较大。横向坐标线在出口处发生了较大的弯曲，且中间部分弯曲更剧烈，这是由于凹模与被挤压坯料表面之间存在着接触摩擦，使金属在流动时外层滞后于中层的缘故。

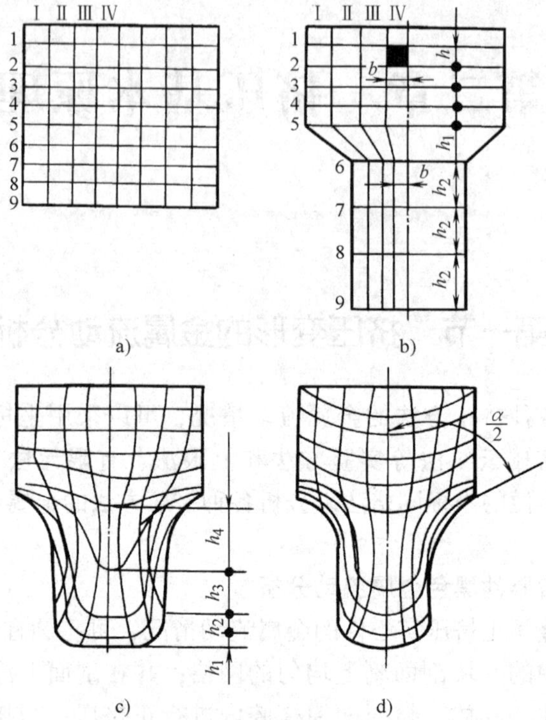

图 2-1　正挤压变形的网格示意
a）变形前　b）理想变形　c）理想润滑时的变形　d）实际变形

正挤压时坯料大致分为：变形区、不变形区（又分为待变形区、已变形区）和死区，见图 2-2a。因为变形区始终处于凹模孔口附近，只要压余厚度不小于变形区的高度，变形区的大小、位置都不变，所以正挤压变形属于稳定变形。

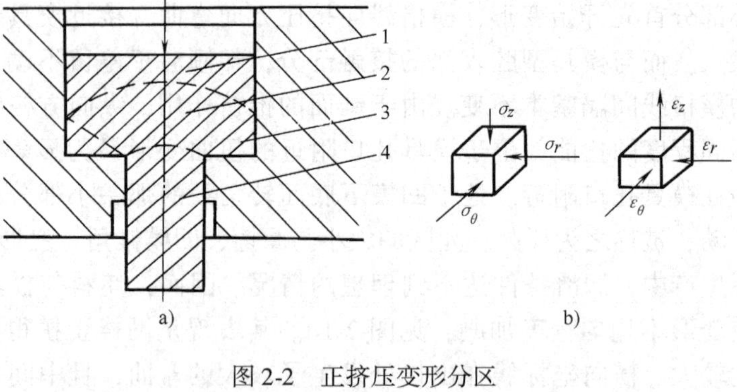

图 2-2　正挤压变形分区
a）变形分区　b）变形区应力应变状态
1—待变形区　2—变形区　3—死区　4—已变形区

变形区的应力状态与应变状态见图 2-2b。

从上述分析可以看出，正挤压实心件的变形特点是：金属进入变形区才发生变形，此区称为剧烈变形区。进入此区以前或离开此区以后，金属几乎不变形，仅作刚性平移。在变形区内，金属的流动是不均匀的，中心层流动快，外层流动慢；而当进入稳定变形阶段以后，不均匀变形的程度是相同的。在凹模出口转角处会产生程度不同的金属“死区”。

二、正挤压空心件变形的流动分析

正挤压空心件的坐标网格变化情况见图 2-3。坯料除了受凹模工作表面的接触摩擦影响外，还受到芯棒表面接触摩擦的影响，因而坯料上的横向坐标线向后弯曲，不再有产生超前流动的中心区域，这说明正挤压空心件的金属流动比正挤压实心件均匀一些。在进入稳定流动时，剧烈变形区也是集中在凹模锥孔附近高度很小的范围内，金属在进入变形区以前或离开变形区以后几乎不发生塑性变形，仅作刚性平移。

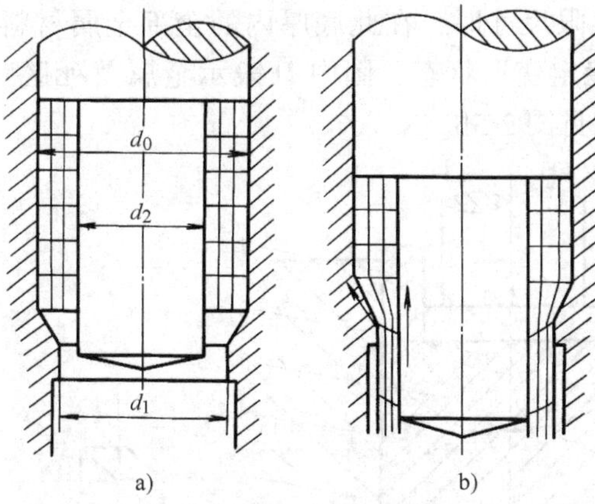

图 2-3 正挤压空心件的金属流动情况

a）挤压前的初始状态 b）挤压时的网格变化情况

三、反挤压变形的流动分析

用实心坯料反挤压杯形件时，挤压变形过程的坐标网格变化情况见图 2-4。

图 2-4b 表示坯料高径比大于 1 进入稳定挤压状态时的网格变化情况。此时可将坯料内部的变形情况分为五个区域（见图 2-5）：2 区为金属“死区”，它紧贴着凸模端表面，呈倒锥形，该锥形大小随凸模端表面与坯料间的摩擦阻力大小而变化；3 区为剧烈变形区，坯料金属在此区域内产生剧烈流动，该区的轴向

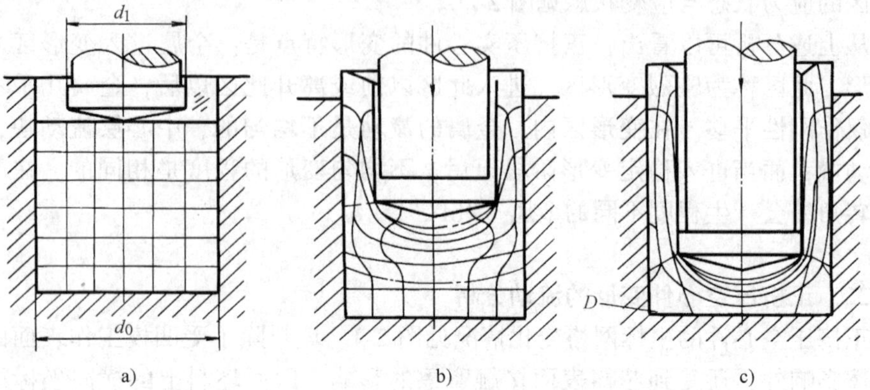

图 2-4　反挤压变形的网格图

a）变形前　b）稳定变形　c）非稳定变形

范围大约为（0.1～0.2）d_1（d_1 为反挤压凸模直径），当凸模下行到坯料底部尺寸仍大于此界限尺寸时，仍为稳定变形状态，金属流动局限于 3 区内；5 区即紧贴凹模腔底部的一部分金属，保持原状，不产生塑性变形；当凸模再继续下行到坯料底厚小于此界限尺寸时，在此底厚内的全部金属材料皆产生流动，成为如图 2-4c 所示的非稳定变形状态，图中 D 表示金属“死区”。反挤压变形区的应力状态与应变状态见图 2-5b。

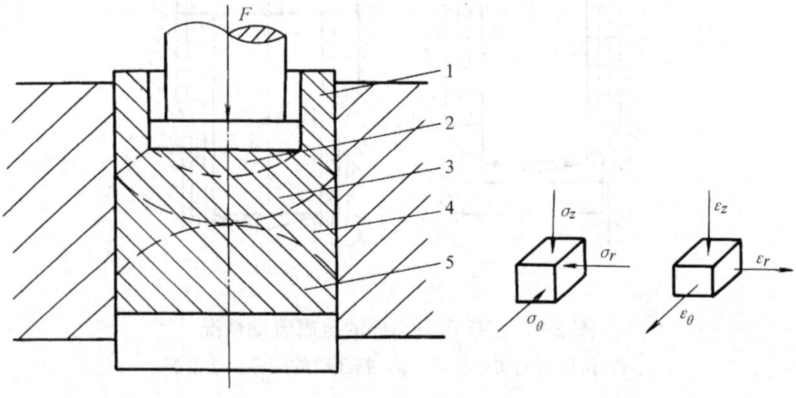

图 2-5　反挤压变形分区

a）变形分区　b）变形区应力应变

1—已变形区　2—死区　3—变形区　4—过渡区　5—待变形区

由图可以看出，反挤压时内壁的变形程度大于外壁。同时，强烈变形区的金属一旦到达筒壁后，就不再继续变形，仅在后续变形金属的推动和流动金属本身的惯性力作用下以刚性平移的形式向上运动。

四、复合挤压变形的流动分析

复合挤压因为是正挤压、反挤压的组合，有很多种复合的情况，其坐标网格的变化情况，见图2-6。复合挤压存在向不同出口挤出的流动的分界面，即分流面。分流面的位置影响两端金属的相对挤出量，但由于受到零件形状及变形条件（如模具结构、摩擦润滑等）的影响，分流面至今尚无简单决定的方法。

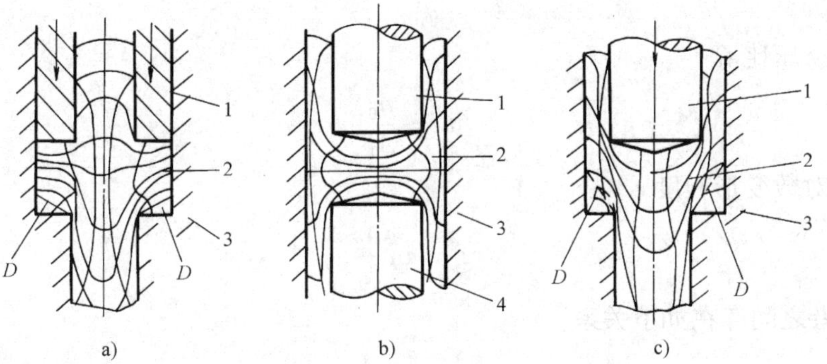

图2-6 复合挤压变形的网格图

a）杆-杆 b）杯-杯 c）杯-杆

1—凸模 2—工件 3—凹模 4—下凸模 D—死区

第二节 挤压变形的应力与应变

一、挤压变形的应力与应变状态

正挤压与反挤压主要变形区的应力应变关系见图2-2b和图2-5b的单元体所示。挤压时变形区的应力状态是三向受压，变形是两向压缩、一向向外挤出伸长的应变状态。杯形件反挤压可把变形区分为内、外两个不同区域：内区域的变形与圆柱体镦粗类似，是一向压缩、两向伸长的应变状态；外区域的变形与受内压的圆环变形类似，是两向伸长（轴向和切向）、一向压缩（径向）的应变状态。

二、挤压变形程度

挤压变形程度表示方法有以下三种：

1. 断面减缩率 ε_A

$$\varepsilon_A = \frac{A_0 - A_1}{A_0} \times 100\% \tag{2-1}$$

式中，A_0、A_1 分别是挤压变形前坯料和挤压变形后工件的横断面积（mm^2）。

如实心件正挤压的断面减缩率为：

$$\varepsilon_A^{正} = \frac{d_0^2 - d_1^2}{d_0^2} \times 100\% \tag{2-2}$$

用实心坯料反挤压圆杯形件的断面减缩率为：

$$\varepsilon_A^{反} = \frac{d_1^2}{d_0^2} \times 100\% \tag{2-3}$$

2. 挤压比 G

$$G = \frac{A_0}{A_1} \tag{2-4}$$

3. 对数变形程度 ϵ

$$\epsilon = \ln \frac{A_0}{A_1} \tag{2-5}$$

三者之间存在如下关系：

$$\left.\begin{aligned} \varepsilon_A &= 1 - \frac{1}{G} \\ \epsilon &= \ln G \\ \epsilon &= \ln \frac{1}{1 - \varepsilon_A} \end{aligned}\right\} \tag{2-6}$$

三、应力状态对挤压变形的影响

1. 对塑性的影响　挤压变形区中的基本应力状态是三向压应力。在塑性成形中，变形区内的金属受拉应力的影响越小，受压应力的影响越大，则塑性越高；相反，则塑性越低。因此，挤压变形可以大大提高被挤压坯料的塑性。

三向压应力之所以可提高被挤压材料的塑性，归纳起来主要有如下几个原因：

1）三向压应力状态能遏止晶间相对移动，阻止晶间变形，从而提高了塑性；而拉应力会促进晶间变形，加速晶界的破坏。

2）三向压应力状态有利于消除由于塑性变形所引起的各种破坏，能促使被破坏了的晶内和晶间的联系得到恢复。这样，不仅使金属变得致密，而且还能使各种显微裂纹，甚至宏观破坏得到修复。

3）三向压应力状态能使金属内某些夹杂物的危害程度大为降低。因金属内部夹杂物的存在，正如内部空洞一样会产生应力集中带来的危害。

4）三向压应力状态可以抵消或减小由于不均匀变形而引起的附加拉应力，从而减轻了附加拉应力所造成的破坏作用。

三向压应力状态可以提高金属材料塑性的实质是平均应力 σ_m，即静水压力的作用。因为应力状态中的压应力个数多，数值大，平均应力 $\sigma_m=\frac{1}{3}(\sigma_1+\sigma_2+\sigma_3)$ 也就增大，则塑性就好。因此，在加工一些塑性很差的金属材料时，可采用施加反向推力的挤压（图 2-7a）或采用包套挤压（图 2-7b），以进一步增加平均应力，提高塑性。

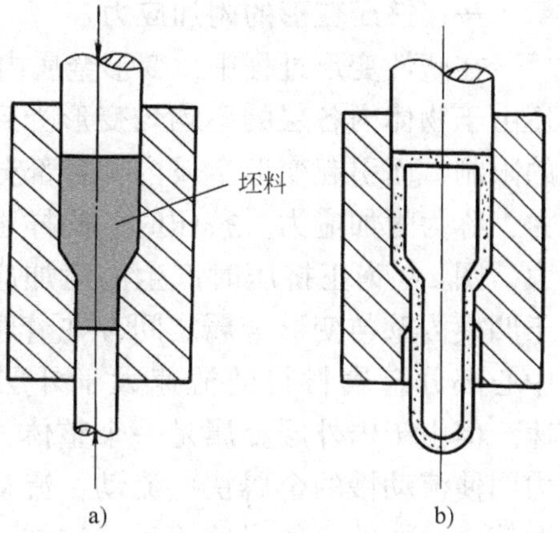

图 2-7　提高塑性的挤压方法

a）施加反向推力的挤压法　b）包套挤压法

2. 对变形抗力的影响　应力状态对变形抗力的影响是很大的，例如，用冷挤压和冷拉拔方法加工同种材料（退火纯铜）、同样尺寸的零件，见图 2-8。实测得冷挤压所需变形抗力为 450MPa，总挤压力 F 为 35kN；冷拉拔所需变形抗力为 220MPa，总拉拔力 F 为 11kN。而冷挤压所需的单位挤压力约为冷拉拔的 2 倍。这说明像冷挤压这样的塑性成形工艺，由于变形区内的基本应力状态为三向压应力，因而会增大材料的变形抗力。这种现象可以从屈服准则得到解释，例如，密席斯屈服准则表达式为 $(\sigma_1-\sigma_2)^2+(\sigma_2-\sigma_3)^2+(\sigma_3-\sigma_1)^2=2\sigma_s^2$，是在三向同号应力状态下推导出来的。由该式可知，必须使三向压应力之差的平方和达到 $2\sigma_s^2$，材料才开始产生塑性变形；而像冷拉拔“二压一拉”异号应力状态的屈服准则表达式应为 $(\sigma_1+\sigma_2)^2+(\sigma_2-\sigma_3)^2+(\sigma_3+\sigma_1)^2=2\sigma_s^2$，此时，左边三项只有一项是应力之差的平方，而两项变为应力之和的平方。这说明，“二压一拉”的应力状态（冷拉拔）容易使左边三项数值之和达到 $2\sigma_s^2$。这就是加工相同零件时，冷挤压的变形抗力大于冷拉拔的原因。

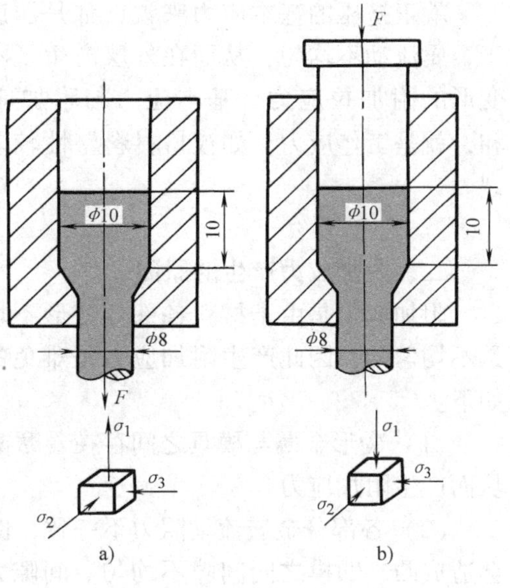

图 2-8　不同加工方法对变形抗力的影响

a）冷拉拔　b）冷挤压

第三节　挤压变形的附加应力与残余应力

一、挤压变形的附加应力

在塑性变形过程中，变形金属内部除了存在着与外力相应的基本应力以外，还由于物体内各层的不均匀变形受到变形体整体性的限制，而引起变形金属内部各部分自相平衡的应力，称为附加应力。挤压时，同样也会产生附加应力，图2-9为正挤压时产生的附加应力示意图。由于凹模内壁与变形金属之间存在着摩擦阻力，使得中心部分金属材料的流速大于外层金属材料的流速。但由于内外层金属是一个整体，流动快的金属力图使流动慢的金属快些流动，流动慢的金属又力图使流动快的金属慢些流动。这样，便产生了自相平衡、相互牵制的应力，这就是附加应力。外层金属的附加应力是拉应力，中层金属的附加应力是压应力。

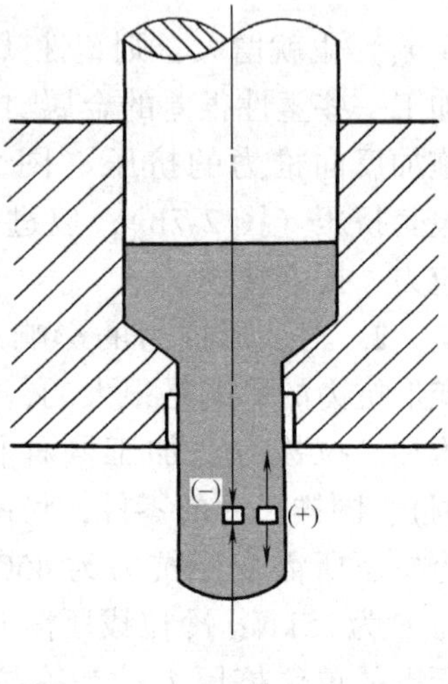

图2-9　正挤压时产生的附加应力

就正挤压的基本应力来说，都是压应力。但由于金属流动不均匀，从而在外层产生了不利于塑性变形的附加拉应力。基本应力与附加应力的代数和，就是工作应力。如被挤材料塑性较差时，该附加拉应力可能使工件产生开裂。

二、附加应力产生的原因

附加应力是由于材料各部分变形不均匀而产生的，而挤压时的变形又往往是不均匀的，因此产生附加应力是难免的。挤压时产生不均匀变形的主要原因如下：

（1）变形金属与模具之间存在着摩擦力　由此引起内外层金属流动不均匀，从而产生附加应力。

（2）各部分金属流动阻力不一致　例如反挤杯形件时，由于模具对中不好，会造成凸、凹模之间间隙不均匀。间隙大的阻力较小，间隙小的阻力较大，这就会引起金属流动不均匀，从而产生附加应力。

（3）变形金属的组织结构不均匀　变形金属的组织结构往往是不均匀的，例如晶粒有大有小，方位也不相同，从而引起不均匀变形，会导致附加应力的产生。

(4) 模具工作部分的形状与尺寸不合理 例如，在正挤压时（图2-10），如果凹模工作带高度尺寸不一致，那么在工作带较高的一边（h_2）的金属流动速度将慢于较矮的一边（h_1）。这样，挤压件便产生弯曲，因此在挤压件内部将产生相互牵制的附加应力。

附加应力可以分作三种：在变形体中，为了平衡几个大的部分之间由于不均匀变形而产生的附加应力，称为第一种附加应力；为了平衡两个或几个晶粒之间由于变形不均匀分布而产生的附加应力，称为第二种附加应力；为了平衡一个晶粒内部由于各部分之间的不均匀变形而产生的附加应力，称为第三种附加应力。

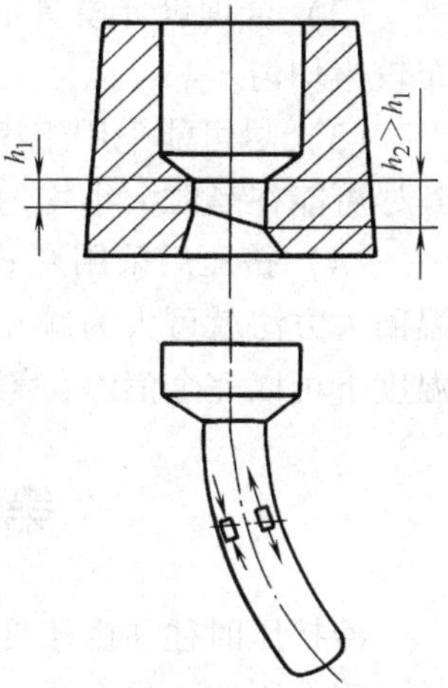

图2-10 凹模工作带高度尺寸不一致所引起的附加应力

三、残余应力

引起塑性体变形的作用力取消以后，随之消失的仅是基本应力。附加应力不是由外力引起的，而是为了自身得到平衡引起的。因此，当外力取消以后，附加应力并不消失而残留在变形体内部，称为残余应力。与附加应力相同，残余应力也是互相平衡的。与三种附加应力相对应，残余应力也可分为三种。

四、附加应力和残余应力的危害性

一般说来，附加应力和残余应力是有害的。它往往会引起如下后果：

(1) 缩短挤压件的使用寿命 若使具有残余应力的挤压件承受载荷，则其内部作用的应力为外力引起的基本应力与残余应力之和，因此易于产生变形或开裂，从而缩短使用寿命。

(2) 引起挤压件尺寸及形状的变化 在挤压件内部作用着相互平衡的残余应力，表明各部分存在符号不同的弹性变形和晶格畸变。当残余应力消失或平衡受到破坏后，相应的物体各部分的弹性变形也发生了变化，从而引起物体尺寸或形状的改变。

(3) 降低金属的耐蚀性 当挤压件表层具有残余应力时，会降低其耐蚀性。此外，残余应力还会使金属的塑性、冲击韧性及疲劳强度等降低。

五、防止和消除附加应力和残余应力的方法

在挤压加工时，防止或减轻产生附加应力和残余应力的措施，主要是从消除或减少产生不均匀变形入手。其主要措施有：

（1）减少摩擦阻力的影响　在挤压加工中，为了减少摩擦阻力，应采用合适的润滑剂，研磨凸、凹模的工作表面，降低表面粗糙度，减少真实接触面积。

（2）合理设计模具工作部分的结构和尺寸　以保证挤压件的变形与应力分布较为均匀。

（3）尽可能采用组织均匀的金属变形　挤压前对坯料进行均匀化处理，使其尽可能在晶粒大小均匀的状态下变形，以减小附加应力。

（4）挤压后采用有效的热处理方法以消除残余应力　第一种残余应力用低温回火方法就可大为减小；第二种残余应力采用将挤压件加热到稍低于再结晶温度下可以完全消除；第三种残余应力，只有经过再结晶才能消除。

第四节　挤压件的常见缺陷

冷挤压时往往由于变形工序设计不妥，会使坯料在挤压成形过程中产生各种缺陷。因此，只有预先了解这些缺陷的成因，才能在设计变形工序时，采取有效的解决办法来确保生产出合格的挤压件。

一、表面折叠

多余的表皮金属被压入坯料表层所形成的缺陷，称为表面折叠。例如在正挤压中，挤压头部较粗大的杆形件，需要采用两道成形工序。如果在第一道正挤压中工件的头部与杆部连接处圆弧太大或相应锥角太小，则在第二道成形工序中因凹模的圆角半径较小，便有可能使坯料过渡区部分的材料被压入端部的底平面上，而形成如图 2-11a 所示的折叠。又如，反挤压时凹摸底部设有较大的圆角半径，而坯料底部为直角过渡，在挤压过程中就会产生折叠，它的形成过程见图2-11b、c。如果挤压变形继续进行，这种折叠还会被移到工件的侧面。

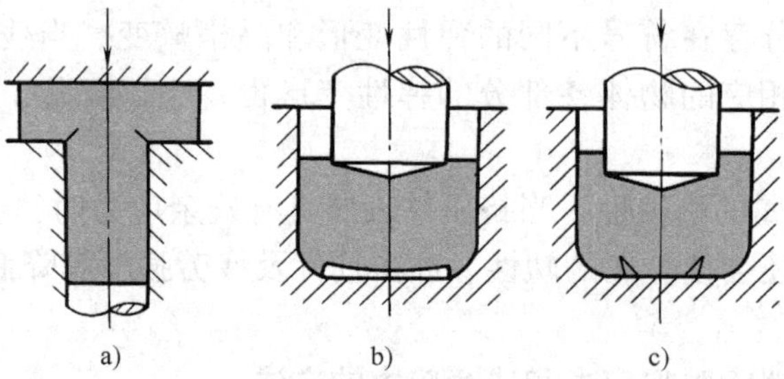

图 2-11　挤压折叠

a）正挤压折叠　b）、c）反挤压折叠形成

二、表面折缝

在变形过程中，多余的表皮金属受阻而在其边界处积聚，随着变形的继续进行深入到材料内部所形成的一种缺陷，称为表面折缝。当正挤压出现死角区时，如图 2-12a 所示的 D 区，坯料后半部分的表皮金属向凹模出口方向滑动受到死角区金属的阻碍，多余的表皮金属被积聚在死角区入口处。随后，多余的表皮金属沿滑移面被拉入金属内部，并随金属的流动一起向前延伸，从而形成折缝。有时，挤压件从凹模中取出后，死角区金属很快脱落，就是这种缺陷所致。

同理，反挤压与复合挤压时，也会因其变形的死角区金属阻止表皮金属滑动而产生折缝。图 2-12b 为反挤时底部死角区的剥落，图 c 为复合挤压的横向折缝。

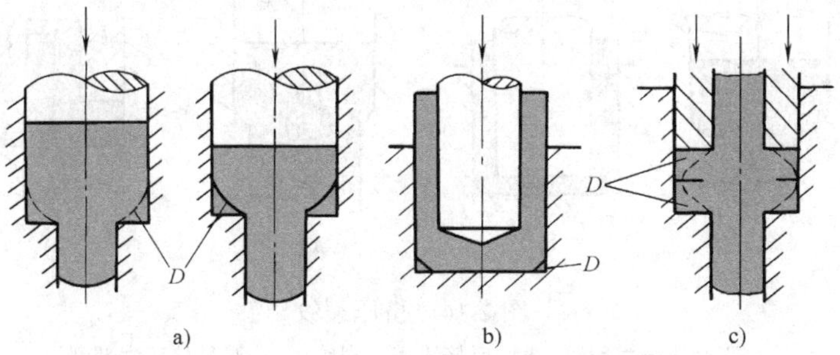

图 2-12　挤压表面折缝
a）正挤压时的表面折缝　b）反挤压时的死角区剥落　c）复合挤压时的横向折缝

三、缩孔

缩孔是指变形过程中变形体一些部位上产生较大的空洞或凹坑的缺陷。当正挤压进行到待变形区厚度较小、甚至只有变形区而无待变形区厚度时，会产生图 2-13a 所示的缩孔。若变形程度较大，润滑条件、凹模入口又不利，则中心层的金属流动快，外层流动落后于中心层，产生浅缩孔；若外层金属根本不向下移动，反而向上移动，便产生很深的缩孔。

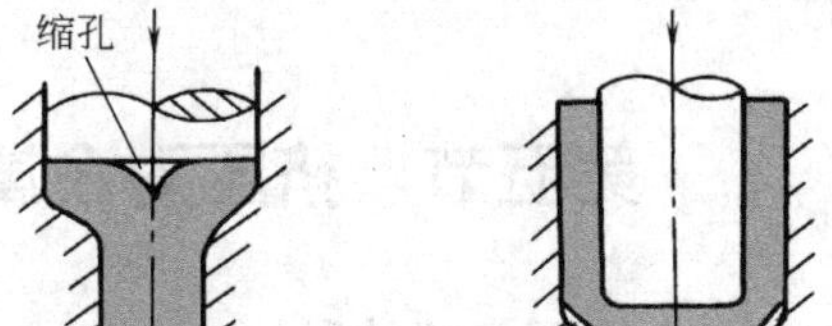

图 2-13　挤压时的缩孔
a）正挤压时的缩孔　b）反挤压时的角部缩孔

筒形件反挤压进行到待变形区厚度较小，甚至当坯料底厚小于壁厚时仍继续反挤，则会因材料不足以形成较厚的壁部而产生如图 2-13b 所示的角部缩孔缺陷。

四、裂纹

挤压裂纹分表面裂纹和内部裂纹。图 2-14a、b 表示的是，当模具的圆角半径过小，会产生较大的应力集中，可能发生角裂。减径挤压时，由于断面减缩率较小，此时中心层金属的流动反而慢于表层金属，中心层产生附加拉应力，可能会产生图 2-14c 所示的内部裂纹。

杆-杆复合挤压时，如果中间部分的厚度小于杆径，则会产生图 2-14d 所示的内部裂纹。也可视这种裂纹为缩孔。其预防的措施是在模具出口处做成锥角或较大圆角。

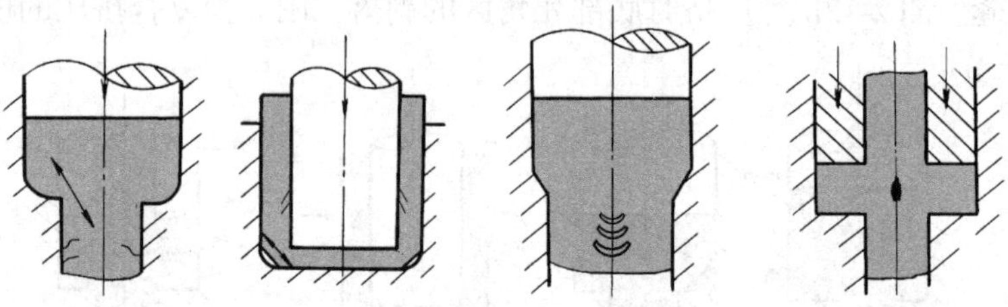

a)　　b)　　c)　　d)

图 2-14　挤压裂纹

a）正挤压表面裂纹　b）反挤压表面裂纹　c）减径挤压内部裂纹
d）复合挤压内部裂纹

由于摩擦的影响而导致附加应力和残余应力，当它们的值超过挤压材料的许可值时，就可能会产生环形鱼鳞状裂纹。而由于冷挤压模具的形状和尺寸不够合理，比如正挤压凹模的工作带部分不均匀会导致工件弯曲，见图 2-10。图 2-14c 所示的减径挤压裂纹，事实上也是因为由于变形程度小，心部材料未达到塑性状态，其流动速度慢于外部材料的流动速度，导致心部受附加拉应力而造成的。

第五节　挤压对金属组织和力学性能的影响

一、对金属组织的影响

挤压时，在强烈的三向压应力作用下金属晶粒被破碎，原来较大的晶粒挤压后变成为等轴细晶粒组织，因而提高了强度。

冷、温挤压时，金属晶粒形状发生了改变，使原来近于球形的晶粒由于变形而被拉长，并呈有序排列。挤压变形程度越大，晶粒形状、方位的改变也越大。晶粒位向呈有序状态，提高了变形抗力，同时也使力学性能各向异性。晶粒被拉长，相对地增加了晶粒边界的表面积，即相对地增加了难变形区。难变形区越大，变形抗力也越大。这就是冷、温挤压可以强化金属材料的原因之一。

热挤压时，高熔点杂质（如氧化物、碳化物）被打碎并顺着金属变形方向呈碎状或链状分布，晶间低熔点杂质（如硫化物）沿变形方向呈带状分布。但由于多种杂质都不能在再结晶时得到改变，仍然顺着变形方向分布，形成具有一定方向的纤维组织，因而使力学性能出现方向性。这种纤维组织比较稳定，一般不易消除。

二、对力学性能的影响

由于冷挤压会使金属材料产生加工硬化，因此，冷挤压件的强度指标随挤压变形程度的增加而增加，见图 2-15；塑性指标随挤压变形程度的增加而略有下降，见图 2-16。

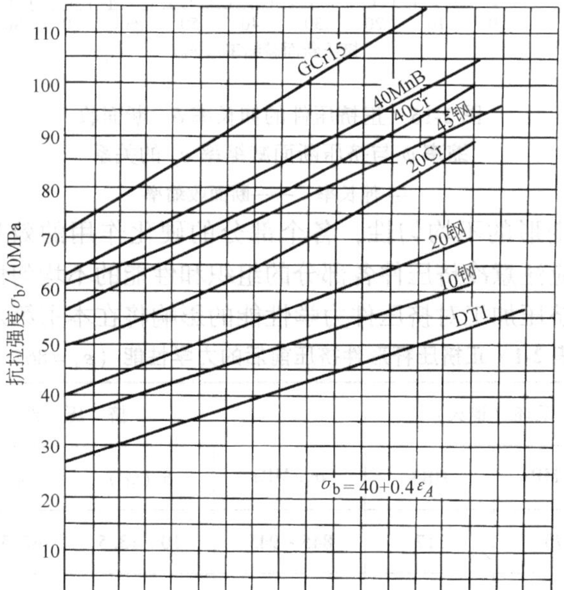

图 2-15　正挤压件的抗拉强度 σ_b 与挤压断面减缩率 ε_A 的关系

加工硬化可以大大提高冷挤压件的力学性能，使以普通钢代替一些优质钢成为可能。实践证明；20 钢正挤压（$\varepsilon_A = 86\%$）时，杆的整个断面 σ_b 达 845 ~ 945MPa，超过 35 钢达到 50 钢的强度；35 钢挤压后，纵向断面 σ_b 达 1200MPa，接近优质结构钢的强度；硬铝 2A12（LY12）正挤（$\varepsilon_A = 86\%$）时，σ_b 由 250MPa 变到了 405 ~ 420MPa。表 2-1 是正挤前后几种材料性能指标的变化试验数值。

第三章　冷挤压材料及挤压前准备

冷挤压时，坯料成分、形状尺寸和坯料软化、表面及润滑处理规范的正确选择，将有利于金属的流动，并对挤压产品的质量及模具使用寿命的提高有极大的帮助。

第一节　冷挤压常用材料

一、对冷挤压材料的要求

冷挤压材料应具有一定的塑性。冷挤压时金属处于三向压应力状态，虽然此时金属的塑性得到提高，但由于附加应力的存在，在挤压低塑性金属时往往容易产生裂纹，从而造成产品报废，因此对冷挤压的金属材料有一定的要求。

冷挤压材料的机械强度越低，变形抗力越小，所需的挤压力也越小，同时模具型腔中的单位挤压力也小，模具使用寿命就较高。

冷挤压材料的硬化敏感性要低，其体现在材料的真实应力应变曲线上。材料塑性变形部分的曲线斜率越小，冷挤压压力的升高就比较平稳，冷挤压性能就越好。

二、冷挤压常用材料

随着冷挤压技术的发展，新型模具材料的采用，冷挤压材料从铅、锡等软金属发展到目前的材料种类越来越多，许多低塑性高强度的材料也可以在一定的变形程度内进行挤压。常用的冷挤压材料见表 3-1。

表 3-1　冷挤压常用材料

材料名称		材料牌号
铝及铝合金	纯铝	1070A（L1），1060（L2），1050A（L3），1035（L4），1200（L5）
	防锈铝	5A02（LF2），5A05（LF5），3A21（LF21）
	硬铝	2A11（LY11），2A12（LY12），2A13（LY13）
	锻铝	2A50（LD5），2A14（LD10）
	超硬铝	7A09（LC9）
铜及铜合金	纯铜	T1，T2，T3
	黄铜	H62，H68，H70，H80，H85，H90

（续）

材料名称		材料牌号
锌及锌合金	纯锌	纯 Zn
	锌铜合金	Zn-Cu 合金
	锌铝镁合金	Zn-Al-Mg 合金
铁	纯铁	DT1
钢	优质碳素结构钢	08F，15F，10，15，20，25，35，40，45，50，15Mn，16Mn，20Mn
	深冲钢	S10A，S15A，S20A
	合金结构钢	15Cr，20Cr，30Cr，40Cr，15CrMo，20CrMo，30CrMo，35CrMo，42CrMo，12CrNi2，30Mn2，40CrNiMo
	不锈钢	1Cr13，2Cr13，3Cr13，Cr17，Cr17Ni2，0Cr18Ni9，1Cr18Ni9
	轴承钢	GCr6，GCr9，GCr15
	碳素工具钢	T8，T9

三、冷挤压常用材料的形态

1．线材　线材主要用于镦挤螺栓之类标准件或汽车、摩托车上的火花塞壳体等大批量的小型挤压件。一般线材的直径为 $\phi3\sim25$mm，个别情况可达 $\phi35$mm。线材表面进行特殊的表面及润滑处理，用于多工位自动冷镦机成形，材料利用率高，生产效率极高。

2．棒材　冷挤压坯料采用棒料较多，一般用于单工序的挤压设备。与线材相比其生产效率较低，但其全部表面可以进行表面及润滑处理，如果需要多道挤压时，有时要进行中间退火。棒料的材料利用率也比较高，采用锯切备料可达 70%～90%，采用压力机截切备料几乎可达 100%。坯料长径比一般大于 1，如小于 1 时，用压力机截料较为困难。当坯料还需镦粗制坯时，长径比过大会引起镦粗时失稳，一般最好控制在 2 以下。钢的棒料分热轧圆棒与冷精拉圆棒。后者外径尺寸较精确，采用压力机截切备料时，坯料的体积误差可以控制在较小的范围内。

3．管料　管料为无缝钢管或热挤铝管、铜管等，可以作为空心件的正挤压或反挤压坯料使用。某些形状尺寸冷挤压件，采用管料作为挤压坯料比用实心棒料来得经济，同时挤压力也有较大的降低。

4．板料　当坯料的长径比较小时，或者在挤压有色金属零件外形为非圆形时，可以采用板料作为坯料，板料采用冲床落料。

第二节　冷挤压坯料的制备

一、坯料形状和尺寸

冷挤压坯料的形状应该根据零件相应横断面的形状来确定。一般旋转体及轴对称多角类零件可以选用圆柱形坯料；矩形横断面零件可采用矩形坯料。有时在挤压塑性较好的有色金属板料时，为了提高材料利用率，可以采用六方或者其他与凹模内腔形状不一致的多边形坯料。

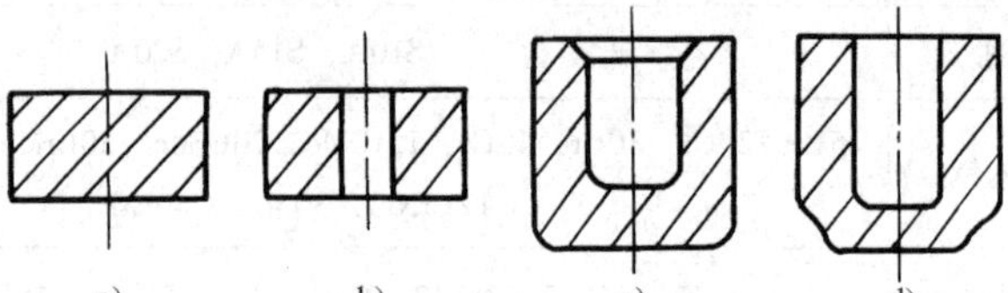

图 3-1　正挤压的坯料形状

a）实心坯料　b）、c）、d）空心坯料

正挤压一般采用图 3-1 所示的四种坯料形状。其中图 a、图 b 直接用原材料制成；图 c、图 d 由原材料经反挤而制成。图 a 用于正挤实心件，其余三种用于正挤压空心件。反挤压一般采用图 3-2 所示两种坯料形式，均由原材料直接制成。

有时在大批量挤压零件时，为了降低制坯成本，往往采用棒料经截切备料后，再用整形平板模在压力机上进行镦粗成鼓形坯料，见图 3-3，作为正挤压实心件和反挤压工件坯料之用。

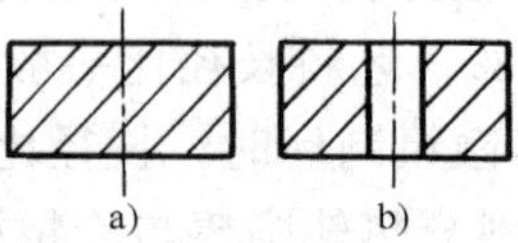

图 3-2　反挤压坯料形状

a）实心坯料　b）空心坯料

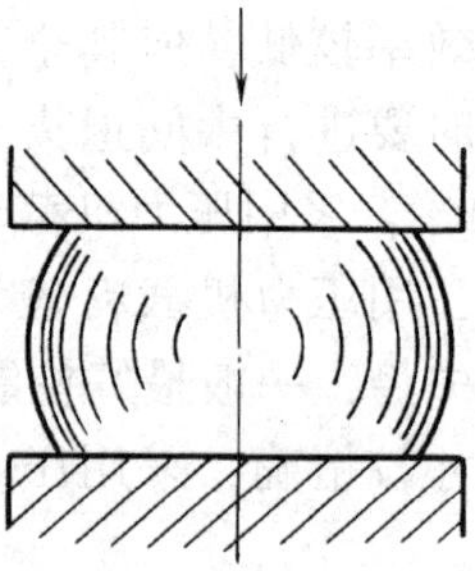

图 3-3　鼓形坯料

由于金属流动的不均匀性，正挤压件杆部的端面、反挤压件杯壁的端面不可能是平面，一般均需放一定的机加工余量予以切除，因此计算坯料体积时还应加上修边余量，即

$$V_0 = V_P + V_X$$

式中，V_0 是坯料体积（mm^3）；V_P 是挤压件体积（mm^3）；V_X 是修边余量体积（mm^3），一般为挤压件体积的 3% ~5%。旋转体的修边余量 Δh 可查表 3-2、表 3-3。

表 3-2　旋转体冷挤压件高度修边余量 Δh 值

挤压件高度/mm	10	10 ~ 20	20 ~ 30	30 ~ 40	40 ~ 60	60 ~ 80	80 ~ 100
修边量 Δh/mm	2	2.5	3	3.5	4	4.5	5
备注	1. 当挤压件高度大于 100mm 时，修边余量为高度的 5% 2. 复合挤压件的修边余量应适当加大 3. 矩形挤压件的修边余量，按表列数据加倍						

表 3-3　大量生产铝质旋转体所用的修边余量 Δh 值

挤压件高度/mm	15 ~ 20	20 ~ 50	50 ~ 100
修边余量 Δh/mm	8 ~ 10	10 ~ 15	15 ~ 20
备注	表列数值适用于大量生产壁厚为 0.3 ~ 0.4mm 的薄壁反挤杯形件		

冷挤压件坯料体积按金属材料塑性变形前后体积不变原则来确定。一般将冷挤压件形状分解成若干个简单几何形状体，分别计算出这些简单几何形状体的体积，然后相加其和，即为挤压件坯料的体积。坯料的外径尺寸由凹模型腔尺寸来决定。

冷挤压时，为了能使坯料顺利地放入凹模型腔内，坯料的外径尺寸应满足下式要求：

$$d_{坯} = d_{凹} - (0.1 \sim 0.2)\text{mm}$$

式中，$d_{坯}$ 是坯料外径（mm）；$d_{凹}$ 是凹模型腔内径（mm）。

在挤压空心零件时，空心零件坯料内径尺寸由凸模芯棒直径来决定。在冷挤压开始前，为了使凸模芯棒能顺利地伸入坯料内孔中，坯料内径尺寸可按下式来确定：

当零件内径尺寸精度要求不高时：

$$d_{坯} = d_{芯} + (0.1 \sim 0.2)\text{mm}$$

当零件内径尺寸精度要求高时：

$$d_{坯} = d_{芯} + (0.01 \sim 0.05)\text{mm}$$

式中，$d_{坯}$ 是坯料内径尺寸（mm）；$d_{芯}$ 是凸模芯棒直径（mm）。

坯料径向尺寸确定后，就可以计算出横断面积。坯料高度 H_0 可由下式确定：

$$H_0 = V_0/A_0$$

式中，V_0 为坯料体积（mm^3）；A_0 为坯料横断面积（mm^2）。

二、坯料制备方法

坯料制备方法有截切下料、冲裁下料、切削下料、锯切下料等多种方法，可按需选用。

（一）棒料或管料截切下料

在机械压力机上用专用的截切模对棒料或管料进行截切下料是应用得最为广泛的方法。截切模有全封闭式和半封闭式两种。图3-4为用于大批量生产的全封闭式截切模结构图。它安装在机械压力机上，固定切刀6紧固在立柱5内，并通过调整螺管4来调整其前后位置，以达到0.2～0.3mm合理剪切间隙。间隙过大，使断坯的断口不平整，同时断面倾斜；间隙过小，则影响滑块7的复位。活动切刀3装在滑块内，滑块可以沿立柱上下滑动，平时被弹顶器顶起，使两

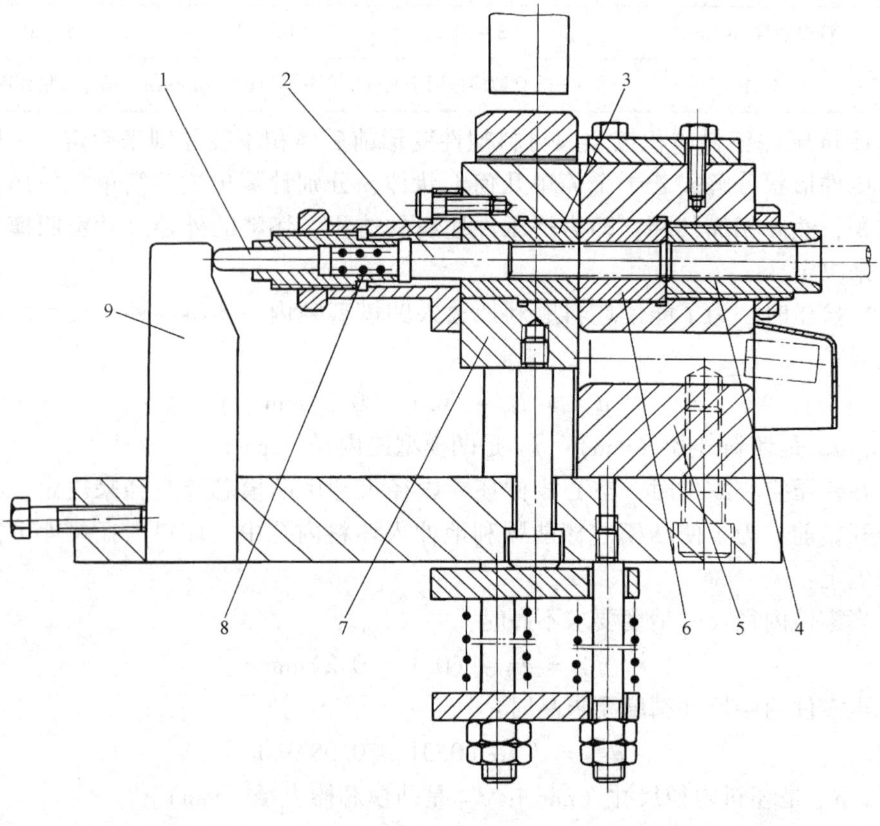

图3-4　全封闭式截切模

1—推杆　2—顶杆　3—活动切刀　4—调整螺管　5—立柱　6—固定切刀　7—滑块　8—弹簧　9—斜契

切刀对齐。棒料送入，靠顶杆 2 挡料，上模下行压住滑块即进行切料。同时，推杆 1 与斜契 9 的斜面相接触，弹簧 8 被压缩。当滑块被压至活动切刀与立柱下面的通孔对齐时，弹簧通过顶杆把切断的棒料弹出，随后滑块由弹顶器复位到原始位置。固定切刀与棒料之间的间隙为 0. 1mm，活动切刀与棒料之间的间隙为 0. 2mm。

全封闭式截切模所采用的棒料一般为冷精拉圆棒，有较严格的外径公差，否则棒料在送进剪口过程中会产生送料的不便。

图 3-5 为半封闭式截切模。固定模采用全封闭式切刀，活动上模 2 采用半封闭式切刀。半封闭式截切模的截切断面质量不如全封闭式的，但可以在截切后采用镦平坯料断面的方法来克服，其优点是可以采用外径公差较大的热轧圆棒，以降低制坯成本。

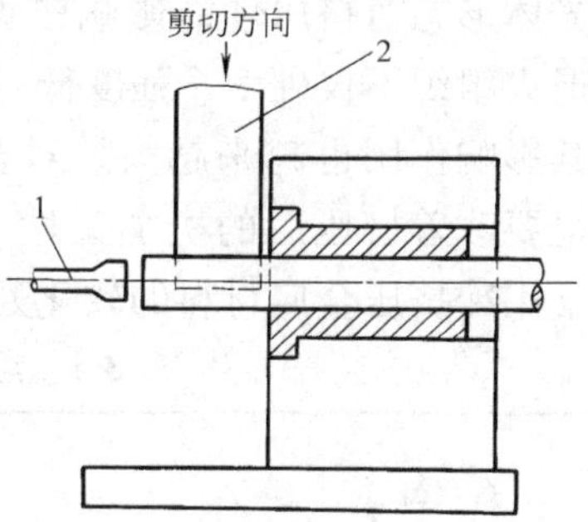

图 3-5　半封闭式截切模
1—定位器　2—活动上模

用截切模制备坯料，生产效率高，材料利用率高，但截断的坯料端面比较粗糙，端面与中心轴线不能保持垂直，有一定的斜度，尤其是半封闭截切模，这种情况尤为严重。因此坯料在截切后，一般用镦平模将断坯料端面压平后再进行挤压。

(二) 板料冲裁下料

板料冲裁下料一般用于坯料长径比很小的圆柱体坯料，或者非圆形有色金属扁平状坯料。该方法的主要优点是生产效率高，坯料尺寸精度高，端面平整。它的缺点是材料利用率低，一般只有 60% 左右。

对于黑色金属冷挤压件，用一般的正常间隙对坯料进行冲裁。对于有色金属的冷挤压件，特别是纯铝或纯铜的薄壁零件的冷挤压件，如果坯料的断面不光洁，挤压时会在挤压件表面上出现裂纹，因此一般用光洁冲裁法进行下料。在生产实践中，常采用小间隙、圆角凹模或负间隙凹模冲裁。

(三) 棒料锯切下料

锯切能切断横断面积较大的坯料，断面平整，尺寸精度较高，但锯切口处材料损耗较大。锯切如采用往复锯或圆盘锯下料，生产效率较低；如采用高速带锯下料，生产效率高，且坯料形状规则，是一种先进的锯切下料方法。目前，大直径的棒料均采用高速带锯下料。

(四) 车床切削下料

如坯料端面有特殊形状要求或细而长的坯料，可以采用车床下料。这种下料方法坯料尺寸精度较高，形状规则，但生产效率较低，而且材料利用率也不高。

第三节　坯料的软化处理、表面处理及润滑

一、坯料的软化处理

为了改善冷挤压坯料的挤压性能和提高模具的使用寿命，大部分材料在挤压前和多道挤压工序之间必须进行软化处理，以降低材料的硬度，提高材料的塑性，得到良好的显微组织，消除内应力。对于钢来说，材料显微组织中的珠光体形态对挤压性能影响较大。从挤压性能上看，球化退火组织为最佳。球化退火组织不仅硬度、强度低，而且塑性较高，特别是随着钢材中的含碳量增加，其影响作用也越来越大。对含碳量较高的材料，除了考虑改善其挤压性能外，也要改善挤压后的机加工性、热处理质量及力学性能，故均应采用球化退火。常用冷挤压金属材料的软化处理规范见表3-4。

表3-4　常用冷挤压金属材料的软化处理规范

材　料		规　范　图	处理前硬度（HBS）	处理后硬度（HBS）	备　　注
纯铝	1070A～1200（L1～L5）	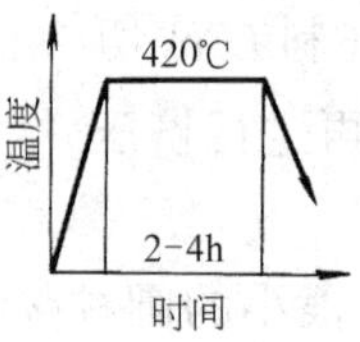		15～19	暴露退火，出炉空冷
防锈铝	5A02（LF2） 3A21（LF21）	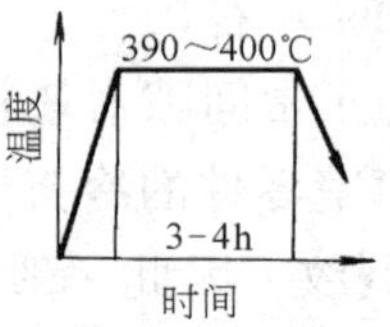		28～33	高温（420℃）入炉，暴露退火，出炉空冷
硬铝	2A11（LY11） 2A12（LY12）	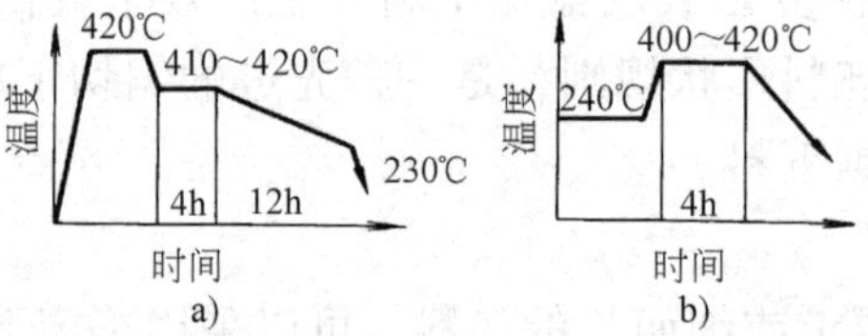	105	65～73	a）高温入炉 b）低温入炉，暴露退火

（续）

材料		规范图	处理前硬度（HBS）	处理后硬度（HBS）	备注
锻铝	2A14（LD10）	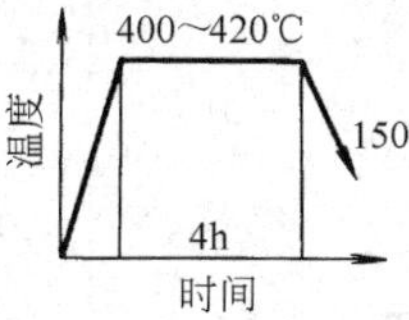		70	随炉冷至150℃后，空冷
纯铜	T1～T4	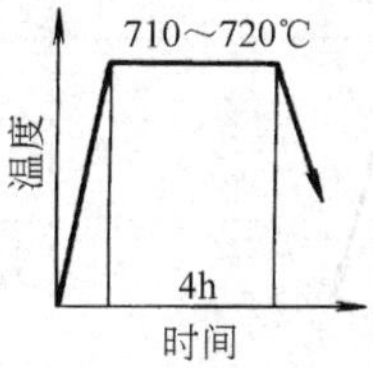		38～42	暴露退火，也可水淬软化
黄铜	H62	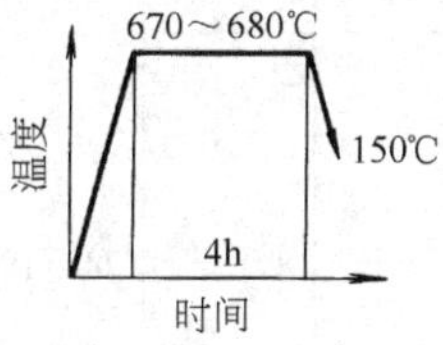 a) 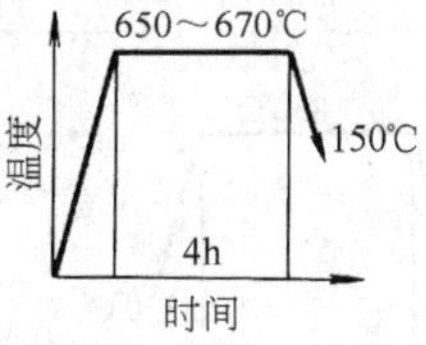 b)		55～60	a）用于H62 b）用于H68 暴露退火，随炉冷至150℃
	H68			50～55	
钢	10，15，20，S10A，S15A，S20A	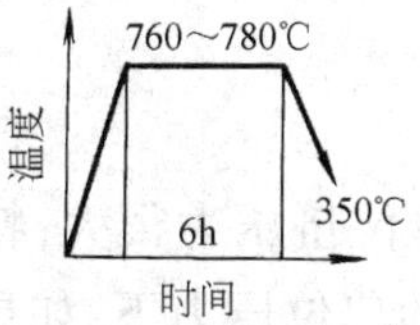 a) 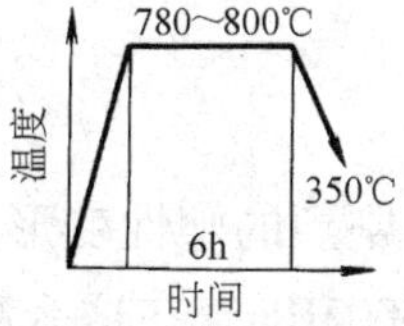 b)		107～121	a）用于10，15，S10A，S15A b）用于20，S20A密封光亮退火
合金结构钢	15Cr	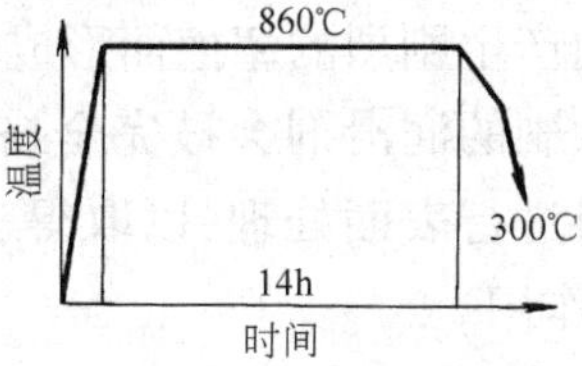	170～217	113～120	随炉冷至300℃后空冷，密封光亮退火
	20Cr			120～130	
	40Cr			150～163	

（续）

材料		规范图	处理前硬度（HBS）	处理后硬度（HBS）	备注
不锈钢	1Cr18Ni9Ti	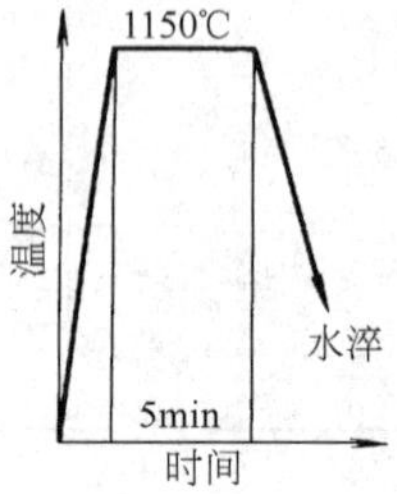	200	130～140	
碳素工具钢	T8	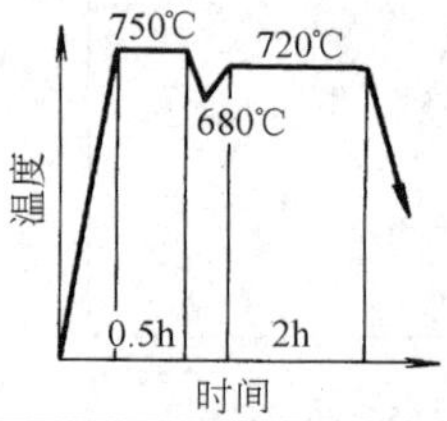	HV195	HV160～165	中间随炉冷至680℃
轴承钢	GCr15	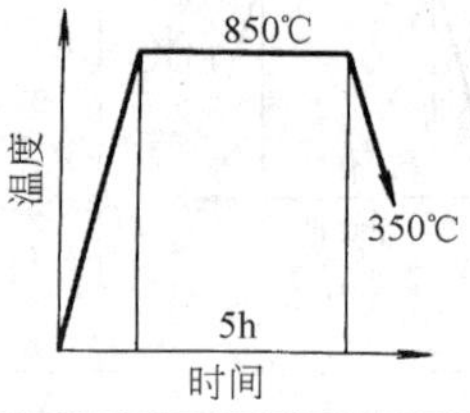		174～192	随炉冷至350℃

二、坯料的表面处理

冷挤压时，金属材料产生剧烈的塑性变形，单位挤压力很大，特别是钢的冷挤压，最大的单位挤压力可达2500MPa。在这么高的单位压力下，如果没有良好的润滑，钢坯料的微粒就会与模具型腔焊合而导致工件表面严重刮伤，使得挤压力急剧增加，模具使用寿命大大下降，甚至碎裂。此外，润滑还能改善挤压时的不均匀流动，避免因为金属材料与模壁之间产生剧烈的摩擦而形成较大的附加拉应力。

在很高的单位压力下，一般所涂刷的润滑剂会被完全挤掉，起不到润滑作用。因此，在冷挤压钢以前必须将钢坯料进行表面处理，以取得表面支承层，以便在后道的润滑处理时起到储存润滑剂的作用。

（一）碳钢和合金钢坯料的表面处理

碳钢和合金钢坯料冷挤压前的表面处理为磷化处理，在这种处理方法以前广泛应用于金属材料的防锈，只是在上世纪40年代才用于碳钢及合金钢材料的冷挤压工序，也正是采用了这种处理，才使钢的冷挤压成为可能。

磷化处理又叫磷酸盐处理，也就是把钢坯料放在磷酸盐溶液中进行处理。处理时金属表面发生溶解和腐蚀。由于化学反应的结果，在金属表面上形成一层很薄的磷酸盐覆盖层。根据磷化处理配方的不同，该薄层分别呈暗灰色、浅灰色和褐色。工件尺寸在处理后不会发生明显的变化。磷酸盐薄膜的硬度略高于铜与黄铜，而低于钢，其导热性很差，是不良导体。

经磷化处理后，可减少坯料与模具间的接触摩擦，降低单位挤压力，提高冷挤压件的表面质量和模具使用寿命。

1. 磷化处理具有以下特点

1）磷酸盐薄膜由细小片状结晶组织构成，单个结晶之间存在着孔隙或小孔，比起表面较之光滑的钢表面能吸收与储存更多的润滑剂，成为储存润滑剂的“仓库”。当金属挤压时，储存在细孔内的润滑剂立即被挤出，起到润滑作用，从而减少了变形金属与模具间的摩擦力。如经磷化处理的钢表面的吸油能力是一般光滑钢表面的13倍。未经磷化处理的摩擦因数为0.108，经磷化处理的则为0.013；磷酸盐薄膜同时还可以作润滑体的固体“无机填料”。

2）磷酸盐薄膜与钢表面结合牢固，且有一定的塑性，可以与基体金属一起伸长变形。用放射性磷进行测定的结果表明：在冷挤压钢零件上的基体金属伸长38%时，金属表面上的磷酸锌仍然保存89%，甚至用尖角的凹模进行冷挤压时，磷酸锌结晶仍然粘附在工件表面上。

3）在钢冷挤压时温度可高达300℃，而磷酸盐薄膜仍然具有与高粘度润滑剂相类似的性质。

4）磷酸盐薄膜使变形金属与模具型腔隔离开来，避免了它们之间的直接接触。

5）经磷酸盐处理的坯料浸入润滑剂时，其覆盖层还进一步与润滑剂发生化学反应。如浸在皂液或乳状液中，会形成白色沉淀。这是一种不溶于水的锌皂（硬脂酸锌），它与坯料表面层紧密地结合。显然，磷酸盐处理的润滑剂作用不仅是由于吸附，更重要的是由于磷酸盐处理层与润滑剂之间的化学作用所致。

为了使磷酸盐溶液与坯料金属表面直接接触，坯料在磷化处理前要进行酸洗去锈及化学去油，在磷化处理后还要进行中和处理。

2. 磷化处理的具体工艺如下

1）化学去油（氢氧化钠 NaOH60～100g/L，碳酸钠 $Na_2CO_3$60～80g/L，磷酸钠 $Na_3PO_4$25～80g/L，水玻璃 $Na_2SiO_3$10～15g/L，处理温度≥85℃，处理时间15～25min）。

2）流动冷水洗。

3）酸洗（硫酸 $H_2SO_4$120～180g/L，氯化钠 NaCl 8～10g/L，处理温度65～75℃，处

理时间 5 ~ 10min)。

4)流动冷水洗,是为了防止吸附在坯料表面的酸洗液带入下道磷化液中,影响磷化效果。

5)热水洗,为磷化处理预热。

6)磷化处理。

7)流动冷水洗。

8)中和处理,采用氢氧化钠溶液对坯料磷酸盐薄膜上附着的酸性物质进行中和,防止残留的磷酸对润滑液产生不良影响,保证润滑质量。

3. 磷化处理的配方　以下配方是较常用的一种:

氧化锌(ZnO)9g/L,磷酸(H_3PO_4)23mg/L,水(H_2O)1L。

该配方的总酸度为 16 ~ 20 点,游离酸度为 2.5 ~ 4.5 点,温度为 85 ~ 95℃,处理时间为 30 ~ 40min。

(二)奥氏体不锈钢坯料的表面处理

奥氏体不锈钢(1Cr18Ni9Ti)因与磷酸盐基本上不发生化学反应,所以不能用磷化处理,故用草酸盐处理来代替。草酸盐处理的配方如下:

草酸($H_2C_2O_4$)50g,钼酸铵($(NH_4)_2MoO_4$)30g,氯化钠($NaCl$)25g,氟化氢钠($NaHF_2$)10g,亚硫酸钠(Na_2SO_3)3g,水(H_2O)1L。

处理温度为 90℃,处理时间为 15 ~ 20min。处理后坯料用热水洗涤。草酸盐处理后的坯料表面呈绿黑色。

为了使不锈钢坯料能与草酸盐溶液直接接触,坯料在草酸盐处理前应进行酸洗,配方(质量分数)为:

盐酸(HCl)40%,硝酸(HNO_3)40%,水(H_2O)20%。

酸洗时间约 5min,然后用热水洗,洗净后进行草酸盐处理。

(三)有色金属坯料表面处理

硬铝坯料 2A11(LY11)、2A12(LY12)塑性差,在挤压过程中,为了避免产生裂纹,应使硬铝坯料表面形成一层氧化膜或磷化膜。这是一层多孔、致密的氧化膜或磷化膜结晶,呈灰黑色,可用氧化处理、磷化处理或氟硅化处理来获得。由于这层薄膜中可以充填大量的润滑剂,所以在冷挤压时能取得较好的润滑效果。

1. 氧化处理　其工艺流程如下:

1)汽油清洗,以去除油污。

2)热水清洗(60 ~ 100℃)。

3)流动冷水清洗。

4)酸洗(工业硝酸 400 ~ 800g/L,2min)。

5)冷水清洗 2 次。

6)氧化处理(工业氢氧化钠 NaOH40 ~ 60g/L,温度 50 ~ 70℃,时间 1 ~ 4min,以

表面呈均匀细致的多孔灰黑色结晶膜为宜)。

7)流动热水清洗。

硬铝除了采用氧化处理来产生润滑支承层外,还可以采用磷化处理和氟硅化处理。试验表明,当采用磷化处理加工业菜油润滑时,挤出的零件表面粗糙度 R_a 达0.8μm,表面光泽。当采用氟硅化处理加工业菜油润滑时,挤出的零件表面质量比磷化处理的略有提高,但光泽不好,且氟硅化处理过程中会产生有毒物质,因此尽量不要采用。

2. 磷化处理　配方为:

磷酸二氢锌($Zn(H_2PO_4)_2$)28g,磷酸(75%)25g,铬酸(CrO_3)10g,十二烷基硫酸钠(湿润剂)0.5g,水1L。处理温度55~60℃,处理时间2~3min。

纯铜、黄铜在挤压中为了获得较高的表面质量,往往进行钝化表面处理,以便在坯料表面形成一层钝化膜作为润滑剂的支承层。钝化表面处理工艺流程如下:

1)汽油清洗,以去除油污。

2)热水清洗(60~100℃)。

3)冷水清洗(两次)。

4)钝化。

5)冷水洗。

6)干燥。

钝化液配方为:

铬酐200~250g/L,硫酸8~16g/L,硝酸30~50g/L。处理温度为20℃,时间5~10s。

三、坯料的润滑处理

(一)黑色金属坯料的润滑处理

碳钢和合金钢的坯料在磷化表面处理后还需要进行润滑处理。皂化是一种常用的方法,皂化处理的配方有以下两种:

配方一:

硬脂酸钠($C_{17}H_{35}COONa$)5~9g/L;水1L;处理温度60~70℃,处理时间10min。

配方二:

工业皂片(脂肪含量84%)200~220g/L;水1L;处理温度50~70℃。

经过皂化可以得到有效的硬脂酸锌润滑,硬脂酸锌层牢固地连结在磷化层表面上。如将皂化后的坯料再用工业菜油润滑,在正挤压时还可以降低15%左右的挤压力。

坯料在磷化处理后,也可不用皂化,而采用猪油或机油拌二硫化钼作润滑,也可以取得较满意的润滑效果,其中猪油的效果较机油更好些。

奥氏体不锈钢坯料经草酸盐表面处理后，还应进行润滑处理才可以进行冷挤压。润滑处理采用氟化石蜡油、肥皂油加二硫化钼混合液，润滑效果较理想。

(二)有色金属坯料的润滑处理

各种有色金属坯料常用的润滑处理方法及应用效果见表3-5。

表3-5 有色金属坯料的润滑方法及使用效果

序号	坯料	润滑剂成分(质量分数)	配制与使用方法	应用效果与说明
1	纯铝	猪油100%		天冷时易凝固，涂擦不便，不易涂擦均匀，易产生“流散”现象，挤压力较大
2	纯铝	猪油5%、甘油5%、汽缸油15%、四氯化碳75%	猪油、甘油加热至200℃，然后冷却到40°C以下，加四氯化碳搅拌均匀，加汽缸油	金属的流动性较好，挤压件表面粗糙度在R_a0.4μm以下
3	纯铝	猪油25%、液体石蜡30%、十二醇10%、四氯化碳35%	猪油加热至200℃，冷却后再加四氯化碳，搅拌均匀后加入十二醇，冷却后加入液体石蜡	金属的流动性及润滑性皆较好，挤压件表面粗糙度在R_a0.8μm以下
4	纯铝	硬脂酸锌	将经表面处理好的坯料与粉状硬脂酸锌一起放在滚筒内滚动15min，使坯料牢固而均匀地涂上一层硬脂酸锌	冷挤件壁厚均匀，金属流动性好，卸料力小，挤件表面粗糙度在R_a0.8μm以下
5	纯铝	十四醇80%、酒精20%	按规定比例混合后就可使用。但当气温较低时十四醇应加热，以增加其流动性，使与酒精混合良好	效果较好
6	铝合金3A21(LF21)、5A02(LF2)	猪油18%、汽缸油22%、石蜡油22%、十四醇3%、四氯化碳35%	猪油加热至200℃后加少许四氯化碳，再加汽缸油及石蜡油，升温至250°C稍冷后加工业甘油和十四醇，冷却到150°C时，再加四氯化碳	润滑性能好，挤压件表面粗糙度在R_a0.8μm以下

（续）

序号	坯料	润滑剂成分（质量分数）	配制与使用方法	应用效果与说明
7	纯铜 T1 ~ T3 黄铜 H62 ~ H68	猪油 13%、十四醇 3%、纯机油 84%	猪油加热至 200℃，几分钟后加入纯机油，搅拌均匀后加入十四醇	挤压件表面粗糙度在 R_a0.4μm 以下
8		工业豆油		效果良好
9		蓖麻油或透平油		
10	黄铜 H62 ~ H68	硬脂酸锌粉末	敷上即可	效果较好，特别是正挤空心件，基本上避免了内孔壁环状裂纹，但挤压力略有增高
11		表面钝化处理，过程为：退火→酸洗→钝化→浸入润滑剂	汽油除油→热水洗（60 ~ 120℃）→冷水冲洗→钝化（5 ~ 10s）→冷水冲洗→热水洗→干燥。钝化配方：铬酐 200 ~ 250g/L，硫酸 8 ~ 16g，硝酸 30 ~ 50g/L，溶液温度 20℃，时间 5 ~ 10s	
12	锌镉合金	羊毛脂与工业汽油 1∶1 或 1∶1.5 混合	先将羊毛脂在 50 ~ 60℃ 的电炉中溶化，然后按规定比例与工业汽油混合而成	表面质量较好，但对模具材料及坯料材料均有腐蚀作用
13	镍 Ni-1 Ni-2	表面镀铜挤压，因此润滑剂可采用纯铜的润滑剂	按一般镀铜工艺对坯料表面进行镀铜，镀层厚 0.01 ~ 0.015mm	效果良好
14	硬铝	工业菜油		效果良好，冷挤压件内孔表面粗糙度为 R_a0.1μm，外表面粗糙度为 R_a0.8μm
15		皂化		效果尚好，冷挤压件内表面粗糙度在 R_a0.8μm 以下

思考与练习题

1. 冷挤压常用原材料的形态有哪几种？各使用在哪些场合？

2. 冷挤压坯料为何要进行软化处理？

3. 碳钢和合金钢坯料冷挤压前采用何种表面处理？这种表面处理为何能提高冷挤压零件的表面质量和模具使用寿命？

4. 奥氏体不锈钢和硬铝坯料在冷挤压前要进行何种表面处理？

第四章　冷挤压力及冷挤压设备

冷挤压力即冷挤压变形所需要的作用力。它是设计模具、选择设备的依据，并可衡量冷挤压变形的难易程度。冷挤压力受变形材料的材质及状态、变形程度、变形温度、速度、润滑条件及模具结构等因素的影响。

第一节　冷挤压力与行程的关系

在冷挤压变形过程中，冷挤压力不是一个常数，而是随压力机的行程位置而变化的，有时还显示出明显的阶段性。但在挤压变形过程中，挤压力在主要变形阶段保持不变。

冷挤压过程中挤压力随压力机的行程而变化，且显示出明显的阶段性（图 4-1）。冷挤压力与行程的关系一般可以分为三个阶段。

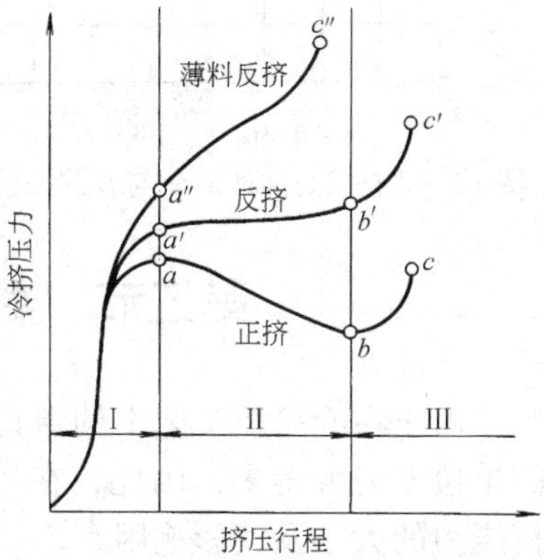

图 4-1　冷挤压力与行程的关系

第Ⅰ阶段（镦粗与充满阶段）：是材料充满凹模型腔的过程。冲头开始下行时，冲头底面压到毛坯，材料首先被镦粗，产生径向流动而逐渐充满型腔，此阶段压力始终是增加的。

第Ⅱ阶段（稳定挤压阶段）：冲头继续下压，材料不断地从稳定变形区往模孔挤出。这时，毛坯只改变高度，变形区稳定不变。对于正挤压由于毛坯与模壁间摩擦面积的减小及变形热效应等的影响，挤压力从 a 至 b 有所下降；而反挤压力从 a' 至 b' 基本稳定不变。

第Ⅲ阶段（非稳定变形阶段）：由于变形材料的厚度变得很薄了，变形遍及与冲头端面相连的整个毛坯，金属变形异常困难，这时挤压力急剧增大。

图中薄料反挤压的挤压力随行程的变化曲线，因毛坯厚度较薄，挤压一开始，变形就遍及整个毛坯体积，没有稳定变形区，只有第Ⅰ、第Ⅲ阶段。

在一般情况下，计算冷挤压力是以第Ⅱ阶段，即稳定变形阶段为依据。

由上述分析得出，挤压最好在第Ⅱ阶段结束之前进行。如果第Ⅱ阶段结束后仍继续挤压，挤压力就急剧增加，模具或压力机就容易损坏。

如果第Ⅱ阶段完毕就结束挤压，此时挤压余料厚度 h_e 等于稳定变形区高度 h_s。如果第Ⅱ阶段结束后仍继续挤压，但限制挤压力增高值不超出模具材料的许用单位压力［p］，此时毛坯在非稳定变形状态下仍可继续变形，这样既可充分发挥模具材料的潜力，又可节省原材料。此时挤压余料厚度 h_e 可小于稳定变形区高度 h_s。

在平底凹模内正挤压实心件时，挤压完毕仍处于稳定变形阶段的挤压余料厚度 h_e，可按图 4-2 求得。当挤压终了时，允许有非稳定变形，但此时单位挤压力的增加不得超过模具材料的许用单位压力［p］。其最小的挤压余料厚度 h_e 可按图 4-3 求得。图中的 r 为挤压件杆部半径，$G=D/d_1$，其中 D 为挤压件头部直径，d_1 为挤压件杆部直径。

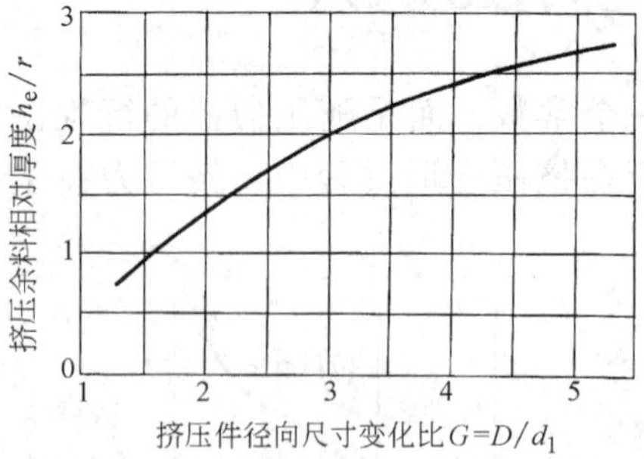

图4-2　正挤实心件时 h_e/r 与 G 的关系曲线图

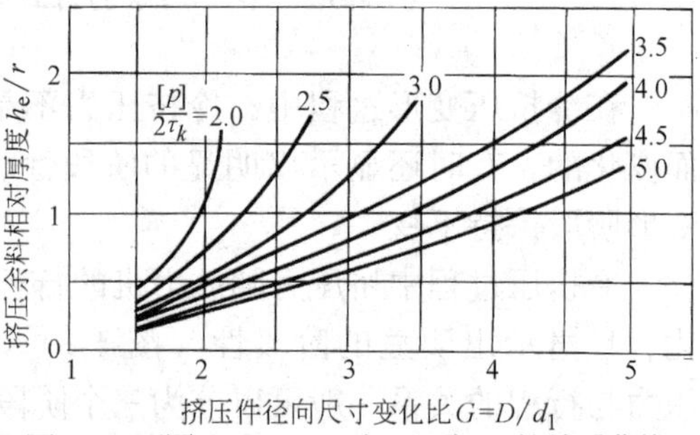

图4-3　不同［p］/$2\tau_k$ 时 h_e/r 与 G 的关系曲线

第二节　影响冷挤压力的主要因素

由于在冷挤压工艺中的单位冷挤压力 p 数值要比冷冲压工艺和热锻工艺时的单位压力大得多，因此，在进行冷挤压工艺设计时，首要问题是分析单位冷挤压力的大小及其影响因素。

影响单位冷挤压力 p 的因素主要有：冷挤压用材料、变形程度、变形速度、毛坯的几何形状、模具的几何形状、摩擦与润滑、变形方式等。不同的冷挤压工序受这些因素的影响程度也不同，这里主要介绍这些因素对单位挤压力 p 的影响。

1. 挤压金属的力学性能　强度指标和硬化指数越大，材料变形抗力也越大，p 值越大。钢的含碳量越高，其变形抗力越大。金属材料纯度越高，其变形抗力越小，p 值越小。

2. 变形程度　图 4-4 是正挤压和反挤压 15 号钢的单位压力 p 与变形程度的关系图。

由图可知，正挤压单位压力 p 随变形程度的增加而增加。反挤压单位压力存在有最低点，即 $\varepsilon_A=40\%\sim60\%$ 时单位压力最低；当 $\varepsilon_A>50\%$ 时，单位压力

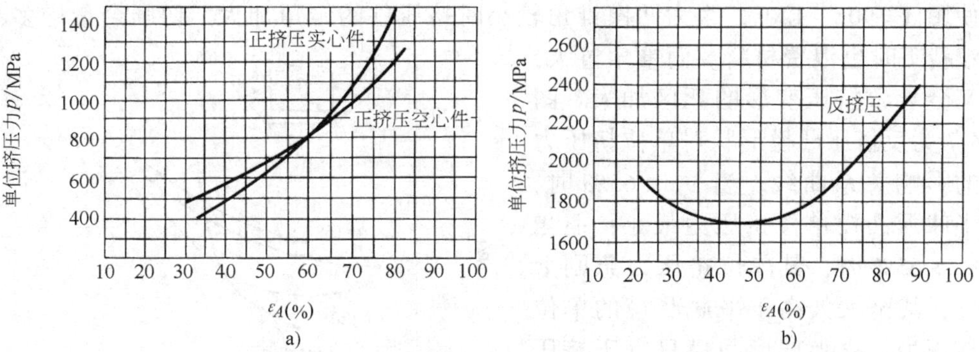

图 4-4　变形程度 ε_A 与单位挤压力 p 的关系

a）正挤压　b）反挤压

将随变形程度的增加而增加。

3. 变形方式　某些零件的成形加工，往往可以采用两种不同的方式。如杆形件，既可以采用正挤压成形，也可采用反挤压成形（图 4-5）。从减小挤压力（而非单位挤压力）角度出发，杆形件应采用反挤压为宜（摩擦阻力更小）。但实际上多采用正挤压，因为正挤压生产操作方便。杯形件也是如此。图 4-6 是某种材料的杯形件挤压变形程度为 59% 条件下的单位挤压力曲线。采用正挤压时，p 达 1500MPa；采用反挤压时，p 为 1200MPa。故在筒形件生产中多采用反挤压或变薄拉深。

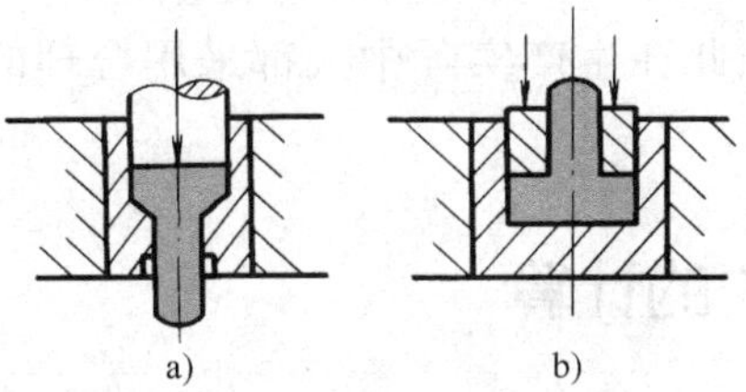

图 4-5　同样零件不同冷挤方式

a）正挤压　b）反挤压

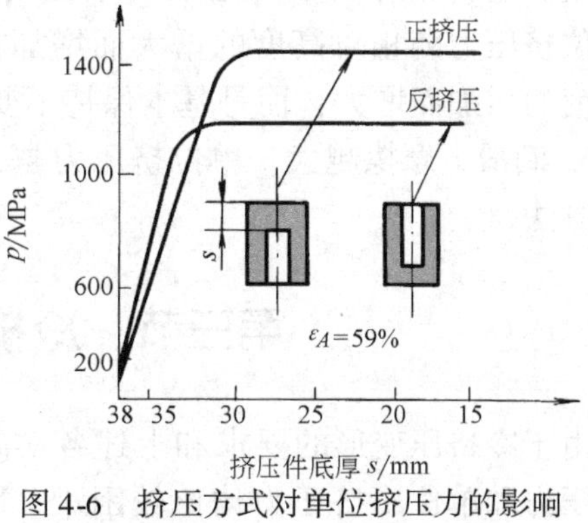

图 4-6　挤压方式对单位挤压力的影响

复合挤压时模具对金属变形的约束减弱，挤压力将减小。复合挤压的单位挤压力 p 要比单独正、反挤的挤压力都小，因此设计计算时可取用其中较小者。

4. 模具几何形状　模具的几何形状对单位挤压力 p 影响很大，尤其是正挤压凹模形状和反挤压凸模的形状，对单位挤压力的影响更大。

挤压力较小的正挤压凹模合理锥角 $\alpha=40°\sim60°$。但是，在生产实际中较多

使用 $\alpha=90°\sim120°$，因为凹模锥角较小时挤压件的锥角加大，切削余量增多，浪费工时也浪费材料。而锥角过大，又会导致挤压变形的死区加大。图4-7为反挤压凸模形状对单位挤压力的影响关系曲线。当 $\varepsilon_A<65\%$ 时，半球形凸模单位挤压力最小；但当 $\varepsilon_A>65\%$ 时，其单位挤压力急剧上升，甚至大大高于平底凸模的单位挤压力，故半球形凸模只宜于挤压较矮的筒形零件。

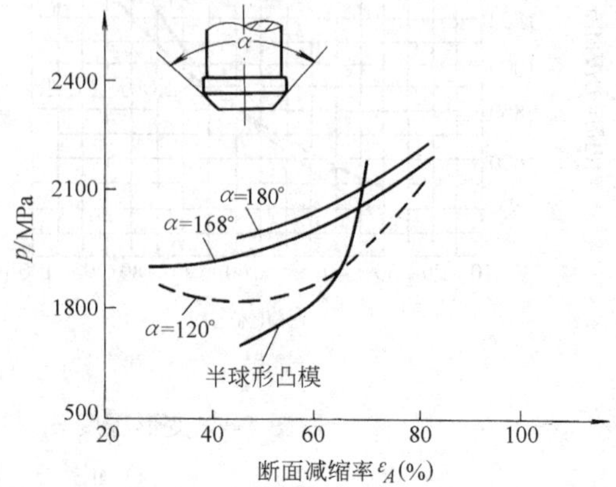

图4-7　冲头形状对反挤单位压力的影响

平底凸模单位挤压力 p 最大，一般尽量不采用。通常把反挤压凸模设计成锥角形，且取用凸模锥角为 $120°\sim130°$（也有用 $120°\sim170°$的）。当然，在设计反挤压凸模时还要考虑到产品零件的要求和实际情况。

塑性理论研究优化模具形状，大多数是对正挤压凹模型腔形状和反挤压凸模过渡形状的优化，优化目标则是挤压力最小、挤压流动最均匀。有研究指出，流线型的凹模型腔的挤压力小、挤压流动均匀。

5. 坯料的相对高度 h_0/d_0　它反映了工件与模具间的摩擦阻力关系。正挤压时，随着坯料相对高度的增加而单位挤压力也增大。反挤压时，若 $h_0/d_0<1$，则单位挤压力随相对高度的增大而增加；若 $h_0/d_0>1$，则单位挤压力不再随相对高度的增加而增大，而是基本保持不变。其中 h_0、d_0 为坯料的高度与直径。

6. 润滑　摩擦越大，单位挤压力越大，因此在生产实际中大都采用合理的润滑方法。

第三节　冷挤压力的计算

由于冷挤压变形的要求和上述各实际因素的影响，想既准确又简便的确定冷挤压力和单位冷挤压力均比较困难。冷挤压力的计算方法主要有：理论计算法、公式计算法、图算法、查表法等。

一、理论计算法

理论计算法有主应力法、上限法、滑移线法、有限元法等，但在实际生产时一般不用或很少应用理论计算法。下面仅介绍上限法计算轴对称锥形模正挤压挤压力。

轴对称锥形模正挤压时，塑变区的形状随半模角 α、凹模接触表面的摩擦条件和截面减缩率等而变化。塑变区采用连续速度场，可设为球形连续速度场、三角形连续速度场等，本例采用球形连续速度场。

挤压坯料的划分如图 4-8 所示。图中 Ⅰ 区为未变形的圆柱体坯料，是刚性区，轴向速度等于冲头移动速度 $\dot{u}_0$。Ⅱ 区为塑变区，其形状为由两个同心球面截下的圆锥台，具有质点向心流动的连续速度场。Ⅲ 区为挤出棒料的出口区，也是不变形的刚性区，轴向速度为 $\dot{u}_1$。各区之间的分界面，也即速度间断面分别为 S_{D0} 和 S_{D1}。

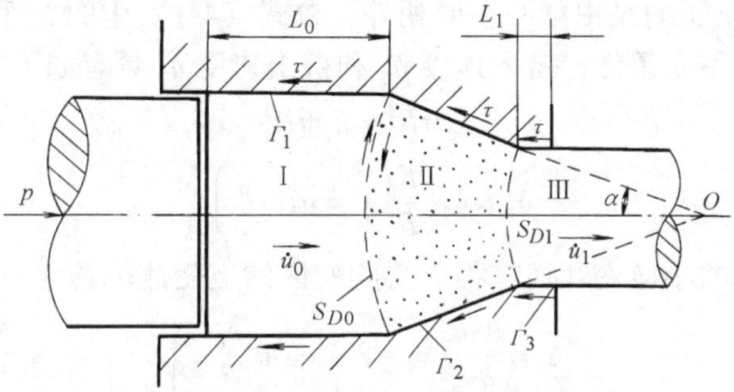

图 4-8　轴对称正挤压时变形区的划分

挤压成形所消耗的上限总功率包括：Ⅱ 区的塑性变形功率 $\dot{W}_d$；速度间断面 S_{D0} 和 S_{D1} 上消耗的剪切功率 $\dot{W}_{SD}$；沿挤压凹模工作面 Γ_1、Γ_2 和 Γ_3 上消耗的摩擦功率 $\dot{W}_\tau$。

（一）Ⅱ 区的塑性变形功率 $\dot{W}_d$

分析Ⅱ区的连续速度场和应变速率场（图 4-9）。采用球形坐标系统（r、φ、θ），塑变区内任意点的速度分量分别用 $\dot{u}_r$、$\dot{u}_\varphi$、$\dot{u}_\theta$ 表示。各参数及符号参见图 4-8 和图 4-9。

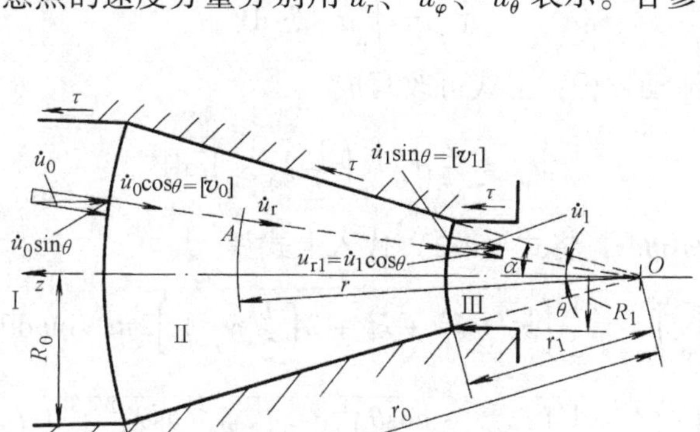

图 4-9　正挤压塑性区球形连续速度场示意图

设点 A 为该区内的任意点，其所在球面半径为 r，与 Z 轴夹角为 θ，向心

(径向）速度为 $\dot{u}_r$。根据流量相等原则，并考虑到 S_{D1} 塑变区一侧质点的径向速度 $\dot{u}_{r1}$ 与轴向速度 $\dot{u}_1$ 具有如下关系

$$\dot{u}_{r1} = \dot{u}_1 \cos\theta$$

故有

$$\dot{u}_r 2\pi r^2 = \dot{u}_1 \cos\theta 2\pi r_1^2$$

得

$$\left.\begin{aligned} \dot{u}_r &= \dot{u}_1 \cos\theta \left(\frac{r_1}{r}\right)^2 \\ \dot{u}_\varphi &= \dot{u}_\theta = 0 \end{aligned}\right\} \tag{4-1}$$

因是球坐标系，r 正向是由球心辐射朝外，故式（4-1）中的 $\dot{u}_1$ 和 $\dot{u}_r$ 应为负值。

又根据体积不变条件，挤入速度 $\dot{u}_0$ 和挤出速度 $\dot{u}_1$ 具有如下关系：

$$\dot{u}_0 \pi R_0^2 = \dot{u}_1 \pi R_1^2$$

得

$$\dot{u}_1 = \dot{u}_0 \left(\frac{R_0}{R_1}\right)^2 = \dot{u}_0 \left(\frac{r_0}{r_1}\right)^2$$

由球形坐标的小应变几何方程求得塑变区的应变速率场为

$$\left.\begin{aligned} \dot{u}_r &= \frac{\partial \dot{u}_r}{\partial r} = -2\dot{u}_1 \cos\theta \frac{r_1^2}{r^3} \\ \dot{\varepsilon}_\varphi &= \dot{\varepsilon}_\theta = \frac{\dot{u}_r}{r} = \dot{u}_1 \cos\theta \frac{r_1^2}{r^3} \\ \dot{\gamma}_{r\theta} &= \frac{1}{r}\frac{\partial \dot{u}_r}{\partial \theta} = -\dot{u}_1 \sin\theta \frac{r_1^2}{r^3} \\ \dot{\gamma}_{\theta\varphi} &= \dot{\gamma}_{\varphi r} = 0 \end{aligned}\right\} \tag{4-2}$$

已知刚塑性材料的塑性变形功率为

$$\dot{W}_d = \int_V \sigma_{ij}' \dot{\varepsilon}_{ij} \mathrm{d}V$$

利用圣维南塑性流动方程，上式可改写成

$$\dot{W}_d = \frac{2}{\sqrt{3}}\sigma_s \int_V \left(\frac{1}{2}\dot{\varepsilon}_{ij}\dot{\varepsilon}_{ij}\right)^{\frac{1}{2}} \mathrm{d}V$$

式中 $\mathrm{d}V = 2\pi r \sin\theta r \mathrm{d}\theta \mathrm{d}r$，将式（4-2）代入上式得

$$\dot{W}_d = \frac{2}{\sqrt{3}}\sigma_s \int_0^\alpha \int_{r_1}^{r_0} \sqrt{\frac{1}{2}\left[\dot{\varepsilon}_r^2 + \dot{\varepsilon}_\varphi^2 + \dot{\varepsilon}_\theta^2 + 2\left(\frac{1}{2}\dot{\gamma}_{\gamma\theta}\right)^2\right]} 2\pi r^2 \sin\theta \mathrm{d}\theta \mathrm{d}r$$

$$= \frac{2}{\sqrt{3}}\sigma_s \int_0^\alpha \int_{r_1}^{r_0} \sqrt{\frac{1}{2}\left[\left(2\dot{u}_1 r_1^2 \frac{\cos\theta}{r^3}\right)^2 + 2\left(\dot{u}_1 r_1^2 \frac{\cos\theta}{r^3}\right)^2 + \frac{1}{2}\left(\dot{u}_1 r_1^2 \frac{\cos\theta}{r^3}\right)^2\right]}$$

$$2\pi r^2 \sin\theta \mathrm{d}\theta \mathrm{d}r$$

$$= \frac{2}{\sqrt{3}}\sigma_s 2\pi \dot{u}_1 r_1^2 \int_0^\alpha \sqrt{3\cos^2\theta + \frac{1}{4}\sin^2\theta} \sin\theta \mathrm{d}\theta \int_{r_1}^{r_0} \frac{\mathrm{d}r}{r}$$

$$= 4\pi\sigma_S \dot{u}_1 r_1^2 \ln\frac{r_0}{r_1}\int_0^{\alpha}\sqrt{1-\frac{11}{12}\sin^2\theta}\sin\theta\mathrm{d}\theta$$

$$= 2\pi\sigma_S \dot{u}_1 r_1^2 \ln\frac{r_0}{r_1}$$

$$\left(1-\cos\alpha\sqrt{1-\frac{11}{12}\sin^2\alpha}+\frac{1}{\sqrt{11}\sqrt{12}}\ln\frac{1+\sqrt{\frac{11}{12}}}{\sqrt{\frac{11}{12}}\cos\alpha+\sqrt{1-\frac{11}{12}\sin^2\alpha}}\right)$$

因$\frac{r_0}{r_1}=\frac{R_0}{R_1}$，$r_1=\frac{R_1}{\sin\alpha}$，并令

$$f(\alpha)=\frac{1}{\sin^2\alpha}\left(1-\cos\alpha\sqrt{1-\frac{11}{12}\sin^2\alpha}+\frac{1}{\sqrt{11}\sqrt{12}}\ln\frac{1+\sqrt{\frac{11}{12}}}{\sqrt{\frac{11}{12}}\cos\alpha+\sqrt{1-\frac{11}{12}\sin^2\alpha}}\right)$$

得

$$\dot{W}_d=2\pi\sigma_S \dot{u}_1 R_1^2\ln\frac{R_0}{R_1}f(\alpha)$$

或

$$\dot{W}_d=2\pi\sigma_S \dot{u}_0 R_1^2\ln\frac{R_0}{R_1}f(\alpha) \tag{4-3}$$

当$\alpha<45°$时，$f(\alpha)\approx1$，则上式简化为

$$\dot{W}_d\approx2\pi\sigma_S \dot{u}_1 R_1^2\ln\frac{R_0}{R_1}=2\pi\sigma_S \dot{u}_0 R_0^2\ln\frac{R_0}{R_1}$$

（二）沿速度间断面 S_{D0} 和 S_{D1} 上的剪切功率

由图 4-9 可见，S_{D0}和S_{D1}上的速度间断值分别为

$$[v]_0=\dot{u}_0\sin\theta;\qquad [v]_1=\dot{u}_1\sin\theta$$

又

$$\mathrm{d}S_{D0}=2\pi r_0\sin\theta r_0\mathrm{d}\theta$$

$$\mathrm{d}S_{D1}=2\pi r_1\sin\theta r_1\mathrm{d}\theta$$

将上述关系代入上限法公式为

$$\int_{S_u}T_i\dot{u}_i\mathrm{d}S_u\leqslant\int_V\sigma_{ij}^{*\prime}\dot{\varepsilon}_{ij}^*\mathrm{d}V+\sum\int_{S_D^*}K[v^*]\mathrm{d}S_D^* \tag{4-4}$$

的右边部分第二项，得

$$\dot{W}_{SD}=\int_{S_{D0}}K[v]_0\mathrm{d}S_{D0}+\int_{S_{D1}}K[v]_1\mathrm{d}S_{D1}$$

$$=K\int_0^a(\dot{u}_0\sin\theta\cdot2\pi r_0\sin\theta\cdot r_0+\dot{u}_1\sin\theta2\pi r_1\sin\theta\cdot r_1)\mathrm{d}\theta$$

$$=4\pi K\dot{u}_1r_1^2\int_0^a\sin^2\theta\mathrm{d}\theta$$

$$= \frac{2}{\sqrt{3}} \sigma_S \pi \dot{u}_1 r_1^2 (\alpha - \sin\alpha\cos\alpha)$$

$$= \frac{2}{\sqrt{3}} \sigma_S \pi \dot{u}_1 R_1^2 \left(\frac{\alpha}{\sin^2\alpha} - \cot\alpha \right) \tag{4-5}$$

式中，K 为剪切强度极限。

（三）沿挤压凹模工作面 Γ_1、Γ_2、Γ_3 上的摩擦功率

设坯料与凹模接触表面的摩擦切应力 $\tau = mK$，（其中 m 为摩擦因子，又由式（4-1）可得Ⅱ区圆锥接触表面上径向（向心）速度值为

$$[\dot{u}_r] = \dot{u}_1 \cos\alpha \left(\frac{r_1}{r_0} \right)^2$$

于是，参见图 4-8 可写出

$$\dot{W}_\tau = \int_{\Gamma 1} \tau \dot{u}_0 \mathrm{d}\Gamma_1 + \int_{\Gamma 2} \tau \dot{u}_r \mathrm{d}\Gamma_2 + \int_{\Gamma 3} \tau \dot{u}_1 \mathrm{d}\Gamma_3$$

$$= mK \dot{u}_0 2\pi R_0 L_0 + \int_{\Gamma 2} mK \dot{u}_1 \cos\alpha \left(\frac{r_1}{r_2} \right)^2 \mathrm{d}\Gamma_2 + mK \dot{u}_1 2\pi R_1 L_1$$

因
$$\mathrm{d}\Gamma_2 = 2\pi R \frac{\mathrm{d}R}{\sin\alpha}$$

故得

$$\dot{u}_\tau = \frac{m}{\sqrt{3}} \sigma_S 2\pi \dot{u}_1 R_1 \left(\frac{R_1}{R_0} L_0 + L_1 \right) + 2\pi m \frac{\sigma_S}{\sqrt{3}} \dot{u}_1 \cot\alpha R_1^2 \int_{R_1}^{R_0} \frac{\mathrm{d}R}{R}$$

$$= \frac{m}{\sqrt{3}} \sigma_S \pi \dot{u}_1 R_1^2 \left(\frac{L_1}{R_0} + \frac{L_1}{R_1} + \cot\alpha \ln \frac{R_0}{R_1} \right) \tag{4-6}$$

（四）相对单位挤压力 $\frac{p}{\sigma_s}$

外力所作功率

$$\dot{W}_= \pi R_0^2 p \dot{u}_0 = \pi R_1^2 p \dot{u}_1 \tag{4-7}$$

根据能量平衡原理可知

$$\dot{W}_= \dot{W}_d + \dot{W}_{SD} + \dot{W}_\tau$$

将式（4-4）~式（4-7）代入上式，经整理后得

$$\frac{p}{\sigma_S} = 2f(\alpha) \ln \frac{R_0}{R_1} + \frac{2}{\sqrt{3}} \left[\left(\frac{\alpha}{\sin^2\alpha} - \cot\alpha \right) + m \left(\frac{L_0}{R_0} + \frac{L_1}{R_1} + \cot\alpha \ln \frac{R_0}{R_1} \right) \right] \tag{4-8}$$

（五）最佳模具半锥角和死角区的形成

由式（4-8）可知，p/σ_S 是截面收缩率和模具半锥角的函数，在其他条件相同的情况下，必然存在一个使单位挤压力为最小的最佳模具半锥角 α_{opt}。

取 $\frac{\mathrm{d}(p/\sigma_S)}{\mathrm{d}\alpha} = 0$，得

$$f'(\alpha)\ln\frac{R_0}{R_1}+\frac{2}{\sqrt{3}}\frac{1}{\sin^2\alpha}\left[\left(1-\frac{\alpha\cos\alpha}{\sin\alpha}\right)-\frac{1}{2}m\ln\frac{R_0}{R_1}\right]=0 \tag{4-9}$$

又由前面$f(\alpha)$的表达式可以算出，当$\alpha=40°$时，$f(\alpha)\approx1.01193$，$\alpha=45°$时$f(\alpha)=1.01590$。这表明当$\alpha<45°$时，$f(\alpha)\approx1$，$f'(\alpha)\approx0$。故得

$$1-\alpha\cot\alpha-\frac{1}{2}m\ln\frac{R_0}{R_1}=0 \tag{4-10}$$

将式中的$\cot\alpha$按级数展开，有$\cot\alpha=\frac{1}{\alpha}-\frac{1}{3}\alpha-\frac{1}{45}\alpha^3-\cdots$

略去高次项，代入式（4-10），求得

$$\alpha_{opt}=\sqrt{\frac{3}{2}m\ln\frac{R_0}{R_1}} \tag{4-11}$$

由式（4-11）可以看出，最佳半锥角随截面收缩率和摩擦因子m的增大而增大。当实际的模具半锥角$\alpha>\alpha_{opt}$时，由于金属总是力图沿着最易流动的路线流动，塑变区可能与凹模表面不接触，而形成死角区Ⅳ，如图4-10所示。在这种情况下，单位挤压力的计算不能直接采用式（4-8），而应根据塑变区的几何参数和摩擦条件的改变作相应的调整。

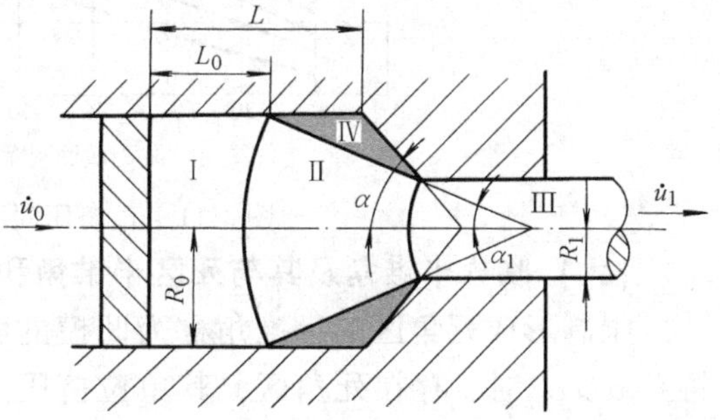

图4-10　$\alpha>\alpha_{opt}$时出现的死角区

现设塑变区的半锥角为α_1，又塑变区与死角区之间的摩擦因子m取1。另外，由于塑变区的改变引起Ⅰ区L_0的减小，其表达式改为

$$L_0=L-(R_0-R_1)(\cot\alpha_1-\cot\alpha)$$

将这些关系代入式（4-8），得

$$\frac{p}{\sigma_S}=2f(\alpha_1)\ln\frac{R_0}{R_1}+\frac{2}{\sqrt{3}}\left\{\left(\frac{\alpha_1}{\sin^2\alpha_1}-\cot\alpha_1\right)+\cot\alpha_1\ln\frac{R_0}{R_1}+m\left[\frac{L}{R_0}+\frac{L_1}{R_1}-\frac{R_0-R_1}{R_0}(\cot\alpha_1-\cot\alpha)\right]\right\} \tag{4-12}$$

取$d\left(\frac{p}{\sigma_S}\right)/d\alpha_1=0$，得

$$2\sin\alpha_1\left[\sqrt{1-\frac{11}{12}\sin^2\alpha_1}-\cos\alpha_1 f(\alpha_1)\right]\ln\frac{R_0}{R_1}+\frac{1}{\sqrt{3}}\left[2(1-\alpha_1\cot\alpha_1)-\ln\frac{R_0}{R_1}+m\left(1-\frac{R_0}{R_1}\right)\right]=0 \tag{4-13}$$

解式（4-13），即可求得 α_1。但因求解困难，可利用计算机求出 α_1 的数值解，并可将数值绘成线图（图 4-11），方便查阅。

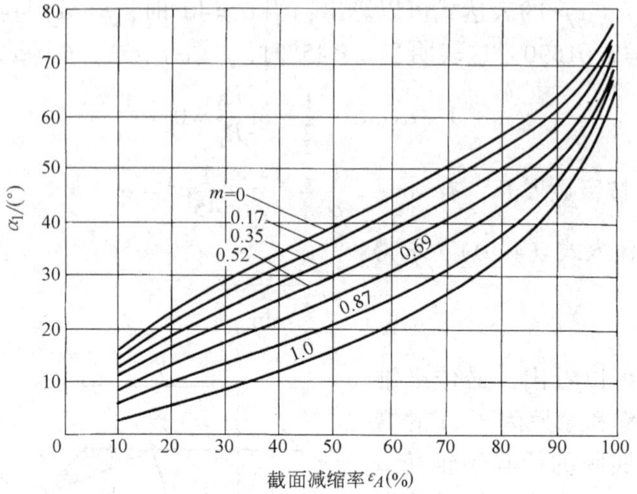

图 4-11　正挤压时死区半锥角值

（六）临界半锥角及其与死区半锥角和模具半锥角的关系

限制形成死角区的半锥角称为凹模的临界半锥角，以 α_{cr} 表示。当凹模的半锥角 $\alpha>\alpha_{cr}$ 时，存在死角区，其单位挤压力 p 按式（4-12）计算，式中 α_1 可由式（4-13）求得；当 $\alpha<\alpha_{cr}$ 时，无死角区存在，其单位挤压力 p 可直接按式（4-12）计算；当 $\alpha=\alpha_{cr}$ 时，则按式（4-8）和式（4-12）的计算结果应相同。于是，以 α_{cr} 代替式（4-8）和式（4-12）中的 α，并令两式相等，则有

$$2\left[f(\alpha_{cr})-f(\alpha_1)\right]\ln\frac{R_0}{R_1}+\frac{2}{3}\left[\left(\frac{\alpha_{cr}}{\sin^2\alpha_{cr}}-\cot\alpha_{cr}\right)-\left(\frac{\alpha_1}{\sin^2\alpha_1}-\cot\alpha_1\right)\right.$$
$$\left.+\left(m\cot\alpha_{cr}-\cot\alpha_1\right)\ln\frac{R_0}{R_1}+m\left(1-\frac{R_0}{R_1}\right)\left(\cot\alpha_1-\cot\alpha_{cr}\right)\right] \tag{4-14}$$

式中，α_1 仍按式（4-13）确定。解式（4-14），即可求得 α_{cr} 值，其数值解见图 4-12。求得相对单位挤压力 p/σ_S 后，可以进一步求出挤压力。

二、公式计算法

（一）冷镦力

在冷镦机上进行冷镦所需的压力由下式求得：

$$F=ZN\sigma_b\left(1+k\mu\frac{D}{4H}\right)A \tag{4-15}$$

式中，F 是冷镦力（N）；H、D 分别是冷镦头部高度、直径（mm）；A 是头部与工具接触的投影面积（mm^2）；其他系数由表 4-1 给出。

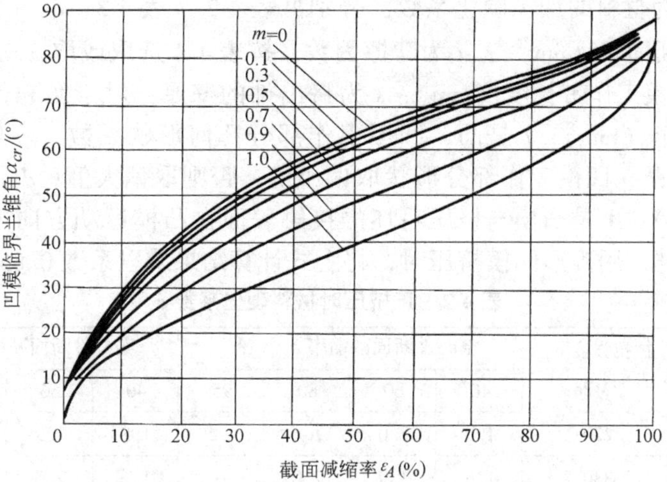

图 4-12　不同 m 值时断面减缩率与凹模临界半锥角的关系曲线

表 4-1　计算冷镦力的系数值

符号	项目	条件		数值	符号	项目	条件		数值
σ_b	冷镦材料的抗拉强度/MPa	10 钢		350	k	冷镦部分的形状系数	圆柱形		1.3
		20 钢		400			正方形、六角形		2.0
		25 钢		500			矩形		2.3
		30 钢		550			非对称形、复杂形		2.5～3.0
Z	变形系数	工序	形状	系数	μ	摩擦因数	面	润滑	系数
		预镦	简单	1.0～1.2			研磨	石墨	0.05～0.10
		精镦	简单	1.2～1.5			研磨	无	0.10～0.15
		精镦	复杂	1.5～1.8			精加工		0.15～0.20
N	工具形状系数	凹陷	棱角	系数			粗加工		0.20～0.30
		无	无	1.0					
		有	无	1.75～2.0					
		有	有	2.5					

（二）挤压力

正挤压力：

$$F = pA_0 = c\sigma_b\left(\ln\frac{A_0}{A_1} + e^{\frac{2\mu h}{s}}\right)A_0 \tag{4-16}$$

反挤压力：

$$F = pA = c'f\sigma_b\left(2 + \frac{0.5\mu d}{s}\right)A \tag{4-17}$$

式中，c、c'为材料的加工硬化系数，分别见表4-2及表4-3；A_0、A_1是毛坯及挤出部分的横断面积（mm^2）；μ为摩擦因数，按表4-4选取或取$\mu=0.1$（有润滑时）；h为凹模工作带长度（mm）；s为挤出件的壁厚，对于实心件则为挤出部分直径的一半（mm）；f是凸、凹模工作部分几何形状系数，一般取为0.8～1.3，合适的凸、凹模工作部分形状取偏小值，否则取偏大值；d是凸模工作部分直径（mm）；A是凸模与挤压毛坯的接触表面在凸模运动方向上的投影面积（mm^2）。另外，用锥形凹模挤压时，将上式计算结果乘以系数0.85。

表4-2　正挤压时材料硬化系数 c

材　料	抗拉强度 σ_b /MPa	空心件断面减缩率 ε_A（%）				实心件断面减缩率 ε_A（%）			
		40	60	80	95	40	66	80	95
纯铜	220	1.9	2.0	1.8	1.5	1.8	1.9	2.0	1.6
黄铜 H62	330	1.6	1.9	2.0	—	1.6	2.0	2.1	—
纯铝 L1	330	2.0	2.2	2.1	2.5	2.1	2.0	2.0	1.6
10钢	340	1.8	2.0	2.2	—	1.7	2.2	2.2	—
15钢	380	1.8	2.0	2.2	—	1.7	2.0	2.1	—
20钢	420	1.8	2.0	2.1	—	1.8	2.0	2.1	—
30钢	500	1.7	2.0	2.1	—	1.7	2.0	2.1	—
40钢	580	1.7	1.9	2.0	—	1.7	1.9	2.2	—
15Cr	450	1.5	1.7	1.8	—	1.5	1.7	1.9	—
18CrMnTi	720	1.5	1.7	1.9	—	1.5	1.7	1.9	—

表4-3　反挤压时材料硬化系数 c'

材　料	抗拉强度 σ_b/MPa	断面减缩率 ε_A（%）			
		40	60	80	95
纯铜	220	1.8	2.0	2.1	1.5
黄铜 H62	330	1.7	2.0	2.2	—
纯铝 L1	330	1.9	2.2	2.0	1.5
10钢	340	1.5	1.8	2.0	—
15钢	380	1.6	1.9	2.0	—
20钢	420	1.7	2.0	2.1	—
30钢	500	1.7	2.1	—	—
40钢	580	1.7	1.9	—	—
15Cr	450	1.4	1.7	1.9	—
18CrMnTi	720	1.5	1.7	—	—

表 4-4　摩擦因数 μ 值

材　　料	润滑剂	摩擦因数
铝	动物油	0. 15 ~0. 20
铝合金	动物油	0. 12 ~0. 15
纯铜	石墨 + 机油	0. 10 ~0. 13
黄铜	石墨 + 机油	0. 08 ~0. 10
钢	磷化 + MoS2	0. 06 ~0. 08

（三）正、反挤单位挤压力

正挤单位压力
$$p = 2\bar{\sigma}\left(\ln\frac{d_0}{d} + 2\mu\frac{h_1}{d}\right)e^{\frac{2\mu h_0}{d_0}} \tag{4-18}$$

反挤单位压力
$$p = \bar{\sigma}\left[\frac{d_0^2}{d_1^2}\ln\frac{d_0^2}{d_0^2 - d_1^2} + (1 + 3\mu)\left(1 + \ln\frac{d_0^2}{d_0^2 - d_1^2}\right)\right] \tag{4-19}$$

式中，h_1是凹模工作带高度（mm）；$\bar{\sigma}$ 是挤压材料的平均变形抗力（MPa），可在图 4-13 中查取，其他符号与前面相同或相对应。

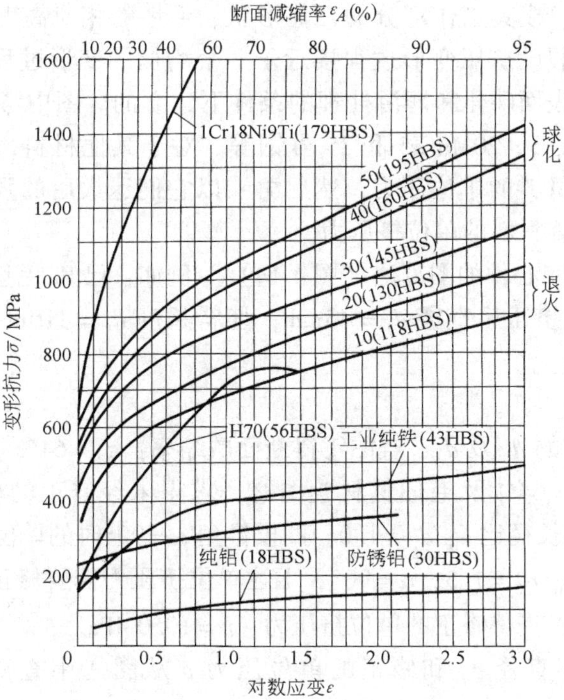

图 4-13　不同材料的变形抗力

经过对我国常用的冷挤钢材的试验研究，根据这些钢材的含碳量和含铬量及其他因素的实际情况，已提出适宜工程使用的单位挤压力的计算公式和图表，可从有关资料上查到。

(四) 复合挤压力

复合挤压的压力低于单一正挤压和单一反挤压的压力，而且当复合挤压不限定某一方向尺寸时：

$$F_{复} = \min(F_{正}, F_{反}) \tag{4-20}$$

当复合挤压限定某方向尺寸时：

$$F_{复} = F' \tag{4-21}$$

式中，F'为不限制尺寸的那一方向的挤压力。

三、图算法

用图算法确定冷挤压力比用公式计算法较为简单，可以省去比较复杂的数学运算，介绍如下：

(一) 黑色金属冷挤压力图算法

1. 图算法 I（德国工程师协会 VDE） 图算法考虑到挤压件的形状、材料性能、变形程度、模具工作部分的几何形状、毛坯的相对高度等主要因素的影响。图算法是在假设挤压变形过程接近于一个均衡的变形过程，并且是在坯料经过软化退火、表面磷化和润滑处理的条件下建立的。图中考虑了纯铁、15 号钢、15Cr、16MnCr5、20MnCr5 和 35 号钢等。对于其他材料，可根据其含碳量查与图中接近的材料的单位压力，然后再乘以它们退火后的强度极限的比值加以折算，即得被查材料的单位挤压力。

（1）正挤压实心件的图算法（图 4-14） 例如：已知 毛坯直径（或凸模直径）$d_0=75$mm；挤压后直径 $d_1=45$mm；坯料长度 $h_0=110$mm；凹模锥角 $\alpha=90°$；坯料为纯铁。

求解步骤：

1）根据相应的 d_0 及 d_1，查图①得断面减缩率：$\varepsilon_A=64\%$。

2）根据 $\varepsilon_A=64\%$ 及毛坯材料查图②，求得未经修正的单位挤压力：$p=850$MPa（是毛坯长径比 $h_0/d_0=1.0$，凹模锥角 $\alpha=90°$时的单位挤压力。）。

3）考虑到 $h_0/d_0=1.5$，$\alpha=90°$，上述单位挤压力需要修正，因此可根据图③中相应的曲线，查得修正的单位挤压力：$\bar{p}=1050$MPa。

4）根据毛坯直径 d_0 和修正的单位压力 $\bar{p}$ 从图④中查得总挤压力：$F=4500$kN。

（2）正挤压空心件的图算法（图 4-15） 先计算出毛坯横截面积 A_0 和变形后工件末端的横截面积 A_1，然后再用上述方法查表求得总挤压力 F。

（3）反挤压的图算法（图 4-16） 反挤压的图算法与上述基本相同，不同

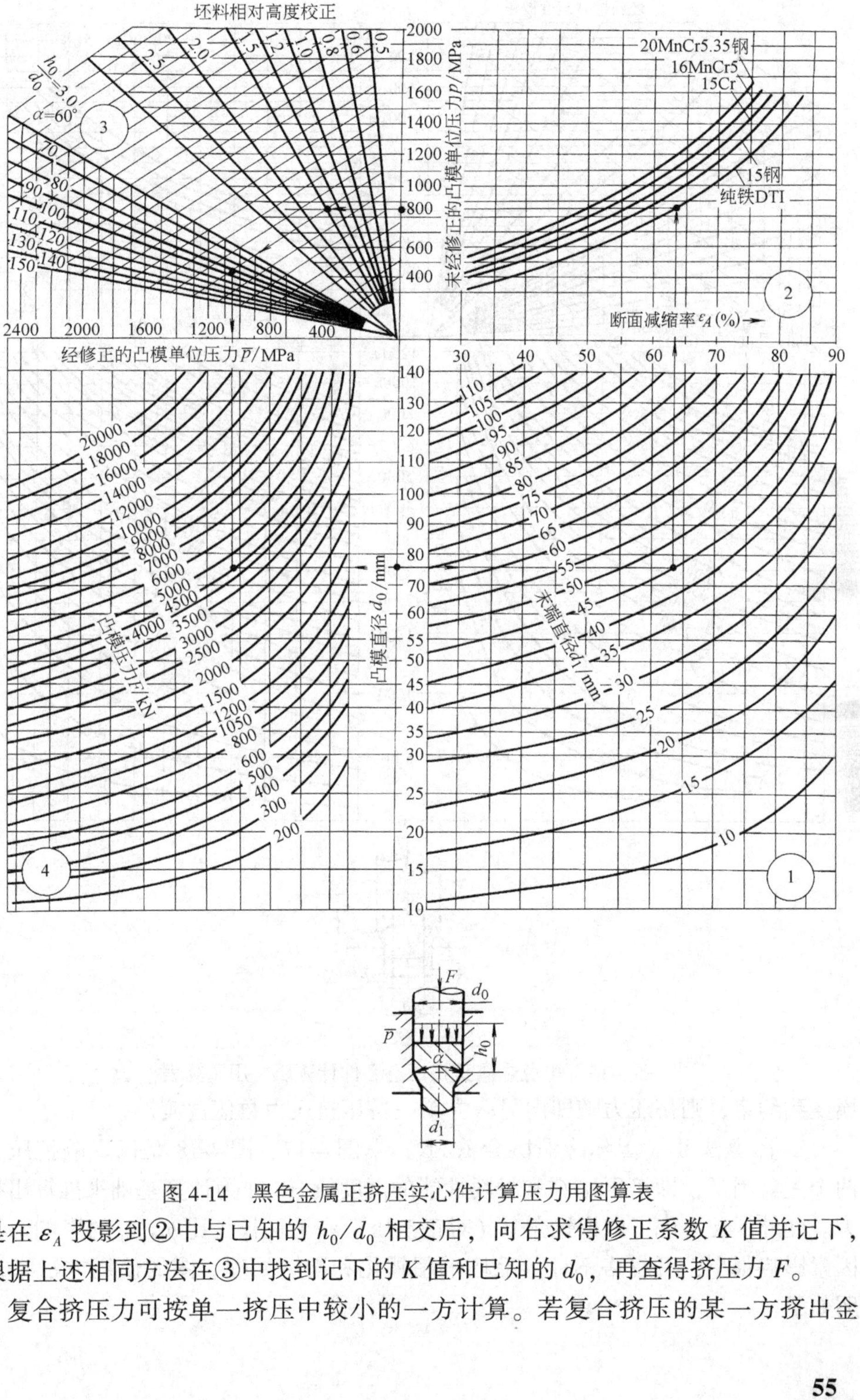

图4-14 黑色金属正挤压实心件计算压力用图算表

点是在 ε_A 投影到②中与已知的 h_0/d_0 相交后，向右求得修正系数 K 值并记下，再根据上述相同方法在③中找到记下的 K 值和已知的 d_0，再查得挤压力 F。

复合挤压力可按单一挤压中较小的一方计算。若复合挤压的某一方挤出金

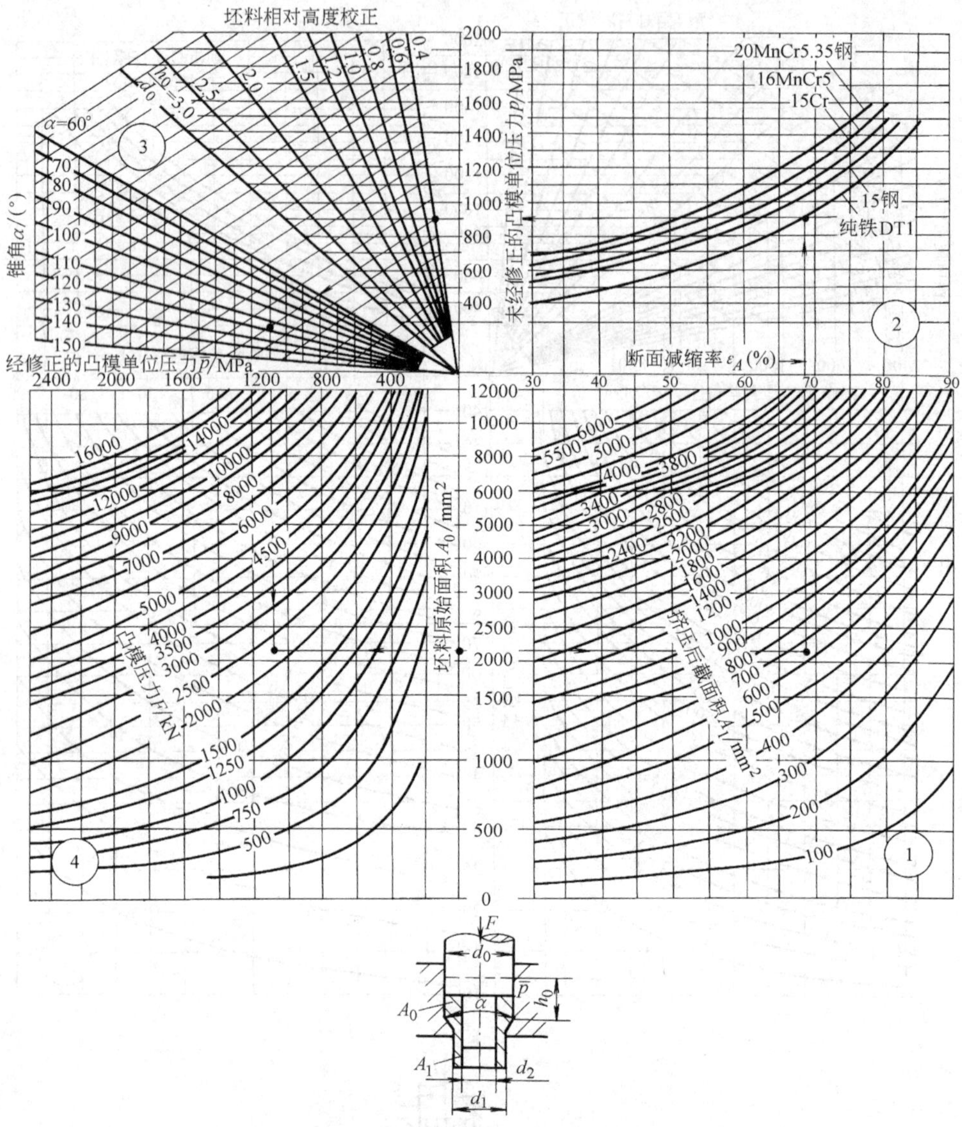

图 4-15　黑色金属正挤压空心件计算压力用图算表

属受到约束，则挤压力随即向另一方单一挤压挤压力数值过渡。

2. 图算法Ⅱ（国际冷锻协会 ICFG）　图 4-17、图 4-18 是以影响挤压力的两个主要因素，即挤压比 G 和材料性能的硬度值 HB 作为计算基础来推算出挤压力。此外，还考虑了凹模锥角 α（对正挤压）和毛坯长径比 h_0/d_0 的影响。其他因素影响很小，可忽略不计。毛坯采用磷化和润滑处理。图的使用方法举例说明如下：

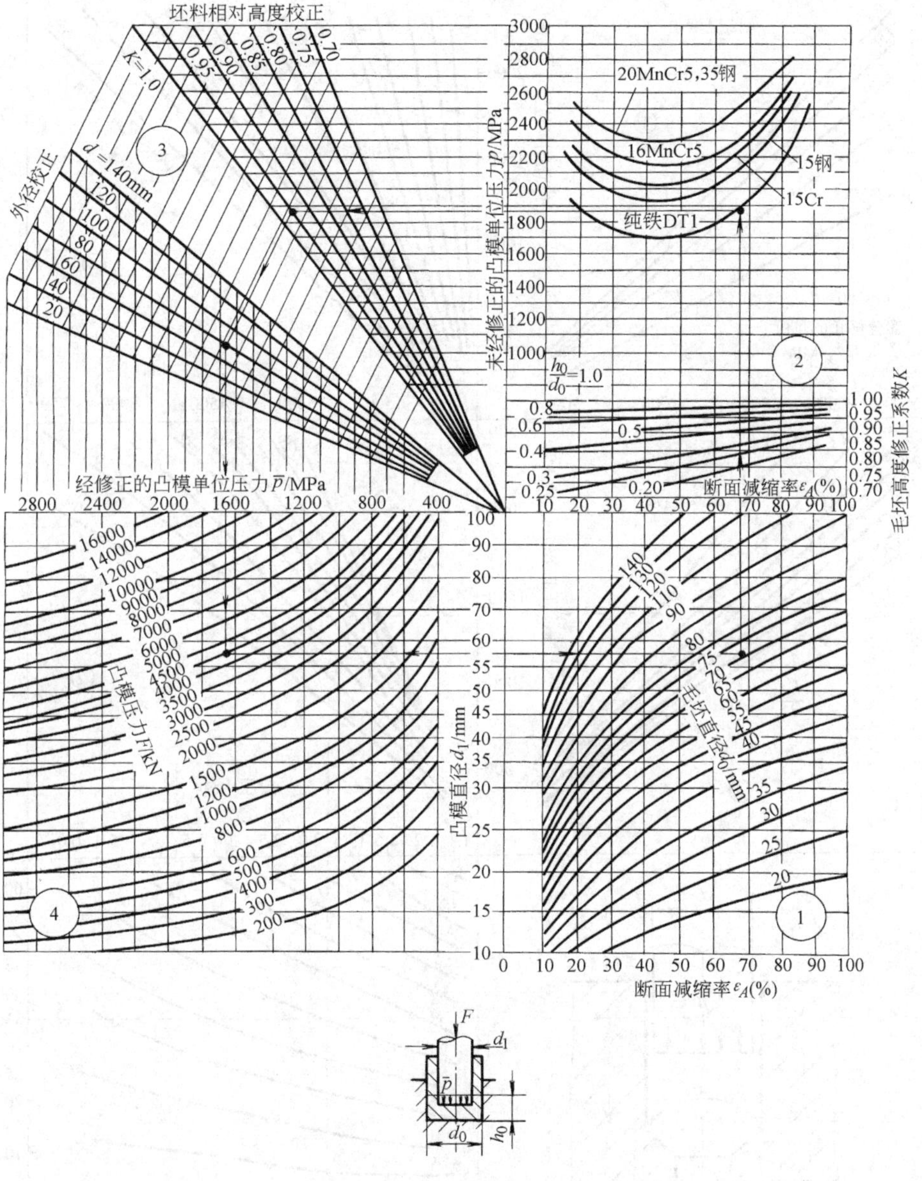

图 4-16　黑色金属反挤压计算压力用图算表

（1）正挤实心件图算法（图 4-17）　已知：毛坯直径 $d_0=35$mm；凹模出口直径 $d_1=25$mm；毛坯材料硬度 HBS = 140；毛坯长径比 $h_0/d_0=2$；凹模锥角 $\alpha=120°$

求解步骤：

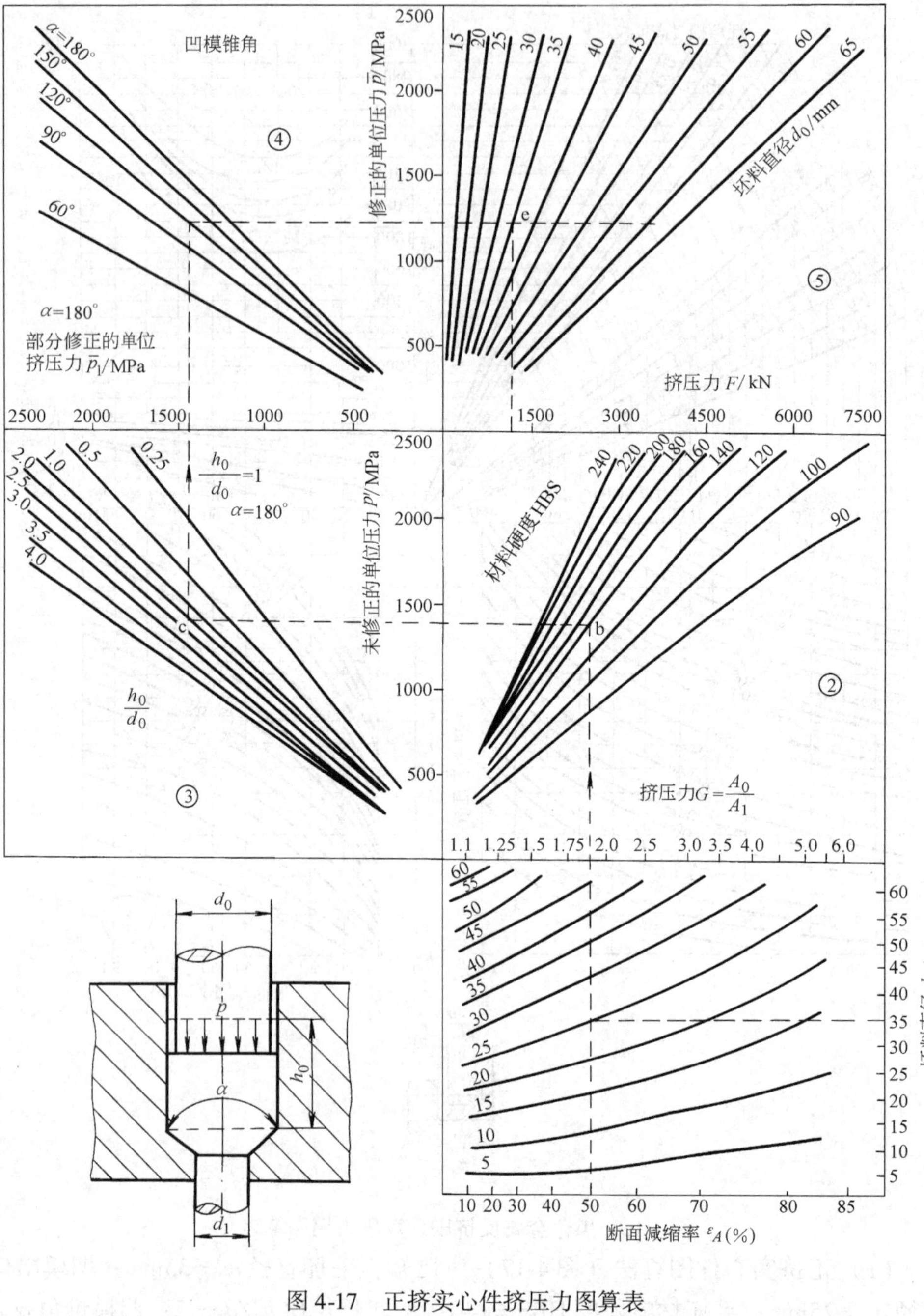

图 4-17　正挤实心件挤压力图算表

1）根据毛坯直径 d_0 和凹模出口直径 d_1 在图①中的交点 a 分别向上、下投影，得到挤压比 $G=1.96$ 和变形程度 $\varepsilon_A=50\%$。

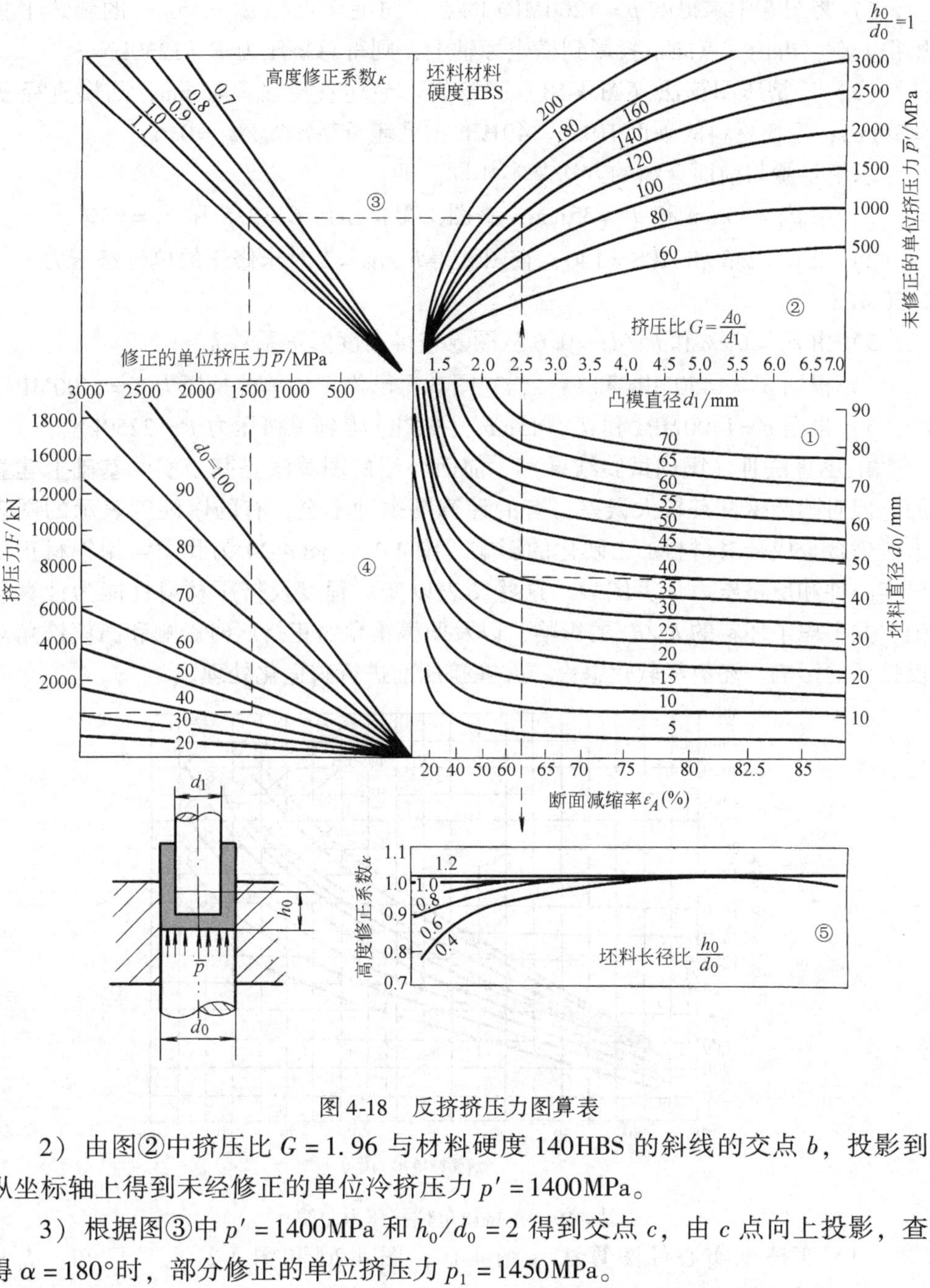

图 4-18　反挤挤压力图算表

2）由图②中挤压比 $G=1.96$ 与材料硬度 140HBS 的斜线的交点 b，投影到纵坐标轴上得到未经修正的单位冷挤压力 $p'=1400\text{MPa}$。

3）根据图③中 $p'=1400\text{MPa}$ 和 $h_0/d_0=2$ 得到交点 c，由 c 点向上投影，查得 $\alpha=180°$时，部分修正的单位挤压力 $p_1=1450\text{MPa}$。

4）将图④中 $p_1=1450\text{MPa}$ 的点投影到 $\alpha=120°$斜线上，得 d 点，由 d 点向右投影到纵坐标轴上，则得已修正的单位挤压力 $\overline{p}=1200\text{MPa}$。

5）将图⑤中求得的 $\bar{p}=1200\text{MPa}$ 的点，向毛坯直径 $d_0=35\text{mm}$ 的斜线上投影得 e 点，再由 e 点向下投影到横坐标轴上，则得总挤压力 $F=1230\text{kN}$。

（2）反挤压图算法（图 4-18）　已知：毛坯直径 $d_0=45\text{mm}$；凸模直径 $d_1=35\text{mm}$；毛坯材料的硬度 HBS = 140HBS；毛坯长径比 $h_0/d_0=0.6$。

求解步骤与前面介绍的方法基本相同。即：

1）由 $d_0=45\text{mm}$ 和 $d_1=35\text{mm}$，查图①得挤压比 $G=2.5$ 和 $\varepsilon_A=63\%$。

2）由 $G=2.5$ 和 HBS = 140，查图②得 $h_0/d_0=1$ 时未修正的单位挤压力 $\bar{p}'=1450\text{MPa}$

3）由 $\varepsilon_A=63\%$ 和 $h_0/d_0=0.6$ 从图⑤查得高度修正系数 $k\approx1$。

4）根据 $p'=1450\text{MPa}$ 和 $k\approx1$，查图③得已修正的单位挤压力 $\bar{p}=1400\text{MPa}$。

5）根据 $\bar{p}=1400\text{MPa}$ 和 $d_0=45\text{mm}$，查图④得到总挤压力 $F=2250\text{kN}$。

3. 图算法Ⅲ（国内试验结果）　前面介绍的图算法是基于实测基础上建立的。但对国产钢材有较大误差，有的计算图钢种不全，有的以硬度表示的图表未考虑合金成分对材料加工硬化的影响。图 4-19 ~ 图 4-24 为我国常用钢材正挤压实心件和反挤压力计算图表。这些图表以变形程度及挤压材料性能为计算基础，并考虑了坯料的 h_0/d_0 的影响，以及凹模锥角对正挤压时影响和凸模锥角对反挤压的影响。坯料经软化退火，并在挤压前进行磷皂化处理。

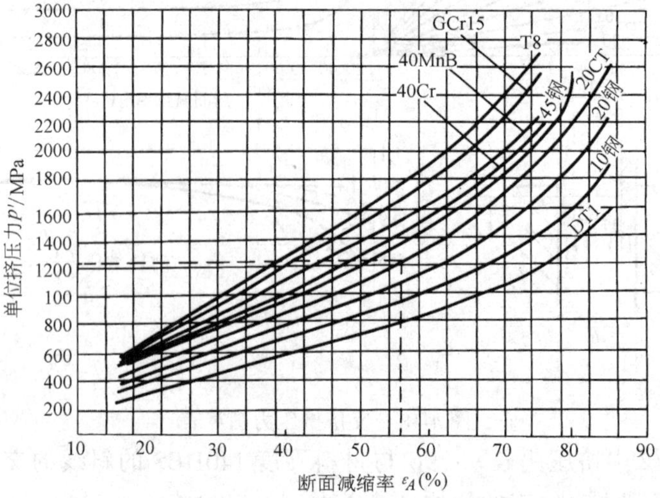

图 4-19　正挤压单位挤压力曲线

（1）正挤压实心件图算法（图 4-19，图 4-20 和图 4-21）　已知：$d_0=30.5\text{mm}$；$d_1=20\text{mm}$；$h_0=125.5\text{mm}$；$\alpha=120°$；材料：20Cr。

求解步骤：

1）根据毛坯直径 d_0 和挤压后直径 d_1 算出断面减缩率 $\varepsilon_A=57\%$，根据毛坯

长径比 $h_0/d_0=125.5/30.5=4.11$ 查图 4-21 得 $k_h=1.21$，查图 4-20 得 $k_\alpha=1.0$。

2）根据断面减缩率 $\varepsilon_A=57\%$ 查图 4-19 得到单位挤压力 $p'=1250\text{MPa}$。则实际单位挤压力 $p=k_\alpha k_h$，$p'=1.2\times1.21\times1250\text{MPa}=1513\text{MPa}$

总挤压力：$F=Ap=\frac{\pi}{4}\times30.5^2\times1513=30.52\times1513\text{kN}=1090\text{kN}$。

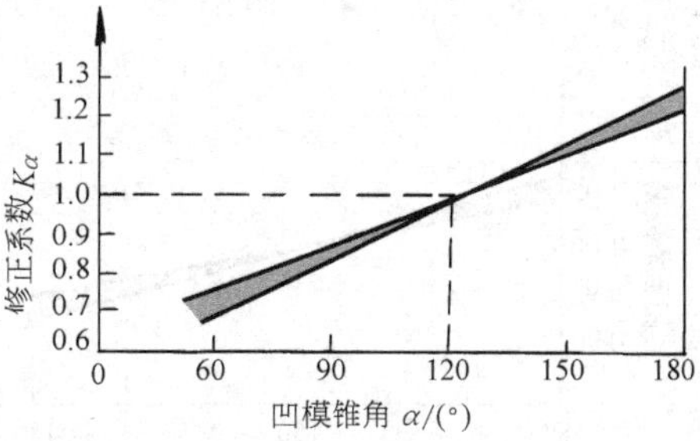

图 4-20　正挤压凹模锥角修正系数

注：ε_A 大时 k_h 取上限；反之，取下限

（2）反挤压力图算法（图 4-22、图 4-23、图 4-24）　已知：$d_0=25.5\text{mm}$；$d_1=22\text{mm}$；$h_0=21\text{mm}$；$\alpha=125°$；毛坯材料为 20 钢。

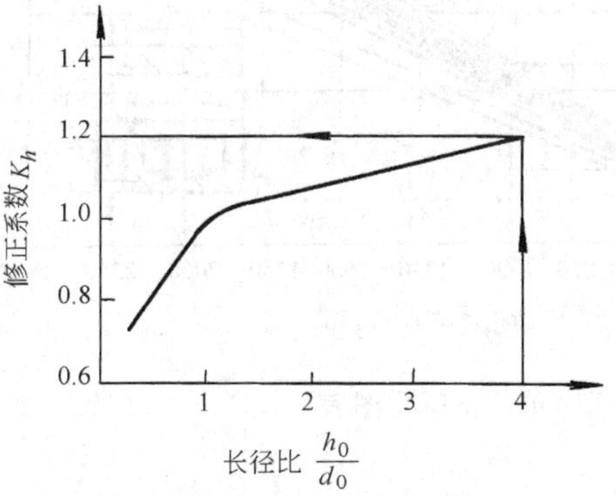

图 4-21　正挤压毛坯高度修正系数

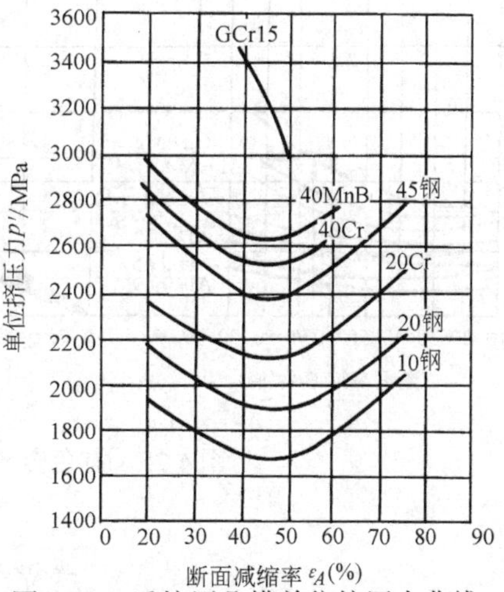

图 4-22　反挤压凸模单位挤压力曲线

求解步骤：

1）根据毛坯直径 d_0 和挤压后孔径 d_1 算出断面减缩率：$\varepsilon_A=74\%$。根据毛坯长度 h_0 和毛坯直径 d_0 算出长径比 $h_0/d_0=21/25.5=0.82$

2）根据 $\varepsilon_A=74\%$ 查图得 $p'=2160\text{MPa}$，查图 4-23 得 $k_\alpha=0.96$，查图 4-24 得 $k_h=0.99$。得 $p=k_\alpha k_h p'=0.96\times0.99\times2160\text{MPa}=2053\text{MPa}$

总挤压力：$F=Ap=\pi/4\times22^2\times2053\text{kN}=780\text{kN}$。

（二）有色金属挤压力的图算法

图 4-25、图 4-26 分别为有色金属反挤压、正挤压单位挤压力 p 的计算图表。求解步骤是根据挤压件材料、ε_A 和 h_0/s（毛坯高度与工件壁厚之比）按箭头所示方向查得单位挤压力，然后再将单位挤压力乘以凸模的投影面积，即可得到

挤压力。

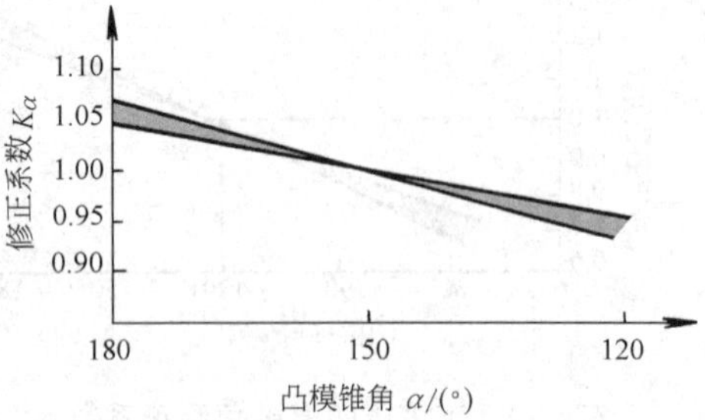

图 4-23　反挤压凸模锥角修正系数

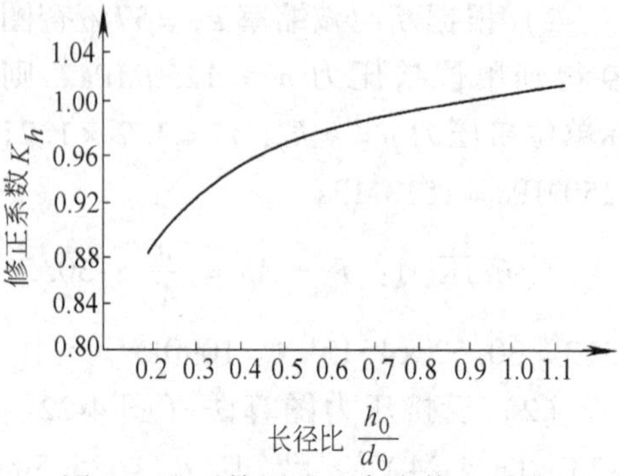

图 4-24　反挤压毛坯高度修正系数

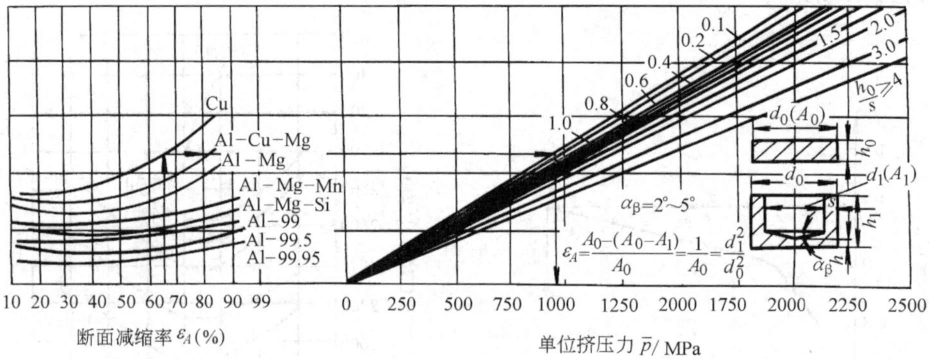

图 4-25　有色金属反挤压时单位挤压力图表

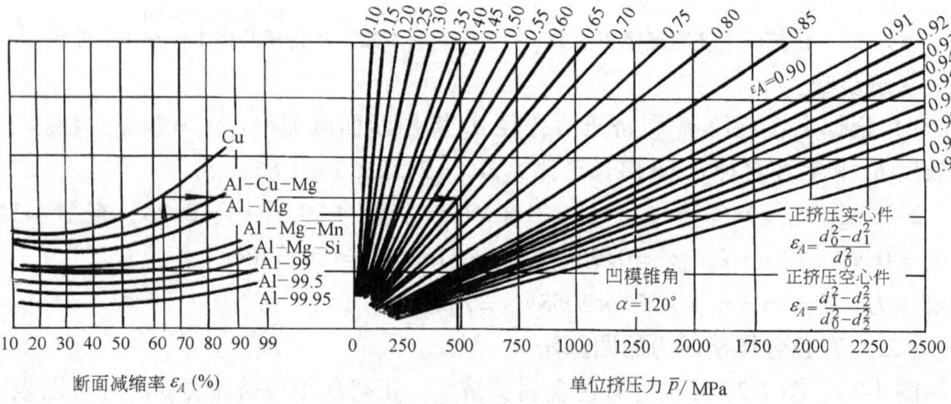

图 4-26　有色金属正挤压时单位挤压力图表

四、查表法

各种冷挤压变形的单位压力，有的还可从有关资料的表格数据值中直接查取。表4-5列出各种材料在挤压变形时的单位压力试验值或推荐值。

表4-5　不同钢种冷锻变形的单位压力 *p*

变形方式	$w_C \leqslant 0.1\%$的低碳钢		$0.1\% < w_C \leqslant 0.3\%$的渗碳钢		$0.3\% < w_C \leqslant 0.5\%$的碳钢、低合金钢	
	ε_A（ε_k）/%	p/MPa	ε_A（ε_k）/%	p/MPa	ε_A（ε_k）/%	p/MPa
正挤压	50～80	1400～2000	50～70	1600～2600	40～60	2000～2500
反挤压	40～75	1600～2200	40～70	1800～2500	30～60	2000～2500
缩颈	25～30	900～1100	24～28	1000～1300	23～28	1150～1500
自由镦粗	50～60	500～700	50～60	800～1000	50～60	1000～1500
模锻	30～50	1000～1600	30～50	1600～2000	30～50	1800～2500
型腔挤压		2000～2500		2000～2500		2200～2500

注：1. 表中ε_A（ε_k）系指变形方式为自由镦粗及模锻时选镦粗率ε_k作为参数，其余的变形方式选断面减缩率ε_A作为参数。其中$\varepsilon_A = \frac{A_0 - A_1}{A_0} \times 100\%$　$\varepsilon_k = \frac{H_0 - H_1}{H_0} \times 100\%$

2. 变形程度较大时，单位压力取偏上限；反之取偏下限。

第四节　冷挤压设备的选择

一、对设备的基本要求

冷挤压时单位挤压力很大，对挤压件的精度要求高，因此对冷挤压使用的压力机提出一些特殊要求。

（1）能量要大　冷挤压加工的压力大，行程长，用于冷挤压的压力机需要很大的能量。

（2）刚性要好　冷挤压的单位压力大，易使模具和压力机产生变形。为了保证较高的冷挤压件精度和较长的模具寿命，要求压力机具有较好的刚性。

（3）导向精度要高　冷挤压件的精度要求较高，单靠模具的导向装置是不能满足要求的。另外，当压力机的导向精度较低时，滑块下平面与工作台平面之间会产生倾斜，凸模会因受到附加弯曲应力的作用而折断。因此，为了保证冷挤压件的尺寸精度和较长的模具寿命，要求压力机和滑块的导向精度要高。

（4）要具备顶出机构　冷挤压后工件可能留在凹模中，因此要求压力机有在不拆卸下模的情况下能精确调节的顶出机构。顶出力一般应为压力机标称压力的10%左右。

（5）要有过载保护装置　为了保护模具及设备，压力机必须具备可靠的过载保护装置。

(6) 能提供合适的挤压速度　冷挤压加工是将大断面的毛坯压缩成小断面的挤压件。因此，在挤压过程中会有冲击作用，特别是当挤压速度较高时，上模接触金属毛坯的瞬间迅速降速而产生冲击。所以，要求用于冷挤压的压力机能提供合适的挤压速度。一般要求压机具有较高的空程向下和回程速度，在挤压过程中，挤压速度应尽可能保持均匀。一般认为，较好的挤压速度在0.1～0.4m/s范围内。

(7) 具有对模具进行润滑冷却的装置　冷挤压时单位压力大且会产生大量的热量。因此要求压力机具有良好的润滑冷却装置，能及时地向模具及被挤压毛坯喷射润滑冷却液，进行强制性的润滑和冷却，从而延长模具寿命。

二、液压机及机械压力机

(一) 优缺点分析

通常用于冷挤压的压力机主要分为两大类：机械压力机和液压机。一般，机械压力机主要用于冷挤压批量较大的中、小型零件，而对于批量较小的大型零件采用液压机较为合理。下面将两类压力机的特性进行比较分析。

(1) 行程次数　机械压力机的行程次数比液压机高，生产率也高。但液压机在一定范围内可任意调节行程次数，而机械压力机却不能调节。

(2) 行程长度　液压机比机械压力机的行程长度要长，且可任意调节。因此，液压机可以挤压毛坯长度较长、能量要求较大的零件。

(3) 压力大小　液压机能在整个行程中得到相同的压力和保持最高压力。而机械压力机根据行程位置不同所产生的压力是变化的，在下死点附近时可以产生标称压力，离开下死点越远，产生的压力越小，在行程中点附近时，产生的压力仅为标称压力的35%～50%。

(4) 下死点位置　机械压力机的下死点位置是一定的，而液压机是用限位开关来限定的，下死点的位置精度比机械压力机差得多。因此，当挤压件的底厚精度要求高时，应采用机械压力机。

(5) 电动机功率　机械压力机由于用飞轮积蓄能量，因此电动机功率可以是冷挤压加工所需能量的几分之一，下次工作以前，仅需补充失去的那部分能量。液压机没有飞轮，在用液压泵直接传动的液压机上，液压泵的电动机功率往往需要大于冷挤压所需的变形功率。因此，液压机比相同吨位的机械压力机的电动机功率要高得多。

(6) 粘滞性　一般地说，液体是不可压缩的。但当液体中溶入较多的空气，且承受21MPa左右的高压时，高压缸内的液体就有压缩性。这就会引起高压缸内高压液体的体积变化，无负荷时高压缸容积的变化约为1%左右，是液压机机身弹性变形的数倍。因此，在液压机上进行冷挤压加工，当凸模刚与被挤压毛坯接触时，会产生瞬间停滞，这就会造成挤压负荷上升，缩短模具的寿命。但是，这种停滞现象能使液压机在行程终点时保持压力，减少回弹，提高冷挤压件精度。机械压力机无这种停滞现象。

(7) 侧压　机械压力机由于结构上的原因，会产生水平分力，导致导轨磨损，间隙加大，导向精度下降。当挤压凸模较长时，此水平分力是折断凸模的原因。液压机滑块不会产水平方向的分力。

(8) 过裁保护装置　液压机有安全阀作为过载保护装置，比较安全可靠。机械压力机过载保护装置是机械式的，可靠性不如安全阀。

(9) 维修与保养　液压机易漏损，需经常更换密封装置，维修费比机械压力机高。

(10) 自动送料装置　机械压力机的自动送料装置便于利用压力机驱动轴传动。因此，在机械压力机上装设自动送料装置比液压机简单。

(二) 主要技术参数

压力机的主要技术参数是反映一台压力机的工艺能力、所能加工零件的尺寸范围以及有关生产率等指标。

1. 机械压力机的主要技术参数

(1) 标称压力　曲柄转角离下死点前某一角度或滑块离下死点某一距离时，滑块上所允许的最大工作压力称为标称压力；这个角度称为标称压力角；这段距离称为标称压力行程。通用曲柄压力机的标称压力角一般为25°～30°，冷挤压力机的标称压力角为45°左右。

(2) 滑块行程　滑块从上死点到下死点所经过的距离，称为滑块行程。它等于曲轴半径的两倍。

(3) 滑块每分钟行程次数　滑块每分钟从上死点到下死点，然后再回到上死点所往复的次数，称为滑块每分钟行程次数。

(4) 封闭高度和调节量　滑块在下死点时，滑块底面到工作台面的距离称为封闭高度。封闭高度调节装置所能调节的距离，称为封闭高度调节量。当滑块在下死点时，滑块调整到最上位置，滑块底面到工作台面的距离，称为最大封闭高度；滑块调整到最下位置，滑块底面到工作台面的距离，称为最小封闭高度。

装模高度是指滑块在下死点时，滑块下表面到工作台垫板上表面的距离。封闭高度与装模高度之差就是垫板厚度。

(5) 工作台尺寸和滑块底面尺寸　这是指工作台和滑块底面的前后、左右的距离。

2. 液压机的主要技术参数

(1) 标称压力　液压机名义上能产生的最大压力称为标称压力。它在数值上等于工作液体压力与工作柱塞总工作面积的乘积。

（2）最大净空距　活动横梁停在上限位置时，从工作台上表面到活动横梁下表面的距离，称为最大净空距。单臂式液压机的最大净空距为工作缸底的下平面至工作台上表面的距离。

（3）最大行程　活动横梁位于上限位置时，活动横梁上的立柱导套下平面到立柱限程套上平面的距离称为液压机的最大行程，即活动横梁能移动的最大距离。

（4）立柱中心距　这是指立柱中心线在宽边和窄边的距离。它反映四柱式液压机平面尺寸上工作空间的大小。单臂式液压机在平面尺寸上影响工作空间大小的参数是喉深。喉深是指单臂式液压机工作缸中心线到机架内侧表面的距离。

（5）回程力　这是指液压机回程时的最大力量。

（6）最大偏心距　指当制件变形抗力接近标称压力时，液压机所能允许的最大偏心值。

（7）活动横梁运动速度　活动横梁运动速度分为工作行程速度及空程速度两种。

（8）工作台尺寸　即工作台前后、左右的距离。

三、压力机的选用

（一）冷挤压工艺示功图与压力机许用负荷图的关系

先分析不同类型的压力机许用负荷图，见图 4-27。由图可以看出：

1）同样是 1600kN 的机械压力机，但偏心齿轮式的冷挤压力机发出的能量比通用曲柄压力机要大得多。因此，通用曲柄压力机不适宜挤压长工件，否则就有可能超载。

2）肘杆式压力机尽管标称压力较大，但这仅产生在滑块离下死点前 3 ~ 10mm 的范围内。因此，这种压力机仅适用于反挤压高度很小的毛坯和变形程度很大的有色金属。

3）油压机在离下死点前很大一段行程范围内都可以保持平稳的工作压力，且发出的能量也大，因此特别适合于挤压行程长的零件。

现把冷挤压、冲裁、弯曲等工艺示功图（挤压力与行程关系图）与压力机的许用负荷图画在一起，见图 4-28。由图可以看出，通用机械压力机可以用作冲裁、弯曲和工作行程很短的冷挤压等工艺的加工，不适宜冷挤压行程很长的工件。否则，很可能出现如图 4-28d 所示的情况：冷挤压时压力-行程曲线超出了压力机的许用负荷曲线，这是不允许的。

（二）机械压力机的选用

求出所需的挤压力以后，仅以此为依据去选择机械压力机的标称压力是不

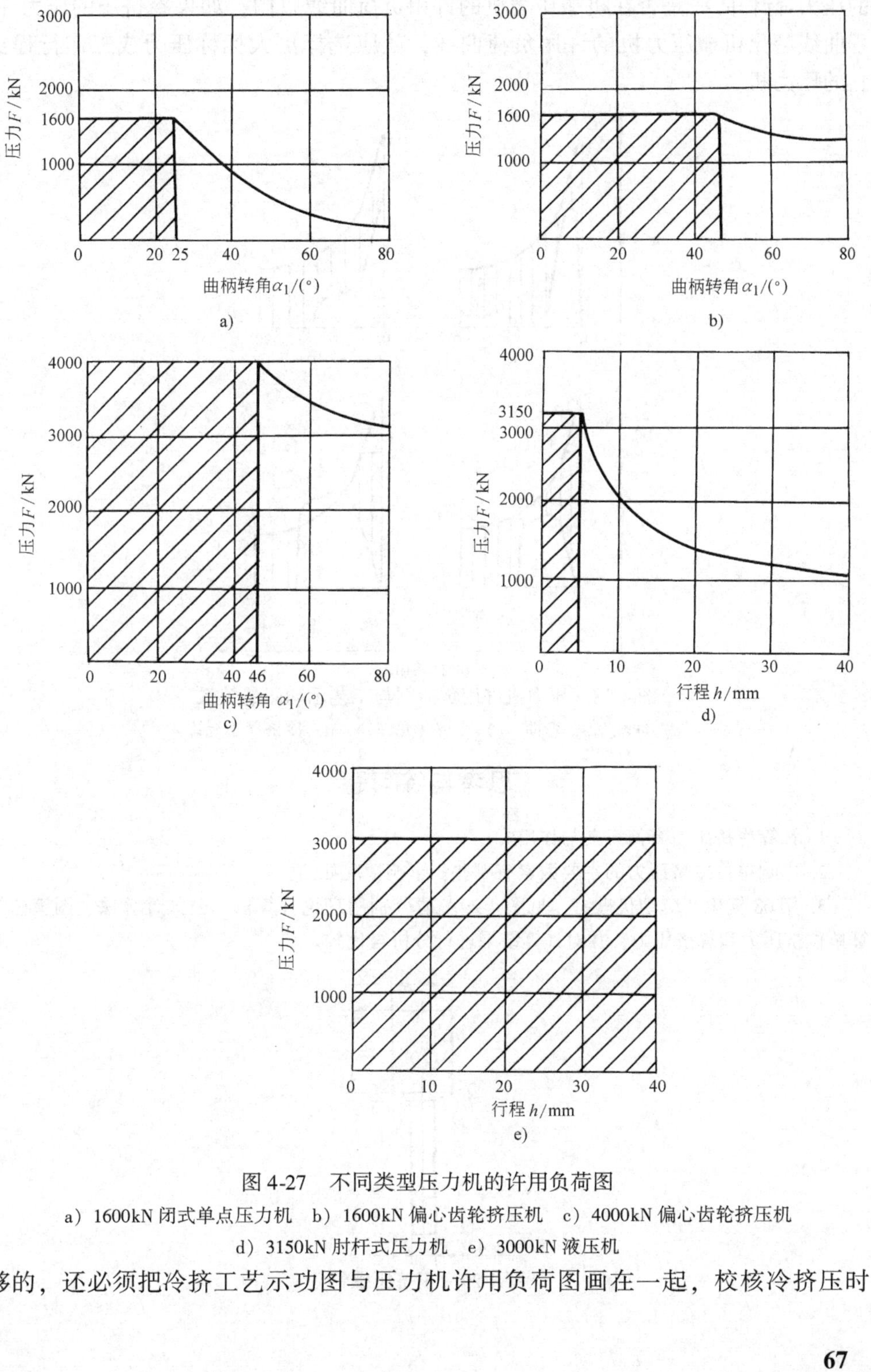

图 4-27 不同类型压力机的许用负荷图

a）1600kN 闭式单点压力机 b）1600kN 偏心齿轮挤压机 c）4000kN 偏心齿轮挤压机
d）3150kN 肘杆式压力机 e）3000kN 液压机

够的，还必须把冷挤工艺示功图与压力机许用负荷图画在一起，校核冷挤压时的压力-行程曲线是否在机械压力机的许用负荷曲线以内，如果冷挤压的压力-行程曲线超出机械压力机的许用负荷曲线，就应选择更大标称压力或工作行程更长的压力机。

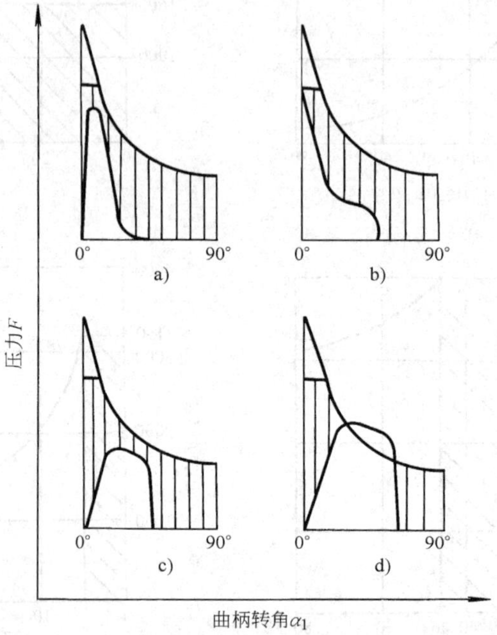

图 4-28　压力机许用负荷图与工艺示功图的关系

a）冲裁　b）弯曲　c）冷挤（允许）　d）冷挤（不允许）

思考与练习题

1. 计算冷挤压力有何意义与作用？

2. 影响单位冷挤压力的主要因素有哪些？影响情况如何？

3. 用08钢生产缝纫机螺钉，见图4-29。请分别用理论计算法、公式计算法、图算法计算单位挤压力和总挤压力，并对计算结果进行分析与比较。

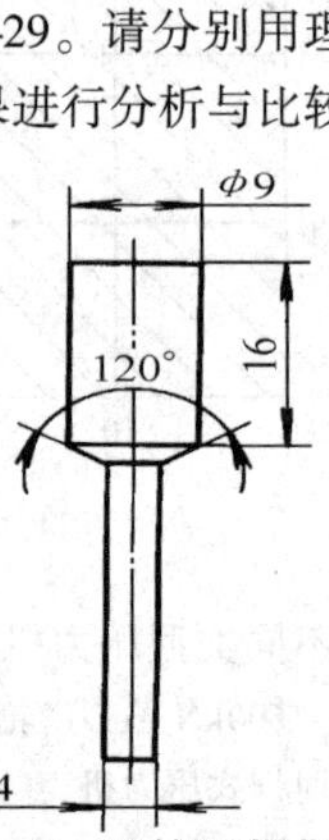

图 4-29　正挤压螺钉

4. 反挤压 16Mn 材料的汽车万向节轴承套，见图 4-30。请分别用理论计算法、公式计算法、图算法计算单位挤压力和总挤压力，并对计算结果进行分析与比较。

5. 冷挤压工艺对压力机的特殊要求有哪些？选择冷挤压设备的原则是什么？

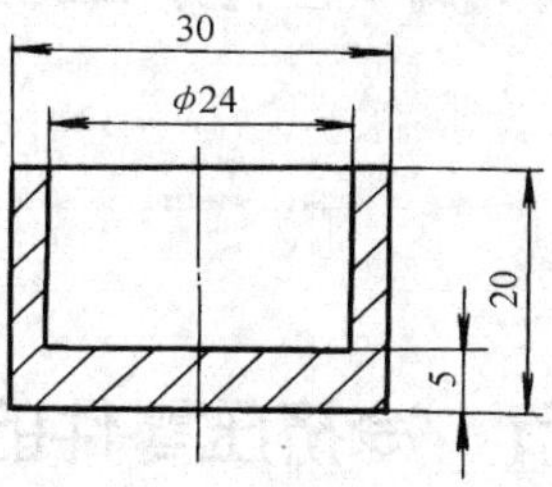

图 4-30　反挤压轴承套

第五章　冷挤压加工工序的设计

第一节　冷挤压零件的分类

冷挤压件按照其轮廓形状以及与其直接有关的工艺特点，可以分为五个基本类别。根据在挤压件主体形状上存在的从属部分的形态，还可以把这五种基本类型进一步分成若干小类。表 5-1 列有挤压件的主要类别与组别，以及每组中的典型形状和变体形状。按照这种分类方法，各类挤压件的特征如下：

1. 阶梯轴类（Ⅰ类）　即带有粗大部分的杆形阶梯轴挤压件。属于这一类的挤压件，是由一个粗大部分与杆子所组成。它的形状细长而狭窄，以具有杆形部分为主要特征，其长度显著地大于其余尺寸。根据粗大部分所处位置，又可将杆类件分为两组：第 1 组中，在零件的单方向上具有阶梯，即挤压件杆的一端具有粗大部分；第 2 组挤压件，粗大部分位于中间部位，即在双方向上具有阶梯形状。

表 5-1　冷挤压零件类别

类别	挤压件名称	挤压件特征		挤压件分组				
				单阶	多阶	端面带凹窝	端面带浅孔	锥形过渡
Ⅰ	阶梯轴	1	单向台阶	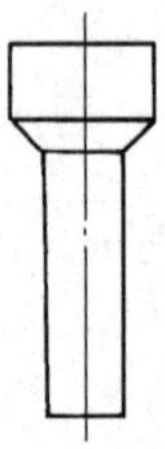	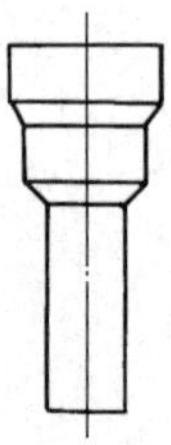	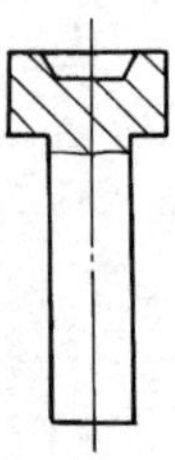	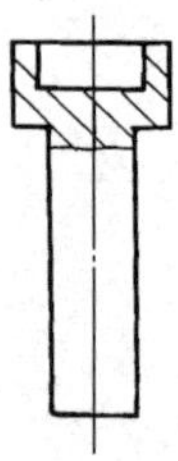	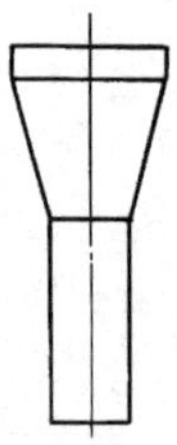
		2	双向台阶	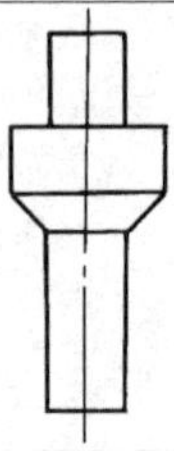	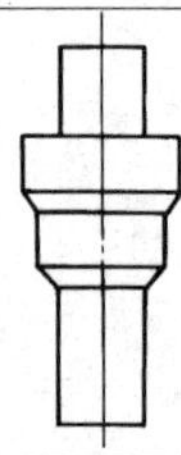	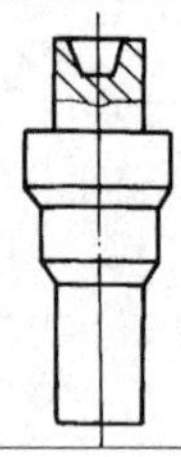	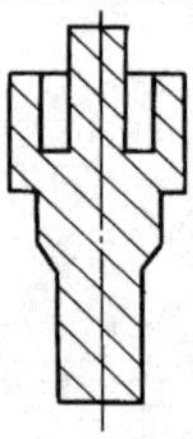	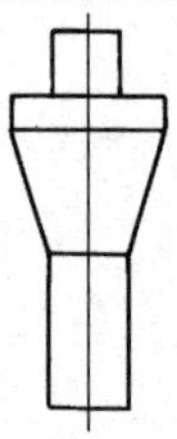

（续）

类别	挤压件名称	挤压件特征		挤压件分组				
				单阶	多阶	端面带凹窝	端面带浅孔	锥形过渡
Ⅱ	空心类			直孔	阶梯孔	带凹窝	双向带孔	锥孔
		1	不通孔	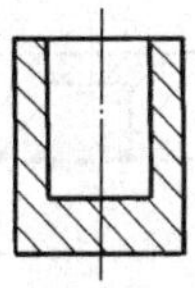	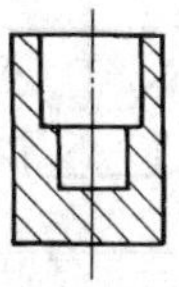	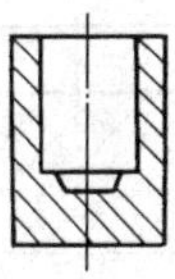	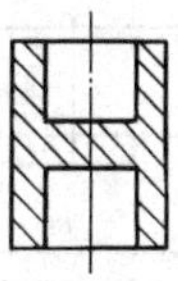	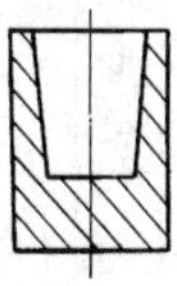
		2	附有凸体	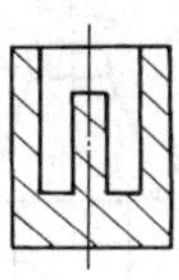	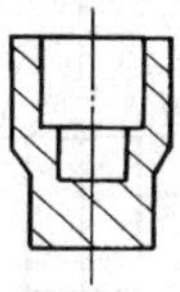	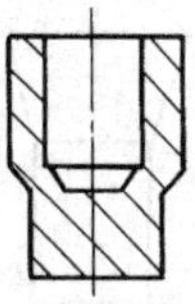	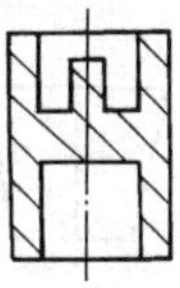	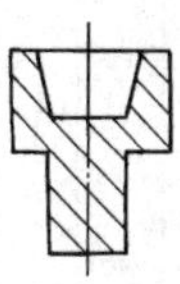
		3	通孔	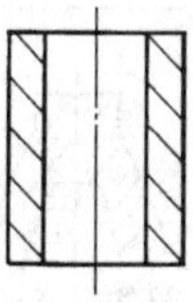	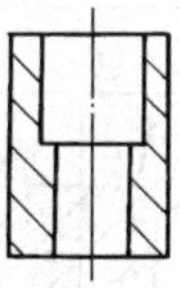		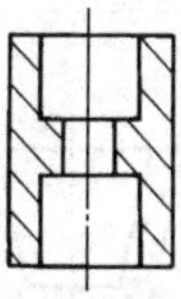	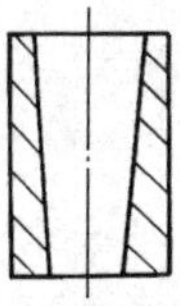
Ⅲ	凸缘类			直孔	阶梯孔	双向带孔	通孔	附凸出部分
		1	一端带凸缘	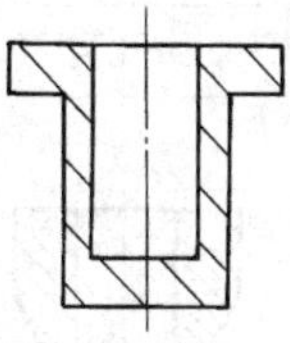	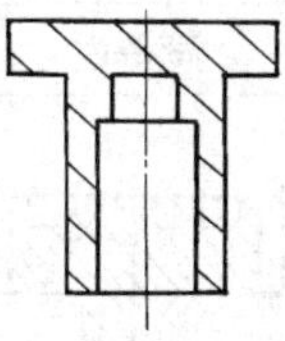	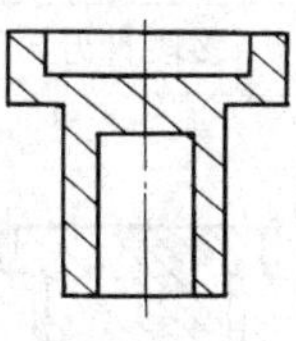	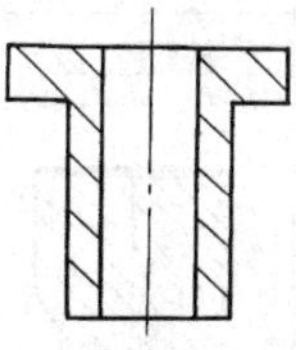	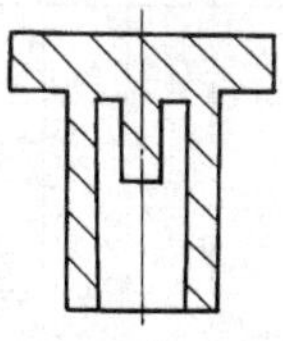
		2	中间带凸缘	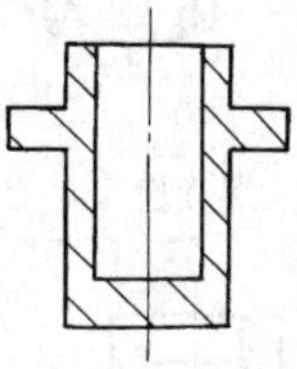	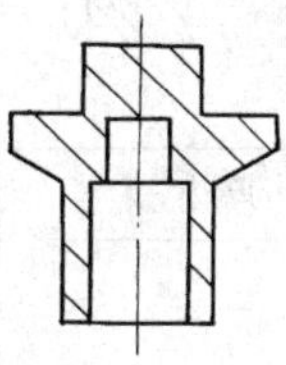	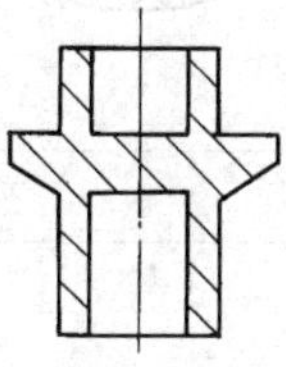	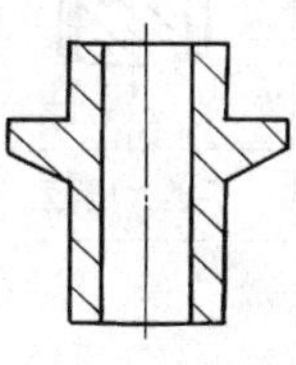	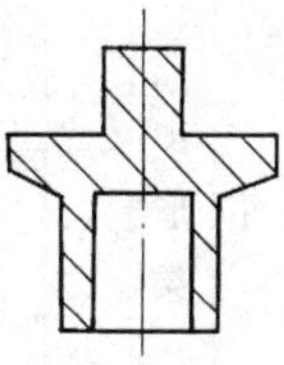
Ⅳ	盘形类			实心体	带直孔	带锥孔	细小孔径	双向带孔
		1	板状	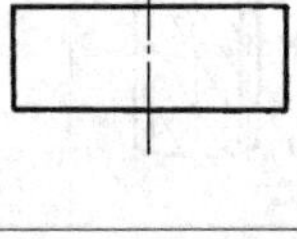	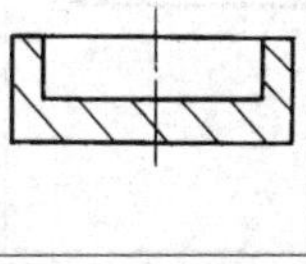	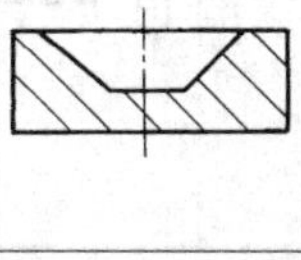	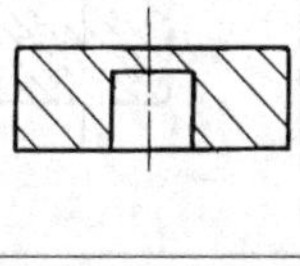	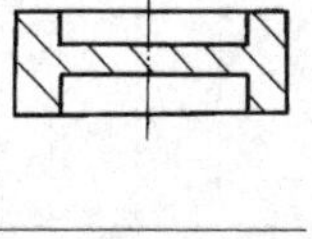

（续）

类别	挤压件名称	挤压件特征		挤压件分组				
				单阶	多阶	端面带凹窝	端面带浅孔	锥形过渡
Ⅳ	盘形类	2	附有凸缘	实心体	带直孔	带锥孔	细小孔径	双向带孔
				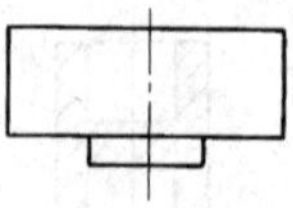	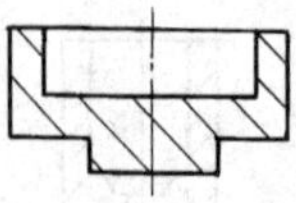	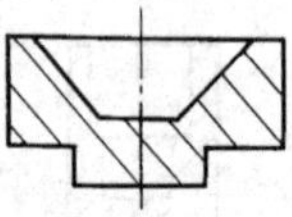	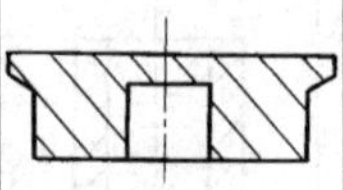	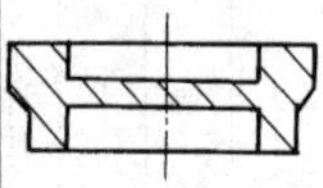
Ⅴ	锥形类	1	外锥	整体锥形	单向台阶		双向台阶	
				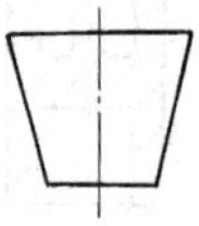	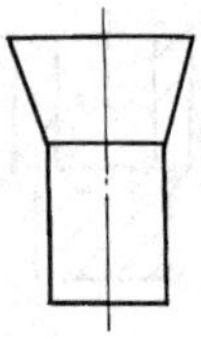	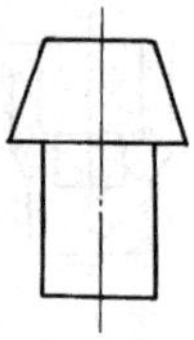	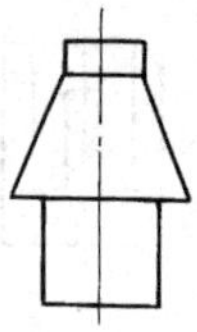	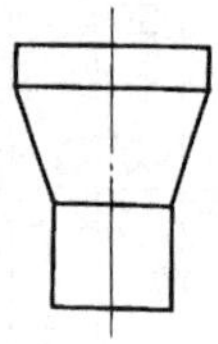
		2	锥孔	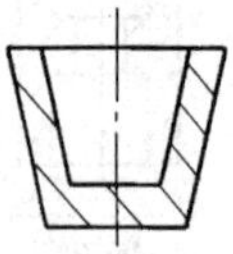	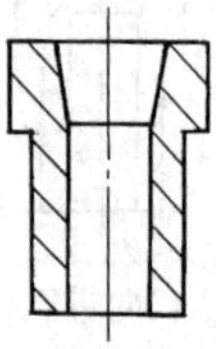	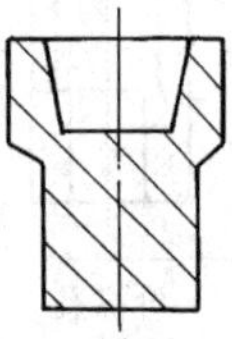		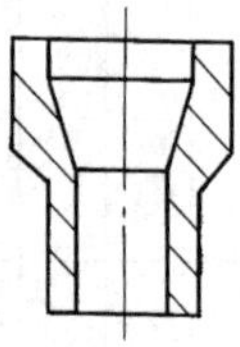
Ⅵ	齿形类	1	外齿	普通直齿	多段直齿	带槽齿	带孔齿	锥齿
				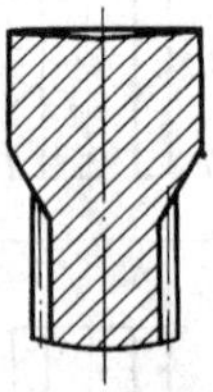	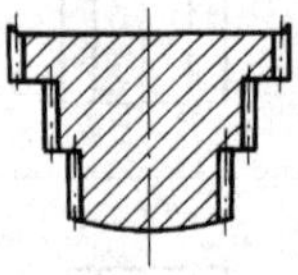	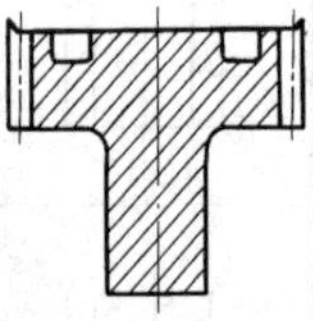	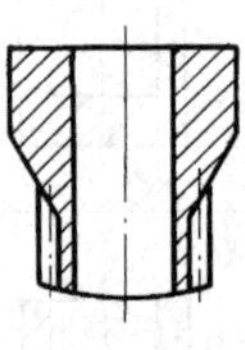	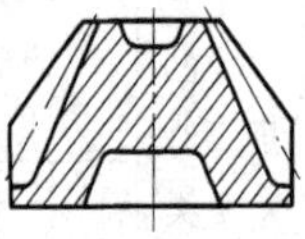
		2	内齿及异形齿	内齿	变齿厚齿	螺旋齿		
				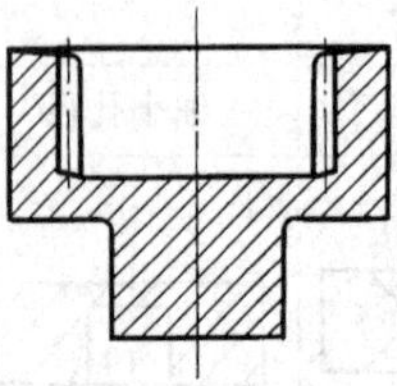	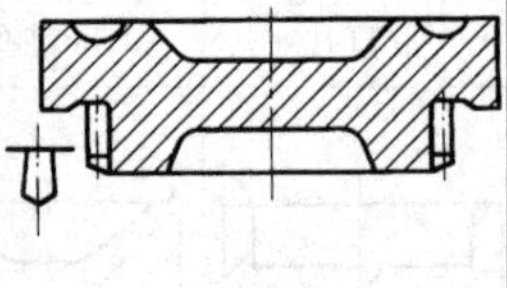	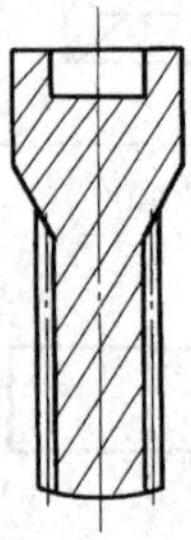		

2. 空心类（Ⅱ类）　具有各种孔或穿透的孔，它可分为三组：第一组的主体轮廓清晰，无任何从属部分的不通孔零件；第二组是具有从属部分的挤压件，即在局部附有凸体形状；第三组为通孔的空心零件。

3. 凸缘类（Ⅲ类）　其主要特征是在其局部位置上存在着一个独特的形体，它突出零件的本体部分，呈粗大扁平形状，称为零件的凸缘部分。

4. 盘形类（Ⅳ类）　呈扁平形状，其高度尺寸明显小于其他轮廓尺寸。

5. 锥形类（Ⅴ类）　挤压件上的某一部分形状为锥形。

6. 齿形类（Ⅵ类）　挤压件上的某一部分形状为齿形。

所给零件从属于上述分类中的哪一类别明确之后，它的挤压工艺也就基本定形了。因为同一类的零件都具有一些共同特性，所以就有可能以此来选择挤压工序和确定成形方法。

第二节　冷挤压零件的设计

冷挤压加工的技术、经济效益，主要取决于合适的工艺过程设计，这又取决于冷挤压零件设计。因此，冷挤压零件设计目标和要求是：工艺上合理、经济上合算。

一、对冷挤压零件的设计要求

冷挤压零件的设计是冷挤压工艺设计的基础。冷挤压零件图是根据产品零件图、冷挤压工艺和机加工工艺要求及经济原则进行设计的。设计时必须遵循下列基本原则：

1）冷挤压件结构必须利于冷挤压工艺的变形特性，尽量达到少无切削加工。

2）设计的零件形状要宜于冷挤压成形，使模具受力均匀，保证足够的模具寿命。

3）对确定的零件尺寸及精度要求，应该在冷挤压成形可能范围之内。

4）冷挤压件结构在保证成形和模具寿命的条件下，应尽量减少成形工步。

5）用机加工等其他方法更适宜实现的形状、尺寸要求的零件，不应强求用冷挤压方法；否则，经济上不一定合算。

6）非对称形状的冷挤压件可合并为对称形状进行挤压。

二、冷挤压零件的结构工艺性

1. 对称性　冷挤压件的形状最好是轴对称旋转体，其次是对称的非旋转体，如方形、矩形、正多边形、齿形等。冷挤压件为非对称形时，模具受侧向力，易损坏（图5-1）。

2. 断面积差　在零件不同断面上，特别是在相邻断面上的断面积差设计得越小越有利。断面积差较大的冷挤压件，可以通过改变成形方法，增加变形工序而获得小的断面积差（图5-2）。

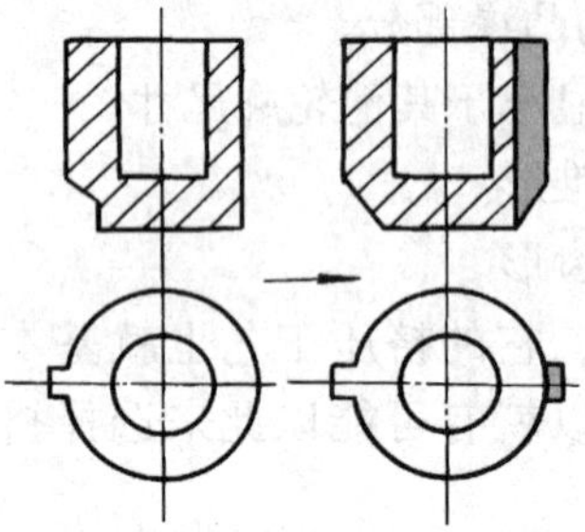

图5-1　对称性

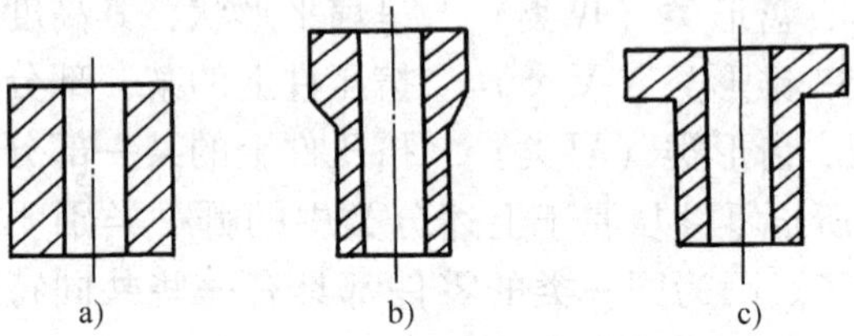

图5-2　减少断面积差的设计

a）坯料　b）中间工序　c）工件

3. 断面过渡及圆角过渡　冷挤压件断面有差别时，通常应设计从一个断面缓慢地过渡到另一个断面，避免急剧变化，可用锥形面或中间台阶来逐步过渡（图5-3），且过渡处要有足够大的圆角。

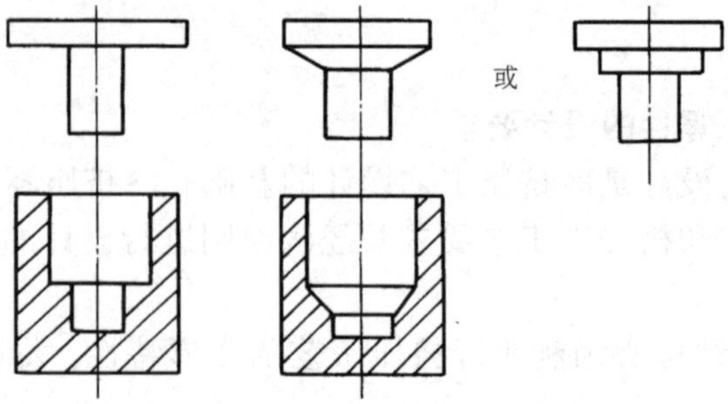

图5-3　断面的合理过渡

a）工件　b）过渡的中间工序件

4. 断面形状

（1）锥形问题　锥形件冷挤压会产生一个有害的水平分力，故应先冷挤加工成圆筒形（图5-4a）；然后单独镦出外部锥体或切削加工出内锥体（图5-4b）。

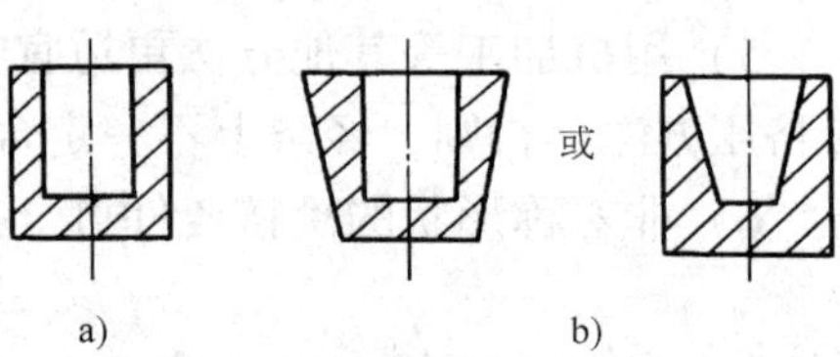

图5-4　锥形件的冷挤压

a）圆筒件中间工序　b）工件

（2）阶梯形　图5-5所示的阶梯形件适宜于采用正挤压或减径挤压，但差异很小的阶梯冷挤压则不经济。图5-6

所示为空心阶梯形件，其阶梯之间的尺寸相差很小，最好先挤成大阶梯形或简单空心件，然后再切削出来。

（3）避免细小深孔 挤压直径过小的孔或槽是很困难的，也不经济，应尽量避免。此外，带有侧孔、沟槽及螺纹等均不宜用冷挤压方法成形，而要用机械加工的方法来制造。

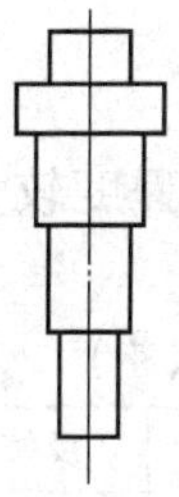

图 5-5 实心阶梯形件

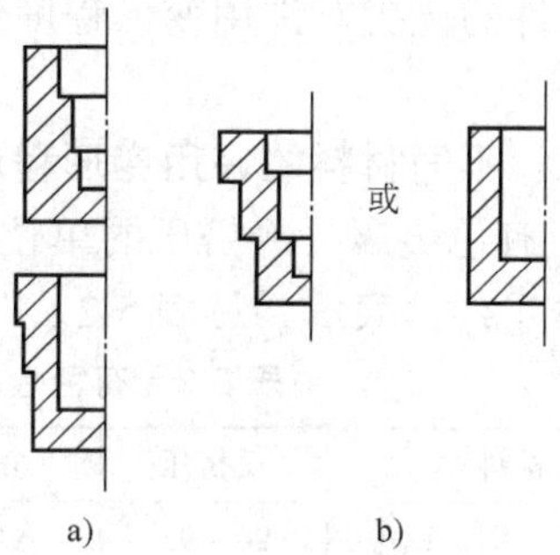

图 5-6 空心阶梯形件
a）工件 b）中间工序

第三节 冷挤压许用变形程度

每道冷挤压工序能挤出合格产品的最大变形程度称为许用变形程度。就塑性变形的可能性而言，三向压应力状态是最好的应力状态，能够实现更大的塑性变形，所以冷挤压的变形程度是比较大的。但是，它又要受到模具强度和寿命的限制。如果变形程度取得过大，模具寿命就会缩短，甚至破裂；如果变形程度取得过小，则要增加冷挤压工序，降低生产效率。因此，应当在保证产品质量、模具寿命的前提下，按照使冷挤压工序数减少到最低限度的原则来选用冷挤压的变形程度。

一、影响许用变形程度的因素

1. 模具许用单位压力 冷挤压模具的强度越高，模具许用单位压力就越大，则许用变形程度也就越大。在当前技术条件下，从模具材质、结构、寿命等方面考虑，钢的冷挤压模具许用单位压力以 2000 ~ 2500MPa 为高限来确定许用变形程度是可行的。

2. 材料种类 被挤金属材料强度越大，挤压时变形抗力也越大，则许用变形程度就越小。挤压件的材料种类不同，许用变形程度是不一样的，有色金属比黑色金属的许用变形程度值大，黑色金属的许用变形程度又随含碳量的增加而减小。

3. 挤压方式　同一挤压件采用不同的冷挤压方式，需用的单位挤压力不一样，因而许用变形程度也就不一样。正挤压和反挤压的许用变形程度是不同的。

4. 模具工作部分的结构形状　模具工作部分的形状不同，成形相同挤压件所需的单位挤压力也不一样，因此，许用变形程度也就不一样。

5. 润滑条件　坯料表面润滑条件好坏直接影响到单位挤压力的大小，因此，润滑条件的优劣对许用变形程度值有较大的影响。

二、不同材料的许用变形程度

1. 有色金属　冷挤压的单位压力较小，其许用变形程度较大，以许用断面减缩率［ε_A］表示，见表5-2。

表5-2　有色金属的许用断面减缩率［ε_A］（%）

材料	反挤压	正挤压	材料	反挤压	正挤压
铅、锡、锌、铝等	90～95	95～99	铝合金2A11	75～82	92～95
无氧铜、纯铜	75～90	90～95	黄铜	73～75	75～87
铝合金5A03	92～98	95～98	1. 要求润滑好 2. 低强度金属取上限，高强度金属取下限		

2. 黑色金属　正挤压时坯料材料硬度与许用变形程度的关系见图5-7。该曲线由实验测得，其试验条件是：坯料的相对高度 $h_0/d_0=1$，坯料经退火软化、表面磷化皂化处理，模具的许用单位压力分别为2000MPa和2500MPa。

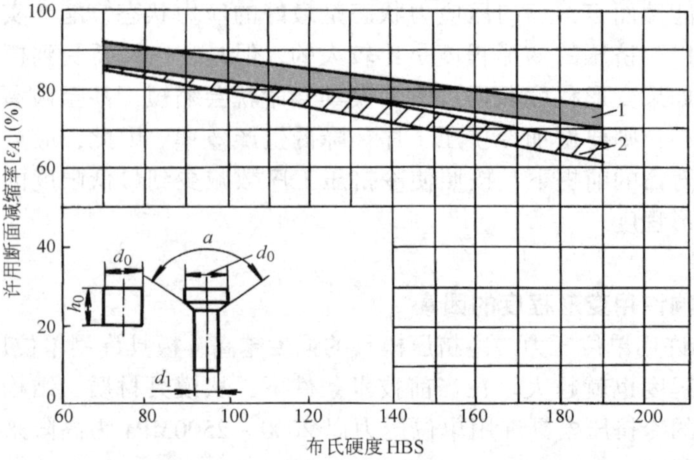

图5-7　黑色金属正挤压时硬度与许用断面减缩率［ε_A］的关系

模具许用单位压力：1—2500MPa　2—2000MPa

黑色金属反挤压时，坯料材料硬度与许用变形程度的关系见图5-8。该关系曲线由实验测得，其试验条件同上面所述。

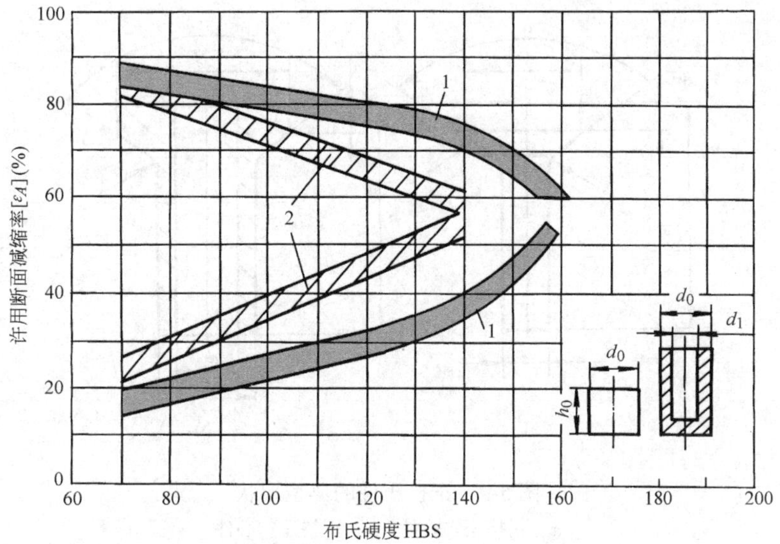

图 5-8　黑色金属反挤压时硬度与许用断面减缩率关系

模具许用单位压力：1—2500MPa　2—2000MPa

第四节　不同挤压方法的一次成形范围

不同挤压方法的一次成形范围，是指在当前的技术条件下一次成形所允许的加工界限。是根据不超出许用变形程度、一定的模具寿命以及良好的工件质量等原则来确定的。

一、正挤压件的一次成形范围

正挤压实心件和空心件的两种典型形状见图 5-9。

1. 坯料长径比 h_0/D　正挤压时，毛坯长径比过大，会加大摩擦阻力，增大挤压力。一般应限制 $h_0/D<5$。

2. 正挤压实心件杆部直径 d　d 过小，变形程度会超出许用变形程度。对于黑色金属实心件正挤压，一次成形的杆部直径 d 应在下述范围内：

$$0.85D \geqslant d \geqslant 0.5D$$

3. 余料厚度 h_1　h_1 值过小，单位挤压力会急剧增加，对于实心件挤压还会出现缩孔缺陷。挤压实心件 h_1 不宜小于挤出部分直径的1/2；挤压空心件时 h_1 则不宜小于挤出部分的壁厚。

4. 凹模锥角 α　α 是影响挤压件质量与单位挤压力的主要因素之一。α 值的大小往往取决于产品对制件的要求，若遇到 $\alpha=180°$时，为了降低单位挤压力和

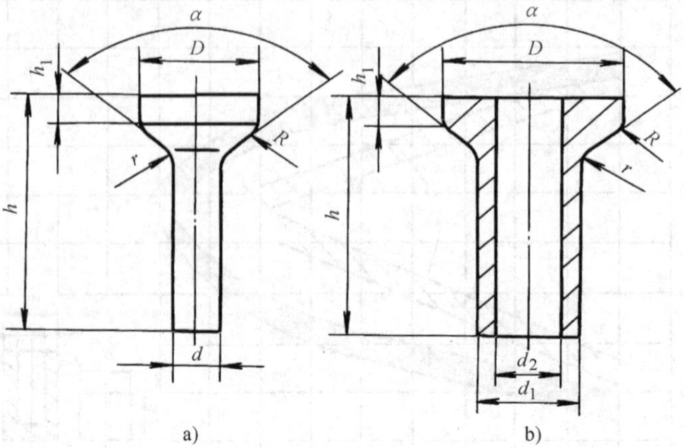

图 5-9　正挤压件的典型形状

a）正挤压实心件　b）正挤压空心件

改善质量，就要对制件结构进行适当修改或增加一道镦粗工序。

生产中，凹模锥角根据冷挤压件的材料和变形量选择。黑色金属一般取 $\alpha=90°\sim120°$，变形程度小时取大值；有色金属取 $\alpha=160°\sim180°$。若在变形程度大时取 $\alpha=180°$，就会出现死角区、缩孔和表面裂纹缺陷，严重时会出现死区剥落现象。

5. 圆角半径　R 一般取为 3 ~ 10mm，r 为 0.5 ~ 1.5mm。

二、反挤压件的一次成形范围

反挤压杯形件的典型形状见图 5-10。

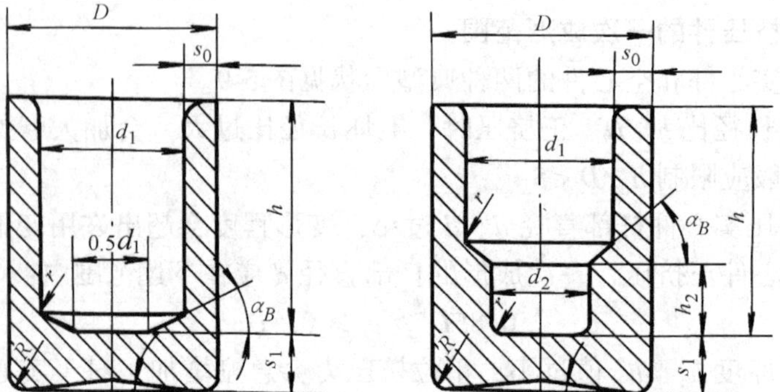

图 5-10　反挤压杯形件的典型形状

a）直孔杯形件　b）阶梯孔杯形件

1. 孔的深度 h　为保证反挤压凸模在挤压过程中不失稳，孔深 h 应受凸模长径比的限制。有色金属及其合金杯形件允许的相对孔深 h/d_1 为 3～6；黑色金属杯形件为 2～3。

2. 壁厚 s_0　杯壁越薄，反挤压变形程度越大，所以 s_0 受材料的许用变形程度的限制。

3. 底厚 s_1　底厚 s_1 过小，除了引起挤压力急剧上升以外，还可能在底部转角处引起缩孔缺陷。因此，一般情况下应使 $s_1 \geqslant s_0$（s_0 为壁厚），特殊情况才允许 $s_1 < s_0$，最低限度必须保证 $s_1 \geqslant 0.8s_0$。

4. 内孔径 d_1　为了保证反挤压时不超出模具的许用单位压力，根据反挤压单位压力与变形程度的关系，内孔径的一次成形范围应受最小和最大许用变形程度的限制。例如，黑色金属反挤压时，合适的变形程度应在下述范围内：

$$25\% \leqslant \varepsilon_A \leqslant 75\%$$

经换算后，内孔径 d_1 一次成形范围应为：

$$0.5D \leqslant d_1 \leqslant 0.86D$$

5. 阶梯孔杯形件的小孔长径比 h_2/d_2　带阶梯内孔杯形件反挤压时（图 5-10b），凸模工作带会加长，成形压力随之加大，凸模寿命就会大大缩短。因此，一般情况下应使 $h_2/d_2 \leqslant 1$，只在特殊情况下才允许 $h_2/d_2 > 1$，但必须限制 $h_2/d_2 \leqslant 1.2$。

6. 凸模锥顶角 α_B　采用平底凸模时，挤压力较大，一般在挤压黑色金属时，凸模锥顶角 α_B 取 7°～27°；挤压铝、铜等有色金属时，α_B 取 3°～25°。一般取 α_B = 7°～9°。此外，反挤压凸模还可采用半球形，但这只适用于变程度较小时；变形程度超过 60% 时，则所需的单位挤压力反而会急剧上升。

7. 圆角半径　反挤压外圆角半径 R 和内圆角半径 r 一般与零件的圆角半径相同。在特殊情况下，为了有利于金属流动可适当加大。但应注意到两圆角之间的距离不能小于壁厚。

三、复合挤压件的一次成形范围

1. 复合挤压件的一次成形范围　复合挤压件的两种典型形状见图 5-11。由第四章分析可以看出，复合挤压力总不会超过单纯正挤压或单纯反挤压的挤压力，因此，复合挤压件的一次成形范围理应比单纯正挤压或单纯反挤压大些，但在生产实际中，从安全角度考虑，它们的一次成形范围仍参照单纯正挤压和单纯反挤压的一次成形范围来确定。如双杯类挤压件，按单个反挤压杯形件的一次成形范围来确定其一次成形范围。而对于杯-杆类挤压件，其正挤压成形的杆径 d_2 的一次成形范围可以扩大一些，因为这时的实际挤压变形程度要比名义变形程度小。对于黑色金属，一般可以取 $d_2 \geqslant 0.4D$，其他尺寸仍按与单个正挤压件相同的成形范围来确定。一般，双杯类复合挤压件连皮位置应放置在中间，连皮厚度 s_1 要大于或等于壁厚 s_0。

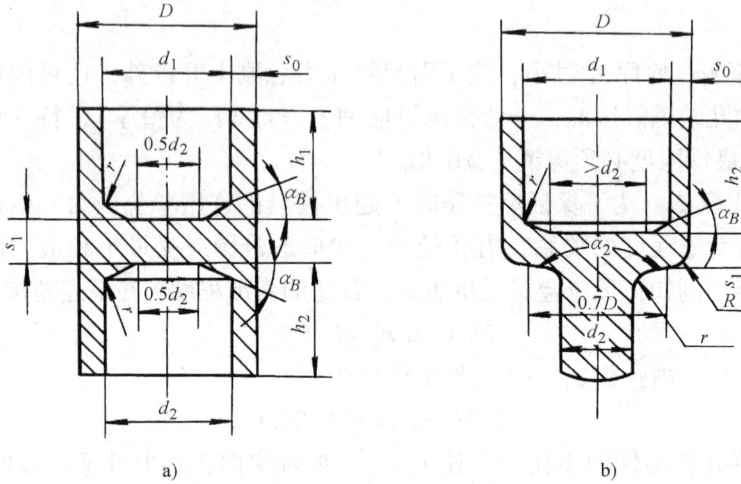

图 5-11　复合挤压件的典型形状

a）双杯类挤压件　b）杯-杆类挤压件

2. 复合挤压流动控制问题　复合挤压件存在着各段长度的控制问题。在两个挤压方向变形程度相等条件下，金属容易朝反挤压方向变形。因此，欲使两挤压方向尺寸接近或一致，一般把反挤压部分的变形程度设计得比正挤压部分大5%左右。当然，也还可以通过采取调整凸、凹模的顶角与凹模锥角，适当改变断面减缩率，增加台阶等措施来增加一方的流出速度，或减慢另一方的流出速度，以实现两方流速基本上匀速等值。另外，如果仅采用限制一方继续流动的方法，那么，在这个方向停止流动时，另一方向的挤压力会增加10%～20%，这是不利的，应注意排除这种消极因素。因此，变形程度相差悬殊的零件，不宜采用复合挤压，而宜采用分开正、反挤压两道工序进行。

四、减径挤压的一次成形范围

减径挤压是一种在开式模具内变形且变形程度较小的变态正挤压。坯料在进入变形区以前不能有任何的塑性变形，因此，减径挤压件的一次成形范围应综合考虑坯料的变形抗力、挤压件的变形程度、模具的许用单位压力以及不产生内部裂纹等因素，由此来确定其主要尺寸参数。对于碳钢零件减径挤压的一次成形范围是：当凹模锥角 $\alpha = 25° \sim 30°$时，坯料经退火处理，$d_1 \geqslant 0.85d_0$；采用经冷拉拔加工过的坯料，$d_1 \geqslant 0.82d_0$。

五、镦挤复合工艺的一次成形范围

镦挤复合工艺在多台阶零件中应用较广，多台阶零件又分为长轴类和扁平类两种。

（一）长轴类多台阶镦挤复合

多台阶长轴类的台阶在二个以上，在设计此工艺时，考虑到一次行程中完成多台阶的镦挤成形，势必要选定合理的毛坯直径 d_0（图 5-12）。

毛坯 d_0 同自由减径直径 d_1 与镦粗头部直径 d_2 的关系要满足：d_0 自由缩径至 d_1 其变形程度 $\varepsilon_A \leqslant (25 \sim 30)\%$，凹模锥角 $\alpha = 15° \sim 30°$；d_0 镦粗至 d_2，必须符合镦粗变形规则。

此工艺的变形特点是先进行自由缩径而后再进行头部镦粗。

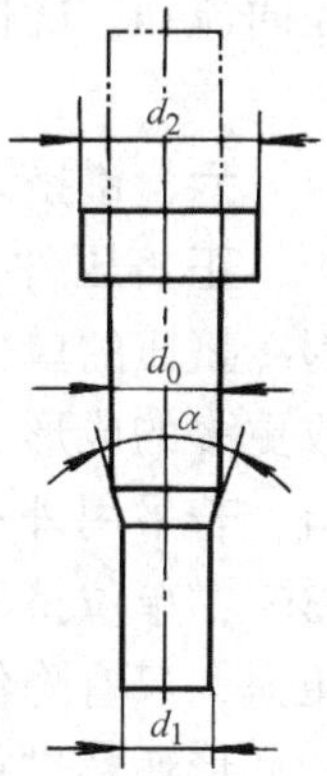

图 5-12　长轴类镦挤复合工艺

（二）扁平类多台阶镦挤复合

常见扁平类多台阶零件镦挤复合成形见图 5-13。

图 5-13a 所示零件的毛坯一般由棒料切断后镦粗获得。设计时应注意 h_1 的高度，当挤压部分变形程度较大时，$h_1 \approx (0.3 \sim 0.5)\ d_0$。因为金属在变形过程中产生轴向与径向两个方向的流动，轴向流动变形抗力较大，大部分的金属朝径向流动，所以取毛坯直径 $d_0 \approx d_1$。图 5-13b 所示零件的毛坯 $d_0 = d_1$，由正挤压与头部镦粗复合成形，h_1 的高度决定于正挤压的变形程度。图 5-13c 除具有镦粗及正挤压外，还具有反挤压的性能。h_1 的高度受正挤压变形程度的影响，与图 b 相似，所不同之处在于反挤大孔，加速了金属朝径向流动，h_1 的高度在较大的正挤压变形程度下会有所下降。

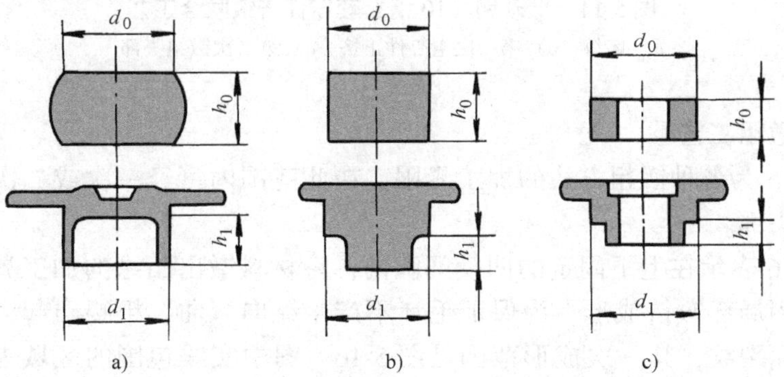

图 5-13　镦挤复合工艺（扁平类）

在镦挤复合工艺的金属流动过程中，应尽可能减少已镦粗的头部金属向正挤压方向流动。这样不会因为头部尺寸的增大，而增加了正挤压的变形程度，造成正挤压的困难。镦挤复合工艺中，若存在反挤压，最好的选择是反向流动金属不要过多地参加镦粗，这样就可尽量地减少由于金属经轴向流动后再参加径向流动，确保挤压件的质量。

六、镦挤联合工艺设计

正挤压件头部的凸缘尺寸较大或反挤压后杯形件底部带有较大的凸缘时，因冷挤压的单位压力很大，就不能采用最大尺寸作为坯料外径，而应分成二道或更多的成形工序。挤压之后采用镦粗头部的办法来获取所需的工件。如图 5-14，若采用外径 $\phi35$mm 的环形毛坯一次挤压，则正挤压的变形程度达 ε_A = 93%，单位挤压力高达 3500MPa，模具强度承受不了此负荷。为了降低单位挤压力，只有降低变形程度，把一次成形工序改为多次成形。若采用 $\phi26$mm 外径的环形坯料进行正挤压，而后镦粗头部，即可达到产品要求。

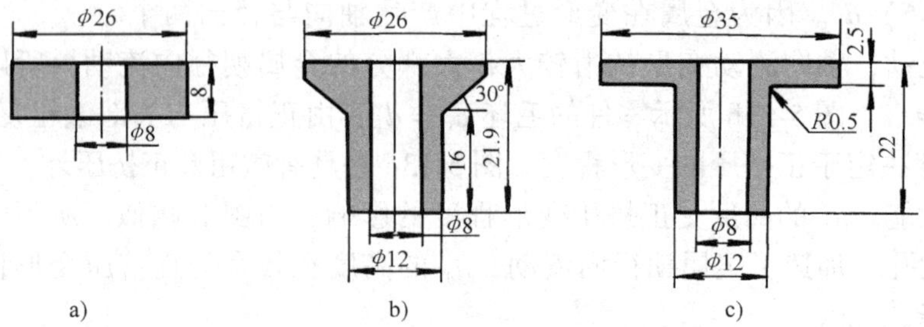

图 5-14 低碳钢（10 钢）套零件挤镦联合工艺

a）坯料 b）第一次空心件正挤 c）第二次镦粗头部

七、镦粗工艺

图 5-15 为各种镦粗方式的加工界限，在此范围内可经一次或二次镦成圆柱体或鼓形头部。

图 5-16 表示在上下固定的凹模间隙内，将材料镦出凸缘的加工界限。该类挤压件采用局部镦挤成形，为保证毛坯不产生纵向弯曲、粗腰凸起，表面不产生纵向表面裂纹，其一次成形范围见图 5-16。图中实线包围的区域为可以一次成形范围；阴影线部分为引起纵向弯曲或表面裂纹的区域。如当间隙 Z 和坯料直径 d_0 的比值（Z/d_0）在 0.7～0.8 范围内，凸模行程 l_0 和直径 d_0 的比 l_0/d_0

=4. 25 时，不产生裂纹和纵弯曲，可镦出凸缘。

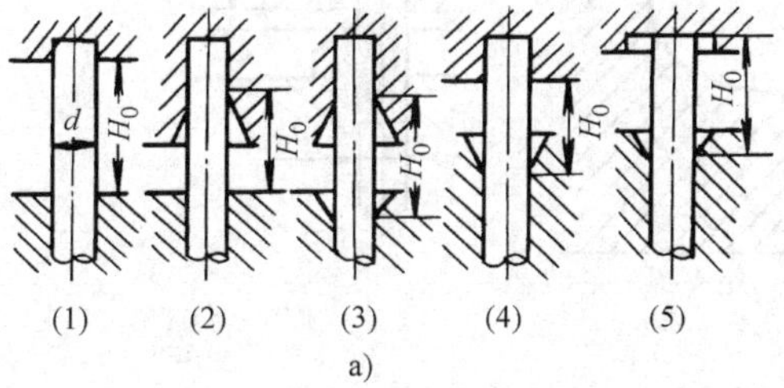

镦粗时加工界限

材料	H_0/d	
	两端自由	两端固定
黄铜（未退火）	2. 3	—
黄铜（退火）	2. 7	—
纯铜	2. 1	3. 4
铝	1. 8	3. 2
硬铝（杜拉铝）	1. 4	—
低碳钢（软钢）	2. 4	—
参数选用		
d_1	1. 3d	1. 4d
c	1. 43d	1. 9d
a	H_0 −1. 9d	H_0 −2. 76d

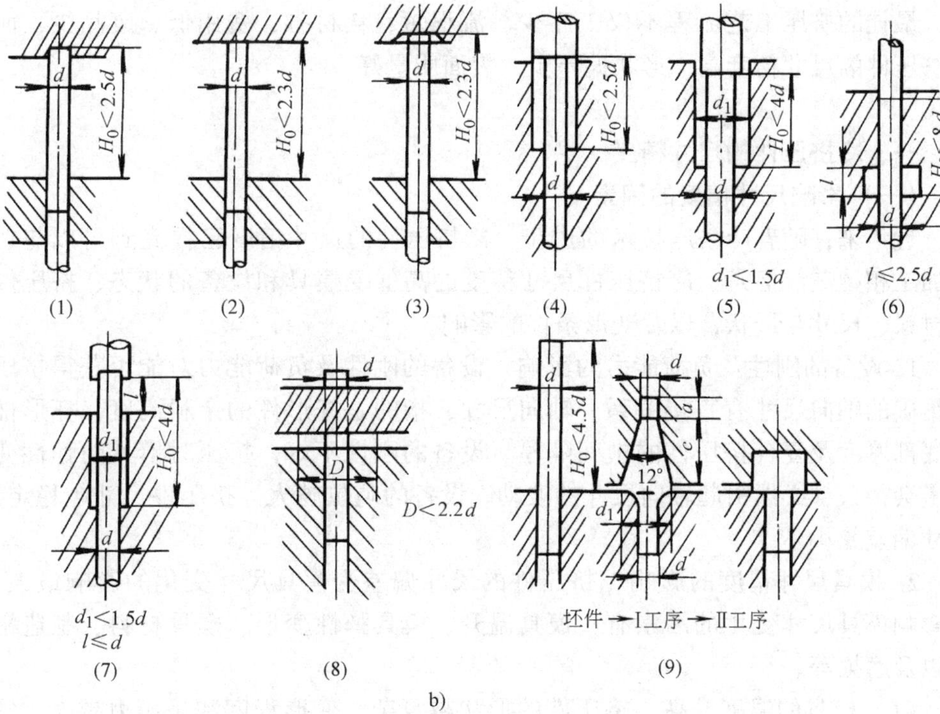

图 5-15　镦粗方式

a）各种镦粗方式中（自由）镦粗长度　b）镦粗的加工界限

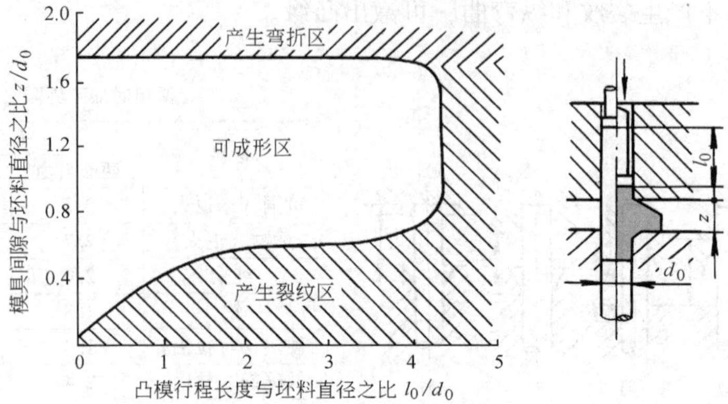

图 5-16　粗腰类件的局部镦挤一次成形范围
（d_0 = 12.7mm，Z = 12.7mm，凸模速度 212mm/min，
材料为 10 钢经退火，磷化皂化处理）

第五节　冷挤压件的加工精度

最佳的挤压工艺流程不仅工序少、流程短、耗材省、费用低、废品少，而且挤压件的尺寸精度高、形状偏差少、表面质量好。

一、冷挤压件的尺寸精度

（一）影响尺寸精度的因素

近年来，随着冷挤压技术的进步，冷挤压件的尺寸精度已提高到可以与切削加工相媲美。但是，冷挤压件尺寸精度的高低受模具和设备的状态、挤压件的材料、尺寸与形状，以及变形条件的影响。

1. 设备的刚性及负荷能力的影响　设备的刚性及负荷能力对能否获得挤压件精确的轴向尺寸有直接关系。轴向尺寸，指的是杆形件的余料高度、杯形件的底部厚度及复合挤压件的中间隔厚。设备的刚性不好，挤压时模具的弹性变形量会很大，必然引起轴向尺寸的波动。设备的吨位越大，挤压件尺寸越稳定，尺寸偏差越小。

2. 模具尺寸精度的影响　挤压件的尺寸偏差受模具尺寸变化的影响最大。而影响模具尺寸变化的因素有：模具温升、模具弹性变形、模具材料、制造精度以及磨损等。

（1）模具的温度升高　挤压件的形状越复杂，变形程度和挤压力越大，发热程度就越剧烈，使模腔尺寸加大，挤压件尺寸波动的幅度越大。

（2）模具的弹性变形　主要取决于所承受的工作压力和毛坯材料、挤压件的变形程度和尺寸等因素。采用工具钢模具显然比采用硬质合金作模具的弹性膨胀量要大，如果毛坯的硬度、强度高，挤压件尺寸和变形程度也很大时，挤压模具的弹性变形量必然要加大。因此，适当控制挤压变形程度，提高被挤压材料的塑性，选用优质的模具材料，对减小模具的弹性变形，提高模具寿命和挤压件的尺寸精度都是有益的。

（3）模具的制造精度　模具的制造精度越高，挤压件的尺寸精度也必然增高，但过高的模具精度会增加制模费用，因此，必须经济合理地确定模具制造精度。

（4）模具的磨损　模具的磨损不可避免地影响工件尺寸精度。因此，在设计与制造模具时，要正确估计变形量，并设法将其控制在最低程度，以保证模具具有最大的磨损留量。

3. 坯料材料性能及制造精度的影响　坯料材料的成分、组织和性能，以及备料时的形状与质量偏差对挤压件尺寸精度的影响，突出表现在对挤压力大小的影响上。这些因素促使挤压力的变化必然要反映在模具弹性变形的差异上，这样就使挤压件的尺寸产生了误差。

4. 变形条件的影响　提高变形速度可以使摩擦因数降低，挤压力减小；同时由于变形速度提高，产生的变形热来不及散失，会使挤压件温度升高，变形抗力降低，因而模具的弹性变形量和磨损都会减小，提高挤压件尺寸精度。另外，将坯料进行良好的表面润滑处理，使其具备良好的润滑状态，可以减小摩擦因数，降低挤压力，从而使模具的弹性变形量和磨损量也相应减小。

变形工艺条件对挤压件尺寸也有影响，一般的挤压加工，都在挤出的一端将模具敞开，让多余的材料由此排除。如果挤压是在完全封闭的状态下进行的，随着挤压面积与封闭压力的加大，模具的弹性变形将急剧增加，挤压件的尺寸偏差增大。

（二）黑色金属挤压件的尺寸精度

表5-3、表5-4上所列的为正挤压实心件和反挤压杯形件的尺寸偏差的概略数值。这些数值将作为在挤压零件图上未注公差的尺寸的许用偏差。

二、冷挤压件的形状精度

形状精度对于简化加工工艺、减少加工余量和废品等方面的意义，要比尺寸精度重要得多。挤压时，金属流动不均匀性是引起挤压件形状畸变的主要原因。不同挤压方法由于作用面积及摩擦条件的不同，其形状畸变也不一样，这就应找出产生畸变的原因，选用合理的变形工序，改善变形条件，以减小畸变，提高形状精度。

反挤压杯形件时，形状畸变的形式主要有孔口端面坡口（Δh_1）和底棱缺肉

(Δh_2) 两种，见图 5-17。孔口端面的坡口形状是在反挤压一开始就产生的，与以后的继续挤压无关。坡口 Δh_1 的大小与润滑条件、挤压时金属的变形程度以及壁厚 s_0 大小有关。润滑剂质量越差、变形程度及壁厚越小时，坡口越严重。

如果要获得口端平整的杯形件，可以先在毛坯上预成形一个凹窝 Δh_3，使凹窝的深度大于出现坡口时的深度，即 $\Delta h_3 \geqslant \Delta h_1$，然后对端面实行封闭，将端面挤平，见图 5-18。

表 5-3 正挤压实心件的尺寸精度 ($h_2/d_1>1.2$)

挤压件杆径 d_1	杆径 d_1 偏差/mm		挤压件杆长 h_2/mm	杆径 d_1 轴心线对直径 D 轴心线的同轴度 δ/mm	正挤压实心件的基本形状及尺寸
	一般正挤压	附加修整工序			
10 ~ 18	±0.11	—	100	±0.02 ~ ±0.15	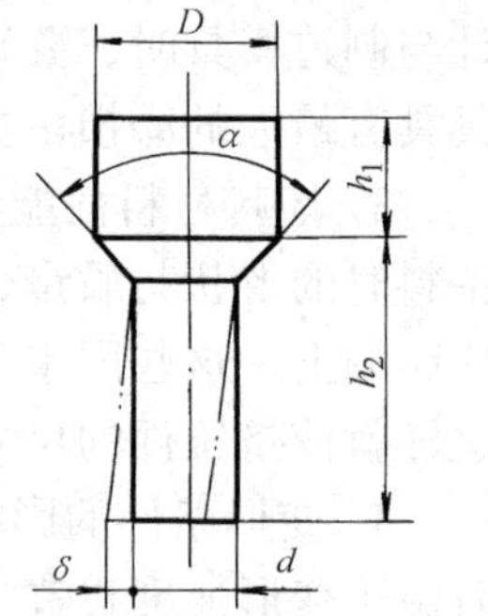
18 ~ 30	±0.13	±0.052	100 ~ 200	±0.05 ~ ±0.25	
30 ~ 50	±0.16	±0.062	200 ~ 500	±0.10 ~ ±0.50	
50 ~ 80	±0.19	±0.074	500 ~ 700	±0.20 ~ ±1.50	
80 ~ 100	±0.22	±0.087	700 ~ 1200	±0.50 ~ ±2.00	

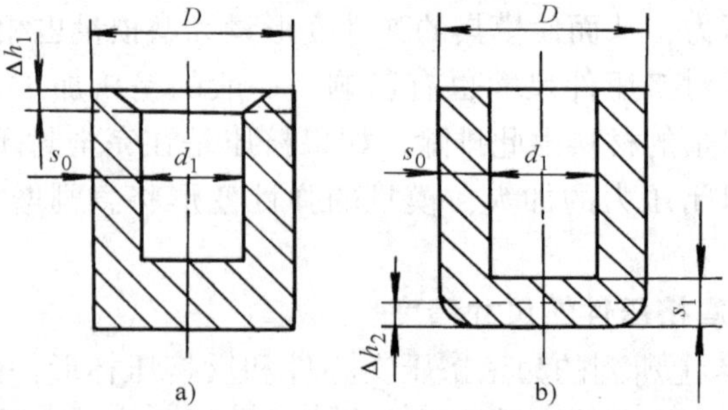

图 5-17 反挤压杯形件的形状畸变图

a) 端面坡口 b) 底棱缺肉

正挤压件的自由端凸起是形状畸变的主要形式，见图 5-19。正挤压实心件时，坯料被挤出模口以后，便不再继续变形，只作刚性平移，挤压一开始就在端头形成了凸起形状，一直保持至挤压终了。影响这种形状畸变的主要因素有正挤压凹模结构、润滑条件以及变形程度等。当凹模锥角越大、变形程度越大以及润滑条件较差时，自由端凸起高度 Δh_4 就越大。

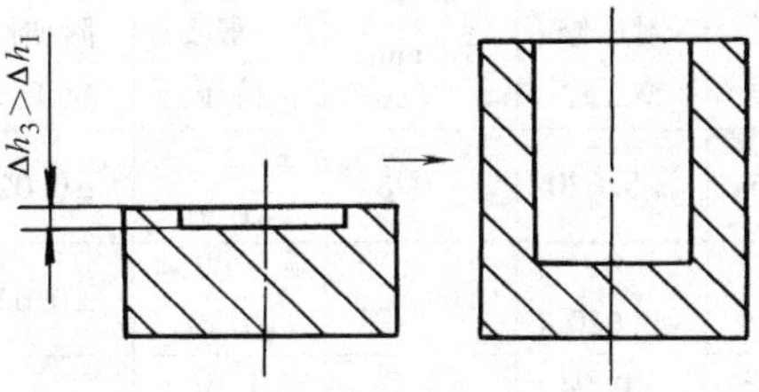

图 5-18 采用预成形压凹消除坡口

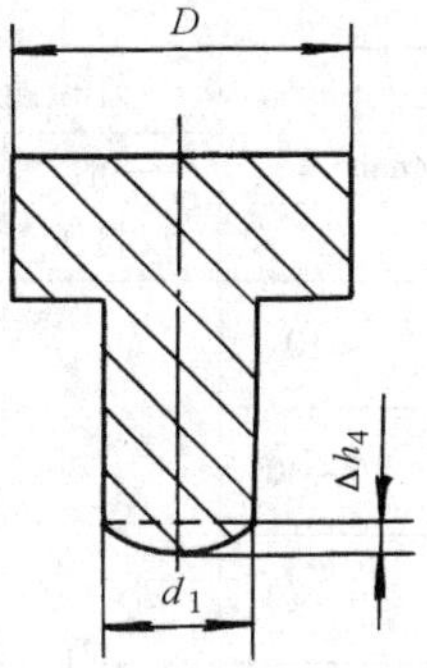

图 5-19 正挤压件自由端凸起

表 5-4 反挤压杯形件的尺寸精度（$h_2/D\leqslant1.2$）

外径 D/mm		外径偏差/mm		内径偏差/mm		壁厚 s_0/mm	壁厚偏差/mm	
		一般反挤压	附加修整工序	一般反挤压	附加修整工序		一般反挤压	附加修整工序
$h_2/D\leqslant1.2$，$s_0=2\sim15$	<10	±0.08	±0.05	±0.10	±0.05	<2	±0.10	±0.05
	10~30	±0.10	±0.06	±0.10~±0.20	±0.05~±0.10	2~10	±0.15	±0.10
	30~40	±0.12	±0.07	±0.15~±0.25	±0.10~±0.15	10~15	±0.20	±0.15
	40~50	±0.15	±0.10	±0.20~±0.25	±0.10~±0.25	底厚 s_1/mm	底厚偏差/mm	
	50~60	±0.20	±0.12	±0.20~±0.30	±0.12~±0.25		一般反挤压	附加修整工序
	60~70	±0.22	±0.15	±0.20~±0.30	±0.15~±0.25			
	70~80	±0.25	±0.17	±0.20~±0.35	±0.15~±0.25	<2	±0.15~±0.20	±0.19
	80~90	±0.30	±0.20	±0.25~±0.40	±0.20~±0.30	2~10	±0.20~±0.30	±0.15
	90~100	±0.35	±0.22	±0.30~±0.45	±0.25~±0.35	10~15	±0.25~±0.30	±0.20
	100~120	±0.40	±0.25	±0.35~±0.50	±0.30~±0.40	15~25	±0.30~±0.40	±0.25
						25~40	±0.40~±0.50	±0.35

（续）

外径 D/mm		外径偏差/mm 一般反挤压	外径偏差/mm 附加修整工序	内径偏差/mm 一般反挤压	内径偏差/mm 附加修整工序	底厚 s_1/mm	底厚偏差/mm 一般反挤压	底厚偏差/mm 附加修整工序
$h_2/D \geqslant 1.2$，$s_0=0.6\sim6.0$	<10	±0.1	±0.020	±0.05	±0.020	<0.6	±0.05 ~ ±0.10	±0.020
	10 ~ 30			±0.05 ~ ±0.07	±0.020 ~ ±0.04	0.6 ~ 1.2	±0.07 ~ ±0.10	±0.020
	30 ~ 40			±0.08 ~ ±0.10		1.2 ~ 2.0	±0.10 ~ ±0.15	±0.025
	40 ~ 50		±0.025	±0.10 ~ ±0.12	±0.025 ~ ±0.04	2.0 ~ 3.5	±0.12 ~ ±0.15	±0.030
	50 ~ 60		±0.030	±0.12 ~ ±0.14	±0.030 ~ ±0.05	3.5 ~ 6.0	±0.15 ~ ±0.20	±0.040
	60 ~ 70		±0.035	±0.15 ~ ±0.18	±0.035 ~ ±0.05	底厚 s_1/mm	底厚偏差/mm	
	70 ~ 80	±0.2 ~ ±0.3	±0.040	±0.18 ~ ±0.20	±0.040 ~ ±0.05		一般反挤压	附加修整工序
	80 ~ 90		±0.050	±0.20 ~ ±0.24	±0.050 ~ ±0.08			
	90 ~ 100		±0.060	±0.25 ~ ±0.30	±0.060 ~ ±0.0g	<2	±0.15	±0.10
	100 ~ 120	±0.3	±0.030	±0.30 ~ ±0.40	±0.080 ~ ±0.10	2 ~ 10	±0.20 ~ ±0.30	±0.12
	120 ~ 140	±0.4	±0.120	±0.40 ~ ±0.50	±0.100 ~ ±0.12	10 ~ 15	±0.25 ~ ±0.35	±0.15
						15 ~ 25	±0.30 ~ ±0.40	±0.20
						25 ~ 40	±0.35 ~ ±0.50	±0.25
						40 ~ 50	±0.40 ~ ±0.50	±0.30
						50 ~ 70	±0.45 ~ ±0.60	±0.35

反挤压杯形件的基本形状及尺寸

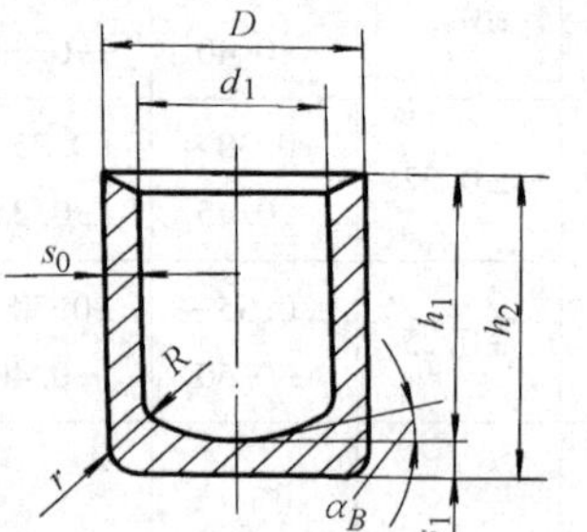

三、冷挤压件的表面粗糙度

冷挤压件的表面粗糙度取决于模具工作表面的粗糙度。由于挤压件几何形状、挤压方法和模具结构不同，挤压件各部位上的表面粗糙度有所不同。在一般情况下，挤压件外表面的表面较粗糙，约为 $R_a3.2 \sim R_a1.6\mu m$；内表面的表面较光滑，约为 $R_a0.8\mu m$，模具表面粗糙度应低于挤压件相应处表面粗糙度 1 ~ 2 级。

毛坯的材料种类不同，挤压后挤压件的表面粗糙度相差也很大。例如，硬铝挤压后表面不及钢零件光洁，因为硬铝挤压后表面常常出现微裂纹和麻坑。

润滑剂的质量及其涂覆方法对挤压件表面粗糙度影响也较大。润滑剂过厚或严重不均时，挤压件表面粗糙度值就会上升。

第六节　冷挤压工艺方案的制订

对于任何一种冷挤压件，从不同的角度和设计观点出发会有多个工艺方案。在制订工艺方案时，既要考虑到技术上的可能性和先进性，又要注重经济效益。应该拟订两个或更多个工艺方案，然后进行经济技术分析比较，以便得出合理的工艺方案。

一、冷挤压件图的制订

挤压件图就是适合于冷挤压成形的图形。它是根据产品零件图，考虑到挤压工艺性和机械加工的工艺要求进行设计的。

为了具有良好的挤压工艺性，并且能够迅速而经济地制造出来，在设计之前必须充分了解产品零件的性能和使用要求，并对零件的结构、形体、尺寸、公差及所采用的材料，进行全面的挤压工艺性分析；以便确定哪些部位可以直接挤压成形，哪些部位还要由切削加工完成，尺寸注法和工艺基准是否需要改变，产品零件图上规定的材料能否进行挤压等一系列问题。就是说，在挤压件图的设计过程中，不仅要考虑怎样把零件挤得质量好，耗材少和成本低，也要基本上确定在哪一种设备上进行、采用什么样的工艺路线和冷挤压模具等一系列问题。

冷挤压件图一般以 1:1 比例绘制。其内容包括：

1）确定冷挤压和进一步加工的工艺基准。

2）对于不经机械加工的部位不加余量，应按零件图的技术要求直接给出公差；而对于需进行机械加工的部位，应按冷挤压可以达到的尺寸精度给出公差。

3）确定冷挤压完成后多余材料的排除方式。

4）按零件的技术要求及冷挤压可能达到的精度，确定零件表面粗糙度等级和形位公差值。

二、制定冷挤压工艺方案的技术经济指标

为确保冷挤压工艺方案在技术经济上的合理性和可行性，常采用下述几个指标来衡量：

(1) 冷挤压件的尺寸　越大，所需设备吨位随之增大，采用冷挤压加工的困难性增加。

(2) 冷挤压件的形状　越复杂、变形程度越大，所需的冷挤压工序数目就越多。

(3) 冷挤压件精度和表面粗糙度　它有一定限度，增加修整工序可提高冷挤压件精度。

(4) 冷挤压件的材料　材料影响冷挤压难度、许用变形程度。

(5) 冷挤压件费用　一般包含材料费、备料费、工具及模具制造费、冷挤压加工费及后续工序加工费等。这是一项综合指标，往往是决定工艺方案是否合理、可行的关键因素。

(6) 冷挤压件的批量　批量大时可以使总的成本降低。

对于上述几个指标进行全面分析、平衡之后，就可以选择一个最佳的工艺方案。最佳的工艺方案的具体标志是：采用尽可能少的冷挤压工序和中间退火次数，以最低的材料消耗、最高的模具寿命和生产效率，冷挤压出符合技术要求的冷挤压件。冷挤压加工全过程应包含下料工序、预成形工序、辅助工序、冷挤压工序以及后续加工工序等。

三、预成形工序设计要点

预成形工序是指得到半成品冷挤压件的工序，它主要是进行材料体积变形量的分配，为成品冷挤压件作形状和尺寸方面的准备。它对冷挤压工艺的成败和冷挤压件的质量与尺寸精度都有重要的影响。

（一）预成形工序半成品的形状和尺寸的确定

确定预成形工序半成品的形状和尺寸，主要的是要符合金属变形的规律和冷挤压变形的具体要求。要点如下：

1）预成形工序半成品的设计，应该最大限度地满足工艺和质量要求。比如，冷挤压带有凸缘的深孔杯形件时，如果半成品是平底的，那么在成品挤压时在孔底转角附近就会出现孔收缩缺陷，见图 5-20a。如果将半成品底部设计成阶梯形，使其小端尺寸与成品杯体一致，则成品的形状就很理想，见图 5-20b。又如镦挤圆锥齿轮时，能否顺利成形的关键在于预成形工序的圆锥角是否适当。若取与制品外锥角相同的角度来镦挤（图 5-20c），则顶部不易成形饱满，同时会

造成过大的飞边。用锥角相当小的圆柱坯料（$\alpha=45°$）来镦挤（图 5-20d），材料会被压弯，同时在锥齿中段产生凹陷。实践证明，预成形工序半成品的锥角比成品形状的圆锥角小 7°～12°最为适宜。

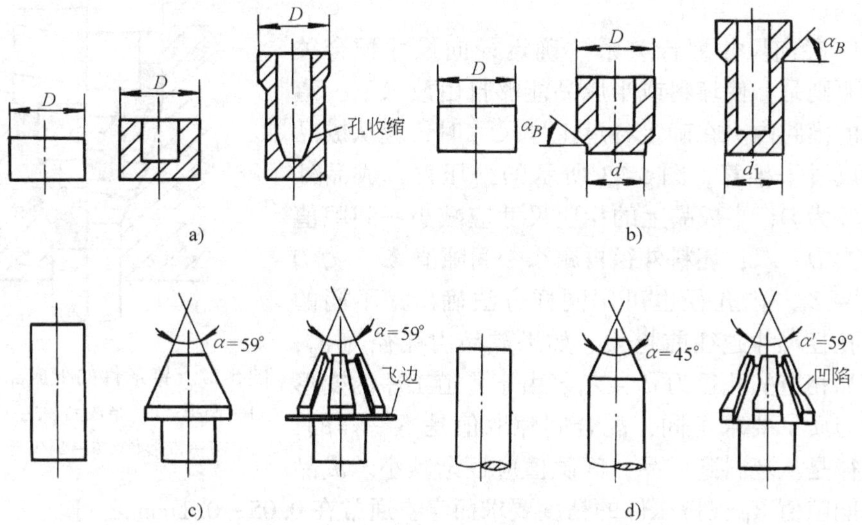

图 5-20　半成品形状对冷挤件的影响

2）选择预成形工序半成品形状时，要保证其在变形过程中与模壁之间的接触面最大。例如，一般有外台阶的冷挤压件，取用锥形过渡能改善变形条件。

3）在确定半成品的形状与尺寸时，应该考虑冷挤压件局部成形的工艺需要及所需要的材料储备。例如，反挤底部中心圆柱高于四周的圆柱形零件时，中心圆柱的高度 h 应在中间工序里先挤压出来，见图 5-21。

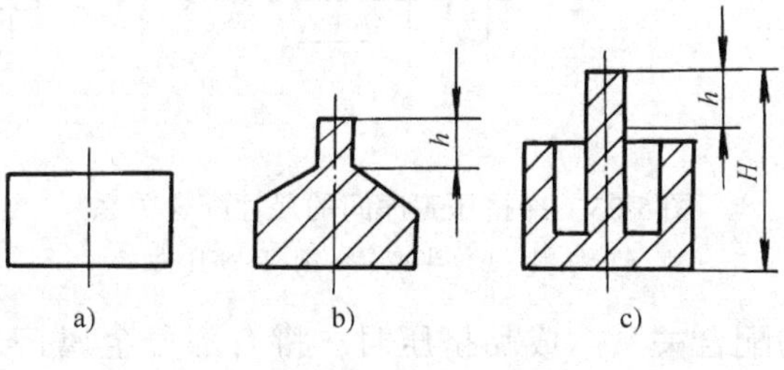

图 5-21　考虑成品局部形状的半成品设计

a）坯料　b）半成品　c）成品

4）采用多道工序挤压锥形件时，预成形工序半成品形状不应与成品的锥体形状一致，而且一般是前者的锥形角要大些（图 5-22），这样做能使半成品放入凹模后与模壁及模腔下部有一定空隙存在（称之为工艺悬空）、使得在成形过程中成形力减小，最后又能提高成形件锥体部分的表面质量。

（二）各道工序间的尺寸配合

合理地确定多道工序成形件的各道工序间的尺寸配合关系也是很重要的，各道工序配合良好，才能确保成品尺寸精度及质量要求。

1. 径向尺寸配合关系　确定径向尺寸配合关系的原则是：使坯料或半成品能够自由放入下一道工序的模腔内。在确定各道工序尺寸时，应从成品开始反过来推算。图5-23所示的挤压件，成品外径尺寸为 D，半成品上的相应尺寸应减小一间隙值 Z_2，为 $D-Z_2$；坯料外径再减小一间隙值 Z_1，为 $D-Z_2-Z_1$。内孔径也可用同样方法确定，不同的是，孔径尺寸越往前越大。如果成品内孔径为 d_2，半成品相应的孔径为 d_2+Z_2。由于各道工序的变形性质与质量要求不同，配合间隙取值是不一样的，其规律是从坯料到成品，间隙值应逐渐减小。成品工序间隙值 Z_1 视挤压件的精度要求而定，通常在0.05～0.1mm之间。

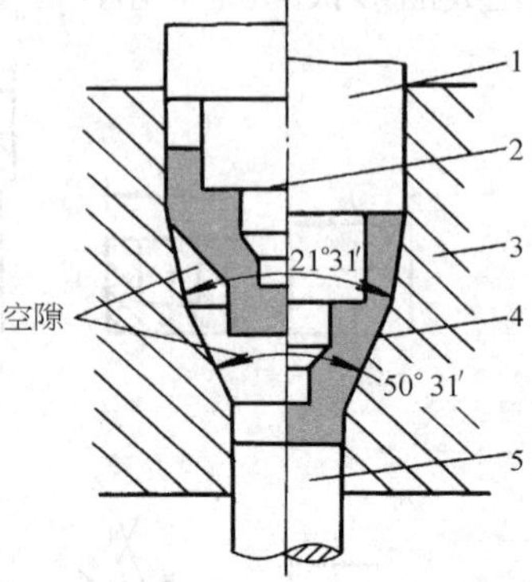

图5-22　锥形件的半成品形状

1—凸模　2—半成品　3—凹模　4—锥形件　5—顶出杆

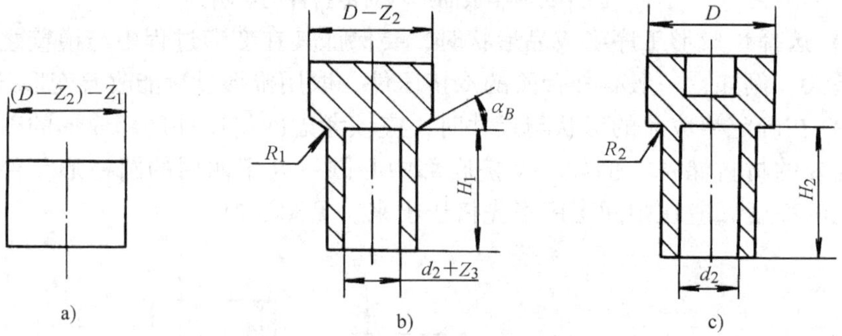

图5-23　冷挤压工序间的尺寸配合关系

a）坯料　b）半成品　c）冷挤压件

2. 轴向尺寸的配合关系　成品挤压时，将有部分金属挤入凹模型腔内，使轴向尺寸增加一高度 ΔH。因此，半成品轴向尺寸 H_1 应略小于成品相应处尺寸 H_2，即 $H_2-H_1=\Delta H$。该增长量 ΔH 的大小要视具体零件的形状尺寸、变形特点、材料性能及变形程度的大小来决定。

3. 其他尺寸的配合关系　为了防止金属滞流，半成品的过渡部位应设计成锥形。为了避免金属的堆积和折叠，半成品的圆角半径应与成品相应处的圆角半径相协调，即 $R_1 \geqslant R_2$。

四、工艺轴的利用

工艺轴是为了改善金属的流动条件，降低挤压力，保证获得合格产品，旨在改善挤压件的挤压工艺性而设置的挤压工艺余块。例如图 5-24a 为具有通孔的带凸缘的挤压件，通常采用反挤压后再镦挤凸缘的方法成形，挤压力大，挤孔时流出的大量金属再流到凸缘上去，造成流程长，流动紊乱，容易产生废品。针对这种情形，对挤压件进行改进设计，在半成品下端设置工艺轴，使之由反挤压变为复合挤压。如此，不仅减少了单位挤压力，而且使挤孔时流出的金属一部分分流到工艺轴上，镦挤凸缘后再去除工艺轴。图 5-24b 为带通孔的薄壁深孔杯形件，采用工艺轴后既可改善金属流动条件，又可减少工序次数。

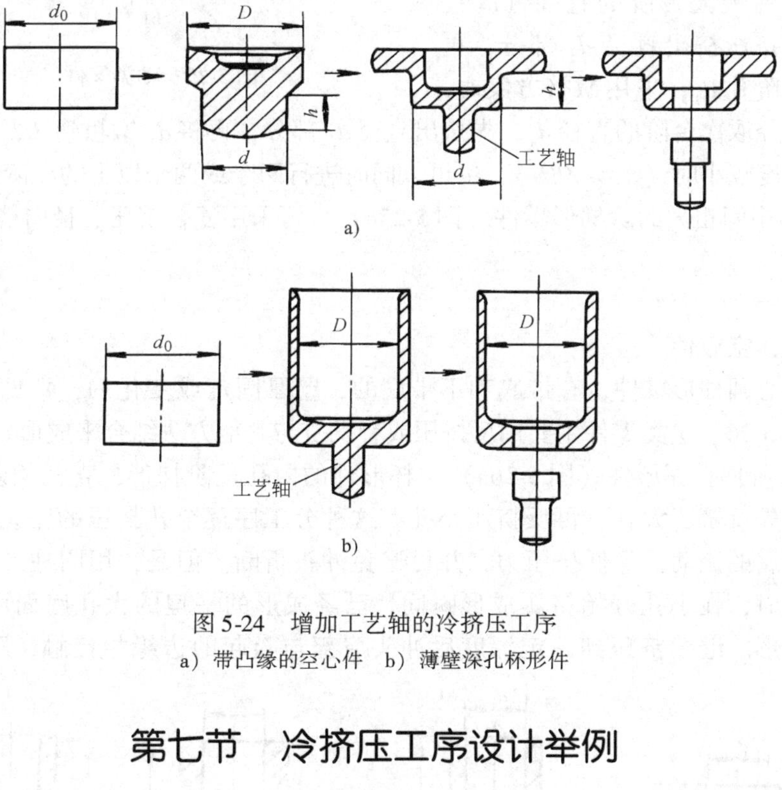

图 5-24　增加工艺轴的冷挤压工序
a）带凸缘的空心件　b）薄壁深孔杯形件

第七节　冷挤压工序设计举例

适合于冷挤压的零件很多，为了根据零件的形状和尺寸选用合理的挤压工序，现将挤压件按其形状和加工方法进行分类分析。

一、轴类件

轴类件主要有三种基本类型见图 5-25。

1. 一端具有粗大头部的实心杆（图 5-25a）　若其变形程度在材料的许用变形

程度之内，可以一次挤压成形。可采用直径为 d_1 的坯料一次正挤压成形；或取直径为 d_3 的坯料一次冷镦成形；或取直径介于 d_1 与 d_3 之间的坯料镦挤成形。

2. 具有顺序阶梯的台阶轴（图 5-25b）　由于一次挤多台阶，金属流动、模具寿命、工件顶出都会发生问题，因此，原则上应在压力机上一次挤出一个台阶。该类零件成形可采用正挤压、镦挤及减径挤压。应用正挤压方案时，坯料直径取零件最大台阶的直径（d_2），先用正挤压挤出直径 d_3 部分，再挤出台阶孔 d_1；采用镦挤方案时，坯料直径取次台阶的直径 d_1，先挤出直径 d_3 部分，再将 d_1 镦粗到 d_2。但是，在变形程度较小时（$\varepsilon_A \leqslant 50\%$），也可以同时进行两个或两个以上的台阶的挤压。

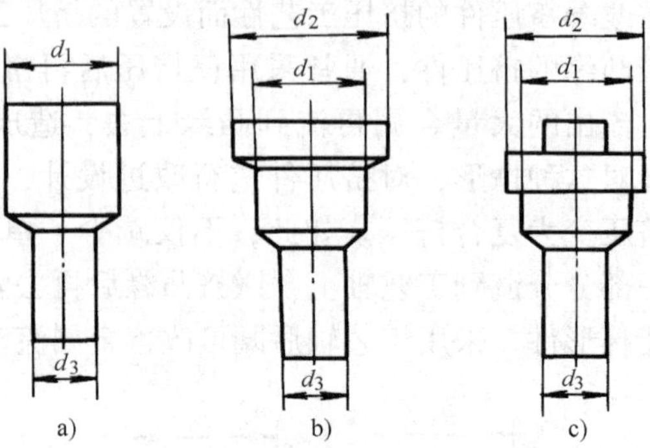

图 5-25　轴类零件

3. 中间粗大的阶梯形零件（图 5-25c）　可采用复合挤压、径向挤压或镦挤成形。

二、空心件

空心圆柱形零件，有带底和不带底的，壁厚固定或变化的，常见的基本类型见图 5-26。这类零件主要用反挤压或者反挤与其他方法结合来成形。

1. 阶梯孔杯形件（图 5-26a）　杯形件的内孔呈阶梯形，直径相差较大时，一般首先反挤压大孔，再反挤压小孔。这种分工序逐个孔挤压的工艺方法，可改善金属的流动，降低挤压力，并可避免冲头折断。但是，用圆柱形冲头挤压台阶孔时，在小孔开始挤压成形瞬间，已经成形的平坦的大孔底面可能塌下，变为锥形。继续挤压到一定深度后冲头肩部与隆起的边缘相接触，压出平台，

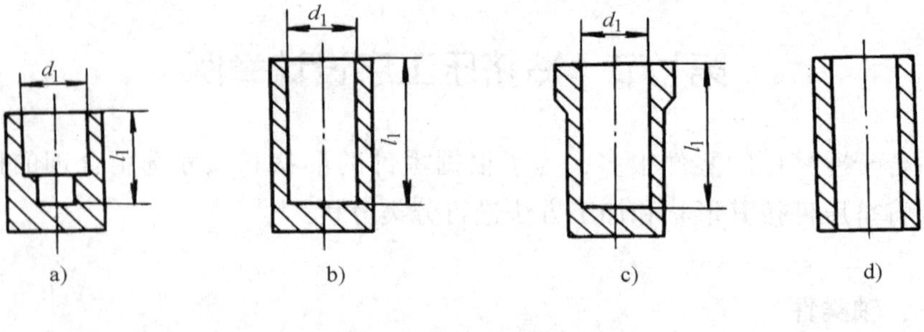

图 5-26　典型空心件

a）阶梯孔杯形件　b）深孔杯形件　c）带凸缘杯形件　d）管状空心件

并将金属推向内侧，使小孔反挤上来的少量金属只能沿凸模的周围向上流动，积存在孔口附近尚未与冲头端面相接触的空间，于是在小孔的孔口边缘处形成了环形凸起，称为金属瘤，而且挤压越深越明显，凸起越大。因此，阶梯孔的台阶处，应该采取锥形过渡。

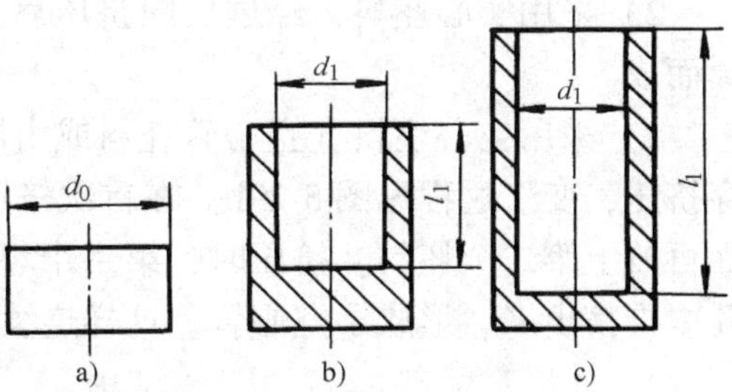

图 5-27　深孔杯形件的两次挤压

a）坯料　b）第一次反挤压　c）第二次正挤压

2. 深孔杯形件（图 5-26b）　变形程度不超过许用变形程度时，孔深在 2.5 倍直径以下，可以一次

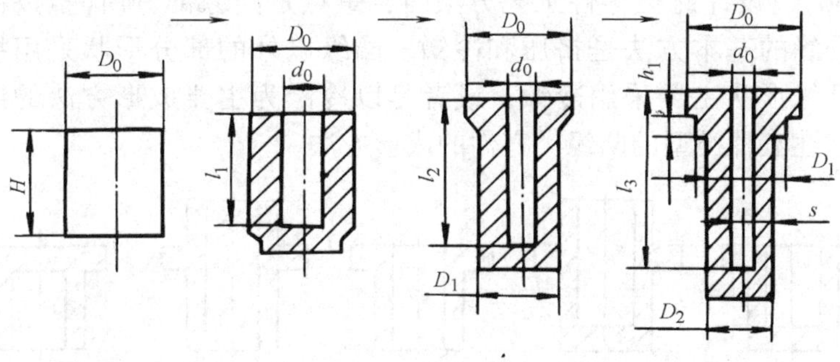

图 5-28　带凸缘杯形件挤压

反挤压成形；当孔深大于 2.5 倍直径时，就必须分两次挤压工序成形，通常采用反挤制坯，正挤压使外径逐渐变小，再切除挤压余料（图 5-27）；也可以采用挤压与变薄拉深相结合的方法成形。

3. 带凸缘杯形件（图 5-26c）　其成形工艺见图 5-28。如果杯壁不是很薄的话，可以不采用拉深工序，能获得长的零件是空心件正挤压的主要优点。

4. 管状空心件（图 5-26d）　活塞销为该类零件的代表产品，有多种成形工艺方案。

1）采用杯－杯复合挤压一次成形，然后采取机械加工方法，将中间连皮切除（图 5-29a）。该工艺由于中部切削加工会导致产品质量问题，尤其是对于活

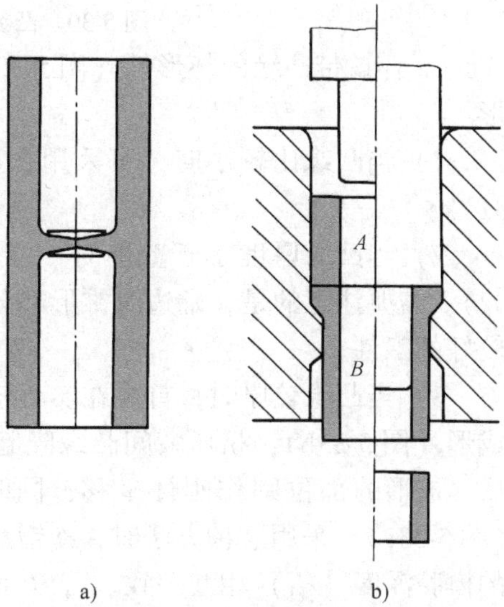

图 5-29　空心管挤压

a）杯-杯复合挤压　b）贯穿挤压变形过程

塞销这种受力件，易产生疲劳破坏，因而此方案受到一定的限制。

2）采用实心坯料，经过反向挤压后（或再附加变薄引伸），最后将底部冲掉而成。

3）采用空心坯料（空心管坯料或由反挤压加切底制得的空心坯料）进行贯穿挤压，变形过程见图5-29b。在首次挤压之后，不将挤压件退出，而在它的上面再放上第二个坯料。挤压时，第二个坯料 A 将第一个坯料 B 的挤压件从凹模孔中推挤出来，形成了空心管。这样连续加新的坯料进行挤压，称为贯穿挤压。

三、凸缘件

按凸缘的形状特征与所处部位的不同，可以将凸缘类零件分成五种基本类型（图5-30）。设计此类零件工艺方案时，重点是凸缘部分所需材料体积的准备。成形凸缘的基本方法是挤压和冷镦。凸缘以外的部分形状采用挤压成形，大多数的凸缘形状主要采用冷镦，或者是以冷镦为主要成形方法的镦挤结合。下面分别叙述五种类型的凸缘类零件的成形方法。

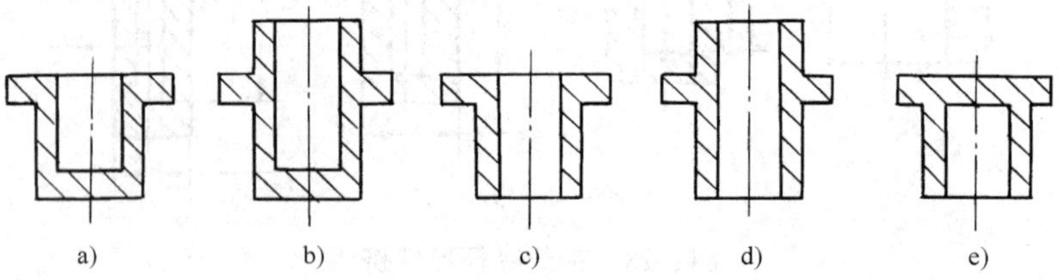

图5-30　凸缘类零件的基本类型

1. 杯口带凸缘的杯形件（图5-30a）　该类零件可采用以下三种工艺方法成形。

1）当凸缘比较小时，可采用在反挤压的杯形坯料上直接冷镦凸缘（图5-31）。

2）当凸缘厚度小于壁厚时，可采用先反挤压兼翻边，再冷镦凸缘（图5-32）。需要注意的是，翻边时锥形部分的边缘容易开裂，所以它适用于材料塑性较好的工件。

3）当凸缘较厚时，首先在实心坯料上镦制出凸缘（图5-33a），之后反挤压成形（图5-33b），挤压瞬间凸缘隆起，形成一个自然的锥形，当凸模进入模腔后，成形的部位则作刚性平移，同时完成杯体的加工，最后将凸缘镦压成形（图5-33c）。采用这种方法时，冷镦后的实心圆柱体的高度（H_0）必须与反挤压的模腔深度（H_1）相互一致。若 $H_0 < H_1$ 时，在模腔的下部，坯料与模腔之间将出现悬空，而使零件底部受拉开裂；若 $H_0 > H_1$，则在凸缘与杯体相连接的部位将出现台阶。

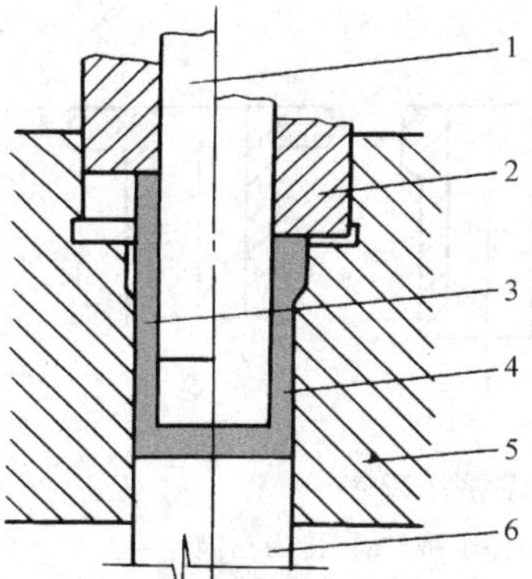

图 5-31　凸缘的冷镦成形

1—冲头　2—压套　3—杯形坯料

4—挤压件　5—凹模　6—顶杆

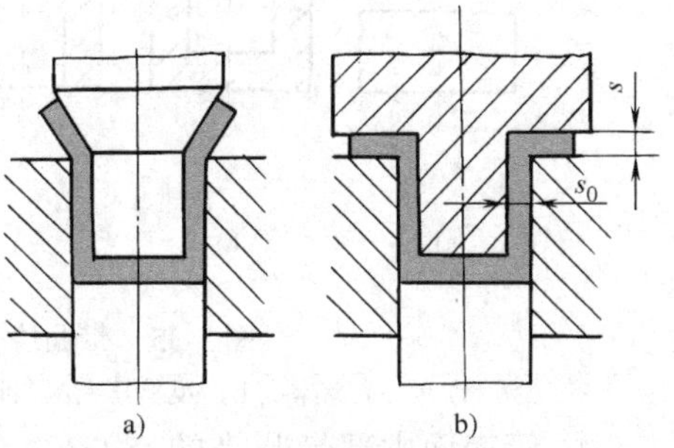

图 5-32　薄凸缘的镦挤联合成形

a）反挤兼翻边　b）冷镦凸缘

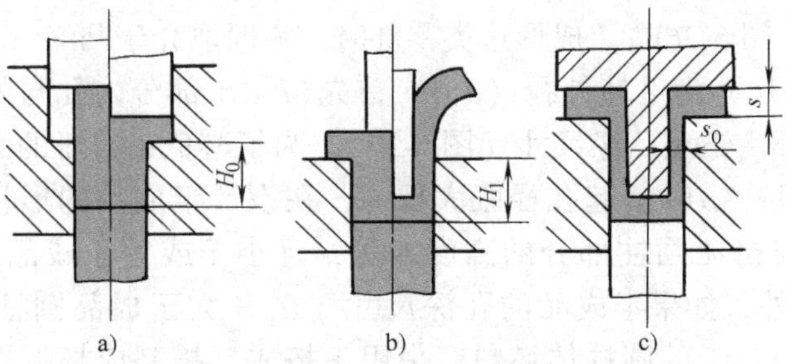

图 5-33　厚凸缘镦挤成形

a）预制凸缘　b）反挤压　c）冷镦凸缘

2. 中部带凸缘杯形件（图 5-30b）　该类零件可采用先反挤压制成盂形件，再正挤出半成品杯形件，然后冷镦凸缘（图 5-34）。

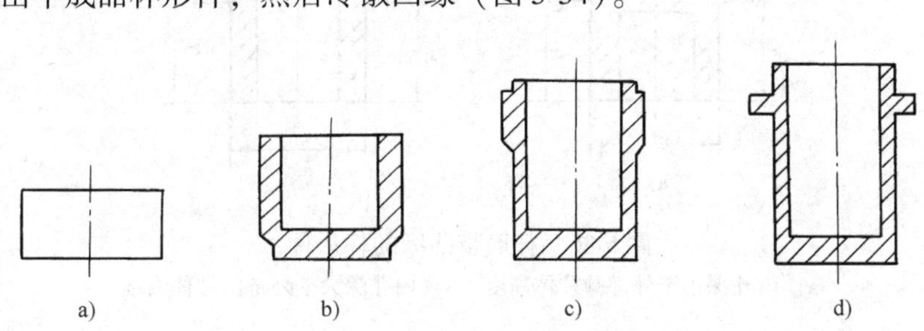

图 5-34　中部带凸缘的杯形件的成形

a）坯料　b）盂形件预制坯　c）半成品杯形件　d）凸缘件

3. 凸缘位于一端的空心件（图 5-30c）　可采用管状坯料正挤压一次成形；也可以采用实心毛坯，先反挤压制坯、冲底，然后正挤压空心件，再冷镦凸缘

(图 5-35)。

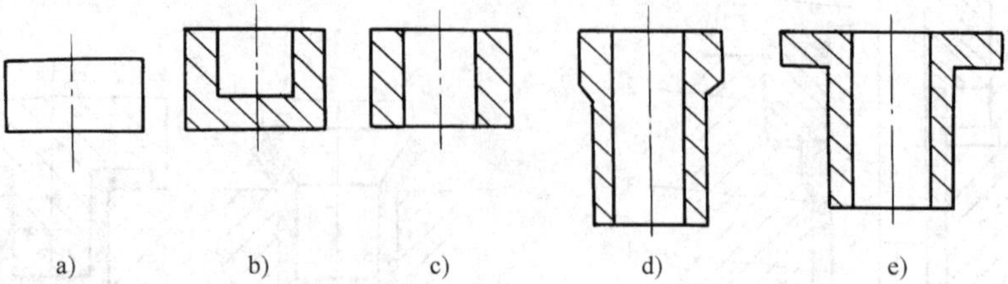

图 5-35　带凸缘管形件的典型挤压程序

a）坯料　b）反挤压　c）冲底　d）空心件正挤　e）冷镦凸缘

4. 管表面中部带凸缘的空心件（图 5-30d）　可采用外径等于凸缘直径的管状坯料复合挤压成形。

5. 杯底带凸缘的杯形件（图 5-30e）　该类零件又可细分为两种：内孔深度小于外部圆柱体高度（$H_1 \leqslant H_0$）的（图 5-36a）；内孔深度大于外部圆柱体高度（$H_1 > H_0$）的（图 5-36b）。成形这类零件时，一般取介于凸缘（D）与圆柱体直径（d）间某一尺寸为毛坯外径（d_1），首先挤压出部分内孔与外圆柱部分，然后将残余的尾部冷镦至凸缘尺寸（图 5-37）。为了避免正挤压的圆筒前端产生收口或胀口现象及冷镦时引起孔径胀大现象，在设计半成品的形状与尺寸时，应使其孔深尺寸与挤压圆柱部分的高度相等，且小于或等于成品圆柱体的高度，即 $H_1 \leqslant H_0$。另外，如果半成品的孔深尺寸（H_1）大于成品圆柱体高度（H_0），也可以选取外径等于的圆柱体坯料，采用正挤或反挤制成杯形件，然后进行冷镦。上述两种工艺方案各有利弊，要根据凸缘的具体尺寸与形状来选用。

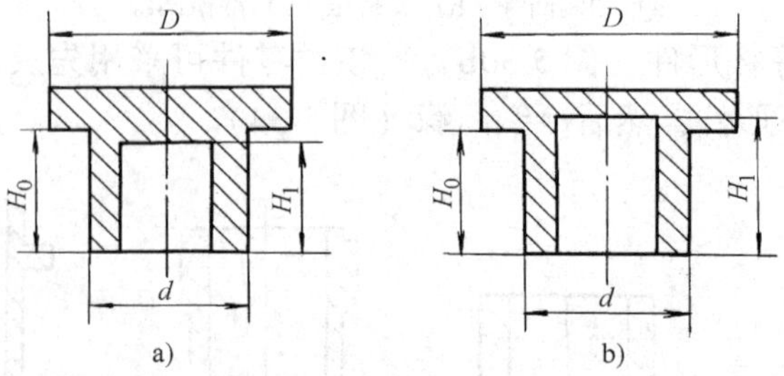

图 5-36　杯底带凸缘的杯形件

a）内孔深小于外部圆柱体高度　b）内孔深大于外部圆柱体高度

四、齿形类零件

直齿圆柱齿轮、圆锥齿轮、花键轴及各种形状的棘齿类零件，均可用冷挤压加工。但如果变形程度太大，模具的齿形会部分崩落，或者较快磨损，因此应考虑采用小变形量加工，一般正挤压齿形的变形程度宜控制在 20% ~

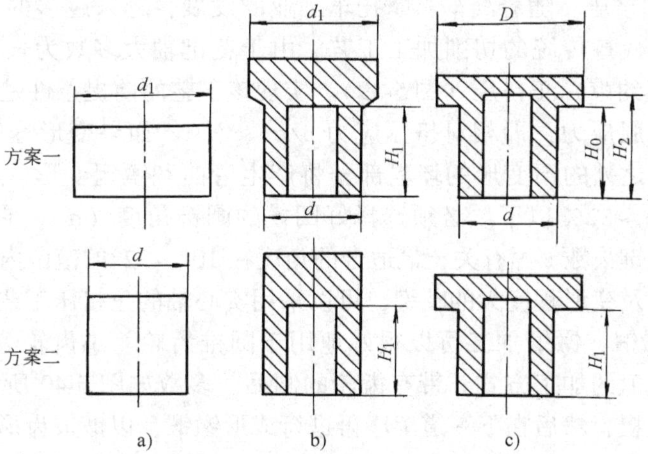

图 5-37　杯底带凸缘的杯形件的两种工艺方案

a）坯料　b）中间工序半成品　c）成品挤压件

40%之间。

1. 内壁带有花键或外圈带有齿形的零件宜用管状坯料正挤压（图 5-38）挤出端部（A）的齿形不饱满，必须切除。如果外径全部为齿形，可以采用贯穿挤压的方法，成形后再将齿坯切成要求的厚度。考虑到模具磨损和弹性变形，管状坯料的外径宜取齿形外径的下限尺寸。

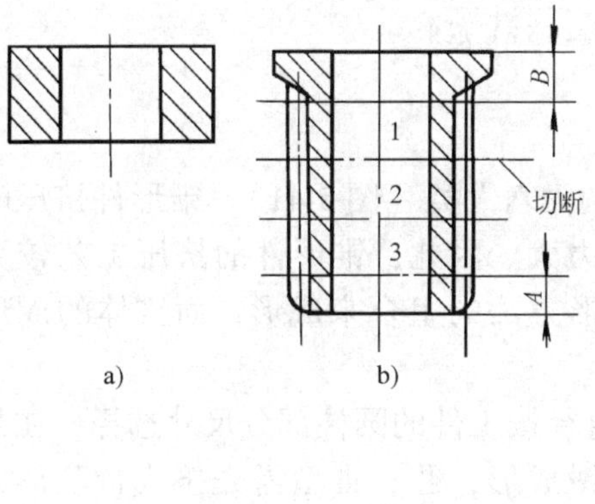

图 5-38　直齿圆柱齿轮的多件成形

a）空心坯料　b）挤压件

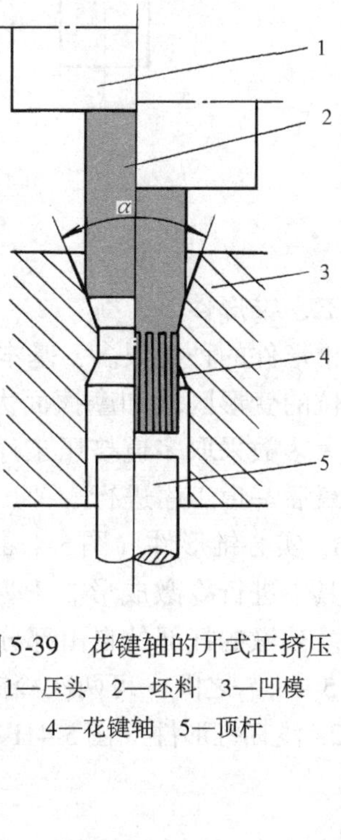

图 5-39　花键轴的开式正挤压

1—压头　2—坯料　3—凹模

4—花键轴　5—顶杆

2. 花键轴挤压　随着汽车、摩托车工业的发展，越来越多的花键采用冷挤压成形工艺来代替传统的切削加工工艺。由于花键轴大多数为长轴类件，通常采用开式（无约束）正挤压（图5-39）。实现该工艺的前提条件是挤压力不能达到传力段的屈服应力，即相对挤压应力 $p/\sigma_s<1.0$。如果变形程度选用得不合适，露在模具之外的不变形的坯料部分将产生弯曲和镦粗变形。通常将变形程度控制在28%～32%以下。必须选择好凹模的圆锥角度（α）。它同摩擦因数、变形程度、花键齿数 z 等有关，最适合的角度在10°～32°的范围内。

齿形复杂及变形程度大的花键，可以采用实心轴的正挤压工艺方法来成形。

3. 齿轮镦锻　镦锻加工可以很好地用于圆锥齿轮、小齿轮等的冷态锻造，是具有推广价值的加工方式。带有齿轮的制品，多数如图5-40所示，先将棒料坯料的头部镦粗，然后在下一道工序再进行成形镦锻，以锻成齿形。

这种加工方式与挤压成形不同，影响其成形极限的主要因素是压弯、折叠及裂纹等。此工艺由于多数情况下坯料端部的体积转移量较大，不适宜用一道工序成形，因此，如何合理地划分工序非常重要。设计时可以参考图5-15所示的加工界限。

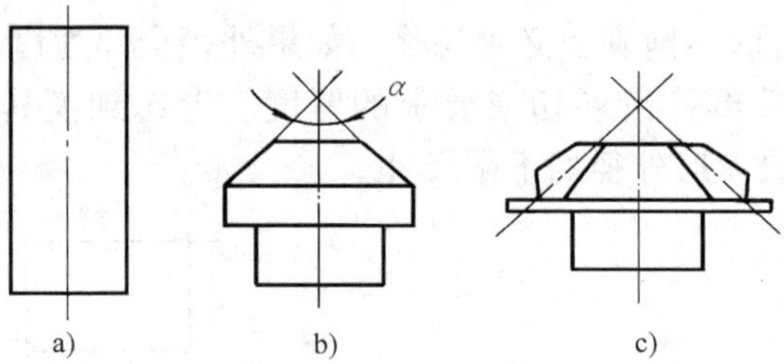

图5-40　圆锥齿轮的镦锻成形

a）坯料　b）制坯　c）成形

五、锥形件

锥形件的种类很多，基本形状可归纳为六大类（图5-41）。锥形件挤压时成形部位的变形区域和摩擦面大，变形抗力大。因此，锥形件的挤压工艺较为复杂，大多数采取多道挤压工序或各种成形方法的组合来成形，而锥体的成形一般在最后一道工序进行。

1. 实心锥形件（图5-41a）　坯料直径按工件的圆柱部分尺寸选择，在封闭式模具中进行冷镦成形。Ⅰ型可直接冷镦成形，Ⅱ、Ⅲ型需先挤成台阶形，再冷镦。被镦的杆部的自由部分的长度与直径之比在2.5以下时，可以一次成形；在2.5～4.5之间，可两次冷镦成形；大于4.5～6时，需三次冷镦。

2. 浅杯锥形件（图5-41b）　Ⅰ型零件可以直接反挤压成形。但是，随着内

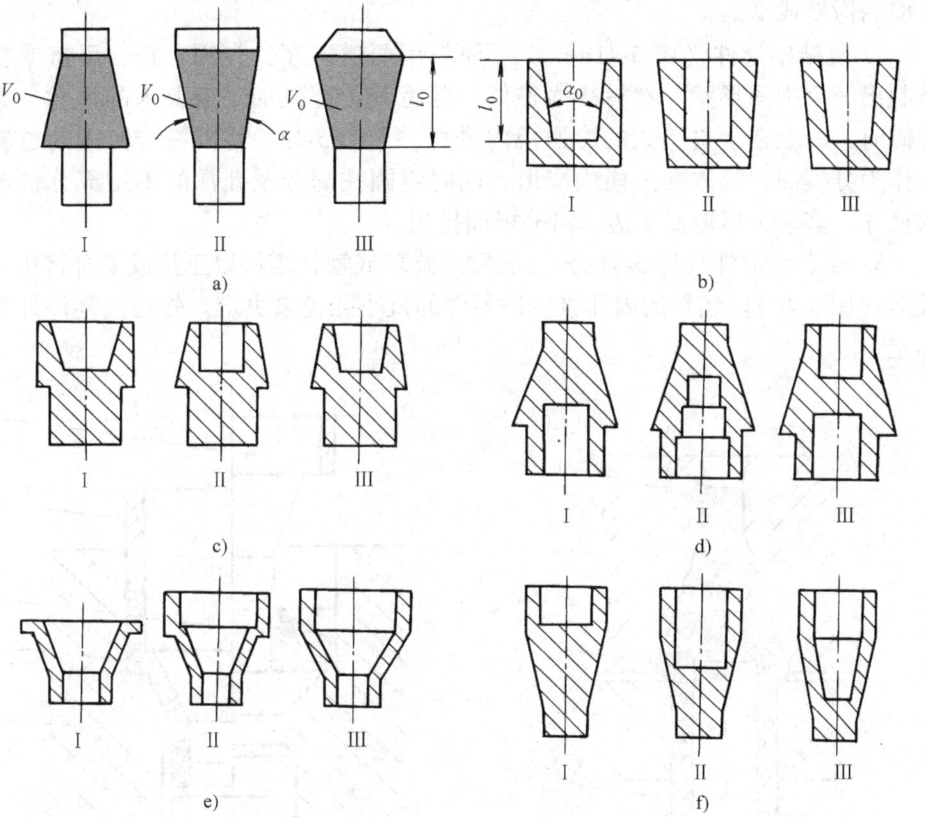

图 5-41 锥形件的基本类型

a）实心锥形件 b）浅杯锥形件 c）杯－杆类锥形件

d）复杂锥形件 e）空心锥形件 f）深杯锥形件

孔深度的加大，润滑将发生困难，因此内孔深度与直径比应限制为 1.5～2 之内。随着变形程度的增加，挤压力上升很快，变形程度应控制在 50% 以下。Ⅱ型零件不宜直接用反挤压成形，因为金属不会沿着与凸模倾斜的方向流动。可采用复合挤加工方法，见图 5-42。Ⅲ型零件为内外都有锥度的锥形件，可以用扩锥挤压的方法成形。

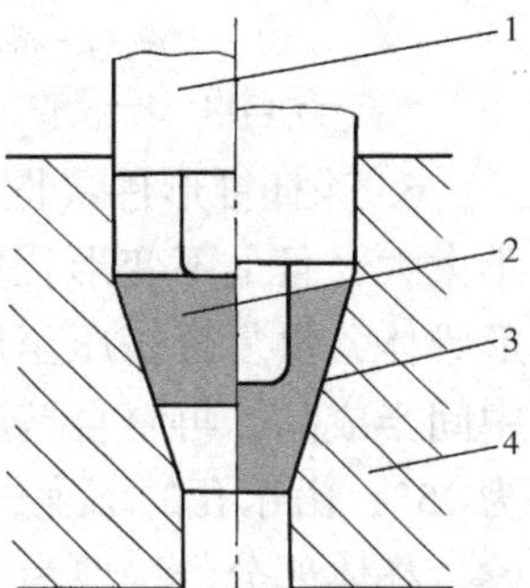

图 5-42 锥形件复合挤压

1—凸模 2—坯料 3—挤压件

4—凹模 5—顶杆

3. 杯－杆类锥形件（图 5-41c） 一般均需两道工序。第一道成形锥体之外的大部分形状，第二道镦挤锥体。Ⅰ型零件一般用正挤杆部和反挤锥杯两道工序成形。若锥孔较浅，上下变形程度相近时，亦可一次复合挤压成形。Ⅱ、Ⅲ型零件可利用Ⅰ型锥形件作半成品镦挤成形。

4. 复杂锥形件（图 5-41d）　一般都用两道工序，先用正挤、反挤或复合挤制出一个中间形状，然后冷镦锥体，并将其他部位加工至要求的尺寸。锥体冷镦时，一般在半封闭式的冷镦模内进行，见图 5-43。将圆柱与锥体的过渡部位作为分模面，锥体在上模内成形，同时将圆柱部分及孔深的不足部分挤至要求尺寸，多余金属形成飞边，沿分模面排出。

5. 空心锥形件（图 5-41e）　通常用圆环或管状坯料以正挤或复合挤压一次成形（图 5-44）。坯料的内孔直径按零件的最小孔径来决定，外径按零件外径来确定。

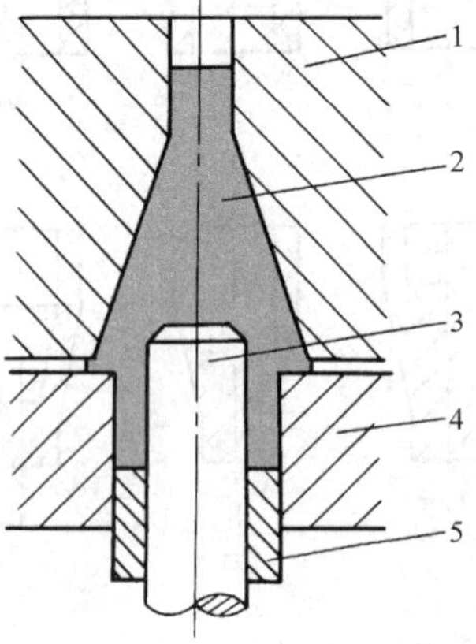

图 5-43　复杂锥体的冷镦成形

1—上模　2—锥形件

3—下凸模　4—下模　5—退料环

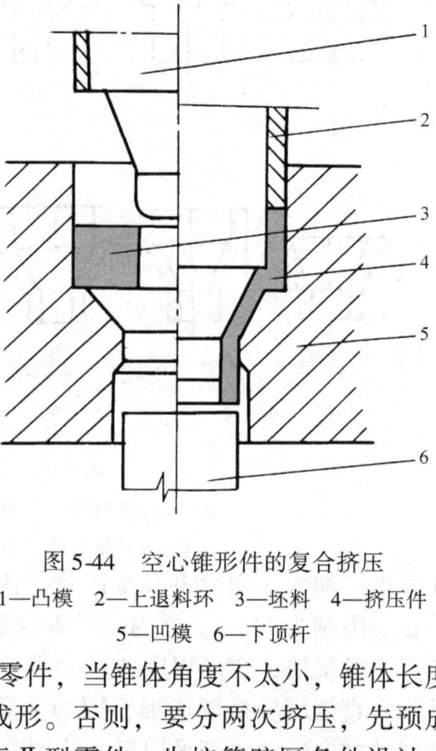

图 5-44　空心锥形件的复合挤压

1—凸模　2—上退料环　3—坯料　4—挤压件

5—凹模　6—下顶杆

6. 深杯锥形件（图 5-41f）　对于Ⅰ型零件，当锥体角度不太小，锥体长度不太大，且上下变形程度相近时，可一次成形。否则，要分两次挤压，先预成形锥体，再复合挤压至所要求的尺寸。对于Ⅱ型零件，先按等壁厚条件设计一中间半成品，再复合挤压至要求的形状及尺寸。图 5-45 所示的深杯锥形件锥角为 25°，由于孔的深度进入锥形部分，使挤压件的壁厚由杯体向锥形部位逐渐减薄，杯体部分的壁厚为 5.7mm，锥形部分的最窄处（AB）只有 2mm。如果直接一次挤压，此处的金属向上流动会受到阻碍，形成壁厚的金属体积得不到需要的补充，挤压不能正常进行，因此需要增加预成形工序。预成形工序按等壁厚设计原理设计，即保证杯壁各部位的壁厚相等，且由内外拐点 A' 和 B' 将半成品分成的两部分的体积 V_1' 和 V_2'，分别等于挤压件以 AB 为分界面划分成的两部分

体积 V_1 和 V_2。这样不仅在中间预成形工序上建立了等壁厚的工艺条件，而且为后续的挤压分配好成形材料的体积，以确保 AB 分成的上下两部分，都在各自范围内进行体积转移，不产生紊乱流动。

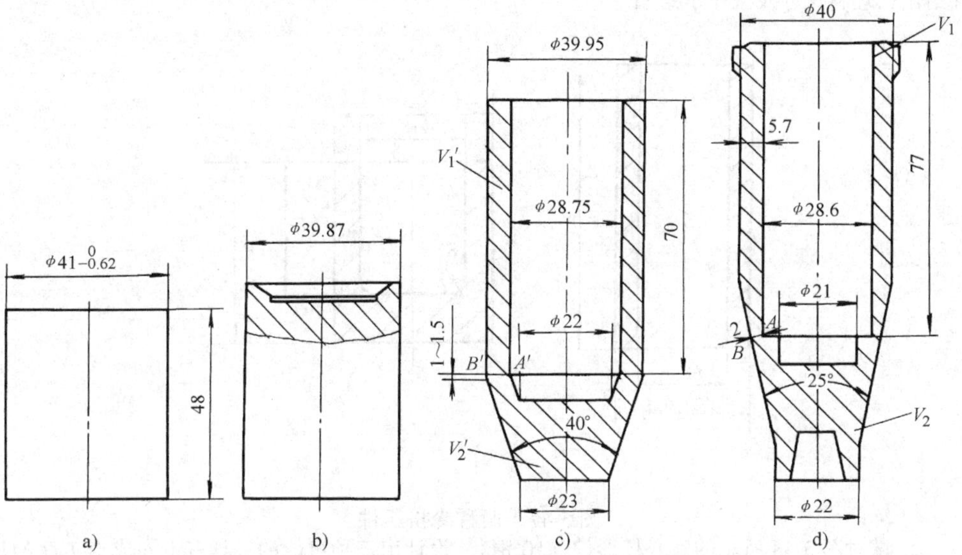

图 5-45　深杯锥形件冷挤压

a）下料　b）预成形　c）一次挤压　d）二次挤压

Ⅲ型零件的成形过程见图 5-46。这是用实心坯料一次挤压成形的。开始变形时，正挤压是主要的，挤出部分锥形。随着凸模挤入坯料深度的加大，金属开始反挤，同时完成下部锥体的成形。最后是纯粹的反向挤压，直至将孔挤到要求的深度。

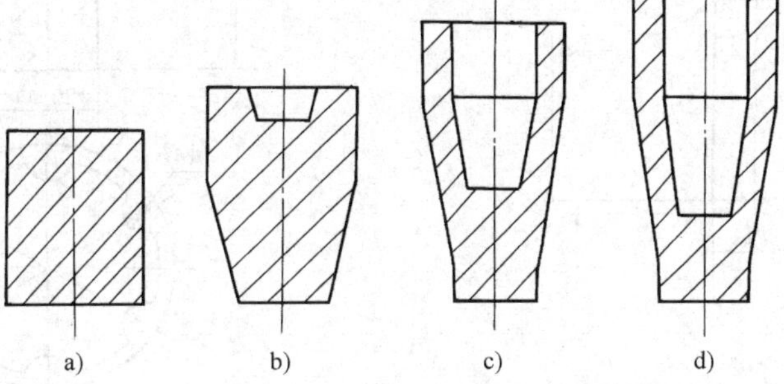

图 5-46　深杯锥形件的变形过程

a）坯料　b）正挤压　c）复合挤压　d）反挤压

思考与练习题

1. 如图 5-47 所示的两种冷挤压件，材料为 20 钢，请设计出三种可能的冷挤压工艺方案，并给出其坯料尺寸及工序示意图。

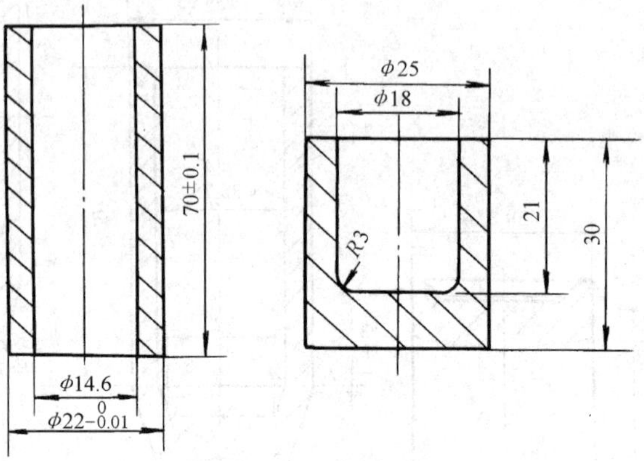

a)　　　　b)

图 5-47　两种冷挤压件

2. 试对图 5-48 所示的实心杆形件（10 钢），设计出三种可能的、具有不同成形工序的加工方案，并分别画出工序示意草图。

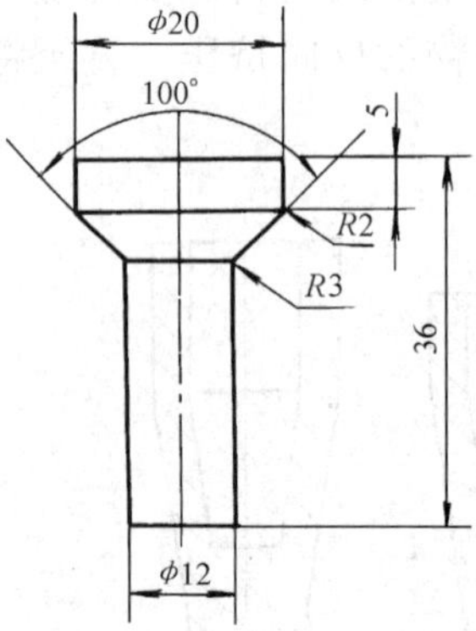

图 5-48　实心杆形件

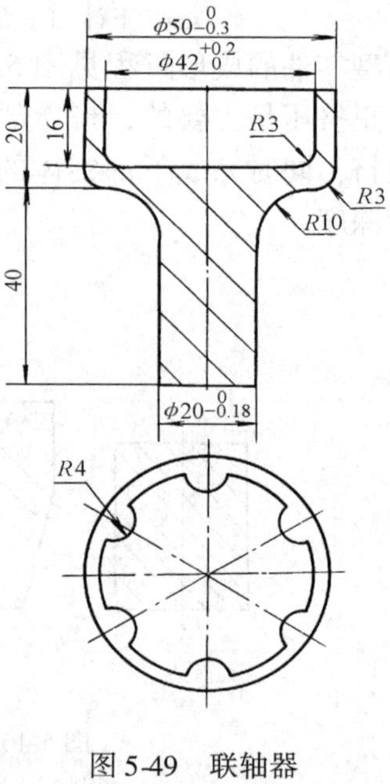

图 5-49　联轴器

3. 图 5-49 所示杯－杆型零件为联轴器中联接轴，材料为 20 钢，请分别计算上杯和下杆部分的断面减缩率 ε_A，分析其成形流动的倾向性并设计合理的中间坯料形状及尺寸。

第六章　冷挤压模具设计

本章通过一些典型的冷挤压模具结构，介绍冷挤压模具的特点、其工作零件及其他主要零部件的设计要点及步骤等。

第一节　冷挤压模具的结构及分类

一、概述

1. 特点　冷挤压是在常温下对金属材料进行塑性变形，其单位挤压力相当大，同时由于金属材料的激烈流动所产生的热效应可使模具工作部分温度高达200℃以上，加上剧烈的磨损和反复作用的载荷，模具的工作条件相当恶劣。因此冷挤压模具应具有以下特点：

1）模具应有足够的强度和刚度，要在冷热交变应力下正常工作。

2）模具工作部分零件材料应具有高强度、高硬度、高耐磨性，并有一定的韧性。

3）凸、凹模几何形状应合理，过渡处尽量用较大的光滑圆弧过渡，避免应力集中。

4）模具易损部分应更换方便，对不同的挤压零件要有互换性和通用性。

5）为提高工作部分强度，凹模一般采用预应力组合形式，凸模有时也采用组合形式。

6）模具工作部分零件与上下模板之间一定要设置厚实的淬硬压力垫板，以扩大承压面积，减小上下模板的单位压力，以防止压坏上下模板。

7）上下模板采用中碳钢经锻造或直接用钢板制成，应有足够的厚度，以保证模板具有较高的强度和刚度。

2. 组成　典型的冷挤压模具由以下几部分组成：

1）工作部分，如凸模、凹模、顶出杆等。

2）传力部分，如上、下压力垫板。

3）顶出部分，如顶杆、反拉杆、顶板等。

4）卸料部分，如卸料板、卸料环、拉杆、弹簧等。

5）导向部分，如导柱，导套、导板、导筒等。

6）紧固部分，如上、下模板、凸模固定圈、固定板、压板、模柄、螺钉等。

二、冷挤压模具分类

冷挤压模具有多种结构形式，可根据冷挤压件的形状、尺寸精度及材料来合理的选择。冷挤压模具可以按以下几个方面来分类。

（一）按工艺性质分类

模具按工艺性质可分为：正挤压模、反挤压模、复合挤压模、镦挤压模等。

1. 正挤压模　图 6-1 所示为实心件正挤压模。该模具更换相应的工作部分

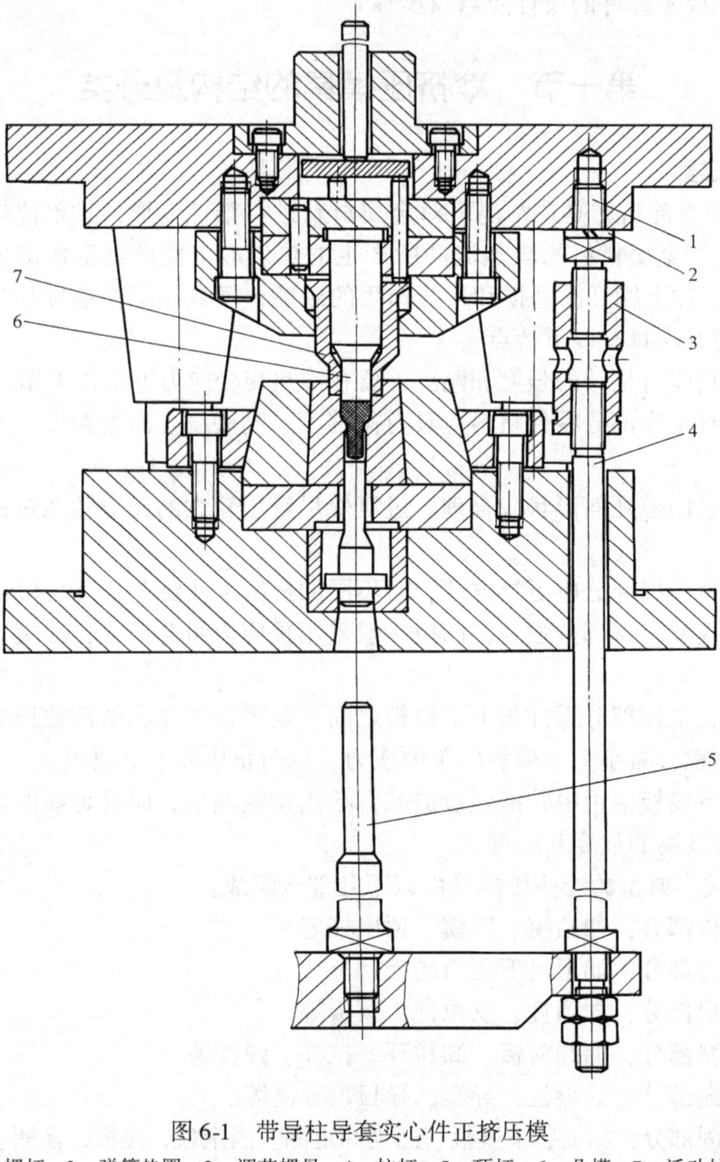

图 6-1　带导柱导套实心件正挤压模

1—螺杆　2—弹簧垫圈　3—调节螺母　4—拉杆　5—顶杆　6—凸模　7—活动护套

零件，可进行其他零件的正挤，也可用于反挤压、复合挤压和镦挤。顶出系统是由零件 1、2、3、4 组成的可调式拉杆，其中件 3 为调节螺母。旋转螺母可以调节拉杆长度，以适合不同零件挤压后的顶出。凸模 6 由活动护套 7 加以保护，以增加凸模的强度和稳定性。此外，当该模具用于反挤压或复合挤压时，更换合适的护套还可以利用上模部分的打料系统进行卸料。

图 6-2 所示是用于黑色金属空心零件正挤压的模具图。模具的工作部分为凸模和凹模。凸模 16 的心部装有凸模芯轴 15，芯轴 15 的心部设有通气孔与模具外部相通，在凸模中以便上下滑动。凸模 16 的上顶面与淬硬的垫板 13 接触，以便扩大上模板 3 的承压面积。凹模 2 经垫块 8 与垫板 9 固定于下模板 11 上。由图可看出，凸模与凹模的中心位置是不能调整的，凸、凹模之间的对中精度完全靠导柱 7 与导套 6 以及各个固定零件之间的配合精度来保证，因此这种模具结构常称为不可调整式模具。很明显，不可调整式模具的制造精度要求很高，但安装方便，而且模架具有较强的通用性，若将工作部分更换，这副模具可以用作反挤压或复合挤压。由图还可知，凸模回程时，挤压件将留在凹模内，因此需在模具下模板上设置顶出杆 10。

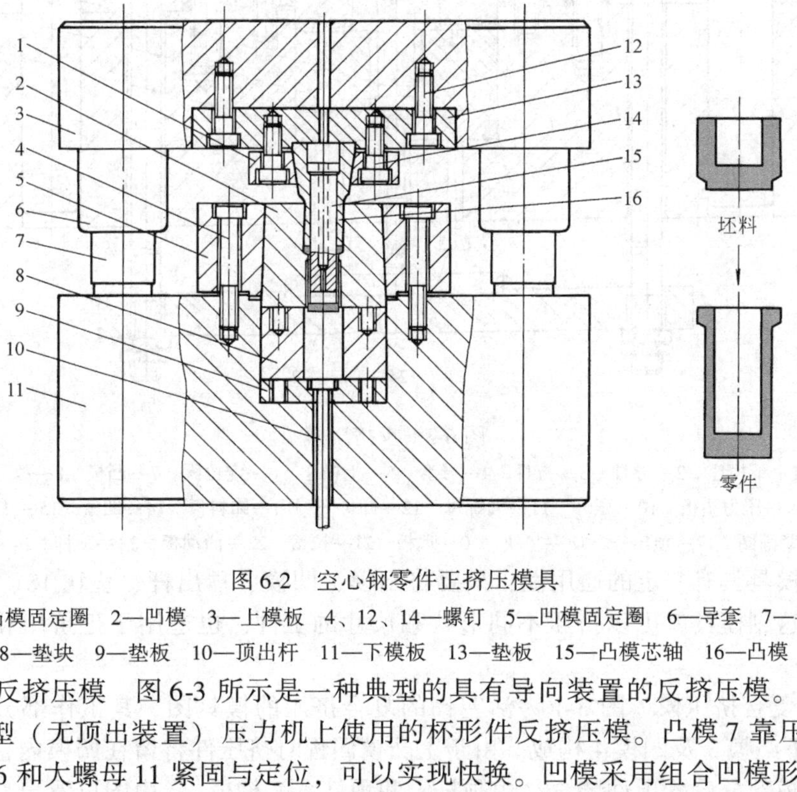

图 6-2　空心钢零件正挤压模具

1—凸模固定圈　2—凹模　3—上模板　4、12、14—螺钉　5—凹模固定圈　6—导套　7—导柱　8—垫块　9—垫板　10—顶出杆　11—下模板　13—垫板　15—凸模芯轴　16—凸模

2. 反挤压模　图 6-3 所示是一种典型的具有导向装置的反挤压模。该模具是在小型（无顶出装置）压力机上使用的杯形件反挤压模。凸模 7 靠压环 10、定位圈 6 和大螺母 11 紧固与定位，可以实现快换。凹模采用组合凹模形式。为便于反挤压件从凹模中取出，设计了间接顶出装置，反挤压力在下模时完全由

顶出杆 17 承受，顶件力由反拉杆式联动顶出装置（由件 3、20、21、22、23、24 组成）提供，该顶出装置在模座下方带有活动板 22，当挤压件顶出一段距离后，通过带斜面的斜块 24 将 22 撑开，使顶杆 23 的底面悬空，使之靠自重复位，为下一次放置毛坯做好准备。而活动板 22 靠其外圈的拉簧 21 合并。上模部分也设计了卸件装置，由于杯形挤压件较深，为了加强凸模的强度，除工作段外，凸模的直径应加粗并开出三道卸料槽，供带有三个内爪形的卸件环 12 卸料。

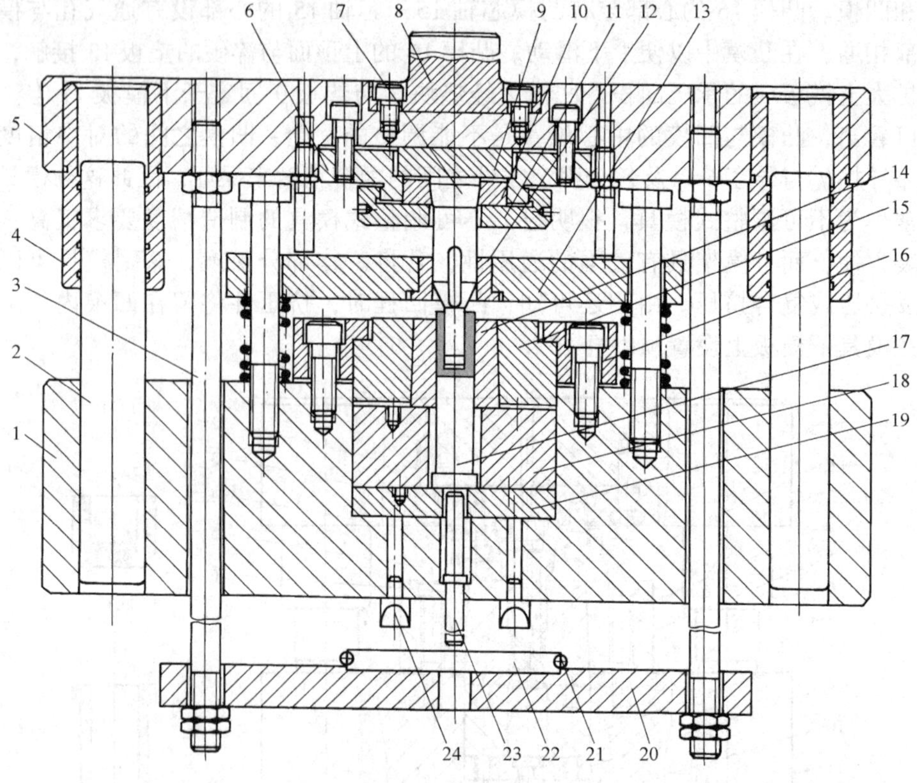

图 6-3　反挤压模

1—下模座　2—导柱　3—拉杆　4—导套　5—上模座　6—定位圈　7—凸模　8—模柄　9、19—压力垫板　10—压环　11—大螺母　12—卸件环　13—卸料板　14—凹模　15—加强圈　16—紧固圈　17—顶出杆　18—垫块　20—顶板　21—拉簧　22—活动板　23—顶杆　24—斜块

该模具具有一定的通用性，只要将凸模、凹模、顶出杆、垫块 18、19 加以更换，这副模具就可以挤压不同形状和尺寸的工件，也适用于正挤压和复合挤压。

3. 复合挤压模　图 6-4 为活塞销的复合挤压的模具图。其工作部分由上凸模 5、下凸模 3 及凹模 4 构成。由于上凸模回程时挤压件将留在凹模内，因此必须在下模部分设置顶件装置（由顶杆 1 和顶件套 2 构成）。由图可看出，该复合挤压模具工作部分的一个显著的特点，即在上凸模外壁上套有控制挤压件长度方向尺寸的限流套6。因为上凸模向下挤压毛坯时，金属向上流动的阻力较小，如果没有限流套的控制将使活塞销的上孔深度大于下孔，加限流套6后，可迫使金属向下流动，保证上、下孔深度尺寸一致。

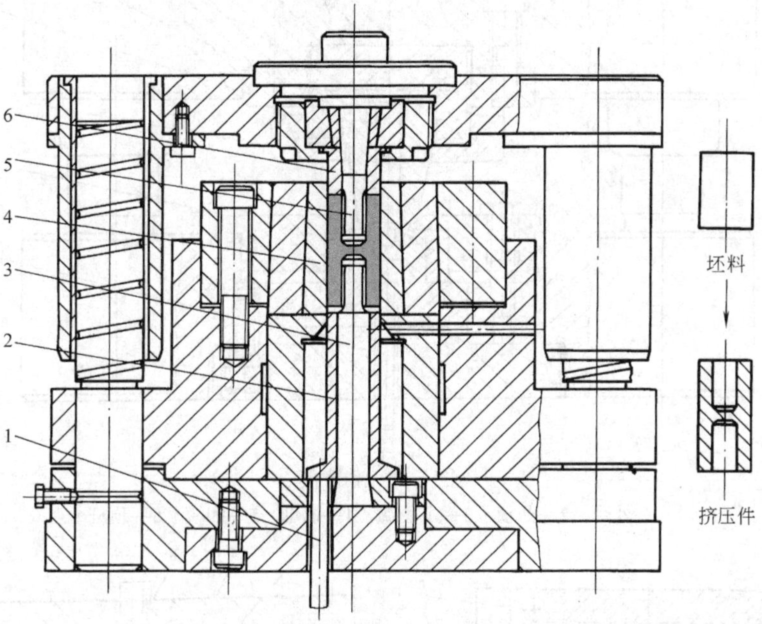

图6-4　活塞销复合挤压模

1—顶杆　2—顶件套　3—下凸模　4—凹模　5—上凸模　6—限流套

4. 镦挤模　图6-5所示为镦挤模。凸模2与外套1组成组合式凸模，以提高凸模的使用寿命。组合式凸模靠螺母4紧固在定位圈3上，以保证凸模定位准确，装卸方便。挤压结束，靠压力机顶出装置推动顶杆6将挤压件顶出凹模5。

（二）按有无导向装置分类

1. 导柱导套导向冷挤压模　该类模具如图6-1～图6-5所示，它是冷挤压模具中最常见的一种模具结构。中小型冷挤压模具一般采用两导柱导套形式；大型的冷挤压模具采用四导柱导套形式；精密冷挤压模具还采用滚珠式导柱导套。采用这类结构的模具可以保证上下模具有较好的对中性，冷挤压件同轴度好，但是模具制造较复杂。

2. 模口导向冷挤压模　图6-6为模口导向冷挤压模。凸模4靠凸模固定圈通过螺母固定在上模部分。凹模5为硬质合金，凹模外层有两层预应力圈6、7。挤压件卡在凹模内，可通过顶杆9顶出。如挤压件包紧在凸模上，则通过卸料板将工件卸下。由于凸模导向部分尺寸与挤压件外径相同，因此必须在

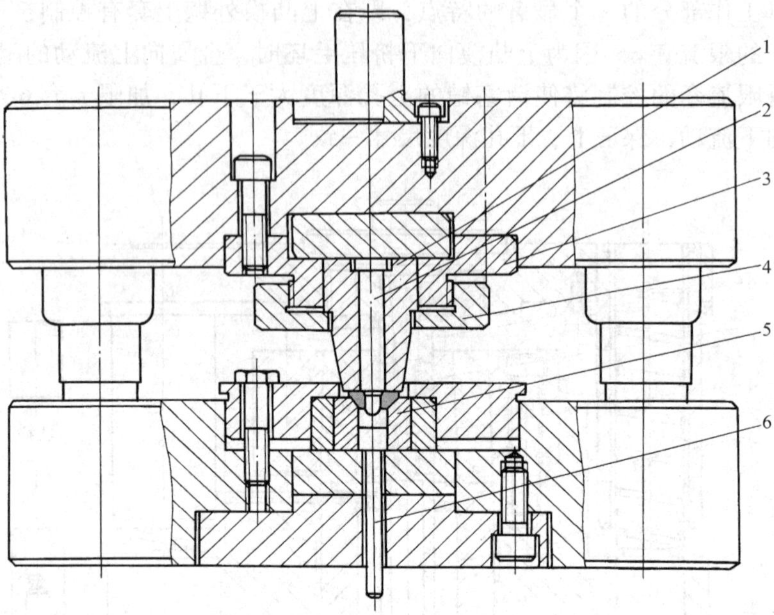

图 6-5　镦挤模

1—外套　2—凸模　3—定位圈　4—螺母　5—凹模　6—顶杆

图 6-6　模口导向反挤压摸

1—上压力垫板　2—凸模座　3—导向套　4—凸模　5—凹模　6、7—预应力圈　8—凹模座　9—顶杆

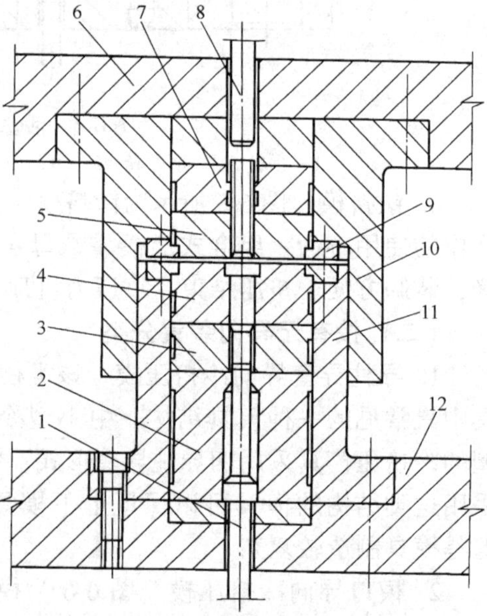

图 6-7　双端花键挤压模具简图（导筒导向复合挤压模）

1—顶杆　2—下垫块　3—下凹模　4—定位圈　5—上凹模　6—上模座　7—上垫块　8—打杆　9—凹模固定圈　10—上模固定套　11—下模固定套　12—下模座

凸模上铣出三条卸料槽来用于卸料。起到模口导向作用的导向套3与凸模的间隙一般在0.02mm以内，这样能保证挤压件的壁厚精度。这种导向方法简便、实用，导向效果比导柱导套式导向还要好。不过这种导向方式一般用于挤压较浅反挤压件的模具，同时对压力机导轨的导向精度要求较高。图中模口导向部分采用与凹模分体形式，也有整体式的，即凹模型腔上部分即为导向部分。

3. 导筒导向冷挤压模　图6-7为摩托车主轴双端花键复合挤压模具简图，它是一副导筒导向挤压模。模具由上模固定套10与下模固定套11进行导向，主轴双端花键分别在上齿形凹模5和下齿形凹模3内挤压成形。这种采用上下同时挤压成形满足了双端齿形的形位精度要求。它实质是双向减径挤压，毛坯不能产生镦粗，因此对变形程度、模具工作段的形状、润滑条件以及毛坯材料的状态要求都很高。另外，由于挤出段长度较长，很容易产生弯曲，在齿形凹模非工作段及垫块上设置校形工作带，可以克服这一问题。

第二节　模具工作部分的设计

冷挤压模具工作部分是指凸模、凹模、顶杆等在挤压时直接参与挤压过程的一些零件。

一、正挤压模具工作部分零件设计

（一）正挤压凸模

正挤压凸模的作用主要是传递挤压力，设计时应考虑其强度。在凸模与凹模之间应具有合适的间隙，这是因为：

1）要避免在挤压后零件上形成毛刺，这就要求较小的间隙，这一点在挤压比较软的有色金属材料时特别重要。

2）为必须保证挤压时由于凸模弹性变形而产生的直径增大，凸、凹模之间仍要有一定的间隙。

1. 正挤压凸模的形式　正挤压凸模基本上有五种形式，见图6-8。图a用于正挤压实心件，其下端面是平的，形状比较简单，制造方便。图b～图e用于正挤压空心件。其中图b为整体式结构，可用于挤压软金属，其过渡部分应用光滑圆弧连接，以避免应力集中而导致芯棒折断。图c～e为组合式凸模。其中图c的芯棒与凸模内孔之间为过渡配合，这种结构可以大大减少芯棒与凸模结合处的应力集中，不过在挤压中如金属向下流动剧烈时，摩擦力过大也可能导致芯棒拉断。这种凸模适应于芯棒直径较大，或挤压材料不太硬，或摩擦因数较小的材料挤压。图d的芯棒与凸模内孔采用间隙配合，在挤压中芯棒可以随金属材料同步向下移动，因此改善了芯棒的受拉情况，使芯棒不易拉断，这种凸模可用于挤压黑色金属。图 e 为浮动式凸模，其在芯棒上部放一弹簧，在挤压中芯棒受拉，弹簧被压缩，可以克服更大的拉力，能有效地防止芯棒拉断。这种凸模可以用于材料硬度和摩擦力比较大的黑色金属挤压。为了防止芯棒拉断及卸料方便，芯棒一般做出 10′～30′的斜度。

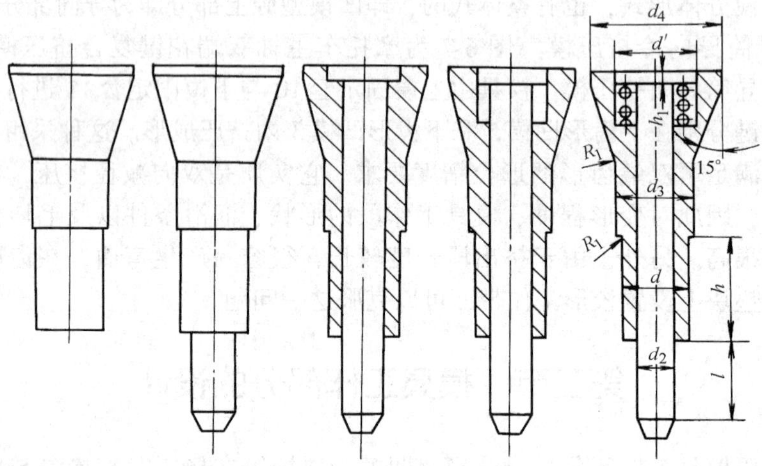

图 6-8　正挤压凸模主要形式

2. 正挤压凸模尺寸参数设计　以图 6-8e 的凸模为例，凸模各部分尺寸参数见表 6-1。

表 6-1　正挤压凸模（图 6-9e）尺寸参数设计计算表

名　称	尺寸参数	名　称	尺寸参数
芯棒直径 d_2	按空心件孔径最大尺寸设计	定位部分直径 d_3	（1.2～1.4）d
芯棒长度 l	空心毛坯高度＋凹模工作带高度	支承部分直径 d_4	（1.8～2.0）d
凸模工作部分高度 h	挤压工作行程＋卸料板厚＋10mm	支承部分高度 h_1	（0.3～0.5）d
凸模工作部分直径 d	凹模型腔－0.02mm	圆角半径 R_1	（0.5～1.0）d

（二）正挤压凹模

正挤压凹模可根据单位挤压力大小可选择单层整体凹模或组合凹模，在单位挤压力小时也可采用组合凹模，以降低模具制造成本。

1. 凹模型腔尺寸确定　图 6-9 为正挤压凹模形状尺寸。其外圆形状做成一定斜度的锥形，以便装上预应力圈。凹模型腔深度 h_3 要根据毛坯长度和挤压前凸模需进入凹模导向深度（一般 10mm）来决定。凹模的入模锥度一般采用 60°～126°较合理（对于较软的材料，也可采用 180°）。凹模入模锥度大，挤压力增加；如超过 126°，金属挤压时易成“死区”，不利于金属的流动。对于塑性差的金属，挤压后“死区”的材料会脱落。锥角小于 60°时，摩擦阻力增加，使挤压力也增加，同时顶件力也增加。凹模收口部分应采用适当的圆角半径过渡。圆角半径 r 的大小对模具的使用寿命影响很大。一般圆角半径越大，凹模的使用寿命越长，当然圆角半径的值受到挤压零件形状的限制。凹模型腔的工作带长度 h_1 应适当选择：纯铝 $h_1=1\sim2$mm；硬铝、纯铜、黄铜 $h_1=1\sim3$mm；低碳钢 $h_1=2\sim4$mm。在工作带以下的孔径 D_2 应使挤出的零件不再与凹模接触，以免增加摩擦力，需扩大为 $D_2=D_1+(0.2\sim0.4)$ mm。D_1 到 D_2 也应光滑过渡。底厚 h_2 应以强度要求进行选择，一般可取 $h_2=(1.1\sim1.2)D$。

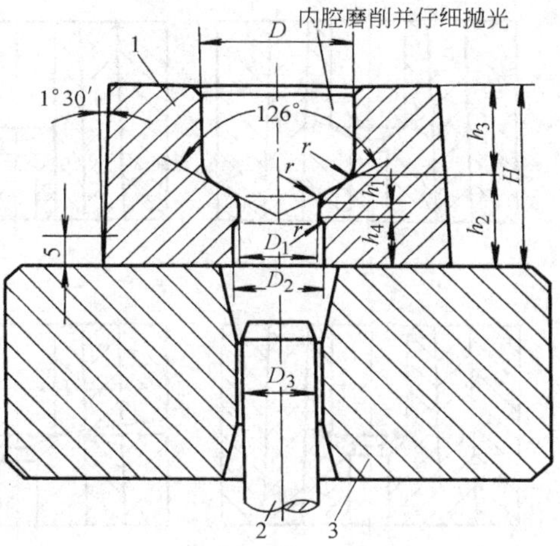

图 6-9　正挤压凹模

1—凹模　2—顶杆　3—导向垫板

2. 凹模结构形式　正挤压组合凹模的结构形式有六种，见图 6-10。图 a 的内层凹模为整体式，结构简单，制造安装方便，但在单位挤压力较大情况下，型腔转角处由于应力集中较大，易产生横向开裂。图 b～图 f 的内层凹模为分割式结构，其中图 b、图 c 为纵向分割式，最内层凹模镶圈与凹模之间采用 0.02mm 的过盈配合，当凹模与外面两层预应力圈压合后实际过盈将进一步增大，因此凹模镶圈的尖角处不会崩裂，在挤压中也不会产生钻料现象。图 c 的凹模内孔末端 10mm 处加工出 5°斜度，便于将凹模镶圈压入凹模内孔中。图 d 是将内层凹模做成横向分割式，但这种形式由于内层凹模轴向压紧力不够大，在单位挤压力较大情况下被挤金属容易钻料。图 e、图 f 是将内层凹模和预应力圈均做成横向分割式，虽然结构复杂些，但由于轴向压紧力大，可以有效地防止被挤金属钻料。横向分割凹模的贴合面宽度一般为 1～3mm 为宜，贴合面以外应将其中一块加工成 1°的斜角，或加工成 0.2mm 深的不接触面。贴合面一定要平整，并进行研磨抛光，这样可以防止被挤金属钻料。横向分割面一般取在凹模内壁圆角半径上切点以上 2～3mm 处为佳，见图 f。图 e 、图 f 所示的横向分割凹模还应加压套，在模具上把上下两部分紧压在一起。

二、反挤压模具工作部分零件设计

（一）反挤压凸模

反挤压凸模一般由夹紧与成形两部分组成，见图 6-11a。当反挤压凸模在挤

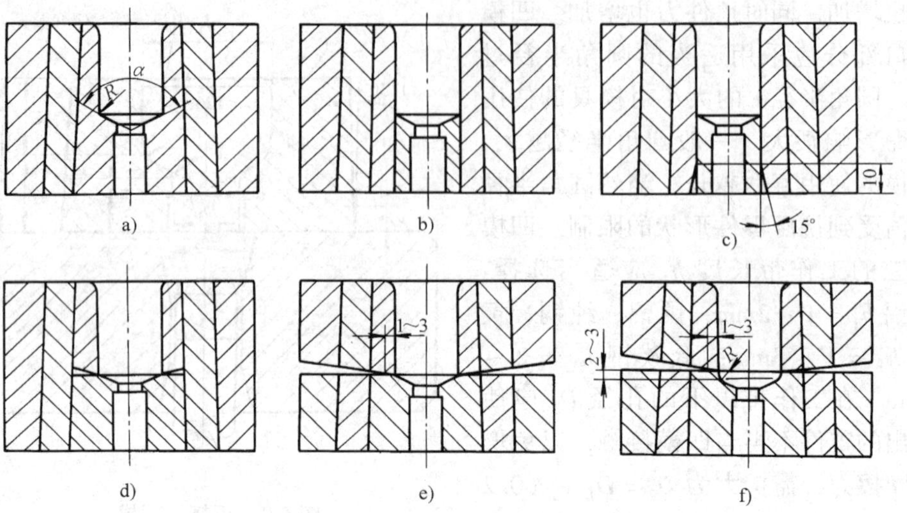

图 6-10　正挤压凹模结构形式

压时靠模口导向时，则还需增加导向部分，见图 6-11b。

1. 反挤压凸模形式　合理的反挤压凸模成形部分形状和尺寸，可以有利于金属的流动，降低单位挤压力，从而提高模具的使用寿命。按反挤压凸模成形部分的形状不同有三种常用形式，见图 6-12。图 a 和图 b 两种凸模使用效果较好，可降低单位挤压力。尤其是图 b 为尖顶锥形凸模，斜角 α_B 越大则单位挤压力越小，生产中一般斜角 α_B 为 5°～9°。但是斜角越大，当坯料表面不平时，挤压时凸模容易歪斜，造成零件壁厚不均匀。图 c 为平底凸模，用于挤压件内孔要求平底或单位挤压力较低的场合。

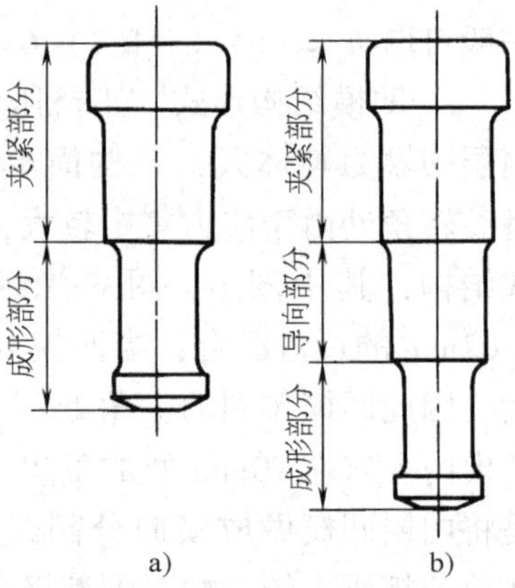

图 6-11　反挤压凸模组成部分

反挤压凸模的有效工作部分是图中高度为 h 的圆柱形表面，称之为工作带，工作带以上的凸模直径略小些。工作带的作用有以下三点：

1）减小凸模与挤压金属的接触面积，可大大降低摩擦阻力。

2）防止挤压结束时挤压件粘在凸模上。

3）挤压时，不会由于凸模工作带以上部分的弹性变形而产生直径的增大，影响挤压件内孔的尺寸精度。

2. 反挤压凸模尺寸参数设计　反挤压凸模所受到的单位挤压力比正挤压时大。同时由于坯料放置偏斜或坯料端面不平整，会使凸模在反挤压时受到偏心

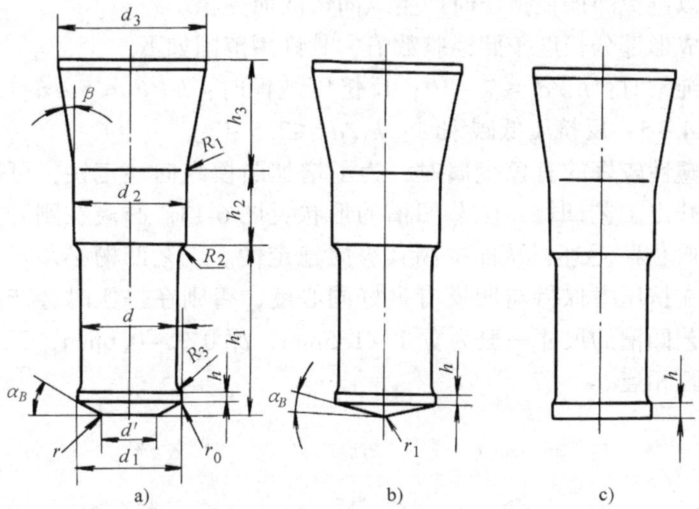

图 6-12　反挤压凸模形式

a）带平底锥形凸模　b）尖顶锥形凸模　c）平底凸模

载荷而弯曲折断。所以其工作条件比正挤压凸模更为恶劣，因此必须合理设计和正确选择反挤压凸模的尺寸参数。

以应用得最广泛的带平底锥形凸模为例，其各部分尺寸参数的确定见表 6-2。

表 6-2　反挤压凸模尺寸参数设计计算表

名　　称	被挤压材料种类	
	黑色金属	有色金属
工作带直径 d_1	等于挤压件孔径最大尺寸	等于挤压孔径最大尺寸
工作带高度 h	2～3mm	0.5～1.5mm
底部平坦部分直径 d'	$0.5d_1$	$0.7d_1$
锥顶角 α_B	7°～27°	3°～25°
非工作部分直径 d	（0.97～0.98）d_1	（0.85～0.95）d_1
斜面与工作带交接处 r_0	0.5～1.5mm	0.3～0.5mm
斜面与平坦部分交接处 r	0.8～1.8mm	0.5～1.0mm
定位直径 d_2	（1.2～1.4）d_1	（1.1～1.3）d_1
定位高度 h_2	（0.6～0.7）d_1	（0.55～0.65）d_1
支承部分直径 d_3	（1.4～1.6）d_1	（1.2～1.5）d_1
支承部分高度 h_3	（0.5～1.0）d_3	（0.5～1.0）d_3
支承部分锥半角 β	5°～15°	5°～15°
支承锥面与 d_2 交接处 R_1	$1.0d_2$	$1.0d_2$
d 与 d_2 交接处 R_2	$2.0d$	$2.0d$
d 与 d_1 交接处 R_3	$1.5d_1$	$1.5d_1$

3. 反挤压凸模防止失稳措施　反挤压凸模的成形部分长度 h_1 应当越短越

好，这样可以避免凸模在挤压时产生纵向弯曲而失稳。

凸模的成形部分长度按照经验数值，其许用范围如下：

反挤压纯铝时：$h_1/d_1 \leqslant 7 \sim 10$；反挤压纯铜时：$h_1/d_1 \leqslant 5 \sim 6$；反挤压黄铜时：$h_1/d_1 \leqslant 4 \sim 5$；反挤压低碳钢时：$h_1/d_1 \leqslant 2.5 \sim 3$。

反挤压塑性较好的有色金属时，为了增加凸模纵向稳定性，可以在凸模的工作端面上开出工艺凹槽。工艺凹槽的形状见图 6-13。凸模在刚开始挤压时借助凹槽可"咬住"毛坯，从而提高其纵向稳定性。工艺凹槽必须对称于凸模中心，使凸模在挤压中保持与凹模有良好同心度，否则在挤压时会产生凸模偏移而折断。工艺凹槽的尺寸一般为宽 1 ~ 1.5mm，深 0.3 ~ 0.6mm，工艺凹槽的尖顶处应用圆弧相连。

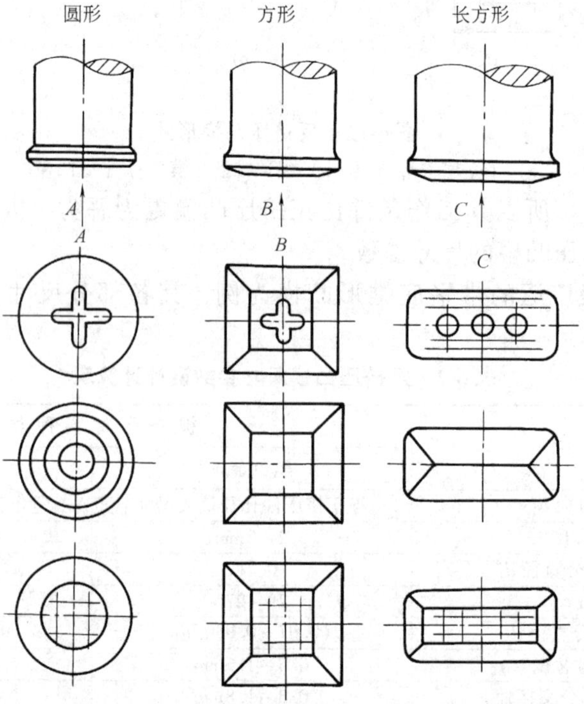

图 6-13　有色金属反挤压凸模工作端面工艺凹槽

用于挤压纯铝的细长反挤压凸模工作端面不必抛光，过分光滑的端面容易使凸模在挤压时产生漂移，从而发生弯曲以致折断。

对于黑色金属反挤压凸模，由于其单位挤压力大，工作端面不允许开出工艺凹槽；否则，会在凹槽处由于应力集中而产生开裂。

（二）反挤压凹模

1. 反挤压凹模形式　根据零件的形状、尺寸、精度及材料种类不同，反挤压凹模也有各种形式。一般反挤压凹模由成形与顶出两部分组成。如需要模口导向，可采用如图 6-14 所示的典型结构。在挤压外壁粗糙度值较低，同时壁厚精度较高的有色金属零件时，可以采用图 6-15 所示的在凹模口部设置盛料腔，挤压时，凸模先以略为减径的方式将坯料压入成形型腔，然后再进行反挤压。这样可以减小坯料与成形型腔之间的间隙，同时坯料外周表面也通过减径挤压而粗糙度值大为降低，并且盛料腔又可起到模口导向作用。

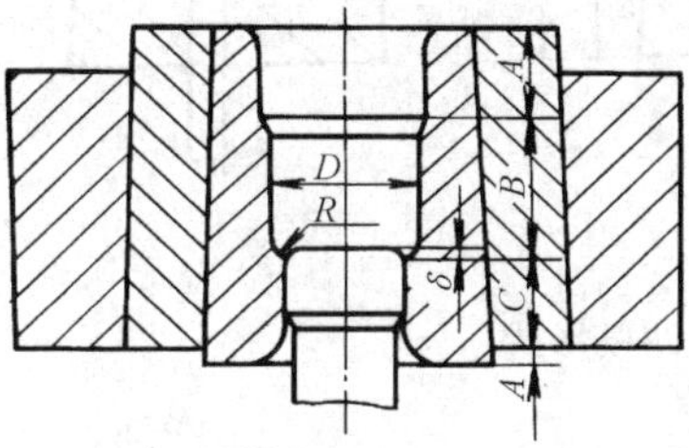

图 6-14　反挤压凹模典型结构

A—导向部分　*B*—成形部分　*C*—顶出部分

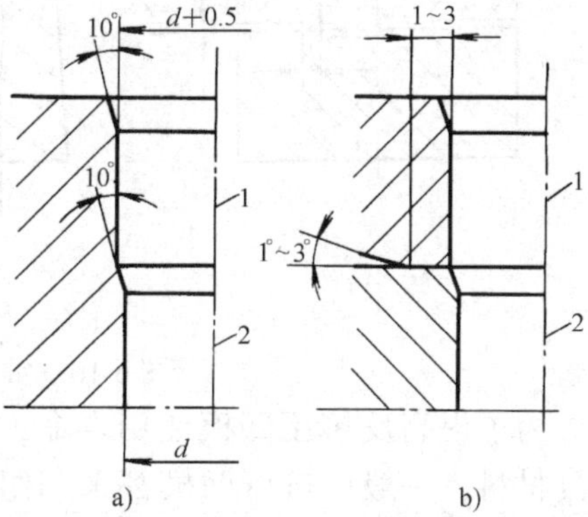

图 6-15　盛料腔模具结构

a）整体结构　b）分割结构

1—盛料腔　2—成形型腔

图 6-16 为其他一些常用反挤压凹模形式。图 a ~ 图 d 用于有色金属薄壁件反挤压，挤压后工件不会卡在凹模内，所以不需要顶出装置。其中图 a 为整体式，其特点是结构简单、制造方便；缺点是转角半径 *R* 处容易开裂下沉。图 b 也为整体式，但凹模型腔底部有 25°斜度，挤压时有利于金属流动。图 c、图 d 为分割式凹模，寿命比整体式凹模长。图 c 为纵向分割式凹模，镶块在装配前与凹模为过盈配压，压入预应力圈后其过盈量将更大，这样可以避免在角部产生毛刺。图 d 为横向分割式凹模，为了避免挤压时金属材料钻入上下模的贴合面，贴合面也要像前述正挤压横向式组合凹模一样，要有特殊的要求。生产实践证明，就是像纯铝这样流动性好的金属也不会钻入拼缝中。同时，上下凹模应有较高的制造精度，以避免挤压件底部产生连接痕迹。图 e、图 f 均带有顶出装置，以适用于黑色金属或厚壁工件的反挤压件。图 e 适用于工件底部外形呈尖角的反挤压件，图 f 适用于工件底部外形呈一定圆角半径的反挤压件。如果工件底部要求平整，其顶杆的高度要略高出凹模型腔底平面，以抵消挤压时顶杆长度由于弹性压缩变形而缩短。顶杆的高出量应根据材料和变形程度的不同而有所区别。

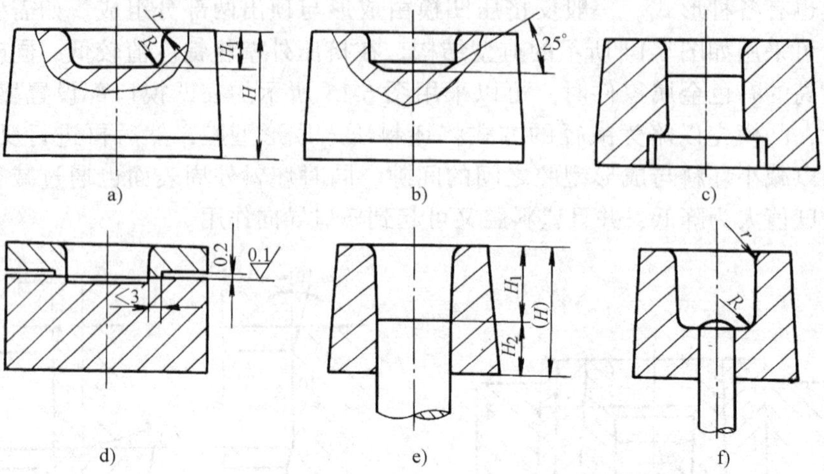

图 6-16 常用反挤压凹模形式

为了提高反挤压凹模使用寿命，节省模具材料，一般反挤压凹模都采用组合凹模形式，内凹模外面加预应力圈，见图 6-14。

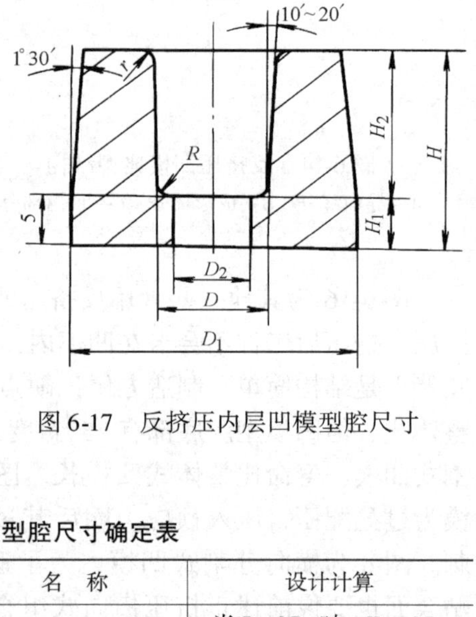

图 6-17 反挤压内层凹模型腔尺寸

2. 反挤压内层凹模尺寸确定　一般内凹模型腔尺寸参数见图 6-17，其尺寸计算见表 6-3。对于要求不高的反挤压件，为了减小挤压时金属流动的阻力，同时也为了送料和取料的方便，凹模内孔可略带锥度，一般单边斜度为 10′~20′。凹模型腔抛光至表面粗糙度 $R_a0.2\mu m$，使挤压时金属阻力减小到最低限度。

表 6-3 反挤压内层凹模型腔尺寸确定表

名　称	设计计算	名　称	设计计算
凹模型腔内径 D	等于挤出件外径的最小尺寸	顶件部分高度 H_1	当 $D=2D_2$ 时，$H_1=2D_2$ 当 $D=1.5D_2$ 时，$H_1=D_2$
凹模入口圆角半径 r	2~3mm	凹模总高度 H	H_1+H_2 必须大于 $2.5H_2$
凹模型腔高度 H_2	$h_0+h+r+(2\sim4)$ mm h_0 为坯料高度 h 为凸模工作带高度	型腔转角处圆角半径 R	0.5~2mm

（三）反挤压顶杆

反挤压顶杆在挤压中直接承受较大的单位挤压力，设计时应考虑其有足够的强度，同时为了使较大的单位挤压力能和缓地传递给下压力垫板，其支承部分的直径应适当放大。图 6-18 为常用的顶杆形式。图 a 为挤压黑色金属冷挤压件用的顶杆，其杆部直径 d_1 一般比凹模型腔直径小 0.1mm，这样既不会产生很大的纵向毛刺，又能使顶部及时退回，便于送料。其支承部分直径 $d=(1.3\sim1.5)\ d_1$，过渡圆弧应尽可能大。图 b 顶杆是考虑到其因弹性变形而产生横向变粗而卡死在凹模内，顶杆与凹模顶出孔配合部分不做成直径相同的圆柱体，顶杆仅在直径 $d_1=D_2$（凹模顶出部分孔径）、高度 $h'=5\sim10$mm 处与凹模顶出孔配合，d_1 以下做出一定的退让量：$d_2=d_1-(0.5\sim1)$ mm。如在挤压有色金属时，要求不产生纵向毛刺，顶杆与凹模顶出部分孔径的配合可采用基孔制间隙配合。

顶杆上端面在挤压时，其中心处的单位压力最大。如挤压件下端面的平整度要求高时，可以在顶杆上端面做成圆锥面，如图 b 所示，其顶部中心处高出 $\Delta=0.05\sim0.1$mm，这样可以抵消单位挤压力造成的弹性变形，以确保挤压件得到平整的底平面。

三、反挤凸模与凹模制造尺寸与公差

反挤压时，模具工作部分的间隙决定了挤压件壁厚的大小。由于挤压时模具工作部分的磨损，这个间隙就会越来越大，因此挤压件的壁厚尺寸也越来越大，在设计模具工作部分的尺寸和公差时，必须考虑模具有一定的磨损量，同时又不影响挤压件的尺寸精度要求。这样既可以挤出合格的产品，又可以提高模具的使用寿命。下面分两种情况来进行计算。挤压件尺寸公差见图 6-19。

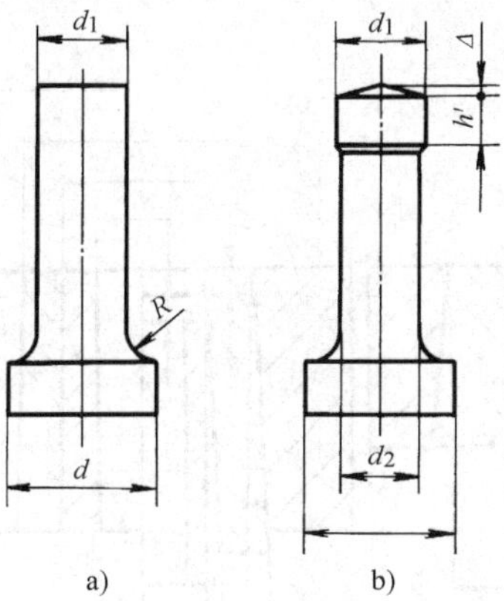

图 6-18　常用顶杆形式

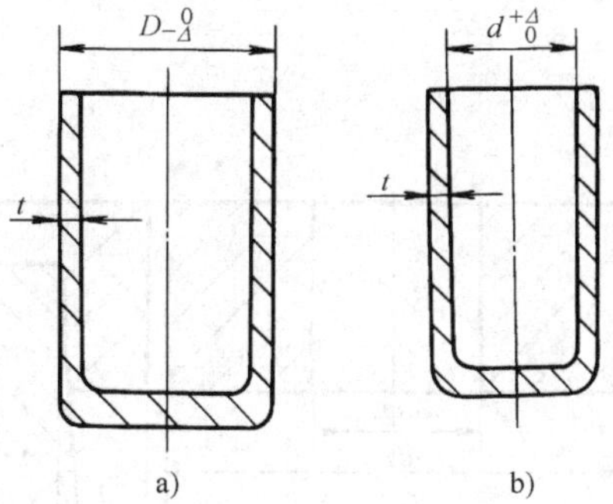

图 6-19　要求外径及内径尺寸的挤压件

1. 要求保证挤压件外径尺寸时（图 6-19a）　凹、凸模尺寸：

$$D_{凹}=(D-\Delta)_{0}^{+\delta_{凹}}$$

$$d_{凸} = (D - \Delta - 2t)^{0}_{-\delta_{凸}}$$

2. 要求保证挤压件内径尺寸时（图6-19b） 凸、凹模尺寸：

$$d_{凸} = (d + \Delta)^{0}_{-\delta_{凸}}$$

$$D_{凹} = (d + \Delta + 2t)^{+\delta_{凹}}_{0}$$

式中，D为反挤压件外径基本尺寸（mm）；d为反挤压件内孔基本尺寸（mm）；$D_{凹}$、$d_{凸}$分别为反挤压凹模型腔直径、反挤压模凸模直径（mm）；Δ是反挤压件外径或内径尺寸公差（mm）；$\delta_{凹}$、$\delta_{凸}$分别为反挤压凹模及凸模制造公差，其值一般取（1/5～1/10）Δ（mm）；t为反挤压件壁厚（mm）。

第三节　预应力组合凹模的设计

在冷挤压的生产实践中，人们经常发现，如果整体式凹模在挤压中受到的单位挤压力较大时，往往导致凹模向外扩展而产生切向开裂，见图6-20。为了提高冷挤压凹模的强度，确保凹模在较大的单位挤压力下有较长的使用寿命，一般均采用预应力组合凹模结构形式。所谓预应力组合凹模，就是利用过盈配合，用一个或两个预应力圈将凹模紧套起来而制成的多层凹模结构。

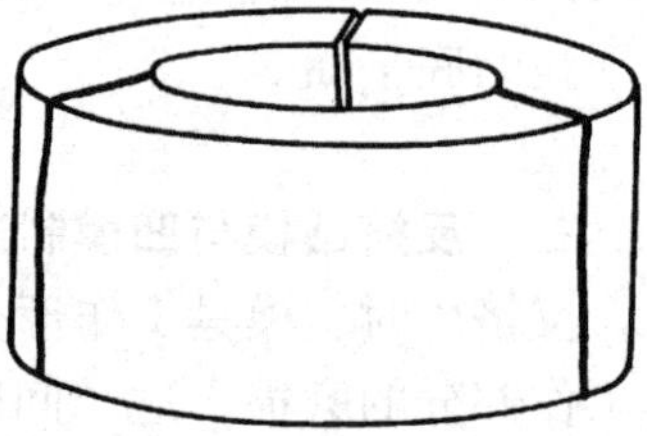

图6-20　整体式凹模的开裂

根据单位挤压力大小，冷挤压凹模可采用三种类型（图6-21），即：整体式凹模图a；两层组合凹模图b；三层组合凹模图

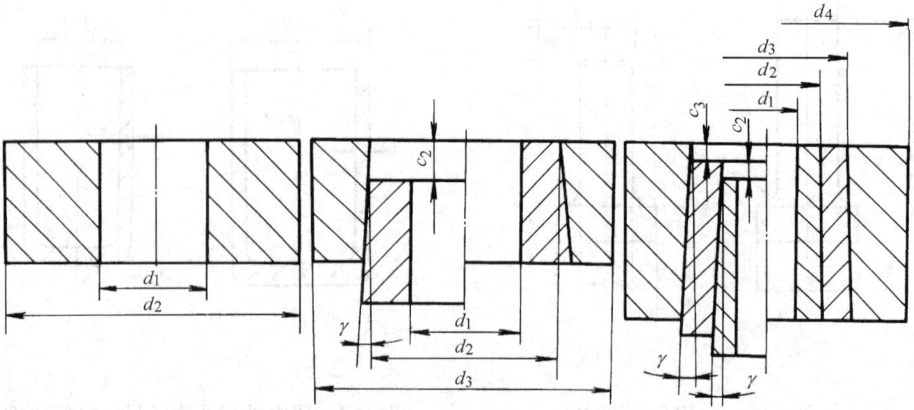

图6-21　冷挤压凹模的三种结构形式
a）整体式凹模　b）两层组合凹模　c）三层组合凹模

c。其中左半图为压合前，右半图为压合后。

一、整体式凹模受力分析

冷挤压时，整体式凹模内腔受到变形金属材料的径向压力，这种受力状况近似于厚壁圆筒承受径向内压的受力状态。其所以是近似，是因为冷挤压时凹模不在厚壁圆筒内壁整个高度上受压力，另外据有限元数值计算及实测，凹模内壁所受的单位挤压力低于凸模端面上的单位挤压力，因此用这种假设所计算的凹模应力值是偏大的，设计是安全的。

先分析厚壁圆筒的受力情况。当厚壁圆筒的内半径为 r_1、外半径为 r_2、受内压力 p_1、外压力 p_2、而无轴向力作用时，厚壁圆筒筒壁任意一点 r 处的应力可由拉美（Lame）公式求得：

$$\left.\begin{aligned}\sigma_\theta &= \frac{r_1^2p_1 - r_2^2p_2}{r_2^2 - r_1^2} + \frac{(p_1 - p_2)r_1^2r_2^2}{r^2(r_2^2 - r_1^2)}\\ \sigma_r &= \frac{r_1^2p_1 - r_2p_2}{r_2^2 - r_1^2} - \frac{(p_1 - p_2)r_1^2r_2^2}{r^2(r_2^2 - r_1^2)}\end{aligned}\right\} \tag{6-1}$$

式中，σ_θ 是半径为 r 处的切向应力（MPa）；σ_r 是半径为 r 处的径向应力（MPa）。整体式凹模在挤压时，其受力情况与只受内压力 p_1 作用的壁厚圆筒相同。因此，以 $p_2=0$ 代入式（6-1），得到整体式凹模内任意一点 r 处的切向应力 σ_θ 和径向应力 σ_r 的计算公式为：

$$\left.\begin{aligned}\sigma_\theta &= \frac{r_1^2p_1}{r_2^2 - r_1^2}\left(1 + \frac{r_2^2}{r^2}\right)\\ \sigma_r &= \frac{r_1^2p_1}{r_2^2 - r_1^2}\left(1 - \frac{r_2^2}{r^2}\right)\end{aligned}\right\} \tag{6-2}$$

切向应力 σ_θ 和径向应力 σ_r 在整体式凹模内的分布情况见图 6-22。由图中可见，σ_θ 为拉应力，σ_r 为压应力。最大切向拉应力 $\sigma_{\theta\max}$ 出现在 $r=r_1$ 的内壁处。

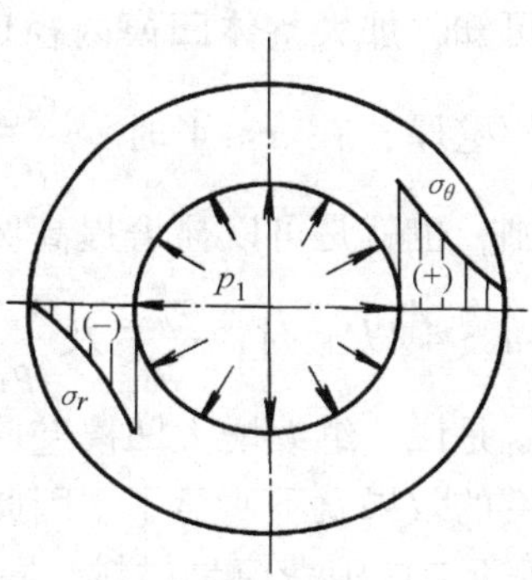

图 6-22　整体式凹模内应力分布情况

设 $a=\dfrac{r_2}{r_1}=\dfrac{d_2}{d_1}$，由式（6-2）中第一式得：

$$\sigma_{\theta\max} = \frac{r_1^2p_1}{r_2^2 - r_1^2}\left(1 + \frac{r_2^2}{r_1^2}\right) = \frac{p_1}{a^2 - 1}(1 + a^2)$$

或改写成

$$\frac{\sigma_{\theta\max}}{p_1} = \frac{a^2 + 1}{a^2 - 1} \tag{6-3}$$

整体式凹模的强度按第四强度理论引出的等效应力（即作用在凹模上的复合应力）进行校核。为了满足模具强度的要求，等效应力不能超过所用凹模的许用应力。等效应力 $\overline{\sigma}$ 可由下式计算（凹模的轴向应力为零时）：

$$\overline{\sigma} = \sqrt{\sigma_\theta^2 - \sigma_r^2 - \sigma_\theta\sigma_r} \tag{6-4}$$

将式（6-2）代入上式，整理得

$$\overline{\sigma} = \frac{p_1}{a^2 - 1}\sqrt{1 + 3\frac{r_2^4}{r^4}} \tag{6-5}$$

当 $r = r_1$ 时，$\overline{\sigma}$ 为最大值，即凹模内壁处的等效应力为最大，由式（6-5）得 $\overline{\sigma}_{\max}$

$$\frac{\overline{\sigma}_{\max}}{p_1} = \frac{\sqrt{3 + \frac{1}{a^4}}}{1 - \frac{1}{a^4}} \tag{6-6}$$

由式（6-3）及式（6-6）可以看出：

1）当作用在整体式及凹模内壁的最大切向拉应力 $\sigma_{\theta\max}$ 超过凹模材料抗拉强度时，就要从凹模内壁处产生裂纹而造成切向开裂。

2）当作用在整体式凹模内壁的最大等效应力 $\overline{\sigma}_{\max}$ 超过凹模材料许用应力时，就要从凹模内壁处开始产生破坏。

由式（6-3）和式（6-6），作出 $\frac{\sigma_{\theta\max}}{p_1}$ 及 $\frac{\overline{\sigma}_{\max}}{p_1}$ 与 a 的关系曲线，见图 6-23。从图中可知，加大整体凹模内径比 a，即增大凹模壁厚，在 $a \leqslant 4$ 时，$\frac{\sigma_{\theta\max}}{p_1}$ 及 $\frac{\overline{\sigma}_{\max}}{p_1}$ 下降急剧，也就是可以显著提高凹模强度；但当 $a > 4$ 以上时，$\frac{\sigma_{\theta\max}}{p_1}$ 及 $\frac{\overline{\sigma}_{\max}}{p_1}$ 下降平缓，也就是说，继续增大凹模壁厚来提高凹模强度的效果就不明显了。因此整体式凹模的外内径比一般选择 $a = 4 \sim 6$，a 大于 6 等于白白浪费模具材料，同时使得模具既笨重又不经济。

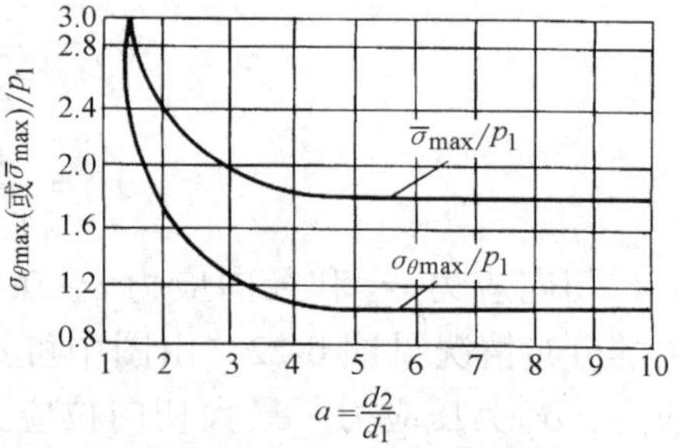

图 6-23 $\frac{\sigma_{\theta\max}}{p_1}$ 及 $\frac{\overline{\sigma}_{\max}}{p_1}$ 与 a 的关系曲线

综上所述，在冷挤压单位挤压力较高的情况下，凹模不宜采用整体式凹模。通过理论分析和试验验证，为了提高凹模强度，防止凹模的切向开裂及凹模内壁的破坏，采用预应力组合凹模是种行之有效的方法。

二、预应力组合凹模受力分析

为了分析问题简单起见，这里对两层组合凹模（即内凹模和预应力圈）的受力进行分析。

（一）未挤压时组合凹模预应力分布

1. 内凹模受接触预压力 p_{2k} 作用时的预应力分布　由于组合凹模采用过盈配合，装配前预应力圈的内径略小于内凹模外径。装配时采用强力压合或“红套”等方法使预应力圈和内凹模箍紧在一起，两者之间产生了接触预压力。

设内凹模外壁受接触预压力为 p_{2k}。因此将 $p_1=0$、$p_2=p_{2k}$ 代入式（6-1），得到内凹模上任一点 r 处的切向预应力 σ_θ' 和径向预应力 σ_r' 的计算式，即

$$\left.\begin{aligned}\sigma_\theta' &= -\frac{r_2^2 p_{2k}}{r_2^2-r_1^2}\left(1+\frac{r_1^2}{r^2}\right)\\ \sigma_r' &= -\frac{r_2^2 p_{2k}}{r_2^2-r_1^2}\left(1-\frac{r_1^2}{r^2}\right)\end{aligned}\right\}\qquad(6\text{-}7)$$

由上式可知，σ_θ' 和 σ_r' 都是压应力，其分布情况见图 6-24。从图中可知，切向预应力 σ_θ' 绝对值的最大值出现在内凹模内壁；径向预应力 σ_r' 绝对值的最大值出现在内凹模外壁。

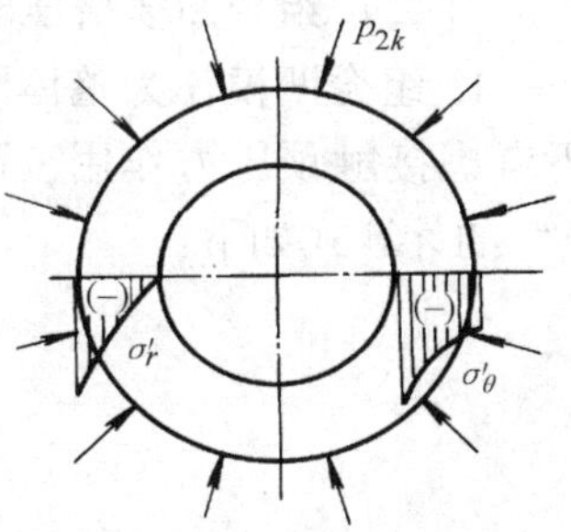

图 6-24　内凹模受接触预压力 p_{2k} 作用时的预应力分布

2. 预应力圈受接触预压力 p'_{2k} 作用时的预应力分布　设预应力圈内壁受接触预压力为 p'_{2k}，这里 p'_{2k} 与内凹模外壁所受的预压力 p_{2k} 为作用力与反作用力的关系。此时将 $p_1=p'_{2k}$，$p_2=0$ 代入式（6-1），并将式中的 r_1 换成 r_2，r_2 换成 r_3（预应力圈外径），得到预应力圈上任一点 r 处的切向预应力 σ''_θ 和径向预应力 σ''_r 的计算式。

$$\left.\begin{aligned}\sigma''_\theta &= \frac{r_2^2 p'_{2k}}{r_3^2-r_2^2}\left(1+\frac{r_3^2}{r^2}\right)\\ \sigma''_r &= \frac{r_2^2 p'_{2k}}{r_3^2-r_2^2}\left(1-\frac{r_3^2}{r^2}\right)\end{aligned}\right\}\qquad(6\text{-}8)$$

式中 $r_2\leqslant r\leqslant r_3$。由上式中，$\sigma''_\theta$ 为拉应力，σ''_r 为压应力，其分布情况见图 6-25。由图可知，最大切向拉应力 σ''_θ 产生在预应力圈内壁，径向压应力 σ''_r 绝对值的最大值也在其内壁处。

3. 组合凹模组合后而未挤压时的预应力分布　组合凹模组合后而未挤压时的预应力，等于内凹模受接触预压力 p_{2k} 作用产生的预应力与预应力圈受接触预

压力 p_{2k}' 作用产生的预应力相叠加而成，其分布情况见图 6-26。

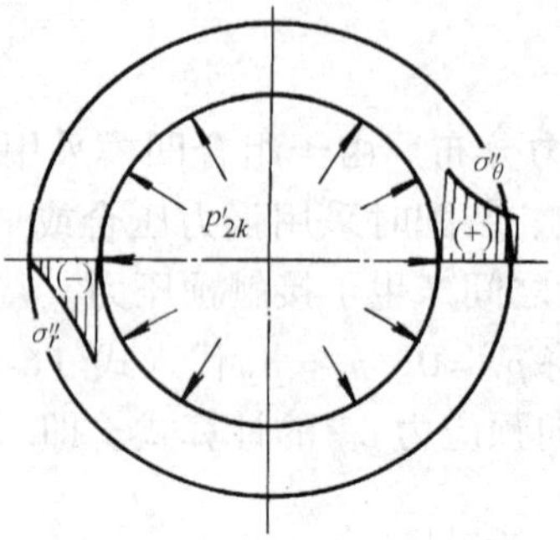

图 6-25　预应力圈受接触预压力 p'_{2k} 作用时的预应力分布

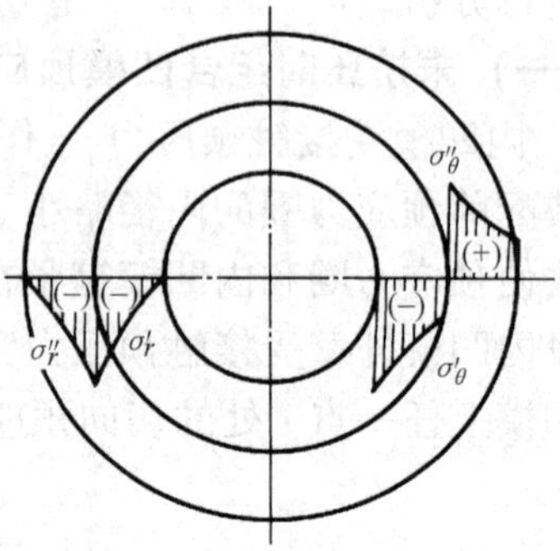

图 6-26　组合凹模未挤压时的预应力分布

（二）组合凹模挤压时的应力分布

1. 组合凹模作为整体凹模时应力分布　此时把式（6-2）中的 r_2 换成 r_3，先不考虑接触预压力作用，而只考虑组合凹模挤压时的切向应力 σ'''_θ 和径向应力 σ'''_r 的计算式如下：

$$\left.\begin{aligned}\sigma'''_\theta &= \frac{r_1^2 p_1}{r_3^2 - r_1^2}\left(1 + \frac{r_3^2}{r^2}\right)\\ \sigma'''_r &= \frac{r_1^2 p_1}{r_3^2 - r_1^2}\left(1 - \frac{r_3^2}{r^2}\right)\end{aligned}\right\} \tag{6-9}$$

式中 $r_1 \leqslant r \leqslant r_3$，切向应力 σ'''_θ 为拉应力，径向应力 σ'''_r 为压应力，其分布情况见图 6-27。

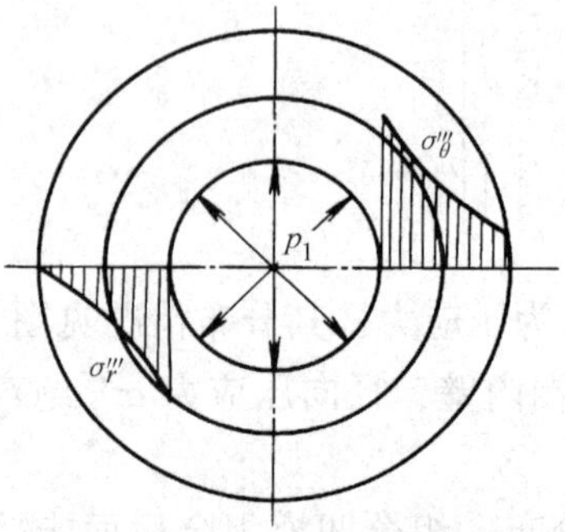

图 6-27　不考虑接触预压力作用组合式凹模挤压时的应力分布

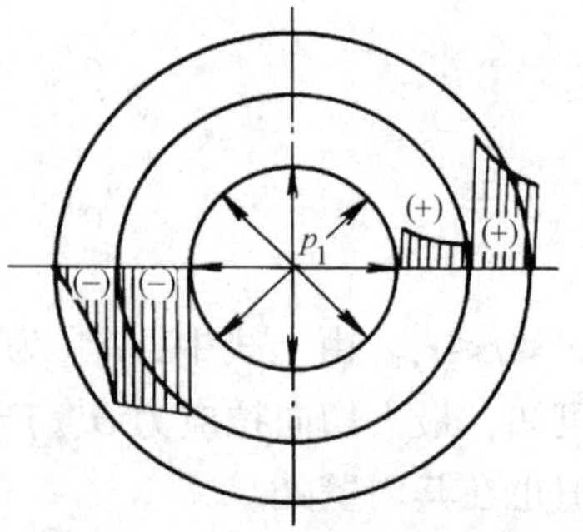

图 6-28　组合式凹模挤压时的实际应力分布

2. 组合凹模挤压时的实际应力分布　组合凹模挤压时的实际应力应为未挤压时预应力与挤压时不考虑接触预应力时的应力相叠加而成，其分布情况见图6-28。从图中可以看出，由于组合凹模中的内凹模与预应力圈采用过盈配合，压入后两者的接触面产生接触预应力，该接触预应力使内凹模上产生切向压应力；而预应力圈上产生切向拉应力。因此，组合凹模挤压时，内凹模所产生的切向拉应力就被抵消而减小，而预应力圈上所产生的切向拉应力被叠加而增加。这样，内凹模与预应力圈的切向应力趋于相同。如果组合凹模预应力圈的尺寸选择得适当，其过盈量也足够大，甚至可以使内凹模的内壁在挤压时完全没有切向拉应力。

对一定尺寸的组合凹模进行强度分析可得知：三层组合凹模的强度是整体式凹模强度的1.8倍；两层组合凹模的强度是整体式凹模强度的1.3倍。组合凹模的优点是：

1）显著地提高内凹模在挤压时的承载能力，提高内凹模的强度。

2）节省了昂贵的模具钢。原来整个凹模要用高级合金工具钢制成，现在仅内凹模用高级合金工具钢即可，预应力圈可改用较差一些的合金钢或中碳钢来制成。

3）由于内凹模尺寸小，热处理容易，提高了模具钢热处理的质量，同时小尺寸规格模具钢的碳化物偏析情况得到改善，提高了模具钢的原始材质。当内凹模损坏后，仅需调换内凹模，预应力圈仍可继续使用。

4）内凹模可以采用硬质合金，大大地延长了模具使用寿命。硬质合金呈脆性、抗拉性能差，其不可能作为整体式凹模的材料。但当组合凹模设计得使内凹模内壁在挤压时完全没有切向拉应力或切向拉应力较小时，硬质合金就能作为内凹模的材料充分发挥其硬度高、极耐磨的特点，可广泛地应用于大批量挤压的场合。

三、组合凹模尺寸计算

组合凹模尺寸计算首先要确定凹模的形式，即采用整体式还是采用两层或三层组合凹模；其次要确定组合凹模内凹模和各层预应力圈的直径；最后决定内凹模和各层预应力圈的径向过盈量和轴向压合量。

1. 凹模形式的确定　在设计组合凹模时，根据内凹模使用材料可分为两种情况：

（1）一般工具钢制成的内凹模　有足够的抗拉强度，允许在一定的拉应力状态下工作。当单位挤压力 $p \leqslant 1100\mathrm{MPa}$ 时，可采用整体式凹模。当 $1100\mathrm{MPa} < p \leqslant 1600\mathrm{MPa}$ 时，可采用两层组合凹模（即具有一层预应力圈）。当 $1600\mathrm{MPa} < p \leqslant 2500\mathrm{MPa}$ 时，可采用三层组合凹模（即具有两层预应力圈）。

（2）硬质合金作为内凹模材料　由于抗拉强度很低甚至为零。设计时就必须设定其不允许在拉应力状态下工作。当 $p \leqslant 1100\mathrm{MPa}$ 时，采用两层组合凹模；当 $1100\mathrm{MPa} \leqslant p \leqslant 1900\mathrm{MPa}$ 时应采用三层组合凹模。整体式凹模在这种情况下没有使用价值。

2. 组合凹模各圈尺寸确定　凹模的总直径比 a 一般取 4 ~6 的数值，但对于多层组合凹模而言，中间各圈直径的确定必须合理，否则会影响凹模的强度。

两层组合凹模的合理内圈直径比 a_{21} 可按所选定的总直径比 a_{31} 由图 6-29 查出 a_{31} 一般为 4 ~6。

$$a_{21r} = \frac{d_{2r}}{d_1} \text{ 即 } d_{2r} = d_1 a_{21r}$$

对于三层组合凹模的合理中层直径比 a_{21r} 与 a_{32r} 由图 6-30 决定，可按选定的总直径比 a_{41}（一般为 4 ~6）查出。

$$a_{21r} = \frac{d_{2r}}{d_1} \text{ 即 } d_{2r} = d_1 a_{21r}$$

$$a_{32r} = \frac{d_{3r}}{d_2} \text{ 即 } d_{3r} = d_2 a_{32r}$$

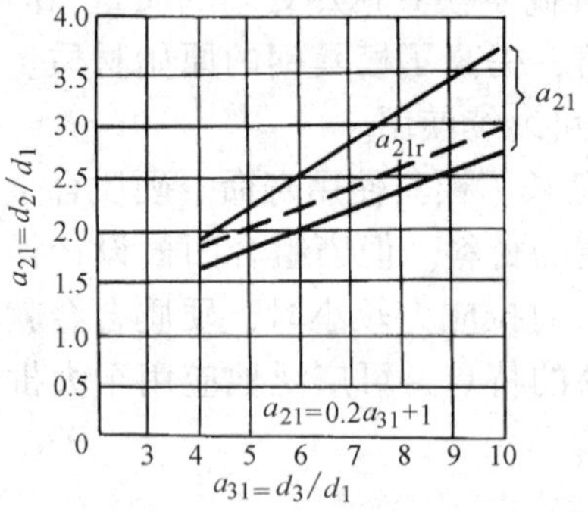

图 6-29　在两层组合凹模中，合理的中层直径比 a_{21r} 与总直径比 a_{31} 之间的关系

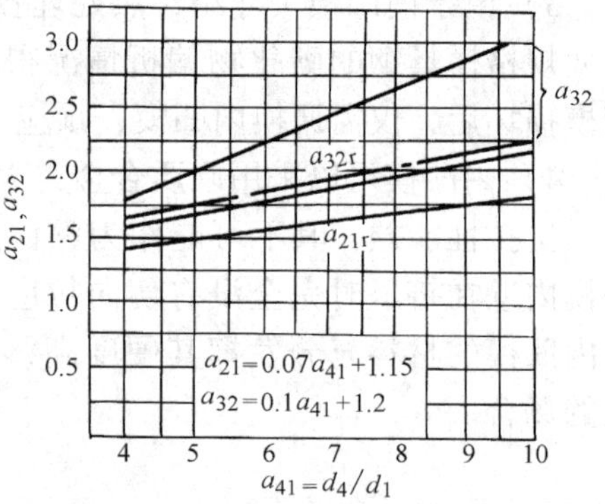

图 6-30　在三层组合凹模中，a_{32r} 及 a_{21r} 合理数值与总直径比 a_{41} 之间的关系

3. 组合凹模径向过盈量 μ 与轴向压合量 c 的确定

（1）两层组合凹模径向过盈量 μ_2 与轴向压合量 c_2 的确定　在决定了各圈直径后，可按图 6-31 与图 6-32 决定 d_2 处的径向过盈量 μ_2 与轴向压合量 c_2。

先按图 6-31 与图 6-32 查出径向过盈量系数 β_2 与轴向压合量系数 δ_2，然后按下式计算径向过盈量 μ_2（双向）与轴向压合量 c_2。

$$\mu_2 = \beta_2 d_2, c_2 = \delta_2 d_2$$

式中，d_2 是预应力圈内径（mm）；μ_2 为 d_2 处的径向双向过盈量（mm）；β_2 为

径向过盈系数；c_2 为 d_2 处的轴向压合量（mm）；δ_2 为 d_2 处的轴向压合系数。

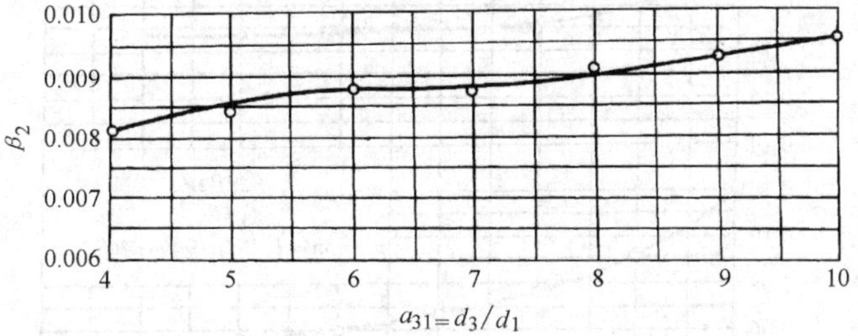

图 6-31 两层组合凹模径向过盈系数 β_2 与总直径比的关系图

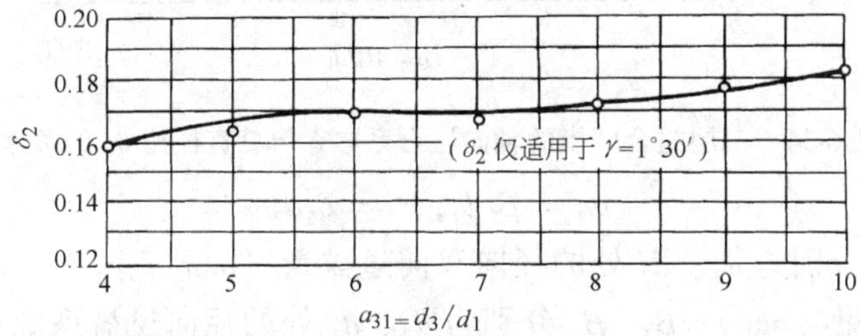

图 6-32 两层组合凹模轴向压合系数 δ_2 与总直径比 a_{31} 的关系

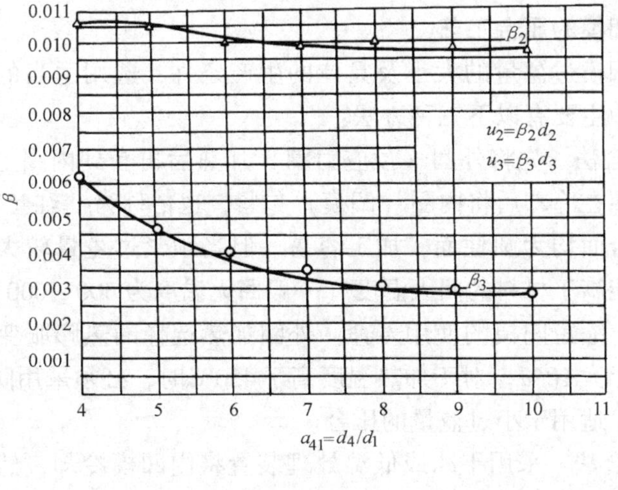

图 6-33 三层组合凹模的径向过盈系数 β 与总直径比 a_{41} 的关系

（2）三层组合凹模径向过盈量 μ_2、μ_3 与轴向压合量 c_2、c_3 的确定 在决定了三层组合凹模的各圈直径之后，便可按图 6-33 与图 6-34 查出径向过盈系数 β 与轴向压合系数 δ，然后按下式计算径向过盈量 μ_2、μ_3 与轴向压合量 c_2、c_3。

$$\mu_2 = \beta_2 d_2,\ c_2 = \delta_2 d_2$$

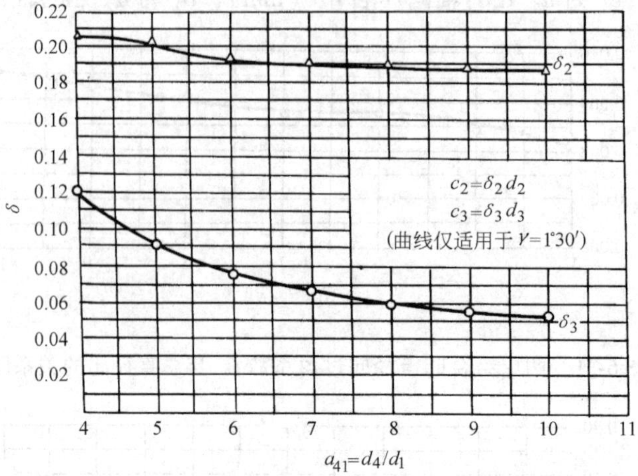

图 6-34　三层组合凹模的轴向压合系数 δ 与总直径比 a_{41} 的关系

$$\mu_3 = \beta_3 d_3, \ c_3 = \delta_3 d_3$$

式中，μ_2、μ_3 分别为 d_2、d_3 处的径向双向过盈量（mm）；c_2、c_3 分别为 d_2、d_3 处的轴向压合量（mm）；β_2、β_3 分别为 d_2、d_3 处的径向过盈系数；δ_2、δ_3 分别为 d_2、d_3 处的轴向压合系数；

四、组合凹模的压合工艺

根据组合凹模过盈量的大小及具体的生产条件，选用适当的压合工艺。目前在生产实践中主要有以下三种方法：

1. 热压配合法　先将外圈（预应力圈）加热后再套到内圈上，利用热胀冷缩的原理使外圈在冷却后将内圈（凹模）包紧，也俗称为“红套”。采用这种方法，各圈的配合面均为圆柱面，加工容易。但当预紧过盈量较大时，预应力圈的加热温度可能高于材料的回火温度（一般回火温度为 500～600℃），就会使材料的硬度下降，缩短凹模的使用寿命。外圈加热选择的热膨胀变形要比实际所需的热膨胀变形大 10%。对于加热温度高于 450℃时，必须采用防氧化措施。因此热压配合法仅适用于小过盈量的压合。

2. 冷压配合法　采用干冰或低温处理装置将内凹模冷却，然后再将预应力圈套在内凹模外。这种方法各圈的配合面也均为圆柱面。由于冷却温度有一定限制，该法也仅适用于小过盈量的压合。

3. 常温强力压合法　常温强力压合时各圈的配合面均为锥面，锥面配合斜度 γ 一般采用 1°30′，不宜超过 3°，否则在使用过程中会自动松脱。各圈配合面要有 70% 以上的面积相贴合，否则将造成预紧力达不到要求而使得内凹模开裂。

三层组合凹模压合时，各圈的压合次序是自外向内，即先将中预应力圈压入外预应力圈中，再将内凹模压入中预应力圈中；压出时次序则相反。

压合后的内凹模的型腔尺寸有所收缩，必须进行修正，也可以对收缩量进行理论计算，或凭经验数据预先把收缩量计入，以便压入后内凹模型腔尺寸为所需的尺寸。

常温强力压合法一般在油压机上进行，压合时必须采用一些必须的防护装置，如有机玻璃挡板，以保证操作者的安全。

第四节　卸件和顶出装置的设计

挤压结束后，挤压件由于弹性变形的恢复，有可能紧包在凸模上，也有可能卡在凹模型腔内，这就需要将挤压件卸下或顶出。将挤压件从凸模上卸下的装置称为卸件装置，将挤压件从凹模型腔内顶出的装置称为顶出装置。

一、卸件装置

当凸模向下运动进行挤压时，卸料板下面的弹簧被压缩。当挤压结束后凸模向上运动时弹簧恢复，使卸料板与固定螺栓的螺母端面相靠紧。凸模继续向上运动时，挤压件碰到卸料板被卡下。这种结构可以减小凸模的长度。装在卸料板内的卸件环经热处理淬火，提高其耐磨性，可延长卸料板的使用寿命，同时使卸料板具有通用性，通过更换卸件环来满足不同尺寸挤压件的需要。黑色金属反挤压件的壁部较厚，一般选用图6-3中所示的整体式卸件环；当壁厚小于0.5mm时，应选用图6-35所示的组合式卸件环结构形式。这种卸件环周边凹槽

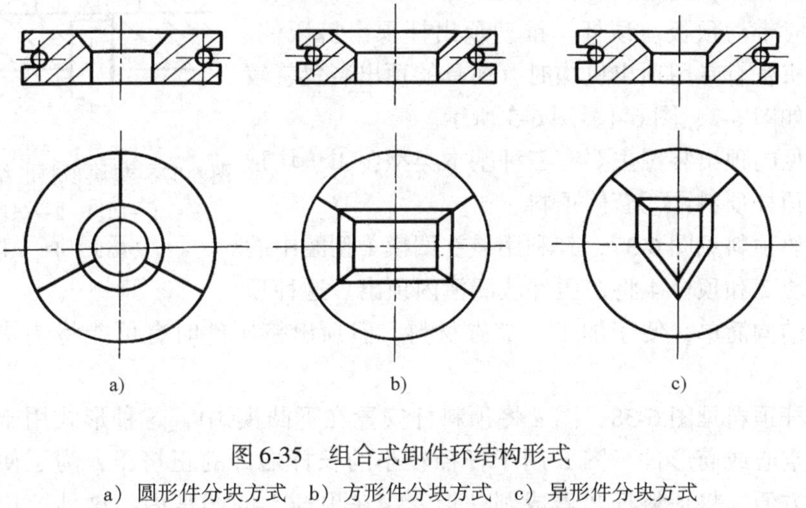

a)　　b)　　c)

图6-35　组合式卸件环结构形式

a）圆形件分块方式　b）方形件分块方式　c）异形件分块方式

处圈有弹簧，以确保卸件环始终紧贴在凸模上。

还有一种为采用固定卸料板进行刚性卸料，如图 6-36 所示。此形式结构简单、卸料力大、动作可靠，多用于工件尺寸不大，浅形杯形反挤压件。图 a 为用支杆支承；图 b 为用套管支承。

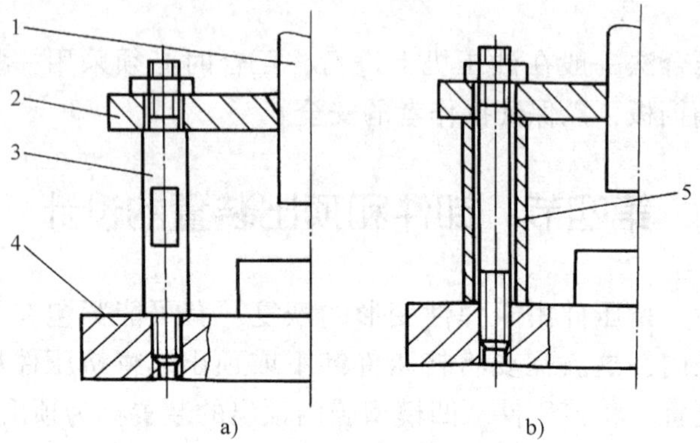

图 6-36　固定卸料板卸料装置

a）用支杆支承　b）用套管支承

1—凸模　2—卸料板　3—支杆　4—模座　5—套管

二、顶出装置

如果挤压件卡在凹模内，就需要专用的顶出装置将之顶出。顶出装置一般装在下模部分。如压力机上没有专用顶出机构，就需要设计如图 6-1、图 6-3 那样的顶出装置，通过安装在上模板上的反拉杆，当上模回程时带动顶板、顶杆、推动顶出杆顶出挤压件。当压力机备有专用顶出机构时，模具的顶出装置就较简单，如图 6-2、图 6-4、图 6-5 所示。

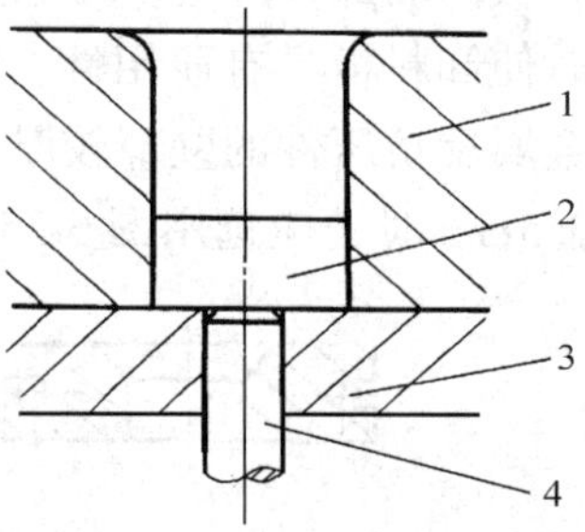

图 6-37　垫块顶料的结构形式

1—凹模　2—垫块

3—垫板　4—顶杆

常见的顶出装置主要有三种基本类型：①垫块顶料；②顶杆顶料；③套筒顶料。

垫块顶料见图 6-37，其利用装在凹模 1 型腔中的扁形垫块 2 和顶杆 4 将挤压件从凹模内顶出。这种顶出形式结构简单，便于加工，节省材料，但顶出挤压件时有可能将垫块一起顶出凹模。

顶杆顶料见图 6-38，图 a 将顶料杆安置在下凸模 中，这种形式用于大型正挤压的空心或筒形件。图 b 用于杆径较小的长杆形件的正挤压，为了便于加工和更换方便，将顶料杆 2 做成圆柱形，镶在顶杆 5 的凹窝内。这种结构使用可靠、调整方便、经济耐用。图 c 是使用得最为广泛的顶出装置，结构简单，使用方便，不仅用于正挤压和反挤压，也可用于复合挤压模具。

图 6-39 为套筒顶料方式，套在下凸模 3 上的具有粗大端部的筒状环形顶出器 2 兼有从下凸模 3 上卸料和与凹模 1 中顶出的双重功能，主要用于下部带孔零件的卸料和顶出。该装置借助下部三个均布的圆柱销 4 带动环形顶出器，将挤压件从凹模中顶出。

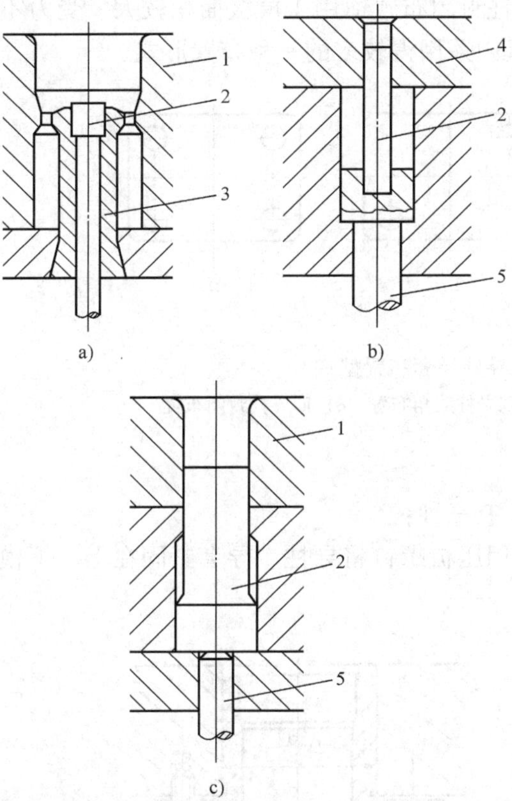

图 6-38　顶杆顶料的结构形式

1—凹模　2—顶料杆　3—下凸模　4—垫块　5—顶杆

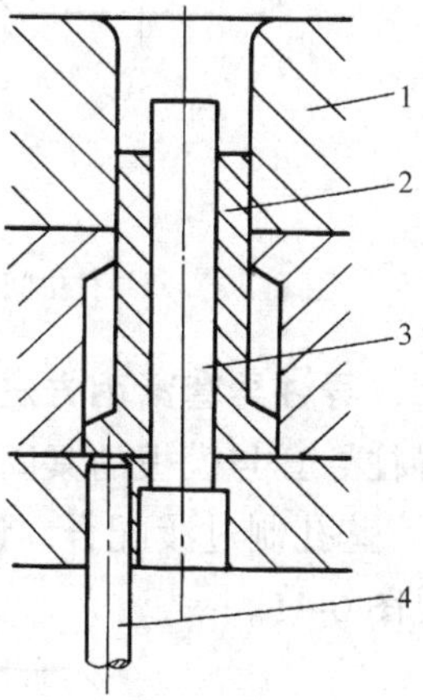

图 6-39　套筒顶料的结构形式

1—凹模　2—环形顶出器

3—下凸模　4—圆柱销

第五节　导向装置的设计

为了保证冷挤压时凸、凹模的同轴度要求，减少因偏心负荷所产生的弯曲力矩而损坏凸模，并提高冷挤压件的精度，一般在冷挤压模具上都设有必要的导向装置。

常用冷挤模的导向方法主要有导柱导套导向（图 6-1 ~ 图 6-5）、模口导向

（图6-6）和导筒导向（图6-7）。由于导柱导套的导向精度高，安装方便，使用寿命长，所以应用得最为广泛。

一、导柱导套布置形式

冷挤压模具的导柱导套布置方式如图6-40所示。

1）双导柱中间布置。

2）双导柱对角布置。

3）四导柱封闭布置。其中四导柱封闭布置适用于模板面积较大、受力不均匀有偏心载荷的场合，是冷挤压模具中采用得较多的一种布置形式。

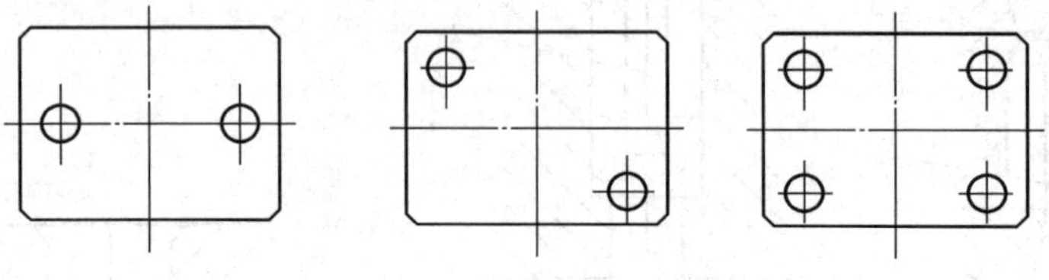

图6-40　导柱导套布置型式

a）双导柱中间布置　b）双导柱对角布置　c）四导柱封闭布置

二、导柱导套紧固方法

导柱导套与模板的紧固方法主要有三种：

1）基孔制过渡配合。该方法采用压板螺钉将导柱、导套紧固在上、下模板上，见图6-41。

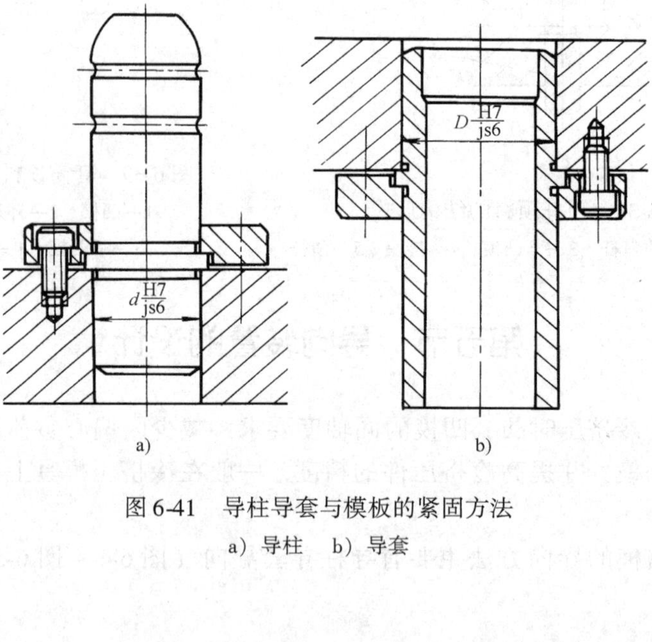

图6-41　导柱导套与模板的紧固方法

a）导柱　b）导套

2）基孔制过盈配合，将导柱、导套直接压入上、下模板，见图 6-1 ~ 图 6-3、图 6-5。

3）采用低熔点合金、环氧树脂或无机粘结剂将导柱导套直接紧固在上、下模板上。

三、导柱导套尺寸

导柱导套尺寸见图 6-42。为了克服挤压时可能产生的偏心负荷，导柱导套的刚性要尽可能设计得高些。根据模具的结构，导柱直径 d 一般取 $\phi 40 \sim 60$mm，有时甚至可达 $\phi 80 \sim 120$ mm。导柱压入模板长度 l 不得小于 $1.5d$，总长度 L 一般按模具的结构尺寸来确定，但必须保证凸模进入凹模之前导柱伸入导套 10 mm 以上。导套内孔径 d_0 与导柱直径 d 的配合为基孔制间隙配合。由于导套压入上模板后其内孔要略有缩小，因此导套 d_1 尺寸应比导柱直径 d 大 0.5 mm 以上。导套压入段的长度 l 及其外径 D 不得小于 $1.5d$；导向段长度 $(L-l) = (2 \sim 3) d_0$。

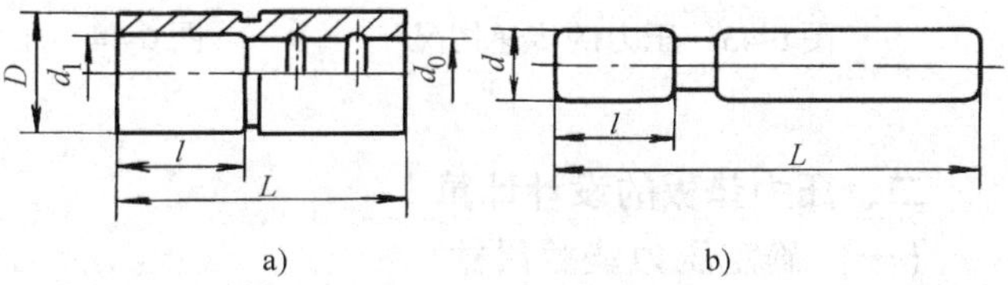

图 6-42　导柱导套尺寸

a）导套　b）导柱

滑动式导柱导套在工作时为了保持良好的润滑状态，要在导柱或导套上开油槽，以便贮存润滑油。当挤压件精度要求高时，可采用滚珠式导柱导套来确保上、下模更高的导向精度。

导柱导套材料常用渗碳钢来制造，经表面渗碳淬火处理，以保证其表面硬度高而耐磨性好，同时其芯部又有较高的韧性。导柱导套相配合部分的表面粗糙度值不大于 $R_a 0.2\mu m$。

第六节　压力垫板的设计

一、压力垫板的作用

冷挤压时，模具型腔中的单位挤压力很高，如凸模或凹模所传递的轴向压力直接作用在上下模板上，有可能要造成模板的压塌。因此必须在模板与凸、凹模之间设置淬硬的压力垫板，有时简称垫板，以起到减缓轴向压力的作用。

设垫板在直径为 d_0 的范围内作用着均布的单位压力 p_0，见图 6-43。根据弹性理论对垫板的分析可知，压力在板内传播像截头锥体一样向外扩大，传到垫板与模板接触面上时，压力的分布以加压中心为最大，周边为最小。根据计算结果，将传递压力比 p_{max}/p_0、p_{min}/p_0、传递直径比 d/d_0 与相对板厚 t/d_0 的关系作出曲线，见图6-44。由图中可见，当t/d_0增加时，则d/d_0增加，即压力的作用范围扩大，而传递压力比p_{max}/p_0、p_{min}/p_0却急剧下降，也就是单位压力得到较大的缓和。

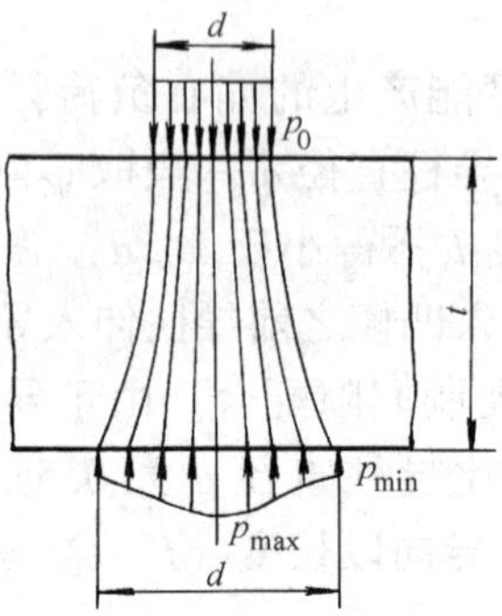

图6-43　压力的传递情况

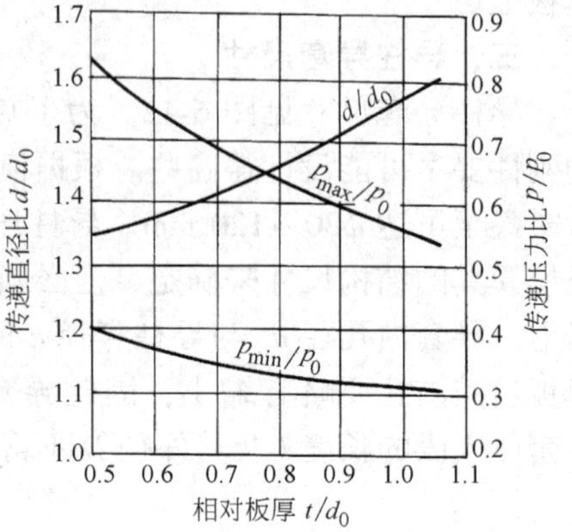

图6-44　压力比、直径比与相对板厚的关系

二、压力垫板的设计计算

（一）确定压力垫板尺寸

已知从凸模或凹模传递来的压力p_0、作用范围直径d_0及模板的材料种类，要确定压力垫板的最小厚度t_{min}及最小直径d_{min}。由模板的材料种类查得其抗压强度σ_{bc}，可直接将σ_{bc}作为p_{max}，或者考虑一个安全系数后得到许用抗压强度〔σ_{bc}〕作为p_{max}；然后，由p_{max}/p_0值查图6-44得到比值t/d_0及d/d_0，进而算得t_{min}及d_{min}。实际取用时，只要选定的压力垫板厚度t及直经d大于算得的t_{min}及d_{min}即可。

（二）校核模板的强度

已知均布压力p_0、作用范围直径d_0，根据模具结构尺寸选定的压力垫板厚度t、直径d以及模板材料的许用抗压强度〔σ_{bc}〕，应校核模板强度及压力垫板尺寸是否合适。由算得的t/d_0查图6-44可得p_{max}/p_0及d/d_0；然后由已知的p_0及d_0算得p_{max}及d_{min}。如果$p_{max}/\frac{1}{4}\pi d_0^2 \leqslant$〔$\sigma_{bc}$〕，则说明模板强度足够，否则就要增加垫板厚度或采用多层压力垫板；若选定的$d \geqslant d_{min}$，则说明按模具结构选定的压力垫板直径d是合适的，否则就要增大垫板直径d，以保证$d \geqslant d_{min}$。

第七节　凸模和凹模的紧固方法

凸模和凹模应采用合理的紧固方法，以确保冷挤压件的挤压精度，延长模具的使用寿命，并便于模具的安装、调整及迅速地更换零件。

一、凸模的紧固方法

常用的凸模紧固方法见图6-45。图a是利用螺栓将凸模4和垫块2直接紧固在上模板1上。图b和图c是利用圆形外螺母6和内螺母7，通过压套3将凸模固定在凸模座5上。图d是利用压板8，通过压套3用螺钉紧固到凸模座5上。图6-46是一种快速更换凸模形式，通过紧固螺钉2将凸模3直接紧固在模柄1中。这种方法一般只适用于单位挤压力较小的有色金属挤压模具上。

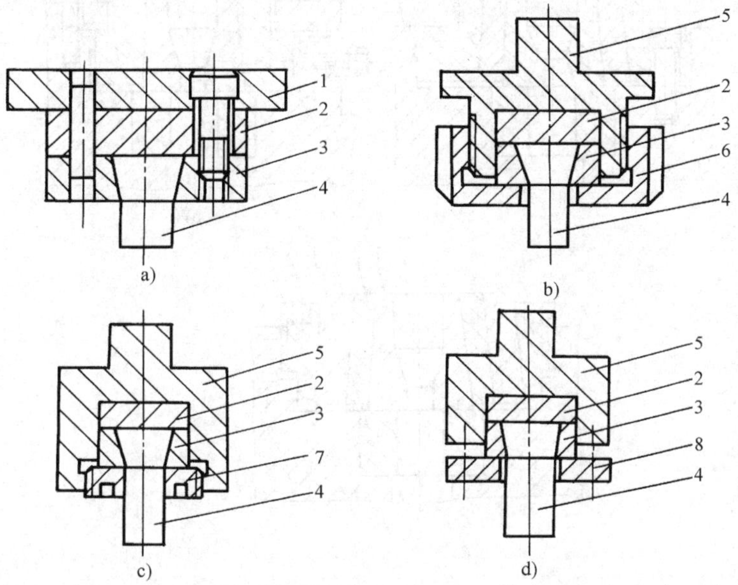

图6-45　凸模紧固方法

1—上模板　2—垫块　3—压套　4—凸模

5—凸模座　6—圆形外螺母　7—圆形内螺母　8—压板

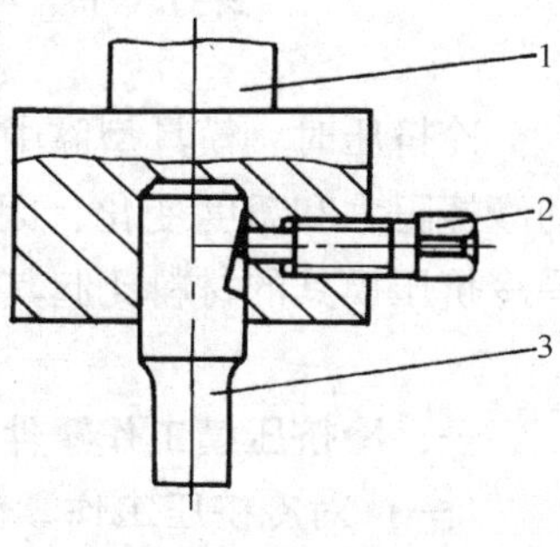

图6-46　快速更换凸模形式

1—模柄　2—紧固螺钉　3—凸模

二、组合凹模紧固方法

常用的组合凹模紧固方法见图6-47。图a是用螺钉直接将外预应力圈3固定在凹模座5上。对于非圆形截面型腔的模具，为了防止其转动，需采用定位销进行定位。这种紧固方法连接可靠、装卸方便，应用较广。图b采用压板6通过螺钉紧固在凹模座5上，凹模的对中可以用四个调节螺钉进行调整。该法对中调整方便，装卸快捷，应用也较广。图c是采用大螺母7将外预应力圈3直接与凹模座5固定，这种方法紧固可靠、装卸方便，但加工略复杂。

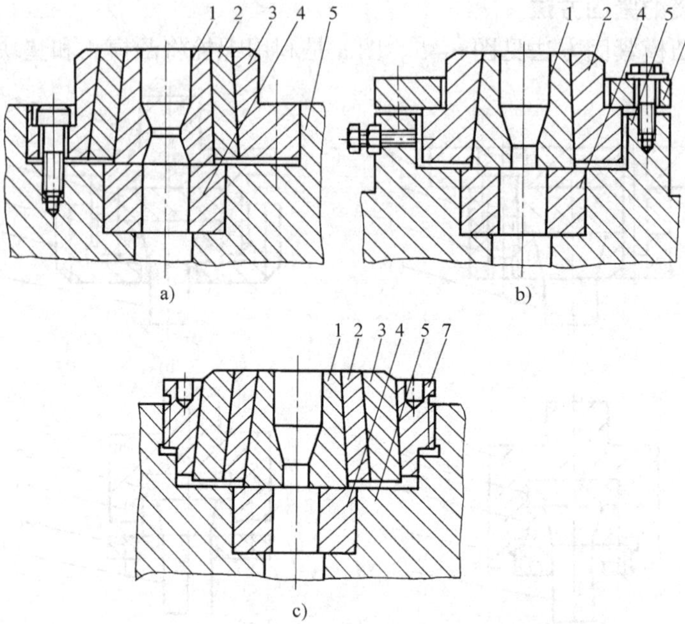

图6-47 组合凹模紧固方法

1—内凹模 2—中预应力圈 3—外预应力圈 4—压力垫板 5—凹模座 6—压板 7—大螺母

第八节 冷挤压模具材料及选用方法

冷挤压时，模具型腔中单位挤压力可高达2000~2500MPa，还要经受着极高的摩擦阻力和温度变化，因此冷挤压模具的工作条件是十分恶劣的。合理的选择冷挤压模具的材料比起其他模具显得更为重要。

一、冷挤压模工作零件材料的选用

（一）对冷挤压工作零件材料的要求

1）必须具有高强度和高硬度，这样在挤压中可以避免工作零件本身的塑性变形、破坏和磨损。

2）应具有相当高的韧性，可以避免由于冲击、偏心载荷，疲劳应力集中而引起的折断和开裂破坏。

3）应具有较高的耐磨性，使模具具有较高的使用寿命，以保证挤压件的尺寸精度。

4）具有足够的耐热性能。在冷挤压中，模具工作零件的局部温度可高达300℃左右，有时甚至更高，因此要求材料在这样的高温状态下硬度保持不变。

5）材料必须有良好的加工性能，如在热加工时，锻造性能要好；机加工时要容易进行切削；热处理时，应有较宽的温度区间，变形和热裂倾向小。

当然，在大多数情况下，某种模具钢材不可能全部满足上述要求，应该根据具体的挤压情况来选择最能符合使用条件的材料。

（二）冷挤压工作零件常用材料

1. 碳素工具钢　碳素工具钢是冷挤压模具钢中价格最低廉的钢种。T10A是常用的碳素工具钢牌号。其优点是加工及热处理方便，具有良好的切削和耐磨性能；但缺点是淬透性、强韧性及耐热性能差、热处理变形大、使用寿命低。因此，该材料只能用于尺寸较小、形状简单、负载不大的模具零件，如压力垫板、顶料杆，以及纯铝、纯铜等软材料的挤压凹模。

2. 高合金工具钢　含铬量w_{Cr}为12%的高合金工具钢，是冷挤压模具材料中普遍采用的高碳高铬钢种。Cr12、Cr12Mo和Cr12MoV是经常使用的牌号。该类钢热处理变形小，淬透性好，耐磨性较高，韧性优良，适宜制作冷挤压凸模和凹模。不过这类钢的碳化物偏析较为严重，尤其是大尺寸的材料，在制造模具之前要进行改锻，使碳化物分布均匀（1～3级），否则在使用中会严重影响模具使用寿命，因此它比较适宜于作为有预应力圈的内凹模材料。

3. 高速工具钢　常用高速工具钢的牌号有W18Cr4V和W6Mo5Cr4V2等。该类钢种具有很高的强度、良好的耐磨性和韧性，尤其是高温硬度高、热硬性极好，抗软化变形能力强，是制造凸模的优良材料。但是高速工具钢的碳化物分布不均匀，这种不均匀性随着钢材截面尺寸的增大而提高，使其力学性能下降。在模具结构允许的前提下，应尽量选用小尺寸的高速工具钢原始棒料来制造模具零件。如果原始棒料钢中碳化物分布不均匀，可采用锻造将其破碎，使碳化物呈细小均匀分布。

4. 硬质合金　一般用于冷挤压模具工作零件的硬质合金为钨钴系硬质合金，常有牌号有YG15、YG20、YG25，其中数字表示含钴量的质量分数。如YG15表示含钴量w_{Co}为15%，其余为钛化钨。硬质合金具有极高的硬度、良好的红硬性、较小的膨胀系数、足够的强度，并且耐磨、耐高温，是优良的模具材料。但是硬质合金抗弯、抗拉强度低，所以常用作凹模或凹模镶块材料。如果用作凸模材料，必须采用韧性好的牌号（$w_{Co}>20\%$）。采用硬质合金作模具工作部分材料，凹模使用寿命可提高数十倍，凸模也可提高数倍；但硬质合金材料成本较高，其加工成形也较困难。

5. 钢结硬质合金　钢结硬质合金是以铁粉加少量的合金元素（如铬铁、钼铁、钒铁和钨等）粉末作粘结剂，以碳化钛为硬质相，用一般粉末冶金方法烧结而成。由于其基体为钢，因此可以切削加工、焊接、热处理，甚至还可以进行一定程度的塑性变形。同时因含有大量的碳化钛，从而保留了硬质合金的高硬度和高耐磨性，并具有硬质合金所没有的较好的抗弯强度和韧性，是一种新型的冷挤压模具材料。

二、冷挤压模具其他零件材料的选用

冷挤压模具其他零件在工作中也受到一定的压力作用，因此应根据其受力情况，选择合适的材料和热处理工艺。表6-4是冷挤压模具其他零件常用材料牌号及热处理要求。

表6-4　冷挤压模具其他零件常用材料

零件名称	材料牌号	热处理	硬度 HRC
模柄、模板、模座	45		
凸、凹模垫板	T10A	淬硬	58~62
凸模压套	45，T8A	淬硬	43~48（45）　52~56（T8A）
退料杆、环形顶出器	T10A	淬硬	58~62
顶杆、打杆、垫板	45	淬硬	43~48
压板、卸料板	45	淬硬	43~48
定位钉、定位块、挡料销	45	淬硬	43~48
内预应力圈	5CrNiMo，40Cr 35CrMoA， 30CrMnSiA	淬硬	42~44
外预应力圈	5CrNiMo，40Cr 45，0CrNiMo 35CrMoA	淬硬	38~40
导柱、导套	20，15Cr，20Cr	表面渗碳、淬火	56~60
螺钉、螺栓	35，45		
弹簧	65Mn	淬硬	40~48
圆柱销	45	淬硬	43~48
卸料螺钉	45	头部淬硬	35~40

第九节　冷挤压模具的设计实例

在前面的章节里，我们系统地学习了有关冷态塑性成形的相关理论和计算

方法，以及模具的设计基础。在这里，我们通过一个产品的设计实例来阐述冷挤压技术应用的一般步骤。

图 6-48 所示的为渐开线圆柱齿轮零件，材质为 20CrMo，热处理为渗碳淬火，淬火深度为 0.9～1.2mm，硬度为 50～55HRC。齿形精度为 8 级（按 GB10095～10096-1988），尺寸公差为 ±0.1，齿形参数见表 6-5。

表 6-5　齿形参数

参数名称	参数数值
模数	2.5
齿数	11
压力角	20°
齿顶直径	31.5mm
齿轮底径	22.25mm
变位系数	0.386

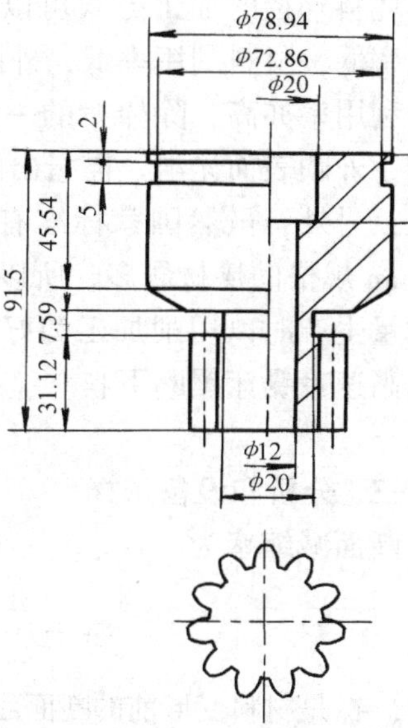

图 6-48　渐开线圆柱齿轮零件图

一、挤压图的设计

该实例产品成形的重点在齿形和内孔，环形沟槽须由车削加工完成。齿形可通过正挤压成形；内孔可通过机械加工或挤压成形。

如果考虑内孔成形后再进行齿形挤压成形，则断面减缩率为

$$\varepsilon_A^f = 73\%$$

若采用齿形挤压前进行内孔挤压工艺，反挤压断面减缩率为

$$\varepsilon_A^b = 5\%$$

该值远低于材料反挤压的许用变形范围，说明在齿形成形前挤压内孔的方案是不可取的；而在齿形挤压前机械加工内孔和挤压后机械加工内孔，在成本上差别不大，考虑到挤压模具的结构复杂性等因素，设计的挤压件图见图 6-49，其体积为 92500mm^3，质量为 726.1g。

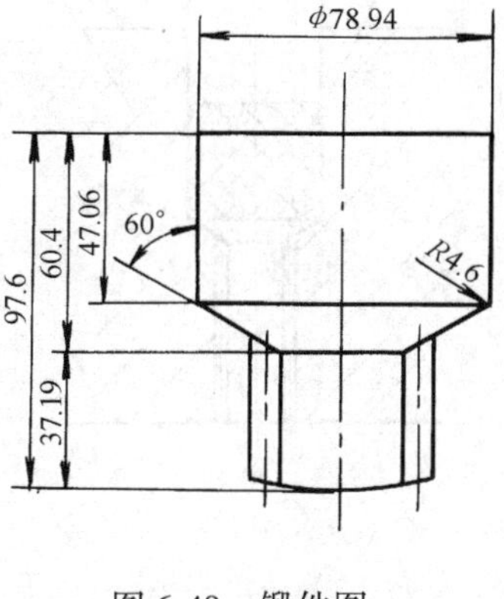

图 6-49　锻件图

二、工步流程图的设计

所谓工步流程图就是挤压件图和挤压件坯料图。该零件的坯料应为圆棒料，

依据体积不变原理计算，坯料直径尺寸为：

$$\phi 51.9^{+0}_{-0.05} \times 43.7 \pm 0.1\text{mm}$$

坯料外径的加工方式可以车削，也可以冷拉外圆。车削的成本较低，但工作效率低，材料利用率低，外圆表面粗糙；冷拉外圆成本较高，但可连续作业，材料利用率亦高，除棒材的一端冷拉夹持部分有变形无法使用以外，其余均可使用，外圆表面光滑。需指出的是，可以冷拉 ϕ50mm 范围棒材的设备吨位要求较大；另外，虽然国家标准有 ϕ53mm 规格的棒材，而市场购买较为困难，以 ϕ55mm 规格的棒材居多，所以切削加工，材料的浪费比较严重。实际上，在中小批量生产时以切削加工为好；而大批量加工时以冷拉为好。如此直径的材料常用高速带锯床锯断下料。

三、分析和设备选择

断面减缩率为

$$\varepsilon_A^f = \frac{A_0 - A}{A_0} = \frac{\pi 26^2 - 660}{\pi 26^2} = 69\%$$

式中，A_0 是材料变形前的断面面积（mm^2）；A 是变形后的齿形断面面积（mm^2）。

该产品变形程度已接近 20CrMo 材质的变形极限，根据前面学习过的变形力计算方法进行计算，可以得到凸模的平均单位压力为 1750MPa，成形力约为 3720kN。

将凸模与坯料开始接触的位置设定为行程的零点，成形过程可分为两个阶段（图 6-50）：

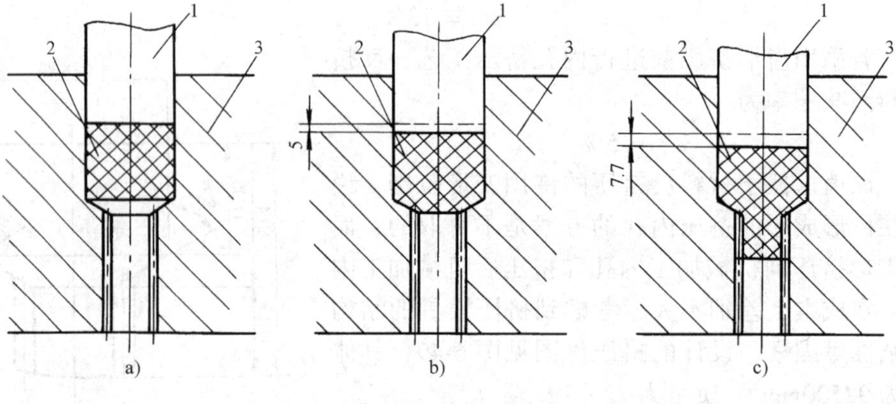

图 6-50 成形过程

a）挤压前 b）圆锥部分成形阶段 c）齿形部分成形阶段

1—冲头 2—工件 3—凹模

（1）圆锥部分成形阶段（行程位置 0 ~ 5mm） 此时，变形程度逐步增大，凸模受到的单位压力也逐步增大，凸模平均成形力由 0kN 增加到 3720kN。

(2) 齿形部分成形阶段（行程位置 5~12.7mm） 齿形开始成形到成形结束。此时，断面减缩率保持不变，为稳定变形过程，凸模所受平均成形力也基本保持不变（随着材料内部变形的增加，摩擦力的加大，平均成形力也会有小幅上升）。

由此可以选择公称能力为 4000kN 的液压精锻机，或行程-压力曲线可以覆盖成形力变化曲线的曲柄连杆压力机（图 6-51）。

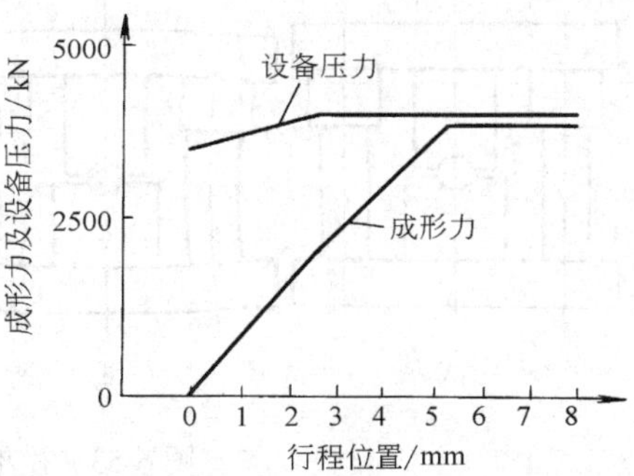

图 6-51 成形力曲线与设备压力曲线关系

四、模具总装图的设计

图 6-52 是该实例产品的模具总装结构图。

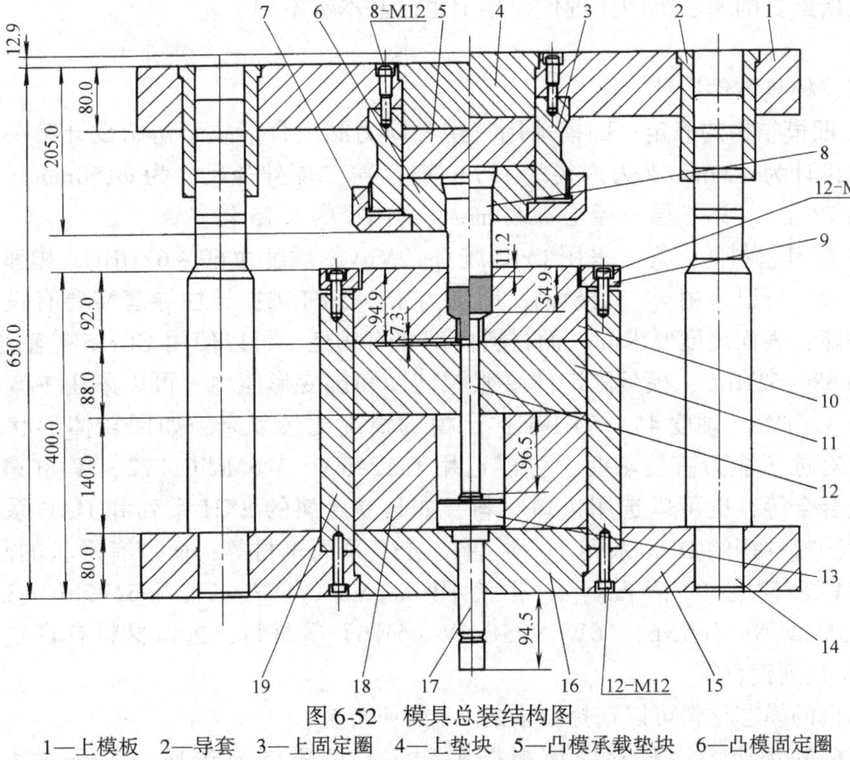

图 6-52 模具总装结构图

1—上模板 2—导套 3—上固定圈 4—上垫块 5—凸模承载垫块 6—凸模固定圈 7—上凸模固定大螺母 8—上凸模 9—凹模固定圈 10—凹模 11—凹模承载垫块 12—顶出杆 13—顶出过渡垫块 14—导柱 15—下模板 16—下垫块 *A* 17—下顶杆 18—下垫块 *B* 19—下固定圈

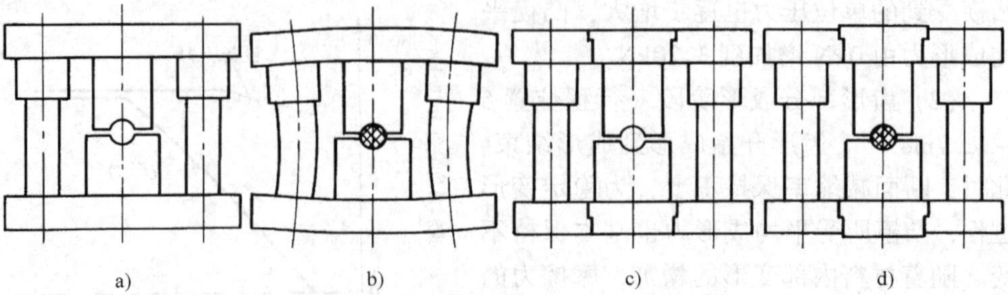

图 6-53　模架结构与受力变形情况

a)、b) 整体式模架　c)、d) 分割式模架

随着精密加工设备朝着大型化的发展，模架的制造已经可以摆脱配做的束缚，设计模架结构时应避免模架直接承载，以免造成导柱导套和上下模板的弯曲变形，缩短模架的使用寿命，见图 6-53。模架不直接承载成形力可以使上下模板的厚度减小，材质要求也可以适当降低。使用大型坐标磨床或加工中心，单件加工的零件装配而成的模架，其配合精度能达到 0.01 ~ 0.02mm，因此传统模架上所配置的调芯机构在现代模架上也已基本看不到了。

五、模具零件设计

1. 凹模结构的确定　凹模采用三层预应力圈组合形式。初始设计第一层外径尺寸设计为 ϕ90mm（为内径的 1.73 倍），第二层外径尺寸为 ϕ160mm（为内径的 1.78 倍），第三层外径是 ϕ280mm（为内径的 1.75 倍）。

2. 模具材料的选择　采用 Cr12 或 Cr12MoV，硬度为 60 ~ 62HRC；模座由于受力不大，可以采用 45 或 55 钢，硬度为 45 ~ 50HRC；导柱导套需要有良好的耐磨性能，表面硬度要求高，而材料内部要有韧性，可以使用 GCr15 等轴承钢，硬度为 58 ~ 62HRC；模具固定件要兼顾韧性和抗变形能力，可以采用中碳合金钢，如 35CrMo，硬度 45 ~ 50HRC；凸模的情况比较复杂，如回转体形状的凸模，仅对抗压能力有要求时，可以选用 Cr12MoV、W6Mo5Cr4V2、W18Cr4V 以及硬质合金等，也可以选用进口材料，如日立金属的 SKH 系列和 HAP 系列钢材、大同特殊钢的 DEX 系列、一胜百的 ASP 系列钢材等；而带有形状的凸模，需要考虑韧性的情况下，常使用 W6Mo5Cr4V2、7Cr7Mo2V2Si（LD）、6Cr4W3Mo2VNb（65Nb）、6W6Mo5Cr4V（6W6）等材料，进口材料有日立金属的 YXR 系列钢材等。

凹模的模芯材料可以选择日本的 GT 硬质合金。

凹模的预应力圈材料应该根据装配工艺的不同来选择，本例选择 4Cr5MoSiV1（H13 或 SKD61），它具有热处理性能稳定、抗拉强度高、不开裂、加工性能好等优点，使用硬度为 45 ~ 48HRC。可供以选择的材料还有 35CrMo、45 钢等。外预应力圈选择 45 钢。

3. 模具强度的校核 凹模强度校核，主要是根据薄壁圆筒理论，计算凹模内腔和各个配合面的周向拉应力是否在模具材料的强度许可范围以内，并且根据计算结果对模具的材料、配合面直径和相应的过盈量进行修正，使模具达到强度设计要求。

工作时模具的应力状态近似计算的结果如下：

取材料 G7 的弹性模量 E 为 500 GPa，泊松比 ν 为 0.22；H13 的弹性模量 E 为 215 GPa，泊松比 ν 为 0.3；45 钢的弹性模量 E 为 210GPa，泊松比 ν 为 0.28。

得到模芯上段内腔的周向拉应力 $\sigma_{\theta 1}$ 为 666 MPa，相应部分内预应力圈内壁周向拉应力 $\sigma_{\theta 2}$ 为 710 MPa，相应的外预应力圈内壁周向拉应力 $\sigma_{\theta 3}$ 为 707 MPa。

模芯齿形段内腔的周向拉应力 $\sigma_{\theta 1}'$ 为 404MPa，相应部分内套圈内壁周向拉应力 $\sigma_{\theta 2}'$ 为 570MPa，相应的外预应力圈内壁周向拉应力 $\sigma_{\theta 3}'$ 为 623MPa。

硬质合金的抗压强度和耐磨性都非常好，但抗拉强度很低，一般在 200MPa 以下，因此在内腔周向拉应力为 666MPa 的情况下，可以预见模具的寿命会很差。因此调整如下：

模芯外径尺寸设计为 ϕ80mm（为内径的 1.54 倍），第二层外径尺寸设计为 ϕ160mm（为内径的 2 倍），第三层外径是 ϕ280mm（为内径的 1.75 倍）。过盈量分别为：ϕ80mm 直径取 0.52mm，ϕ160mm 直径取 0.8mm。

改进后的校核计算结果如下：

$\sigma_{\theta 1} = -68$MPa，$\sigma_{\theta 2} = 908$MPa，$\sigma_{\theta 3} = 842$ MPa，$\sigma_{\theta 1}' = -266$MPa，$\sigma_{\theta 2}' = 794$MPa，$\sigma_{\theta 3}' = 761$MPa

在这样的应力状态下，由于模芯始终工作在三向压应力状态，可以大幅度改善其使用条件，提高模具寿命；而外预应力圈的内腔周向拉应力为 842 MPa，已经接近 45 钢材料本身的抗拉强度，所以外预应力圈的材质应该更改为 H13。

在有条件的情况下，还可以根据设计的结果采用有限元方法，利用计算机仿真软件进行成形过程模拟，可以得到更为精确的校核结果。

4. 模具尺寸的确定 凹模内腔尺寸的确定要充分考虑模具材料在成形过程中因为受力而发生的尺寸变化，这种变化根据模具材质和过盈配合以及内腔形状的不同，数值上也有很大差异。一般情况下的计算结果与实际情况的出入比较大，所以设计时不能根据计算数值或仿真结果来进行补正，在尽可能将成形尺寸落在公差范围内的情况下，尺寸设计要使模具保留修正的可能，因此内腔直径要设计在下偏差。比如产品尺寸为 $\phi 52 \pm 0.05$mm，模芯材料为硬质合金，凸模单位应力为 1750MPa 时，估算挤压时模具会有 0.03mm 左右的扩大，所以静态模具尺寸可以设定为 $\phi 51.92^{+0.02}$mm；而当产品尺寸为 $\phi 52 \pm 0.1$mm 时，静态模具尺寸就可以设定为 $\phi51.90^{+0.02}$ mm。

外形尺寸主要考虑装配关系，确定好定位面，从而决定精度和公差范围，这里就不再赘述了。

依据以上所述的步骤，我们设计的凹模形状见图 6-54。

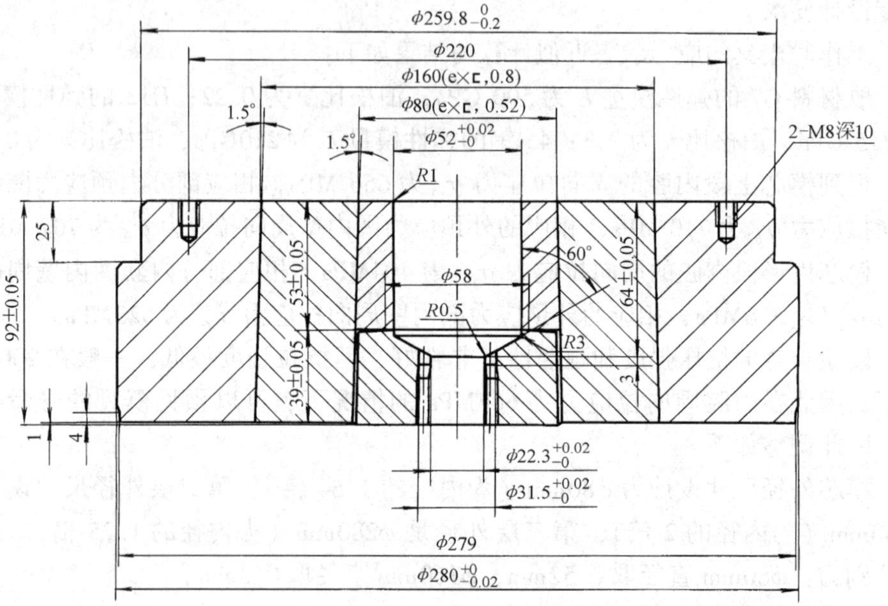

图 6-54　齿轮挤压组合凹模

思考与练习题

1. 冷挤压模具有哪些特点？
2. 为何要采用预应力组合凹模？其有什么优点？
3. 组合凹模的压合工艺有哪几种？
4. 对冷挤压模工作零件有哪些要求？工作零件常用的材料有哪些？

第七章 热 挤 压

热挤压是几种挤压工艺中最早采用的挤压成形技术，它是在热锻温度下借助于材料塑性好的特点，对金属进行各种挤压成形。目前，热挤压主要用于制造普通等截面的长形件、型材、管材、棒料及各种机器零件等。热挤压不仅可以成形塑性好，强度相对较低的有色金属及其合金，低、中碳钢等，而且还可以成形强度较高的高碳、高合金钢，如结构用特殊钢、不锈钢、高速工具钢和耐热钢等。由于坯料必须加热至热锻温度进行挤压，常伴有较严重的氧化和脱碳等加热缺陷，影响了挤压件的尺寸精度和表面粗糙度。一般情况下，机器零件热挤压成形后，再采用切削等机械加工来提高零件的尺寸精度和表面质量。

第一节 热挤压概述

热挤压就是将金属材料加热到热锻成形温度进行挤压，即在挤压前将坯料加热到金属的再结晶温度以上的某个温度下进行的挤压。

钢的热挤压温度一般在1100℃左右，此时材料的塑性好，变形抗力低，金属易于产生流动，因此，各种挤压方式都适用于热挤压，如正挤压、反挤压、复合挤压和径向挤压等。在挤压时，挤压模型腔内的坯料处于强烈的三向压应力状态，有利于提高坯料的塑性，所以即使在高温下塑性很低的材料，也能承受很大的塑性变形，而不致于发生破坏。对于一些塑性较低的材料，采用拉拔等难以变形时，可以采用热挤压的方法成形。

1. 热挤压工艺与冷挤压工艺相比，具有如下优点

1）热挤压时金属的塑性好，降低了变形抗力，使总的挤压力大大下降。加热后金属材料塑性较好，使得原来冷挤压时变形困难的材料，在热挤压时变得比较容易。单位变形抗力的降低，使热挤压能够成形断面形状复杂或尺寸较大的零件。挤压力的降低也可以减小设备的吨位，降低模具的单位负荷。同时，每道变形工步的许用变形程度也比冷挤压时大得多，可以通过增加每道工步的变形量来减少变形工步数。

2）热挤压时可以连续成形，有利于提高生产效率。通常情况下，一次加热后热挤压的数道成形工步可以连续完成，不需冷挤压时的中间退火软化工序和表面清理工序，有利于组织生产和提高生产效率。由于连续生产，可以使各道

工步的模具初始精度匹配较好，工件的尺寸稳定性较高。

2. 与冷挤压工艺相比存在以下不足

1）由于热挤压在较高温度下成形，对模具材料的耐热性提出了较高的要求。在热挤压时，模具的温度过高会影响其强度和表面硬度，必须对热挤压模具进行充分冷却，在模具设计时应考虑模具的冷却系统。同时，必须选用合适的模具材料，提高模具的热硬性和耐热疲劳性能。

2）热挤压件的表面质量不佳，尺寸精度较低。由于坯料在加热时出现的氧化、脱碳，使得挤压件的表面粗糙度值增加，尺寸精度也较冷挤压件低得多。经热挤压后的工件，一般需经过切削加工才能符合机器零件的质量要求。

3）热挤压后，工件必须进行热处理。为了改善热挤压件的切削加工性能，调整硬度及为零件的最终热处理作组织准备，热挤压后必须对工件进行退火或正火等热处理。如对过共析钢进行不完全退火（球化退火）；对亚共析钢，特别是低碳钢进行正火处理。其目的是为了提高切削加工性能，细化晶粒，改善组织。

热挤压工艺的主要过程为：坯料制备→坯料加热→挤压成形（预成形，终成形）→后续工序（冲孔、校正或精压）→挤压件热处理（退火、正火）→表面处理→精加工（切削）。

图 7-1 为热挤压的基本形式之一，图 a 为深孔反挤压，应用广泛，主要用于挤压筒形零件或为圆环类零件挤压坯料。图 b 为芯杆反挤压，芯杆的挤压高度可以通过调整凸模内孔工作带的宽度来控制。反挤压一般多用来挤压机器零件，凸模的行程相对较短，一般采用立式压力机。深筒反挤压也用来为正挤压管材制备空心坯料。

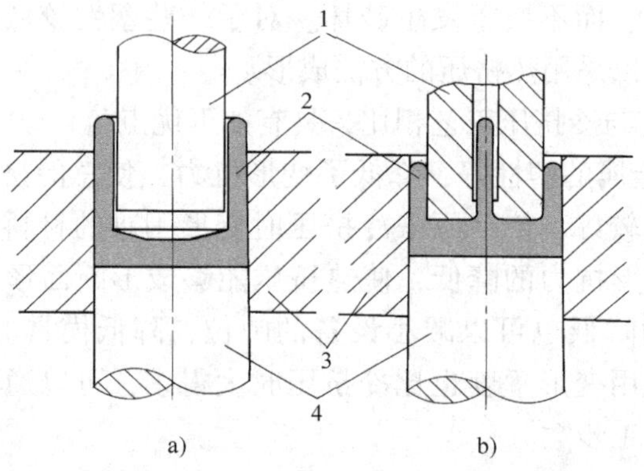

图 7-1 反挤压

a）深孔反挤压 b）芯杆反挤压

1—凸模 2—工件 3—凹模 4—顶杆

图 7-2 为热正挤压空心件和实心件的示意图。图 a 为正挤压管材，挤压前的坯料必须是带孔坯料，挤压时金属从凸模芯棒与凹模工作带间所形成的缝隙中流出，形成管形材料，其截面可以是圆形或其他对称、不对称的等截面材料。空心坯料可由反挤压等制备。图 b 为正挤压型材，采用正挤压来生产等截面、规则或不规则形状的型材，具有生产效率高、尺寸收敛性好的优点。图 b 所示的齿轮坯，经正挤压连续成形后，后道工序只要逐个切割型材，即可得到齿轮坯，生产效率非常高。

正挤压型材或管材时，凸模的行程很长，应采用卧式压力机。

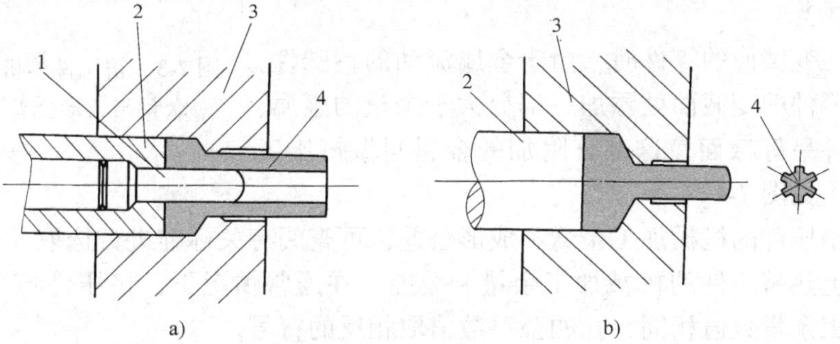

图 7-2 正挤压

a）管材正挤压 b）型材正挤压

1—芯棒 2—凸模 3—凹模 4—工件

第二节 热挤压件图的绘制

挤压件图是挤压生产过程控制、工艺规程制定、挤压模具设计与制造，以及挤压件的检验与后续机械加工的依据。冷挤压件图是在零件图基础上加上了机械加工余量、成形公差和工艺余料等而绘制的，主要用于最终挤压件的检验、后续机械加工工艺的编制和工夹具的设计等。热挤压件图则是在冷挤压件图的基础上加上收缩量，主要用于挤压模具的设计与制造、挤压过程的质量控制等。

一、确定机械加工余量和成形公差

由于坯料在高温下加热，使热挤压件不同程度地存在较严重的氧化、脱碳等现象，成形后挤压件的尺寸精度、表面粗糙度数值不可能达到零件图的要求，只有在成形后经过机械加工，去除多余金属后才能达到零件图的要求。机械加工余量的大小取决于零件的形状和尺寸，以及精度和表面粗糙度的要求。此外，还应考虑生产条件等制约因素，如加热手段、设备精度、模具结构和制造精度等。显然，机械加工余量越小，原材料的利用率就越高；但随之对成形和模具制造的要求也越高，即成形难度增大。

挤压件应允许有成形公差，这是由于坯料体积变化及成形温度的波动、挤压模型腔的磨损、上下模出现的错位，以及设备状态和操作人员的技术水平等原因所致。挤压件偏差分为上偏差和下偏差。挤压件实际尺寸大于基本尺寸的部分称为上偏差；挤压件实际尺寸小于基本尺寸的部分称为下偏差。

挤压件的机械加工余量和成形公差的相互关系可见图 7-3。

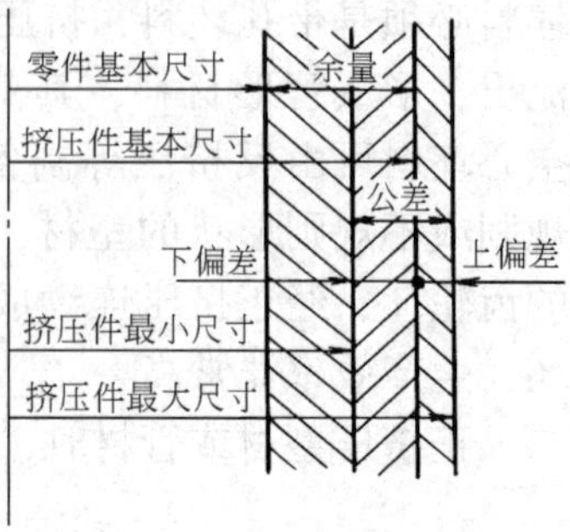

图 7-3　挤压件的机械加工余量与成形公差关系

挤压变截面的零件时，由于金属流动的特殊性，必须在零件的变截面处添加一部分大于余量的金属，使挤压件呈等截面，这部分附加的金属叫做挤压工艺余料，见图 7-4。

热挤压件的机械加工余量和成形公差，可查阅有关标准进行选取。表 7-1 为压力机上热挤压件的机械加工余量和公差。在通常情况下，挤压件各个方向的机械加工余量数值相同，孔的公差数值取相反的符号。

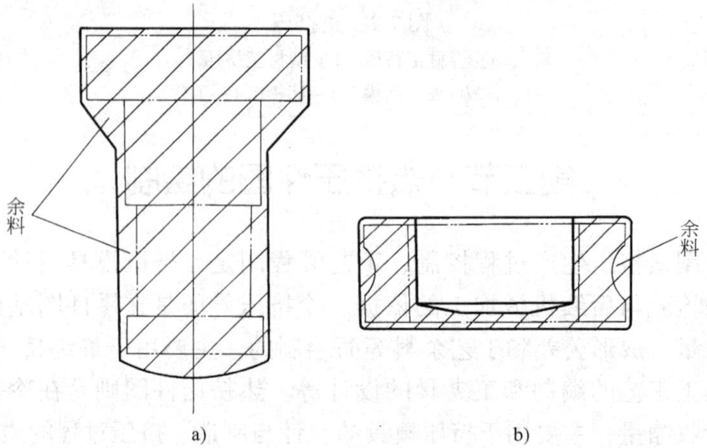

图 7-4　挤压件的余料

a）正挤压余料　b）反挤压余料

表中图 a、b 和 c 所示的挤压件，其高度尺寸 H 上的公差，一般可取 +3 ~ +10mm。下料质量误差较大时，取大值；对于用封闭式挤压模挤压出来的热挤压件（表中图 d），其高度上的尺寸 H 和 h 的正公差应按表 7-1 中所查得的公差数值增大 1.5 ~ 2 倍，而中心偏差的数值应按表 7-1 中所查得的公差数值的 1/2 选用；对于不再进行机械加工的非加工面，其水平方向的尺寸公差，不论 H/d 的数值如何，可一律采用表 7-1 中 $H/d < 1.6$ 这一栏的数值。

表 7-1 钢质圆筒形热挤压件机械加工余量和公差 (mm)

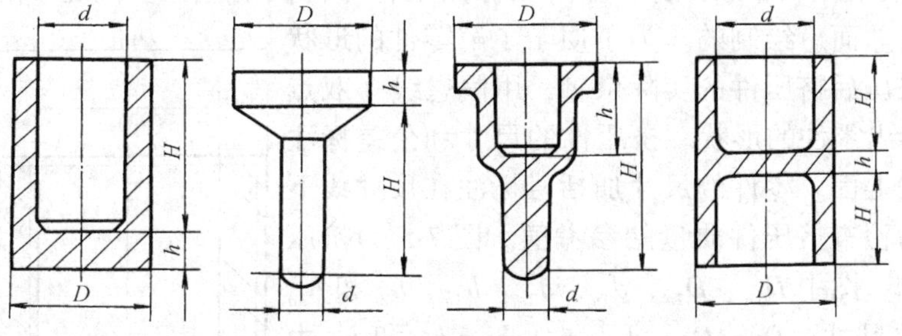

a)　　b)　　c)　　d)

D	H/d	<1.6	1.6~3	>3	高度方向的公差
<25	单边余量	0.5	0.75	1.00	+0.7 -0.3
	公差	+0.3	+0.4	+0.5	
		-0.2	-0.2	-0.2	
	中心偏差	0.2	0.25	0.30	
25~35	单边余量	0.75	1.00	1.25	+0.7 -0.3
	公差	+0.4	+0.5	+0.6	
		-0.2	-0.2	-0.3	
	中心偏差	0.25	0.3	0.4	
35~50	单边余量	1.00	1.25	1.50	+1.0 -0.5
	公差	+0.5	+0.6	+0.7	
		-0.2	-0.3	-0.4	
	中心偏差	0.3	0.4	0.5	
50~70	单边余量	1.25	1.50	1.75	+1.0 -0.5
	公差	+0.6	+0.7	+1.0	
		-0.3	-0.4	-0.5	
	中心偏差	0.4	0.5	0.75	
70~100	单边余量	1.50	1.75	2.00	+1.5 -1.0
	公差	+0.7	+1.0	+1.5	
		-0.4	-0.5	-0.7	
	中心偏差	0.5	0.75	0.00	
100~150	单边余量	1.75	2.00	2.50	+2.0 -1.5
	公差	+1.0	+1.5	+2.0	
		-0.5	-0.7	-1.0	
	中心偏差	0.75	1.00	1.25	

二、挤压件图的绘制

1. 冷挤压件图的绘制　冷挤压件图是在零件图的基础上考虑到加工工艺、余量和公差而后绘制的。为了便于了解零件的形状和检查挤压后挤压件的实际余量，用假想线（双点划线）绘出零件的形状。挤压件的尺寸和公差标注在尺寸线上面。零件的尺寸加括号标注在尺寸线下面，作为检查挤压件质量的参考值。图 7-5 为挤压件图示例，图中 D_{1n}、D_{2n}、d_{1n}、d_{2n}、h_{1n}、h_{2n} 和 h_{3n} 为挤压件尺寸；D_1、D_2、d_1、d_2、h_1、h_2 和 h_3 为零件尺寸。

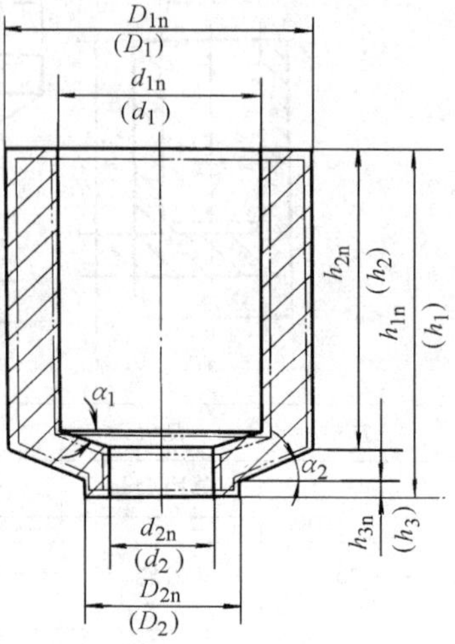

图 7-5　挤压件图示例

2. 热挤压件图的绘制　热挤压件图是控制生产过程、设计与制造模具的依据，热挤压件图是在冷挤压件图的基础上绘制的。热挤压件图与冷挤压件图的主要区别是，在热挤压件挤压时因在模具中冷却快，收缩率应当减小或取下限值；热挤压后在进行热校正或进行热冲孔等工步时，其收缩率应取校正或冲孔时的温度下的收缩率。

图中考虑了金属冷缩现象，即热挤压件图上的尺寸应比冷挤压件图上的尺寸有相应的增加。其理论尺寸按下式计算：

$$L = l(1 + \delta\%)$$

式中，L、l 分别是热、冷挤压件尺寸（mm）；δ 为挤压结束温度下金属的冷缩率，钢为（1.2～1.5）%，不锈钢为（1.5～1.8）%，铝合金为（0.8～1.0）%，铜合金为（1.0～1.3）%，钛合金为（0.5～0.7）%，镁合金为 0.8%。

在计算热挤压件尺寸时还应注意：无坐标中心的圆角半径不放收缩率。

第三节　热挤压坯料的加热

热挤压前对坯料进行加热的目的是：提高金属的塑性、降低变形抗力、使金属易于流动，并使零件获得良好的组织性能。

一、坯料的加热方法

1. 火焰加热　它是利用燃料在加热炉内燃烧产生含有大量热能的高温气体（火焰），通过对流、辐射把热能传递给坯料表面，通过由表及里的热传导而使金属坯料加热到预定的温度。燃料有：固体燃料（煤及其制品，如焦炭等），液体燃料（石油及其制品，如柴油、重油等），以及气体燃料（天然气，固体燃料、液体燃料的制品如煤气、石油气等）。

火焰加热方法的优点是：燃料来源方便、加热炉造价较低、对坯料的适应性广等，因此应用广泛。其缺点是：劳动条件较差、加热速度慢、加热炉温度比较难控制，还存在较大的金属烧损，对环境也有较大的影响。特别是固体燃料和液体燃料，在钢加热时烧损率在3%以上，煤加热对环境有较大的污染。

2. 电加热　电加热是通过把电能转变为热能来加热金属坯料。常见的方法有：感应电加热、接触电加热和电阻炉加热等。其中，接触电加热是以低电压大电流直接通入金属坯料而达到加热目的，在热挤压中较少应用。

(1) 感应加热　是交变电流通过感应线圈产生感应交变磁场，进而感应出交变电场。将金属坯料置于电场中，因其导电而产生感应电动势，形成闭合回路，在棒料（坯料）内产生感应电流而达到加热的目的，其原理见图7-6。

感应加热的特点是加热速度快、氧化烧损少（小于0.5%）、热效率高、炉温可控易于实现自动化加热。感应加热炉的电源有工频、中频和高频三种。电源频率为50Hz的称为工频，50～10000Hz为中频，10000Hz以上的称为高频。相应的加热炉也分为工频、中频和高频三种感应加热炉。

当坯料进行感应加热时，内部产生的电流密度在断面分布是不均匀的，中心电流密度小，表层电流密度大，这种现象称为集肤效应。

因此表层金属主要是由电流通过而被加热，心部的金属主要是靠外层热量向内传导加热。当电流的频率增加时，可以提高加热的剧烈程度，但电流的穿

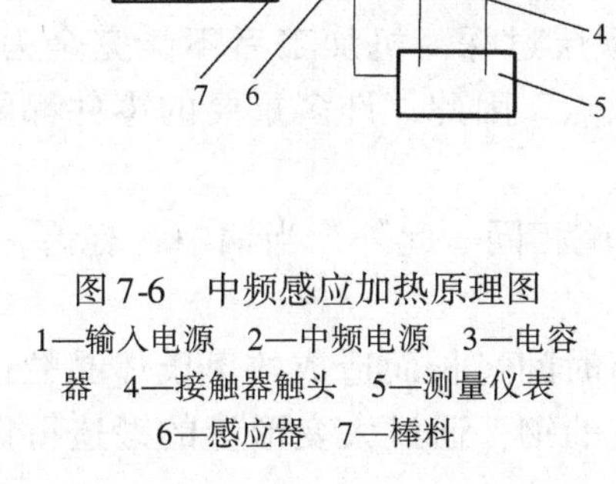

图7-6　中频感应加热原理图

1—输入电源　2—中频电源　3—电容器　4—接触器触头　5—测量仪表　6—感应器　7—棒料

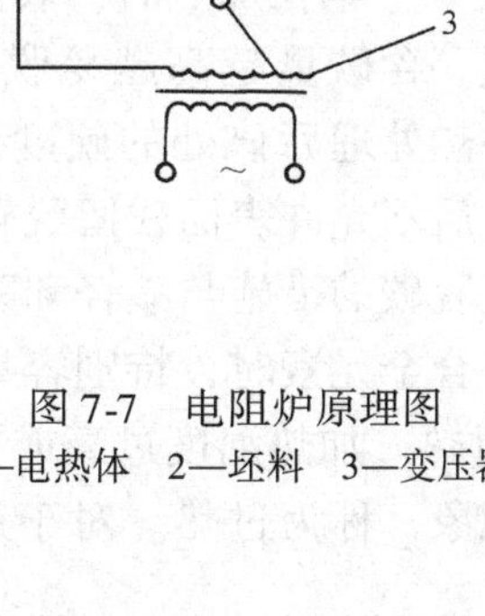

图7-7　电阻炉原理图

1—电热体　2—坯料　3—变压器

透层深度减少；反之，穿透层深度增大。若采用高频感应加热大直径坯料，就会出现表里温度不一，这时若延长加热时间，表层则会过热、过烧。因此加热大直径的棒料要采用较低频率的感应加热炉。

(2) 电阻炉加热　是利用电流通入炉内的电热体所产生的热量，以辐射与对流传热的方式来加热金属坯料。其加热的形式和炉型与火焰加热类似。图 7-7 为电阻炉原理图。

电阻加热炉的加热温度受电热体的限制，热效率要比感应加热方式低得多，加热速度也较慢。但它对坯料的适应性非常广，特别适应加热有色金属坯料。另外，该法也可以采用保护性气体实现少无氧化加热。

二、加热缺陷

金属材料，特别是钢在加热过程中，随着温度的不断升高会发生物理、化学、力学性能和组织方面的变化。钢的一些物理参数与温度有着密切的关系，如热导率、膨胀系数等都会随温度的升高而变化；钢在加热过程中会与周围的介质发生诸如氧化和脱碳的化学反应，生成氧化皮和脱碳层；钢在加热过程中除了塑性提高、变形抗力下降外，还会产生内应力，当内应力超过钢的抗拉强度时便会产生开裂；大多数的钢随着加热温度升高会发生组织转变，晶粒粗大，严重时会造成过热或过烧。

1. 氧化　钢在非保护性介质中加热时会产生氧化，在钢的表面上生成氧化皮。氧化皮大大降低了挤压件的表面质量，增加了模具的磨损。在热挤压过程中没能清理的厚氧化皮，会嵌在挤压件表面而形成凹坑，机加工时去除不掉而留下黑皮造成挤压件报废。氧化还会造成金属烧损，使挤压前坯料体积减小，挤压时工件报废。

钢在非保护性介质中加热时氧化是不可避免的。但是它可以通过快速加热、控制炉内气氛或保护性介质来抑制或避免氧化。保护性介质按物质的形态不同分为：气体保护介质（纯惰性气体）、液体保护介质（玻璃熔体，熔盐）和固体保护介质（玻璃粉、珐琅粉、金属粉等）。

2. 脱碳　钢在加热时，表面的碳与炉气中的氧结合，使表面层含碳量降低，叫做脱碳。含碳量越高越易脱碳。如果脱碳层过深，机加工后不能完全去除，则在零件热处理后该处的硬度偏低，形成软点。因此，许多重要的零件都要求在机加工后不允许表面残留脱碳层。

减轻脱碳的措施与减轻和防止氧化的措施相同。此外，当钢中含有钨、铝、钛、硼等合金元素时，特别容易引起脱碳。

3. 过热　加热温度过高或在高温下停留时间过长而造成的奥氏体晶粒过于粗大的现象，称为过热。对于过热不太严重的钢，通过大变形量的锻造可以得到改善。如果热挤压件冷却后仍然是粗晶粒的过热组织，可以采用正火处理来加以纠正。

4. 过烧　当钢加热到接近熔化温度，并在此温度长时间停留，不但使奥氏体晶粒粗大，同时由于氧化性气体渗入到晶界使晶间物质铁、碳和硫等发生氧化，形成易熔共晶体，使晶间联接破坏，这种加热缺陷称为过烧。坯料一旦过烧，锻造时一击便碎，工件只能报废。

5. 开裂　坯料内部的温度差会导致温度应力，并且只有当钢坯料的断面出现温度梯度且处于弹性状态时，即坯料温度≤550℃时才会出现温度应力。当温度应力超过该温度下的抗拉强度时，就会产生裂纹，即加热开裂。加热速度越快，坯料的截面尺寸越大，导热性能越差，则温度应力越大，开裂的危险性也就越大。碳钢和低合金钢的导热性较好，只有当截面直径大于120mm时才会有开裂的危险；高合金钢的导热性差，开裂倾向也大，必须缓慢加热，严防开裂。当钢加热到900℃以上时塑性明显提高，温度应力被塑性变形抵消，允许以较快的速度加热。在坯料处于弹性状态时，钢的塑性差，升温必须缓慢，而且在升温过程中应分成几个阶段保温，使坯料的整个截面上均匀热透，减小温度应力。

三、热挤压温度范围的确定

钢的热挤压温度范围，是指开始挤压温度与结束挤压温度之间的一段温度区间。确定热挤压温度范围的基本原则是：在热挤压温度范围内金属应具有良好的塑性和较低的变形抗力；能挤压成形具有良好组织性能和力学性能的工件；热挤压温度范围尽可能宽些，以便在一火加热后完成数道变形工步，以提高挤压生产效率。

确定热挤压温度范围的基本方法是：以坯料的铁-碳平衡相图为基础，参照钢的塑性图、抗力图和再结晶图，综合考虑塑性、质量和变形抗力三个方面的因素，以定出热挤压的开始挤压温度和结束挤压温度。

1. 开始挤压温度的确定　就提高金属的塑性和降低变形抗力而言，则钢的热挤压开始挤压温度越接近固相线越有利。但加热温度过高会出现过热、过烧缺陷。因此，碳钢的开始挤压温度应低于铁-碳平衡相图固相线150～250℃，见图7-8。在此温度时，钢的组织为单相奥氏体，其塑性好，变形抗力低，易于进行较大变形程度的挤压。

2. 结束挤压温度的确定　在确定结束挤压温度时，既要保证钢具有足够的塑性，又要使挤压件能够获得良好的组织性能。为了保证完全再结晶，使挤压件获得细晶粒组织，钢的结束挤压温度应高于其再结晶温度。表7-2为各类钢的热挤压温度范围。

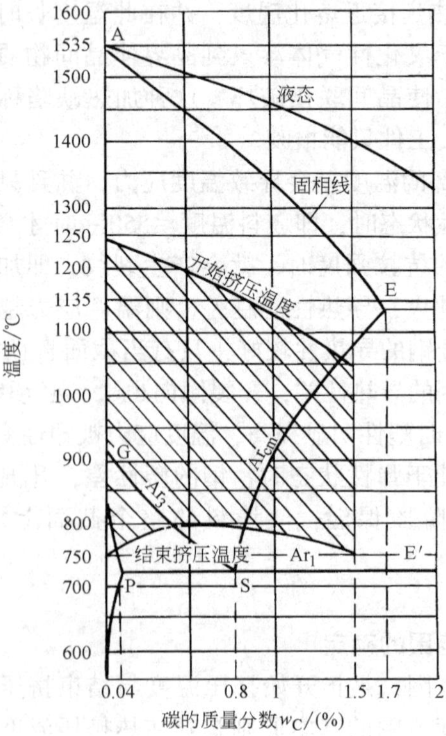

图 7-8　碳钢的热挤压温度范围

表 7-2　各类钢的热挤压温度范围

钢种	开始挤压温度/℃	结束挤压温度/℃	热挤压温度范围/℃
普通碳素钢	1280	700	580
优质碳素钢	1200	800	400
碳素工具钢	1100	770	330
合金结构钢	1150 ~ 1200	800 ~ 850	350
合金工具钢	1050 ~ 1150	800 ~ 850	250 ~ 300
高速工具钢	1100 ~ 1150	900	200 ~ 250
轴承钢	1050 ~ 1100	800 ~ 850	250
耐热钢	1100 ~ 1150	850	250 ~ 300
弹簧钢	1100 ~ 1150	800 ~ 850	300

四、钢的加热规范

钢的加热规范是指钢料从装炉开始到加热完了的整个过程，对加热炉温度和钢料随时间变化的规定。加热规范包括加热速度、加热温度、加热时间和保温时间等内容。加热规范常用温度－时间的变化曲线来表示。制定加热规范的原则是：在保证坯料不会开裂的条件下，加热速度越快越好，加热时间越短越好。以此提高加热效率，也可以有效地减轻氧化、脱碳、晶粒粗大等缺陷。

感应加热是坯料通过电流自身发热的，其温度应力很小，一般是不会出现坯料开裂的。因此这里所指的加热规范主要是指火焰炉的加热。

对于截面直径小于120mm的碳钢和低合金钢，不存在开裂危险，可以用炉子所能达到的最大加热速度进行加热，直到开始挤压温度。一般的加热时间可用下式计算：

$$t=(0.4\sim0.6)d$$

式中，t为加热时间（min）；d为钢料直径或为非圆截面的坯料的最短边长（mm）。

对于截面直径大于120mm的碳钢和低合金钢，加热一般分为两段进行。室温至800℃阶段必须缓慢加热，其加热时间可按$t=0.4d$计算；在800℃左右保温一段时间，使之均匀热透，然后以较快的速度加热至开始挤压温度，其加热时间可按$t=(0.2\sim0.3)d$计算。

高合金钢的导热性普遍较差，加热必须缓慢。各种高合金钢的导热性差异较大，要根据具体的钢种，查阅手册判定加热规范。

第四节　热挤压润滑方法

一、热挤压对润滑剂的要求

热挤压时，坯料的温度处于1000℃以上，任何适应于冷挤压的润滑剂都会在如此高温下产生分解，不仅不能起到润滑作用，还会因其性质的改变而增加了坯料表面与模具的摩擦力。在高温下理想的润滑剂应具备以下条件：

1）润滑剂应有良好的耐压性能，在高压力作用下，润滑膜仍能吸附在接触表面上，保持润滑效果。

2）应有良好的耐热性，热挤压用的润滑剂在使用时应不分解、不变质。

3）为了降低模具温度，热挤压用润滑剂不仅应有润滑作用，还要有冷却模具的作用。

4）润滑剂不应对金属和模具有腐蚀作用。

5）润滑剂应对人体无毒，不污染环境。

6）润滑剂要求使用、清理方便，来源丰富，价格便宜等。

目前，常用的热挤压润滑剂主要有以石墨为主要润滑成分的各类石墨润滑剂，以及以玻璃为主要润滑成分的玻璃润滑剂。此外，也有用其他金属包覆坯料，以达到润滑和防止氧化及开裂的特殊润滑方法。如以纯铝包覆铝合金，以钢板包覆铸铁、钨、铀、钛等难以挤压变形的材料。

二、热挤压用的玻璃润滑剂

在钢的热挤压中常用玻璃作润滑剂。它具有以下特点：

1）玻璃在加热过程中没有明显的熔点，随着温度升高它逐渐软化，直至成为液体。液态玻璃包在坯料表面上，使坯料不与模具直接接触而起润滑作用；同时，由于玻璃的导热性差，坯料的温降减少，模具也可避免过热，这都有利于金属塑性成形。

2）玻璃熔化后的粘度随温度的升高而降低，不同成分的玻璃有不同的粘度－温度特性。因此，可根据塑性成形的温度和所需要的粘度选择合适的玻璃成分。

3）玻璃使用的温度范围很广，从450～2200℃范围内都可采用玻璃作润滑剂。

4）玻璃不与金属起化学作用，而且化学稳定性很好。玻璃润滑剂可以制成粉末状、薄片状和网状，既可单独使用，也可与其他润滑剂混合使用，都有良好的润滑效果。玻璃润滑剂的缺点是：被加工后的零件表面上会附上一层玻璃，不易清除。

玻璃润滑剂一般做成粉状，可以配制水玻璃溶液喷涂或涂刷在坯料或模具表面进行润滑。如将浸涂玻璃润滑剂的坯料再进行加热，可以隔绝空气与坯料接触，有利于减轻加热的氧化和脱碳。若将玻璃制成纤维细度为0.01～0.05mm的玻璃棉置于凹模内，热挤压时效果非常好。同样，也可将玻璃纤维做成玻璃布置于凹模内进行润滑。上述的玻璃棉和玻璃布的软化温度可达700～900℃，对热挤压来说是很适宜的。表7-3为热挤压的玻璃润滑剂成分。

表7-3 用于热挤压的玻璃润滑剂成分

润滑剂代号	成分质量分数(%)				
	SiO_2	Al_2O_3	CaO	Na_2O	其他
1	60	5	14	14	7
2	72	4	8	13	3
3	65	4	14	8	9

玻璃润滑剂润滑效果较理想，但它们的共同缺点是很难从挤压件和模具上清除玻璃残迹。目前，常用的去除方法主要有两种：一是采用喷砂、抛丸或滚

筒等机械法清除；另一种方法是酸洗化学法，即用氢氧化钠或氟氢酸和硫酸的混合物浸除。

三、热挤压用水剂石墨润滑剂

石墨的来源广泛，价格较低，故常被配制成润滑水剂作为断面减缩率≤40%钢的热挤压润滑剂。也有用油脂等配制成石墨乳作为热挤压的润滑剂，但油剂石墨在高温下使用会有烟雾产生，对操作人员的健康不利。

常用的石墨润滑剂有：胶体石墨（质量分数为石墨35%、云母5%、钙60%或鳞状石墨25%、MoS_2 15%、云母5%、铝粉55%）；水剂石墨（石墨粉30%、滑石粉10%、二硫化钼MoS_2 5%、纤维素和酒精若干，余量为水）。胶体石墨在使用时主要用涂刷法进行润滑。水剂石墨可采用自动喷涂法润滑模具，同时也可以起到对模具的冷却。

石墨润滑剂对挤压不锈钢不适应，会在不锈钢制件表面层增碳，这一增碳层在后续工序中会出现类似于晶间腐蚀的缺陷。挤压件表面的石墨残迹去除比较方便，只要将工件浸在水中煮沸即可洗刷掉。

在实际生产中，当热挤压的变形程度不高，或被挤压金属的强度相对较低时，一般不对模具和坯料进行润滑，主要考虑是增强模具的冷却效果。对一些批量大，中小尺寸的机器零件，如采用瑞士哈特贝尔公司AMP系列高速镦锻机热挤压轴承套圈，生产速度可达每分钟100套左右，其模具的冷却方法是大量喷射高压冷却水。在这种情况下对模具采用任何润滑剂都会被冷却水冲刷掉，起不到润滑的作用。

第五节 热挤压模具结构及模具材料

挤压时金属处于三向压应力状态，使凸模、凹模等模具工作部分零件的单位负荷非常大。热挤压时对模具的强度和可靠性等方面的要求与冷挤压模具相同，两者的模具结构也相似。在模具设计时，可以参照冷挤压模具设计。

一、热挤压模具的特点

热挤压时，模具是在高压、高温下工作，为了减少模具工作部分的受热时间，在实际生产中，一般采用专用挤压机或曲柄压力机等设备，很少采用液压机。因为机械压力机的成形速度快，减少了模具特别是凹模的受热时间。在热挤压模具设计时，其结构可以参照在机械压力机上冷挤压的模具形式。与冷挤压模具相比，热挤压模具主要具备以下特点：

（1）在模具上应设计冷却系统　在热挤压温度下，性能再好的模具钢也难以在此高温下长时间工作，必须对凸模、凹模等关键零件进行充分冷却。这可以采用模内循环冷却，也可以采用外部喷射冷却的办法。

(2) 凸模和凹模等模具更换零件要装卸方便，固定可靠　由于热挤压时凸模和凹模的寿命有限，要经常更换，故在模具结构设计时应考虑到模具工作部分零件的装卸，并做到固定可靠，防止松动和意外。

(3) 模具工作部分零件必须选用热作模具钢　模具中与坯料接触的工作零件应选用合适的模具材料，必须具备高温下足够的强度、硬度和韧性。

二、模具结构设计

图7-9为热正挤压模。上模部分由凸模2、固定螺母10、凸模垫板11和上模座9组成。下模部分由凹模1、顶杆导套3、下模座4、垫板5、凹模固定座8等组成。为了保证上下模的同心度，在上下模间设置了导柱6和导套7。模具中的凹模冷却采用在凹模预应力圈中开设冷却水槽的模内循环冷却方法。挤压件的顶出由下模座内的顶料气缸来完成。

图7-10为热反挤压摸。模具中设计了由卸料板和下顶杆组成的上下出料机构，以保证挤压完毕后，挤压件能顺利出模。卸料机构由卸料板3、弹簧9和螺栓10组成。顶料机构由顶料杆6、顶杆8和拉杆等组成，靠压力机滑块的回程带动拉杆向上顶料。

1. 热正挤压凸模　热正挤压凸模的结构形式与冷挤压基本相同，也可以分为正挤压实心件的整体凸模和正挤压空心件的带芯棒的组合式凸模。对于正挤压较长的工件，其凸模的行程较长，可以采用图7-11所示带顶头的凸模。使用挤压顶头可以使挤压杆不与高温坯料直接接触，以防止挤压杆前端因温度上升而损坏。模具更换时只需要更换顶头即可。由于正挤压凸模仅起传递压力的作用，挤压顶头与挤压杆也可以不用机械连结，而在挤压结束后将顶头从模具侧面拔出，以减小挤压杆的后退力。顶头厚度δ一般取（0.4～0.6）d_0（d_0为毛坯直径）。

2. 热反挤压凸模　热反挤压的凸模形式与冷挤压凸模的形式相同。由于被挤压金属与凸模的摩擦比冷挤压时小得多，热反挤压凸模的工作带宽度要比冷挤压大，以提高凸模的耐磨性。也可不设工作带，在模具中采用下顶料结构。在实际生产中较多使用的是图7-12的形式。图a没有工作带，而是在工作端带1°～2°的斜度。挤压完了后挤压件与凹模表面的摩擦力足以使制件留在凹模内，由下模的顶料器将制件顶出，不再设置卸料装置，有利于操作。图b为顶端带球形的凸模，这有利于挤压时凸模和凹模底部粘滞区的金属也参与流动，可降低挤压力。该凸模适用于需要进行冲孔的穿孔空心件的挤压。图c为带工作带的凸模形式，是热反挤压常用的凸模形式。凸模的工作部分是高度为h_1的圆柱

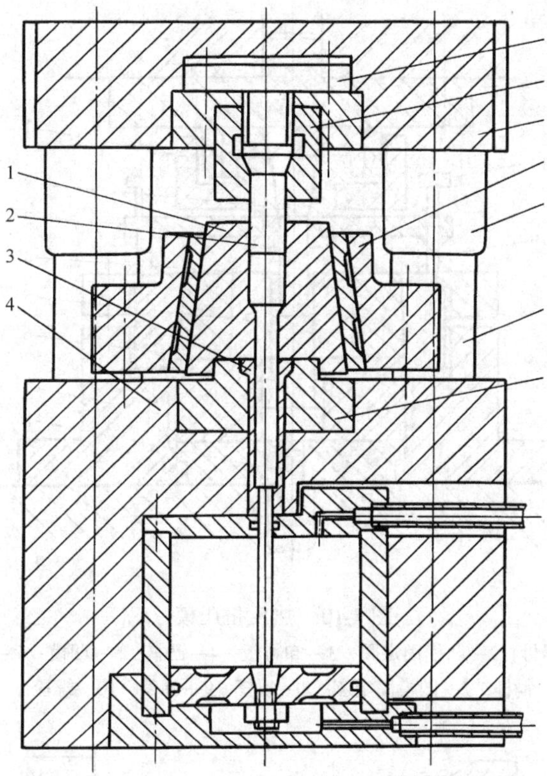

图 7-9 热正挤压模

1—凹模 2—凸模 3—顶杆导套 4—下模座 5—垫板 6—导柱 7—导套
8—凹模固定座 9—上模座 10—固定螺母 11—凸模垫板

体，其直径为 d。工作部分以上的直径缩小至 d_1，以减少变形过程中凸模与坯料的接触面，从而降低摩擦力。设计时，应先按热挤压件图确定凸模的工作直径 d，然后再确定其他尺寸：$d_1=0.95d$，$d_2=(0.5\sim0.7)d$，$h_1=(0.3\sim0.5)d$，$h_2=(0.3\sim0.7)d$，$\beta=120°\sim160°$，$r=(0.05\sim0.1)d$。

3. 热挤压凹模 热正挤压和热反挤压凹模的形式与冷挤压相同，也可分为整体式凹模和带预应力圈的组合式凹模。由于热正挤压时的变形抗力较小，金属与凹模工作带的摩擦因数较冷挤压时小得多，故可以适当将正挤压凹模工作带的高度增加到 5～15mm，以减小工作带的磨损。在变形量不大的情况下，采用整体式热挤压凹模能保证其强度。但是在热挤压时，凹模常因发生热疲劳裂纹而失效，模具寿命有限，要经常更换凹模，故在实际生产中多采用两层预应力圈组合凹模。这样，凹模的外形可以设计得小一些，以节约昂贵的模具钢，而且更换方便。除了采用与冷挤压时相同的冷压法外，在生产中热挤压预应力

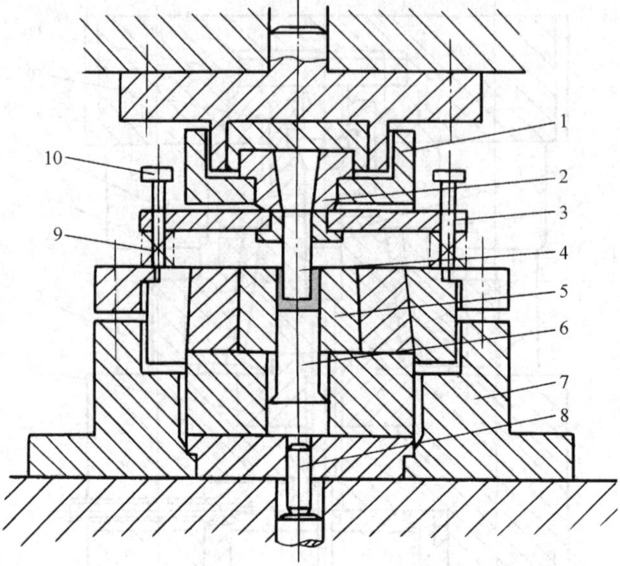

图 7-10　热反挤压模

1—螺母　2—凸模固定圈　3—卸料板　4—凸模　5—凹模　6—顶料杆　7—凹模固定座　8—顶杆　9—弹簧　10—螺栓

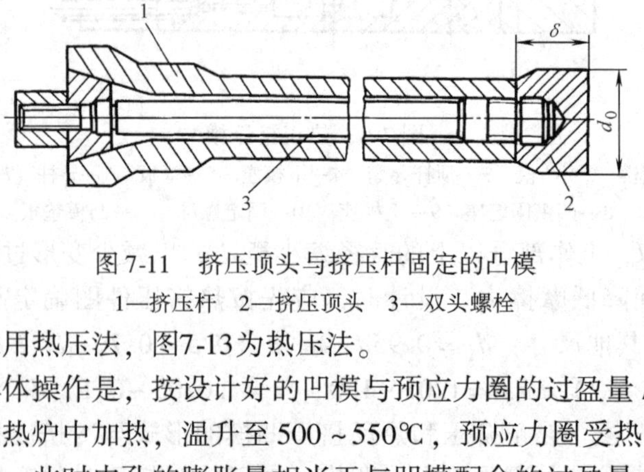

图 7-11　挤压顶头与挤压杆固定的凸模

1—挤压杆　2—挤压顶头　3—双头螺栓

圈组合凹模常采用热压法，图7-13为热压法。

热压法的具体操作是，按设计好的凹模与预应力圈的过盈量 Δ，将加工好的预应力圈放到加热炉中加热，温升至 500～550℃，预应力圈受热出现体积膨胀，内、外直径增大，此时内孔的膨胀量相当于与凹模配合的过盈量 Δ。将凹模用气锤或油压机轻压入预应力圈，然后置于空气中冷却收缩，预应力圈即产生对凹模的预压应力 σ_θ。由于材料的线膨胀系数是有限的，因此两者的过盈配合量也受到限制。此种压合法一般适用于热挤压。要求的过盈量超出了材料的线膨胀量，只能采用冷压合，详见冷挤压预应力组合凹模压配。

在设计热挤压模的冷却系统时，可以在预应力圈与凹模间开一循环水槽，以达到内循环冷却目的，见图 7-9。

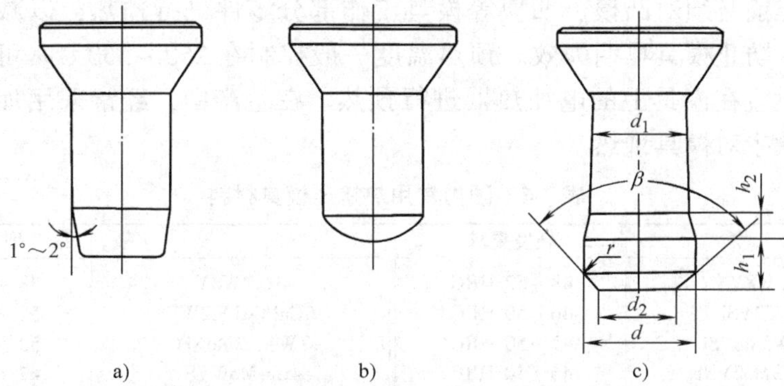

图 7-12 热反挤压凸模

a）带斜度凸模 b）球底凸模 c）带工作带凸模

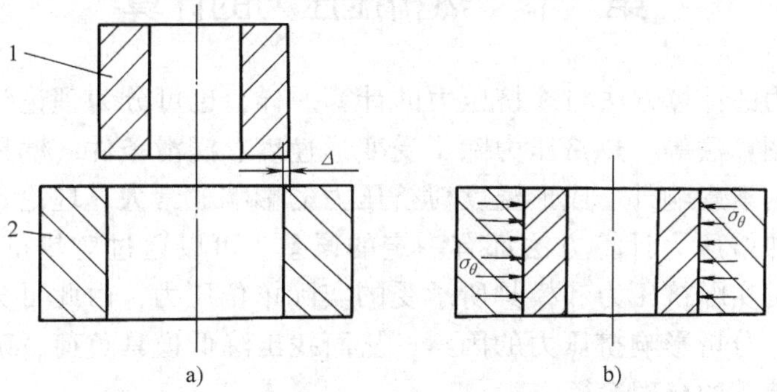

图 7-13 组合凹模热压法

a）压合前 b）压合后

1—凹模 2—预应力圈

三、热挤压用模具材料

由于热挤压模具在高温下工作的特点，决定了其凸模、凹模等模具工作部分零件材料的特殊性。热挤压用模具材料必须具有高温抗变形能力、高温耐磨性、抗热疲劳能力、抗回火能力和良好的加工性等性能，使热挤压模具在高温下保持一定的强度、硬度、韧性和耐磨性，提高模具寿命，降低模具成本。

目前，国内使用较多的热挤压模具材料主要牌号见表 7-4。表中 6Cr4Mo3Ni2WV 和 7W4Cr2MoNiV 是基体钢。所谓基体钢，就是保证在淬火组织中碳化物几乎全部溶解于基体中，而未溶碳化物的量不超过 5%，消除了夹杂状态的碳化物，经过适当热处理后，既具有与高速钢相似的强度和硬度，又有与超高强度钢相似的韧性，能承受较大的冲击力。经对比使用，这两种基体钢的使用寿命是 3Cr2W8V 钢的 2～3 倍。

热挤压前必须对凸模、凹模等模具工作部分零件进行预热，以减小模具的温度应力，防止模具早期失效。预热温度一般控制在 250～350℃。可以采用煤气喷灯或设置在模具上的电加热器进行预热。在生产中，经常采用加热后的坯料放在模膛中对模具预热。

表 7-4　国内常用热挤压模具材料

凹　模	硬度要求	凹　模	硬度要求
3Cr2W8V	48～52 HRC	3Cr2W8V	48～52 HRC
4Cr5W2VSi	46～50 HRC	6Cr4Mo3Ni2WV	51～55 HRC
45Cr3W3MoVSi	47～50 HRC	7W4Cr2MoNiV	53～56 HRC
65Cr4W3Mo2VNb	46～50 HRC	4Cr4MoWVSi	47～50 HRC
		6Cr4Mo3Ni2WV	47～50 HRC

第六节　热挤压压力的计算

热挤压力的计算方法与冷挤压力的计算一样，也可分为理论计算方法、经验计算法和图算法等。热挤压力除了受变形速度、润滑条件、模具结构和挤压件的形状等因素影响外，成形温度对挤压力的影响非常大。理论计算方法、经验计算法等热挤压力计算方法都有一定的误差。可以通过对热挤压力的测定，获得该零件的实际挤压力和模具所承受的实际单位压力，由此可分析热挤压工艺是否合理、分析影响挤压力的因素，从而找出降低模具负荷、延长模具寿命及改善金属流动的合理途径。

热挤压力的理论计算法有：主应力法、滑移线法、有限元法等，具体的计算可参照冷挤压力的计算。热挤压力的图算法在实际生产中经常被采用，它综合考虑了挤压时的温度、变形程度和模具结构等影响因素，计算结果与实际压力相差不大。也可采用经验估算热挤压力，一般情况下热挤压力可按冷挤压力的 1/4～1/3 来确定。

图 7-14 为热反挤压力的计算图，使用方法是：根据挤压件的尺寸，求出挤压件的变形程度 ε_A 及 d_0/h_0 值，由第①部分求得压力系数 n；由左可在第②部分中根据不同钢材的高温抗拉强度求得未经修正的单位挤压力 p'；由变形程度 ε_A 与挤压行程 h_x 可在第⑤、⑥部分中求得应变速率 $\dot{\varepsilon}$；在第⑦部分中求得速度系数 k；在第③部分中由未经修正得单位挤压力 p' 与速度分数 k 可以求得单位挤压力 p；可在第④部分中由单位挤压力 p 与凸模直径 d_1 可求的挤压力 F。

图 7-15 为热正挤压力的计算图，使用方法是：根据挤压件尺寸，求出变形程度 ε_A、凹模锥角 α，由坯料相对高度 h_0/d_0 可求得压力系数 n；在第③部分中由压力系数 n 与不同钢材的高温抗拉强度求得未经修正的单位压力 p'；在第④部分中由未经修正的单位挤压力 p' 与速度系数 k（k 值从热反挤压压力计算图 8-14 中查取）求得单

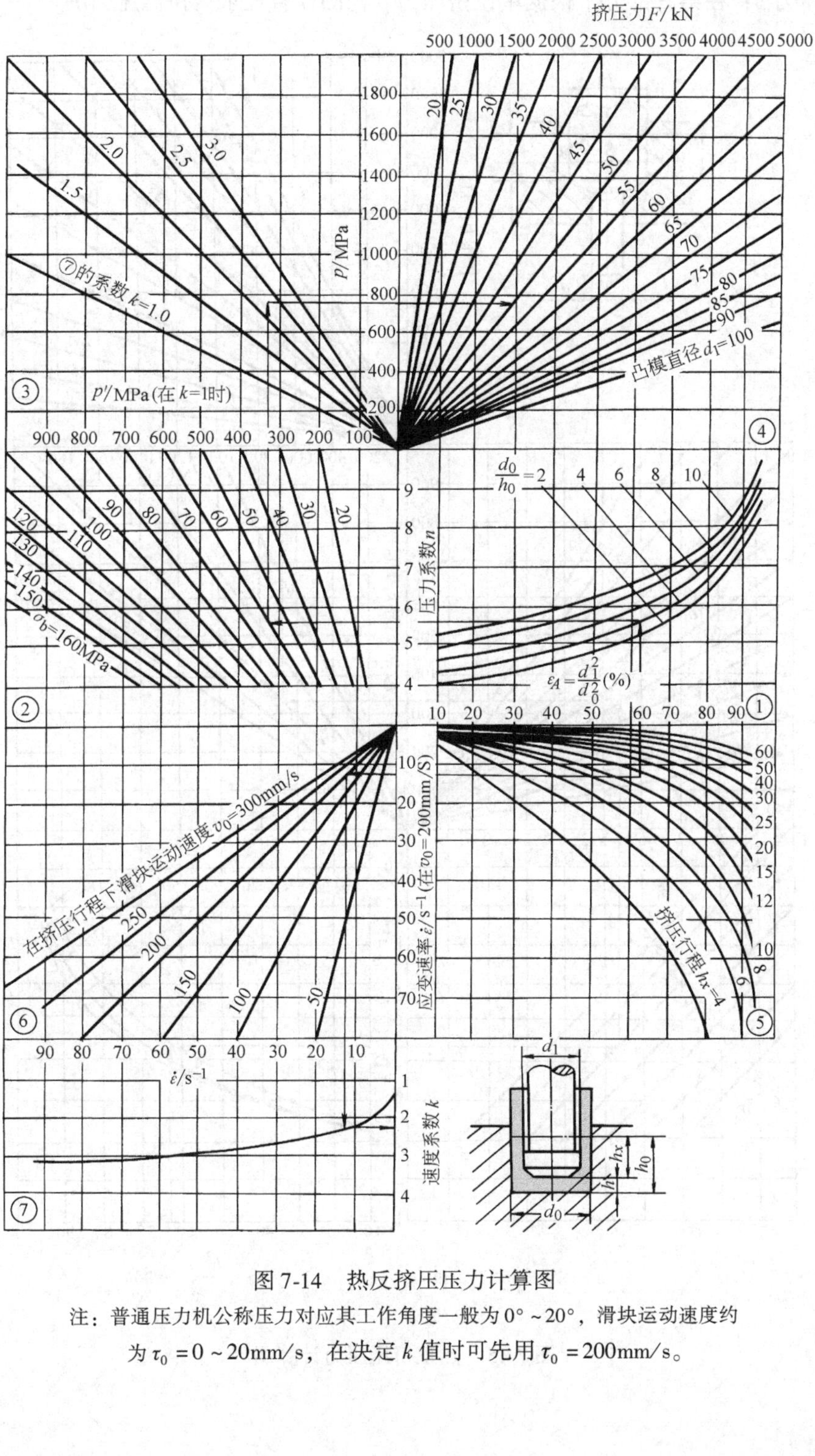

图 7-14　热反挤压压力计算图

注：普通压力机公称压力对应其工作角度一般为 0°～20°，滑块运动速度约为 τ_0 = 0～20mm/s，在决定 k 值时可先用 τ_0 = 200mm/s。

位挤压力 p；在第⑤部分中根据单位挤压力 p 与凸模直径求得挤压压力 F。

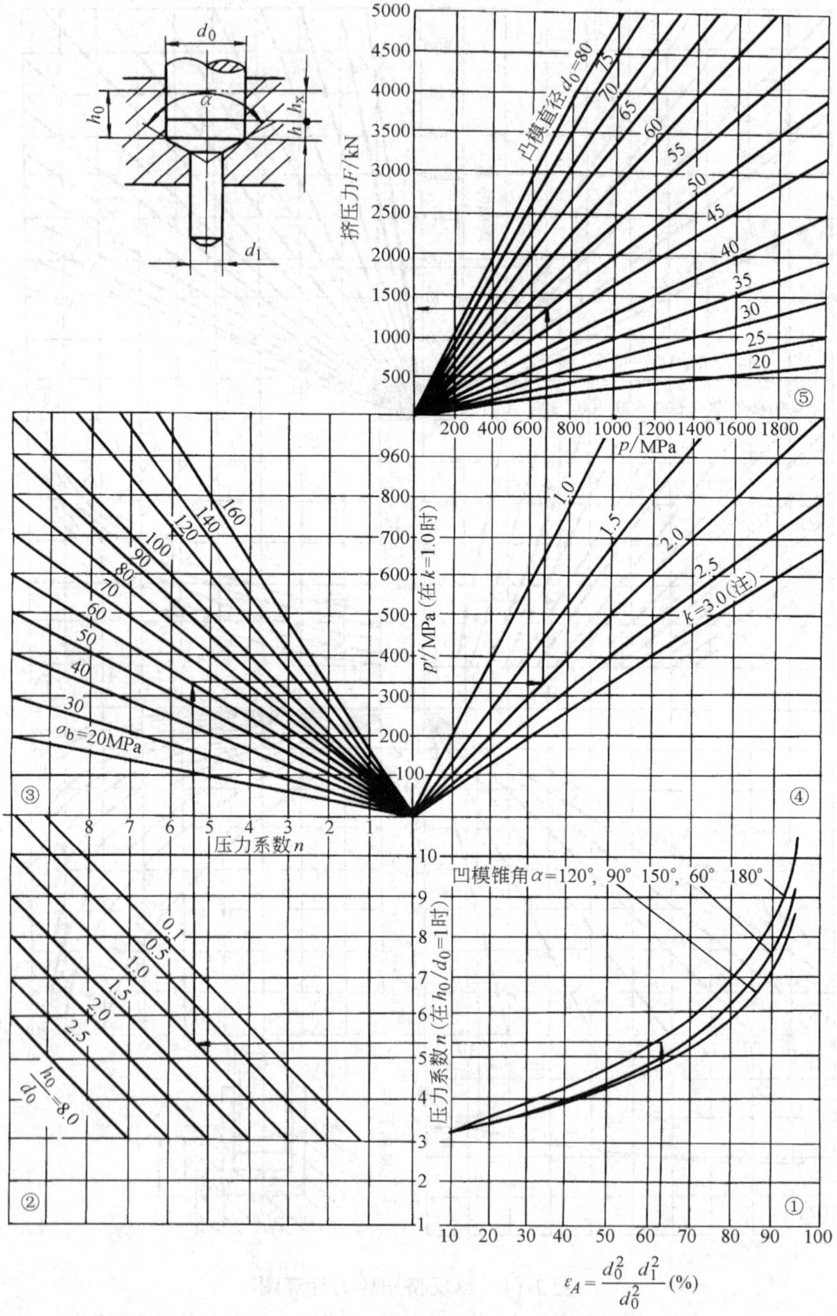

图 7-15　热正挤压压力计算图

第七节 热挤压件的冷却及热处理

热挤压件的冷却是指热挤压成形后从结束挤压温度冷却到室温。如果冷却方法选择不当，热挤压件可能在冷却过程中产生裂纹、网状碳化物等冷却缺陷，甚至可导致挤压件报废。因此，热挤压件的冷却也是整个挤压过程中的重要环节，必须引起足够的重视。

与冷挤压不同，由于在热挤压过程中挤压件各部分的变形程度、结束挤压温度和冷却速度的不一致，热挤压件冷却后在内部会出现组织不均匀、残余应力和加工硬化的现象。为了消除这些不足，改善机械加工性能，在热挤压后必须进行热处理，也称零件的第一热处理。

一、热挤压件的冷却

1. 缺陷及其防止方法　在热挤压件的冷却过程中，常因冷却方法不当，即冷却速度不规范而出现挤压件裂纹、网状碳化物等缺陷。

（1）裂纹　挤压件在冷却过程中，外表面温度总是低于内部，形成温度差，产生温度应力。同时金属的组织转变也是由外及里进行，产生组织应力。冷却时热挤压件截面上的温度应力和组织应力的方向与加热时的方向正好相反，表面为拉应力，心部为压应力。当拉应力超过该温度下的抗拉强度时，挤压件表面就会出现裂纹。

（2）网状碳化物　过共析钢在 A_{cm}线以上冷却速度越缓慢，形成的碳化物网越粗大。网状碳化物大大降低了挤压件的冲击韧性，在零件最终热处理淬火时容易开裂。可以在 A_{cm}线以下结束挤压，防止网状碳化物的产生。若在 A_{cm}线以上结束挤压则应快速冷却，使碳化物来不及聚集成网状。快速冷却方法可以采用将成形后的热挤压件散开风冷或喷雾冷却，待冷致 A_1 线以下，相变过程全部完成后再缓慢冷却。挤压件一旦出现了网状碳化物，可以在退火前进行一次正火处理来清除。

2. 热挤压件的冷却规范　在热挤压件冷却时，为了防止产生缺陷，必须规定冷却速度、冷却方式等一系列技术要求，这种技术要求称为冷却规范，可以用温度—时间曲线来表示。

对于钢的化学成分比较单纯的碳钢和低合金钢挤压件，可采用冷却速度较快的空冷方法。对于含碳量较高的过共析钢，如碳素工具钢和轴承钢等，应采用风冷或喷雾冷却至 A_1 线以下，再缓慢冷却。对于没有相变的奥氏体钢、铁素体钢等，因结束挤压后冷却过程中无相变，可采用空冷等快速冷却。对于空冷会产生自淬的钢，如高速钢、高合金工具钢等，在空气中冷却就会发生马氏体转变，引起较大的组织应力，易造成挤压件冷却裂纹。这类挤压件应采用缓慢冷却的方法，如灰冷、坑冷，甚至随炉冷却。

二、热挤压件的热处理

热挤压件进行热处理的主要目的是：调整挤压件的硬度，以利于进行切削加工；消除挤压件的内应力，以免加工成零件后产生变形；改善挤压件的内部组织，细化晶粒，为零件的最终热处理作组织准备；对不再进行最终热处理的零件，应保证达到规定的力学性能要求。热挤压件常用的热处理方法有：退火、正火和调质等。

1. 退火　热挤压件的退火分完全退火和球化退火（不完全退火）两种。

完全退火主要用于亚共析钢的挤压件。将钢加热到 A_{c3} 线以上 30 ~ 50℃，保温后使之部分奥氏体化，再随炉缓慢冷却得到细粒的珠光体和铁素体组织。完全退火的目的是细化晶粒、消除内应力、降低挤压件的硬度。

球化退火主要用于过共析钢的挤压件。将钢加热到 A_{c1} 线以上 30 ~ 50℃，使钢中的渗碳体凝聚成球状。得到的组织是在铁素体基体上均匀分布的球状渗碳体，称为球状珠光体。球化退火的目的是消除应力，降低硬度，便于切削加工，同时为最终热处理作组织准备。

2. 正火　将钢加热到 A_{c3} 或 A_{cm} 线以上 50 ~ 70℃，经保温后达到完全奥氏体化，出炉后空冷。正火的冷却速度比退火要快，因此得到的组织比退火要细，强度和硬度也高。低碳钢正火的目的是细化晶粒，提高强度和硬度，便于切削加工。对于过共析钢的过热组织，退火和淬火不当而造成的不合格组织都可以由正火来纠正。

3. 调质　对于一些亚共析钢（w_c 为 0.35% ~ 0.5% 的中碳钢和低合金钢）的热挤压件，不再进行零件最终热处理时，为了获得良好的综合力学性能，可进行调质处理，即淬火后再进行高温回火，图 7-16 为退火和正火加热温度范围。

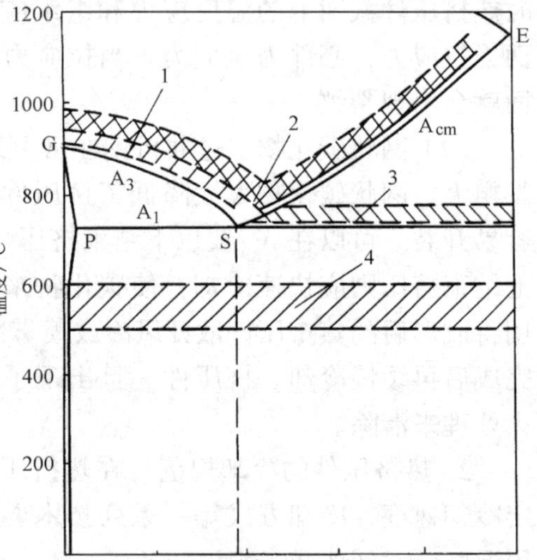

图 7-16　退火和正火加热温度范围

1—完全退火　2—正火　3—球化退火　4—低温回火

第八节 热挤压件质量及力学性能

影响热挤压件质量的因素很多，其主要是因温度的变化而影响热挤压件的尺寸、表面质量和力学性能等。

1. 温度对热挤压件质量的影响 挤压坯料温度发生变化，会造成收缩率不一致，影响热挤压件的尺寸精度。特别是对于非连续加热的电阻炉和火焰加热炉加热的坯料，出炉后坯料间的温度不可能一致，有时存在较大的误差，导致变形冷却后的收缩量不一致，就直接反映在热挤压件的尺寸波动上。对于普通热挤压件的影响不大，但对尺寸精度要求较高的精密件，尺寸的波动可能超出挤压成形公差范围。而采用连续加热的感应加热，其加热温度的准确性高，挤压件冷却后的尺寸波动就相对较小。此外，模具温度的变化也会对热挤压件的尺寸产生一定的影响。模具温度升高，挤压凹模孔径因膨胀而变大。不同温度下的模具膨胀量是不一样的，因此，挤出来的制件冷却后的尺寸也不一致。

2. 挤压件断面形状的影响 挤压件的断面形状越复杂，冷收缩时的不均匀性也越大。其收缩量受到主断面积与凸起部分面积之比的影响，该比值越大，收缩不一致性也越大。对于精度要求高、表面粗糙度值要求低的复杂断面热挤压件，在热挤压完后应进行退火等热处理，再按需要进行冷精加工。

3. 润滑条件的影响 选用润滑性能好和粘附能力强的润滑剂时，可在坯料表面保持很均匀的润滑膜，模具表面平滑时，则挤压件尺寸精度也高且表面粗糙度值低。如果润滑剂的物理性能不好，在挤压时较大的接触应力作用下，致使坯料表面的润滑膜破裂、脱落，反而使摩擦更剧烈，直接影响模具寿命、制件尺寸精度和表面质量。采用润滑剂进行热挤压，可使制件表面粗糙度达到 $R_a0.8 \sim 0.4\mu m$；而不进行润滑的热挤压，制件的表面粗糙度仅能维持在 $R_a25 \sim 12.5\mu m$。

4. 氧化对表面质量的影响 钢料加热到开始挤压温度后就已超过了钢的剧烈氧化温度，坯料表面都会生成一层氧化皮。采用火焰炉加热时，氧化现象更甚。在进行工艺设计时，无论是正挤压还是反挤压，应在加热后、挤压前进行一道镦粗工步。镦粗的目的除了得到要求直径的坯料外，另一作用就是去除氧化皮。经镦粗后，坯料表面在加热后生成的氧化皮会脱落。如果不将坯料表面的氧化皮去除而直接进行挤压，不仅加剧模具的磨损，而且脱落的氧化皮附在制件表面形成凹坑、麻点，严重地影响了热挤压件的表面质量。

5. 对热挤压件力学性能的影响 钢坯料经过热挤压后并进行适当的热处理，挤压件的力学性能会得到明显改善，其力学性能见表 7-5。

表 7-5 钢挤压件的力学性能

材料	挤压后的热处理	挤压比	δ（50mm）（%）	ψ（%）	$\sigma_{0.2}$/MPa	σ_b/MPa
S20C	1200℃热挤压后不进行热处理	10.3	24.5	63.2	234	461
		22.8	24.5	64.2	250	473
		52.5	20.0	64.5	274	496
	热挤压后经930℃保温1h，空冷	10.3	32.5	67.2	290	433
		22.8	31.0	66.4	302	437
		52.5		66.6	326	470
A4330	1200℃热挤压后不进行热处理	10.5	10.0	29.8	64.8	1120
		23.1	9.5	24.4	911	1860
		52.7	8.0	14.1	996	2090
	热挤压后经835℃保温1h，油冷	10.5	11.7	53.2	1450	1610
	热挤压后经370℃保温1h，空冷	23.1	11.0	45.8	1450	1630
		52.7	12.5	52.0	1520	1690

注：1. S20C 为日本 JIS 牌号，优质碳素结构钢。
2. A4330 为美国 AISI 牌号，合金结构钢（镍铬钼钢）。

热挤压时，除了变形材料晶粒方向趋于一致、形成织构组织外，变形材料中的硅酸盐、碳化物等质硬而脆的物质，在变形时被破碎，沿着主变形方向呈链状分布；而硫化物有较好的塑性，可随晶粒一同变形，沿主变形方向拉长连续分布。这些呈方向性的链状分布和连续分布的化合物和夹杂物，其分布在晶粒再结晶后也不会改变，使挤压件的金属组织具有一定方向性，这就是通常所称的金属流线或纤维组织。

挤压件形成了明显的纤维组织，金属性能就会出现各向异性。在编制挤压工艺和后续的机加工工艺时，要避免挤压件的流线被切割。应控制流线沿零件的轮廓连续分布，并尽可能使流线方向与零件使用时的最大拉应力方向一致。对易疲劳剥落的工作面，应避免流线在工作面露头，尽量使流线与工作面平行。

思考与练习题

1. 热挤压时钢的加热缺陷有哪些？有什么危害？应该怎样防止？

2. 简述感应加热的基本原理。为什么说加热不同直径的棒料要选用不同频率的感应加热炉？

3. 热挤压时为什么要制定冷挤压件图和热挤压件图？有何区别？各自的作用如何？

4. 试用图标法计算一反挤压件的单位挤压力。零件材料为 45 钢，外径 45mm，内径 30mm，高度 25mm，内孔底厚 5mm，开始挤压温度为 1150℃。

第八章 温 挤 压

温挤压工艺是在冷挤压工艺基础上发展起来的一种少无切削的成形技术。所谓温挤压，是指对坯料在室温以上，再结晶温度以下的某一温度区域进行挤压。温挤压成形的制件尺寸精度和表面粗糙度要明显优于热挤压，稍逊于冷挤压，具有加工硬化等特征。正是因为温挤压的这些特点，其适应范围要比冷挤压大得多，凡是冷挤压难以成形的大尺寸、高强度材料都可进行温挤压。温挤压自20世纪60年代问世以来，随着技术的不断完善，已被广泛用于各种机器零件的成形，是零件少无切削成形的有效手段之一。

第一节 温挤压概述

一、温挤压的特点

(一) 与冷挤压相比

(1) 金属塑性提高，变形抗力显著下降　温挤压时可以将坯料加热到再结晶温度以下塑性好、变形抗力较低的温度区域，以降低变形力。经测试，一般情况下温挤压的成形力仅为冷挤压的1/3～1/2，降低了设备吨位和模具负荷。

(2) 温挤压件的尺寸精度和表面质量接近冷挤压件　温挤压的成形温度越低，其制件的尺寸精度也越高，表面粗糙度值也低，更接近于冷挤压件的质量；反之，尺寸精度和表面质量随温度上升而下降。

(3) 每道工步的变形量较冷挤压大，可减少工步数　由于温挤压时金属塑性好，金属的流动性能要明显优于冷挤压，在冷挤压时要数道工步完成的成形在温挤压时可能只要一道即可完成，生产效率提高。

(4) 可连续生产，有利于降低成本　冷挤压在多工步成形时，工步间需要进行软化和润滑处理。温挤压在多工步成形时，一般可在一次加热后连续成形，不需要进行工步间的软化和表面处理，降低了生产成本。

(5) 对模具的要求高　冷挤压时仅需对模具进行润滑，不考虑模具的冷却；而温挤压时不仅要对模具进行润滑，还要给予模具充分冷却。模具冷却和润滑是否得当，是温挤压成败的关键之一。

(二) 与热挤压相比

(1) 尺寸精度和表面质量远优于热挤压件　由于温挤压坯料的加热温度要低于热挤压，避开了钢的剧烈氧化温度，同样在非保护气氛中温挤压坯料的氧化极微，无脱碳现象，避免了因氧化、脱碳等造成的缺陷，使挤压件的尺寸精度和表面质量大大提高。

(2) 挤压件得到强化，不需要进行挤压后热处理　温挤压后可以使挤压件产生加工硬化，对于低碳钢而言可以改善切削性能，不需要进行正火调节硬度。对于过共析钢，一般温挤压温度在相变温度以下，加热和挤压时金属不会发生相变，仍可保持球状珠光体组织，且能使球状珠光体均匀分布，不需要进行挤压后的球化退火。对于一些不需要进行最终热处理的零件，温挤压的强化作用足以满足其对力学性能的要求。

(3) 对模具的使用要求高　热挤压时可对模具进行模内循环水冷却，也可进行外部喷射水冷却，而不影响金属的成形性能。温挤压时只能采用模内循环水冷却，因为外部冷却水接触坯料会使坯料过冷，使温挤压无法进行。对于一些变形量不大的零件，热挤压时可不对坯料进行润滑处理，也可使模具达到相当的寿命。但温挤压时，坯料与模具的接触应力虽比冷挤压时小得多，但在无润滑的条件下模具会出现早期失效。由此可见，温挤压对模具的要求比冷、热挤压高得多。

(4) 对坯料的加热方法要求高　由于温挤压坯料加热时不得出现严重的氧化和脱碳现象，对炉温控制的准确性要求高。故应尽可能采用电加热方法，如感应加热和电阻炉加热等。火焰加热也仅限于煤气或天然气加热，一般情况下不采用煤或油加热。

二、温挤压工艺的应用

从前面的温挤压的特点可知，温挤压成形可用于在冷挤压时变形抗力高、加工硬化激烈、成形较困难，而在热挤压时尺寸精度和表面粗糙度又满足不了要求的零件的成形，如各种高强度钢、不锈钢及钛合金材料的成形等。目前，温挤压成形工艺已被广泛用于汽车、轴承、电器、航空航天等工业部门。所涉及的成形材料有：碳素钢、合金结构钢、合金工具钢、不锈钢、高速钢、耐热钢和各类有色金属等。

由于温挤压工艺应用的历史不长，还有技术方面的问题有待进一步的研究，比如：适应温挤压的专用润滑剂、耐高温高强度的模具材料等。国内自上世纪70年代对温挤压进行研究以来，将这一技术从实验室走向大批量的生产，已取得了重大突破，很多材料的温挤压已相当成熟，温挤压技术将在弥补冷、热挤压不足方面发挥重要作用。

第二节　温挤压温度的选择

成形温度是温挤压工艺能否顺利进行的关键因素。确定温挤压成形温度的原则是：

1）选择在金属材料的塑性好、变形抗力显著下降的温度范围。

2）选择在金属材料发生剧烈氧化前的温度范围，以保证在非保护性气氛中加热时氧化极微、无脱碳现象。

3）选择在润滑剂能达到最小摩擦因数，不致因高温或低于其使用温度而失效。

4）选择在金属材料成形后能强化和不改变其组织结构的温度范围。过共析钢最终热处理前要求为球状珠光体，在温挤压前的坯料应经过球化退化，在温挤压的加热和成形过程中不改变其球状珠光体组织，挤压成形后可直接进行零件最终热处理，不再需要挤压后的退火等处理。

一、温度对变形抗力的影响

图 8-1 是碳素钢的加工温度与压缩变形抗力的关系曲线。在图中可见，随着温度的升高，变形抗力总的呈降低的趋势。但在图中 300℃左右，曲线的下降出现了反弹，金属的变形抗力明显增大，强度增加，伸长率和断面收缩率减小，即塑性下降，这就是“蓝脆”现象。

金属的蓝脆温度范围与变形速率有密切关系。图 8-1 中的变形速率为 $\dot{\varepsilon}=0.1\mathrm{s}^{-1}$，变形程度为 30%，可视为静变形。当变形速率增加时蓝脆区域温度升高，变形抗力也会比变形速率低的时候下降一些。图 8-2 为 15 钢在各种变形速率下变形温度与压缩变形抗力的关系。当变形速率为 $40\mathrm{s}^{-1}$时，蓝脆出现在 450～550℃温度范围内。变形速率 $40\mathrm{s}^{-1}$ 相当于曲柄压力机在实际生产中的变形速率。采用静变形速率，即变形速率为 $0.25\mathrm{s}^{-1}$时，15 钢的蓝脆温度范围为 250～350℃，这相当于在液压机上成形时蓝脆现象出现的温度值。

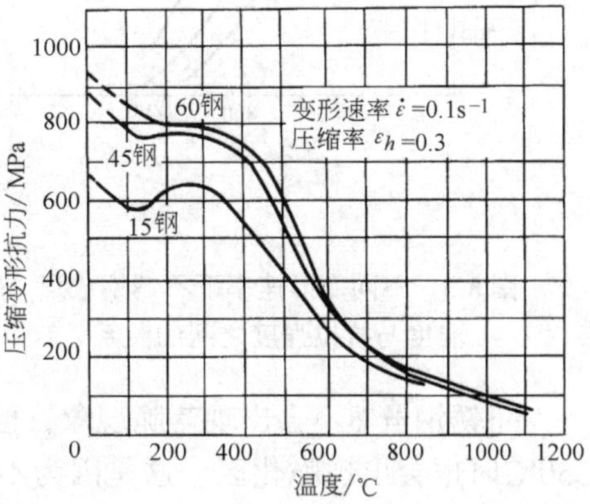

图 8-1　碳素钢的加工温度与压缩变形抗力的关系

图 8-3 是不同变形速率下不锈钢成形温度与抗拉强度之间的关系。随成形温度升高，总的抗拉强度呈下降趋势，但不锈钢没有蓝脆现象。从图 8-4 各种成形

温度下挤压变形抗力的变化中看出，不锈钢 0Cr18Ni9 没有蓝脆现象，而 45 钢和 35CrMo 都在 500～600℃出现了蓝脆。

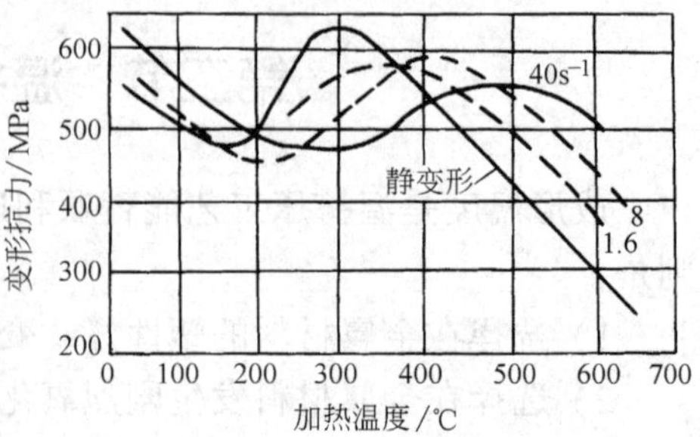

图 8-2 不同变形速率下成形温度与压缩变形抗力之间的关系图

蓝脆是由于钢的固溶体中的元素 C 或 N 之类析出弥散强化而引起的现象。C、N 的析出强化，是以化合物形式出现。由于 C、N 析出与 C、N 的扩散速率有关，而扩散速率与温度有密切关系，温度高扩散快。随变形速率增加，必须有较高的温度才来得及扩散。这就说明变形速率增加，蓝脆出现的温度也随之升高。

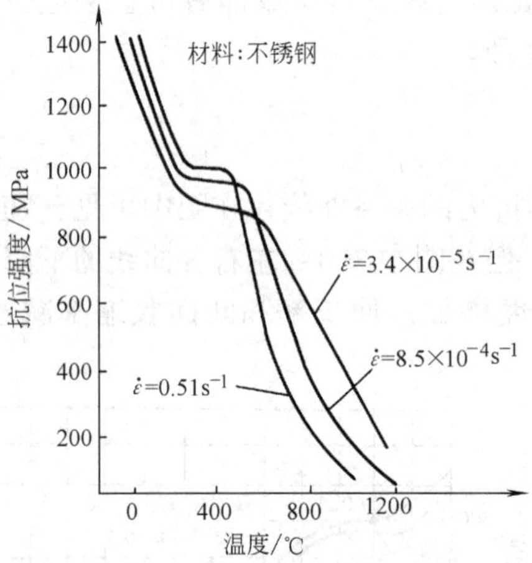

图 8-3 不同变形速率下不锈钢成形温度与抗拉强度之间的关系

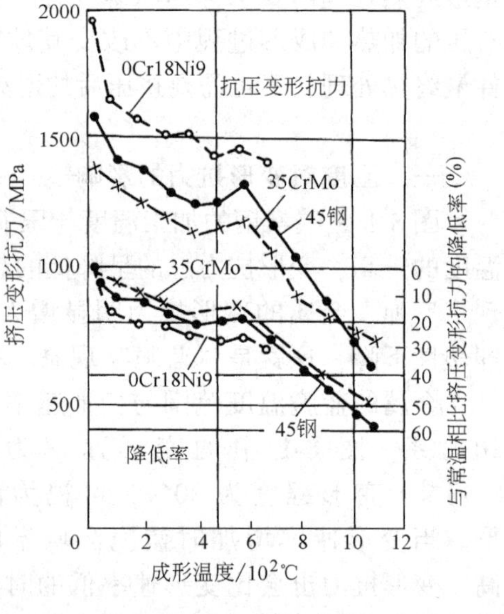

图 8-4 各种成形温度下挤压变形抗力的变化
断面收缩率 50%，正挤压，润滑剂：石墨 + MoS_2

不锈钢虽然不会出现蓝脆现象，但含量 $w_{Cr} > 15\%$ 的高铬系不锈钢，在 440～550℃时也会出现脆化区。这是因为不锈钢在 440～550℃长时间保温而引起的 σ 相析出而产生的脆化。脆化的材料，室温冲击韧性下降，同时抗蚀性也变差，应引起注意。

在蓝脆温度区域中进行挤压，会使变形抗力明显增大。挤压件的表面粗糙度值上升，表面质量下降，室温时的冲击韧度也明显下降。因此，应避免在该温度区域进行挤压。对于某些要得到高抗拉强度的零件，也可以考虑在蓝脆温度进行挤压。

在 200～300℃时挤压，虽然能避开蓝脆，变形力也比冷挤压时小，但是冷作硬化较大。事实上可以把 200～300℃的挤压视作为冷挤压的延伸。因为冷挤压时材料产生的热量，可能使坯料的温度上升 150℃左右，如不进行冷却并继续下一道冷挤压工序，温度可超过 200℃。因此，就钢而言，温挤压温度一般应选择在蓝脆温度以上的某个温度范围；而就降低变形抗力，有利于温挤成形方面来分析，温挤压成形温度应越接近再结晶温度越有利。

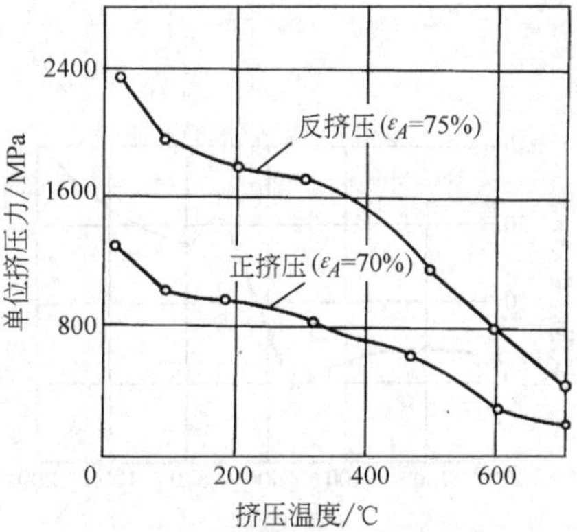

图 8-5 H62 黄铜的挤压温度对挤压压力的影响

有色金属及其合金的变形抗力较低，温挤压温度应取在它们变形抗力明显下降的区域。铝及铝合金和铜及铜合金的温挤压温度的上限，即 250℃和 350℃，它们的变形抗力都有明显的下降。图 8-5 为 H62 黄铜的挤压温度对挤压压力的影响图。从图中可以看到，挤压温度提高到 300℃，反挤压力比室温时减少 27%；正挤压则减少 36%。

二、温度对金属塑性及组织的影响

图 8-6 是 16CrMn 钢在各种温度下的塑性指标。从图中可见，随着温度升高，材料的塑性指标上升。曲线上有两个低谷，分别在 500℃和 800℃左右。500℃即为 16CrMn 钢的蓝脆温度，在 800℃时出现的金属塑性下降的现象，称为“红脆”。故此钢的温挤压温度应选定在红脆温度以下，蓝脆温度以上。为了满足挤压时对钢的塑性要求，在温挤压高强度的材料时，往往选择在钢的相变温度进行挤压。在相变区挤压，即在铁-碳平衡相图 Ac_1 与 Ac_3 线之间挤压。此时，很多高强度钢及合金在相变区内正处于珠光体向奥氏体转变，塑性好，变形抗力低，有利于挤压成形。

如果零件最终热处理前对组织状态有要求时，特别是要求过共析钢为球状珠光体时，则要求其温挤压温度在相变温度前。当原球状珠光体经相变为奥氏体组织，再经挤压后冷却为片状珠光体组织的温挤压件，不仅不利于切削加工，而且经最终热处理淬火后的马氏体组织粗大，容易产生淬火变形，影响零件的力学性能。因此，其温挤压后的组织应为球状珠光体。例如 GCr15 轴承钢温挤压时，为使变形力最低，成形性能好，其最佳的成形温度应选在 800℃或稍高些的温度，见图 8-7。

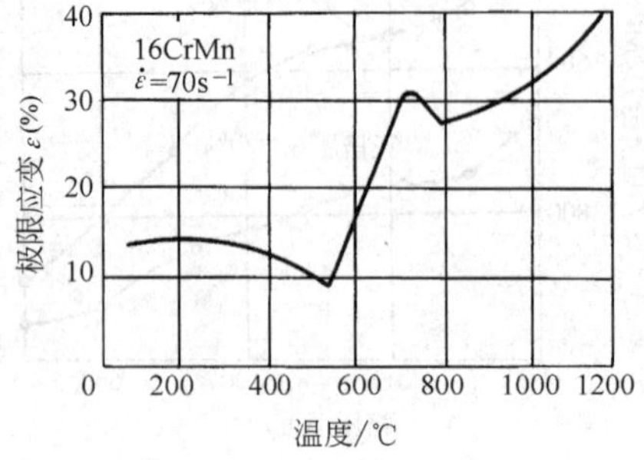

图 8-6　16CrMn 钢在各种温度下的塑性指标

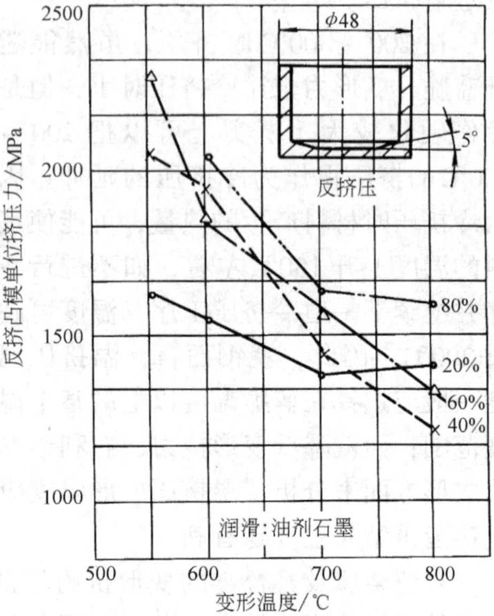

图 8-7　GCr15 钢不同温度-变形程度下反挤压的单位挤压力变化曲线

图 8-8 为 GCr15 钢在各种不同温度挤压后空冷的金相组织。当挤压温度大于 750℃，挤后在空气中冷却，温挤压件的金相组织从原材料的球状珠光体转变为索氏体组织（片状珠光体），碳化物出现积聚，球化组织受到破坏。索氏体组织将使挤压件的硬度提高，不利于后续的切削加工，也对零件的最终热处理组织不利。图 8-8 中 700℃以前温挤压后的组织仍为球状珠光体，且经挤压后组织得到了细化。为零件的最终热处理提供了较好的组织，也不影响后续的机加工。所以一般轴承钢的温挤压温度选择在相变温度以前的（700 ± 20）℃。

三、温度对金属氧化的影响

在第七章热挤压的加热中已经知道，金属的加热温度越高，氧化越严重。被加热坯料表面若生成较厚的氧化皮，不仅影响到挤压件的表面质量和尺寸精度，而且对模具的使用寿命也有较大的影响。图 8-9 表明了 15 钢在加热中的氧化情况。在 800℃以下加热时氧化较缓慢；在 800℃以上时，氧化急剧增加；在 1150℃时，氧化烧损为 800℃时的 10 倍。

一般情况，碳钢在 600 ~ 800℃的温度范围内无强烈氧化，而且随着含碳量的增加，氧化的倾向性降低。含铬量高的不锈钢在 700℃前几乎不发生氧化，而只是表面由亮色变为暗色。表 8-1 为几种不锈钢开始剧烈氧化的温度。

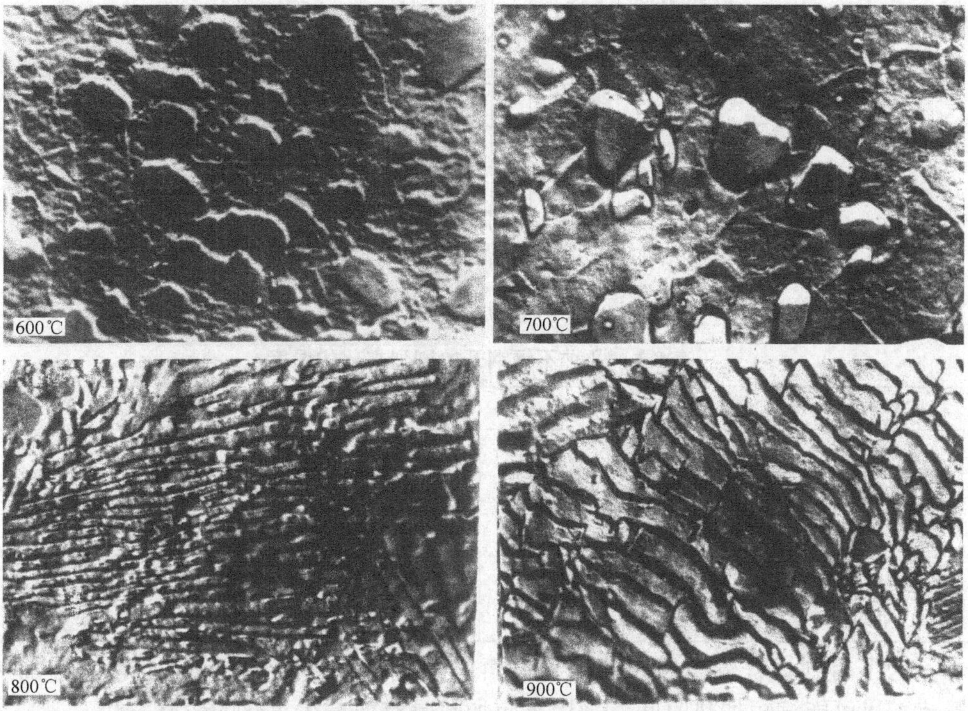

a)

750℃ 成形珠光体-索氏体　　850℃ 成形索氏体

b)

图 8-8　GCr15 钢温挤后组织变化

a）各种不同温度挤压后空冷电镜结构（×8000）　b）各种不同温度挤压后空冷的显微组织（×500）

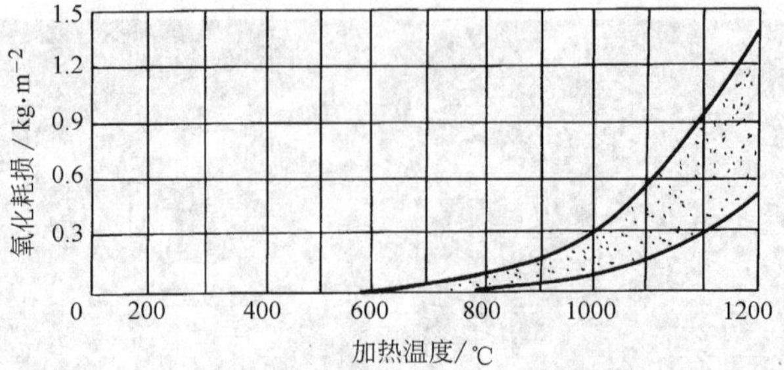

图 8-9　15 钢在加热中的氧化情况

表 8-1　几种不锈钢开始剧烈氧化的温度

材料牌号	开始剧烈氧化的温度/℃	材料牌号	开始剧烈氧化的温度/℃
0Cr13	800	Cr18Ni9	800 ~ 870
1Cr13	700 ~ 750	Cr18Ni10Ti	800 ~ 850
2Cr13	750	Cr18Ni9Ti	800 ~ 850
4Cr13	650	4Cr18Ni35Si2	1100
1Cr17Ni2	750 ~ 800		

为了得到具有较高尺寸精度和表面质量的温挤压件，就应该严格遵守加热规范，尽可能缩短加热时间。采用感应加热是有效减少氧化的较好方法。

四、温度对产品性能的影响

从前面的分析可以看到，影响温挤压温度的因素较多，对于大多数钢来说能够满足前述条件的温度是温挤压的适宜温度。但对有些钢，在较高温度下加热挤压，会对产品的性能有一定的影响。如奥氏体不锈钢在高温范围内温挤压，虽然对降低变形抗力有利，但是存在奥氏体不锈钢的晶间腐蚀问题，主要表现为铬的碳化物在晶界析出，使耐蚀性变坏。这是因为奥氏体不锈钢在 500 ~ 800℃加热时，过饱和固溶体中的 C 和 Cr 结合形成 $Cr_{23}C_6$ 从晶界析出，图 8-10 为它的析出范围。由图可见，在 700℃附近加热，即使是短时间加热，也会引起明显的晶间腐蚀。

为了使变形抗力大大降低，应该采用 800℃以上的温度温挤压，如采用 800 ~ 900℃的温度。如果在 500 ~ 800℃加热成形，析出了铬的碳化物，可在变形以后将温挤压件加热 1100℃左右进行淬火处理，则可重新使碳化物固溶，提高耐蚀性。但是，这样就不能显出温挤压的优势。

五、各种金属材料温挤压成形温度范围

根据前面的分析和挤压温度的确定原则，结合国内外的生产实践，对各类

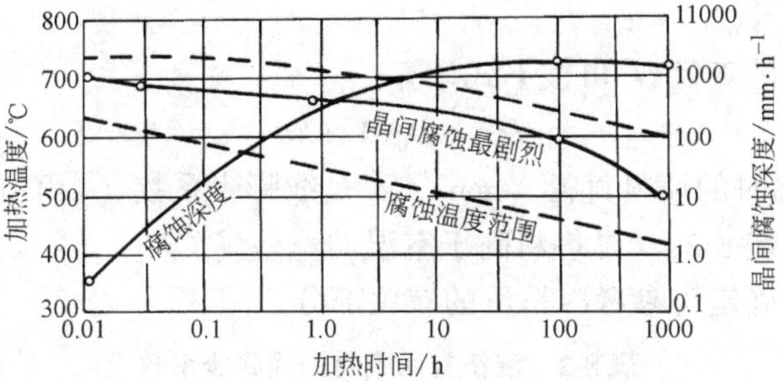

图 8-10 0Cr18Ni9 的晶间腐蚀和温度与时间的关系

金属材料的温挤压温度推荐如下：

1）对 10、15、20、35、40、45、50 钢和 40Cr、45Cr、30CrMnSi、12CrNi3 等碳素钢和低合金结构钢在曲柄压力机上温挤压时，可选择在 650 ~ 800℃温度范围；在液压机上温挤压时，可选择在 500 ~ 800℃温度范围。

2）对调质合金结构钢 38CrA 等可选择在 600 ~ 800℃进行温挤压。

3）对中合金结构钢 18Cr2Ni4WA 可选择在 670 ± 20℃进行温挤压。

4）对 T8、T12、GCr15、Cr12MoV、W18Cr4V、W6Mo5Cr4V 等工具钢和轴承钢，可选择在 700 ~ 800℃之间进行温挤压。对挤压后组织有要求时，应控制在相变温度前挤压。

5）对马氏体不锈钢 2Cr13、4Cr13 以及马氏体 - 铁素体不锈钢 1Cr13、Cr17Ni 等，可在 700 ~ 850℃进行温挤压。

6）对奥氏体不锈钢 1Cr18Ni9Ti 等，可选择在 260 ~ 350℃或 800 ~ 900℃进行温挤压。

7）对耐热钢及耐热合金，可在 850 ~ 900℃或 280 ~ 340℃进行挤压。

8）对铝及铝合金，可在 250℃以下进行温挤压。

9）对一般铜及铜合金，可在 350℃以下进行温挤压。

10）对铅黄铜 HPb59 - 1 可在 300 ~ 400℃或 680℃左右进行温挤压。

11）对室温塑性较差的镁及镁合金，可在 175 ~ 390℃进行温挤压。

12）对室温塑性较差的钛及钛合金，可在 260 ~ 550℃进行温挤压。

第三节 温挤压坯料的加热及模具预热

一、坯料形状与尺寸

与冷挤时一样，温挤压坯料的体积可以按照变形前后体积不变的假设来计算。

为了保证产品的质量和模具寿命，坯料的直径尺寸要基本上接近凹模模腔直径尺寸，但要考虑到坯料加热后直径会因膨胀而增加，否则坯料加热后可能会放不进凹模模腔。

坯料加热后的直径 D_t 可按下式计算：

$$D_t = D_0(1 + \alpha t)$$

式中，D_0 为室温时的坯料直径（mm）；α 是线膨胀系数（1/℃），常用温挤钢材的线膨胀系数见表 8-2；t 是坯料高于室温的温差（℃）。

坯料形状的确定可参考冷挤压的有关部分。

表 8-2　温挤常用钢材的线膨胀系数

材料	线膨胀系数 α/℃$^{-1}$	材料	线膨胀系数 α/℃$^{-1}$
10、20、30、40、50	$(13.5 \sim 14.3) \times 10^{-6}$	1Cr13	12×10^{-6}
20Cr	13.6×10^{-6}	1Cr18Ni9Ti	17.6×10^{-6}
18CrMnTi	13.8×10^{-6}	GCr15	13.6×10^{-6}

二、温挤压坯料的加热

1）温挤压成形方法属于少无切削加工，对挤压件的质量要求较高。因此，加热前必须将坯料上的毛刺、油污、氧化皮和污垢去除。处理方法可采用抛丸、喷砂、滚桶或磨削等，要求较高时可采用酸洗的方法来清理坯料。

2）温挤压件对产品精度要求较高，因此要求温挤压坯料的加热温度差要小。所以，其加热方法采用连续式要优于分批式。连续式感应加热，只要将加热功率、进料速率与挤压节拍匹配好，就可保证挤压坯料温度的一致性。直径较大的坯料采用感应加热时，应按坯料直径选用较低频率或工频感应加热炉加热。当电流穿透层深度不能至坯料芯部时，在感应加热后再经电阻炉均热，以保证坯料断面温度的均匀。

3）严格控制加热过程，减少氧化程度。对于有特殊要求的零件，可采用保护性气氛加热。不具备条件时，应采用快速加热方法，减少坯料在高温下的停留时间。此外，坯料在加热前应涂覆润滑剂，可起隔绝空气的作用，有助于防止坯料在加热时的氧化。采用浸涂润滑方法后，在温挤压过程中可不再在模具上喷涂润滑剂，也能起到良好的润滑作用。值得注意的是，浸涂过润滑剂的坯料在加热时，应避免在高温下较长时间停留。若加热温度是 800℃，加热时间达 3 ~ 4min 时，润滑层将被烧损过半，影响润滑效果。

三、模具的预热和冷却

1. 模具的预热　温挤压用的模具在挤压之前要进行预热，原因有二：一是由于坯料与冷模具的温度差，会使模具和坯料接触面与模中心层产生温度差，形成温度应力，当温度应力的方向与挤压变形时模具所形成的拉应力方向相同时，则加剧了模具破裂的趋势；二是坯料与冷模具的温度差会使坯料迅速降温，变形抗力增大，给挤压造成困难。因此，在开始挤压前，需对与坯料直接接触的凹模、凸模和顶件杆等模具零件进行预热。这可参照热挤压的模具预热方法。预热温度视温挤压温度而定。

2. 模具的冷却　温挤压模具在连续生产过程中温度迅速上升，当模具的温度达到其回火软化温度时，在很高的挤压应力的作用下会发生变形，表面硬度下降，使模具迅速失效。因此，必须对模具进行充分的冷却，使其维持在200℃左右，保证其性能的发挥。

温挤压模具的冷却方式主要是采用模内循环冷却装置，而不能采用外部的喷射冷却，以免坯料迅速降温，使挤压无法进行。具体冷却装置结构，见第六节温挤压模具。

在实际生产中，对采用3Cr2W8V材料做成的温挤压模具进行了冷却情况对比发现，采用曲柄压力机进行温挤压，模具预热后进行成形，至200～300℃时开启冷却水装置，模具连续生产数小时后，其温升仅150℃左右，其使用寿命可达三万余件。在同样情况下，不开启模具冷却系统，模具在成形了数百件后，即凸模出现了软化镦粗，而凹模出现了模膛拉毛，工件出模困难的现象，即凸模和凹模均出现了早期失效。可见，合理的冷却方法是温挤压能否顺利进行的关键因素之一。

不同的模具材料制成的模具，在开启冷却装置的时机上是不同的。对于一些对温度特别敏感的材料，如高速钢W18Cr4V和W6Mo5Cr4V2等，模具预热至200℃左右，成形后模具温升至250～300℃时再开启冷却装置，可使模具温度维持在150～200℃左右。过早开启冷却装置，会影响模具的预热温度，造成过大的温度应力，工作时模具极易开裂、失效。合理地控制高速钢模具的预热和冷却时机，可更好地发挥其性能。

第四节　温挤压压力的计算

温挤压压力的大小对温挤压变形工艺的制定、压机吨位的选用、模具结构的设计及对模具寿命的影响等，都具有重要作用。

一、影响温挤压压力的因素

影响温挤压力的因素主要有挤压温度、被挤压材料的化学成分、组织状态、变形程度、挤压方式、模具结构、润滑剂性能和挤压件的尺寸、形状等。

除了加热温度以外，其他的影响因素与冷挤压的情况类似。由前面分析温度对变形抗力的影响时可知道，随着温度的升高，挤压变形抗力逐步下降，温挤压力也明显降低。

一般情况下,低温温挤压的变形抗力与室温时相比,可减少 15%;中温或高温温挤压的变形抗力较室温时可减小 50% ~75%。由此可见,温挤压压力与冷挤压时相比有明显下降,这对于挤压加工硬化敏感的材料更为突出。

挤压前坯料的组织状态对温挤压压力也有很大的影响。图 8-11 是坯料预先热处理对最高凹模单位挤压力的影响。图中所示,在 500℃以下挤压时,坯料预先退火的效果能够显示出来,完全退火和球化退火的最高凹模压力比热轧材料小的多;在 600℃以上时,由于恢复、再结晶或发生相变,热轧材与经退火的材料差别不大。

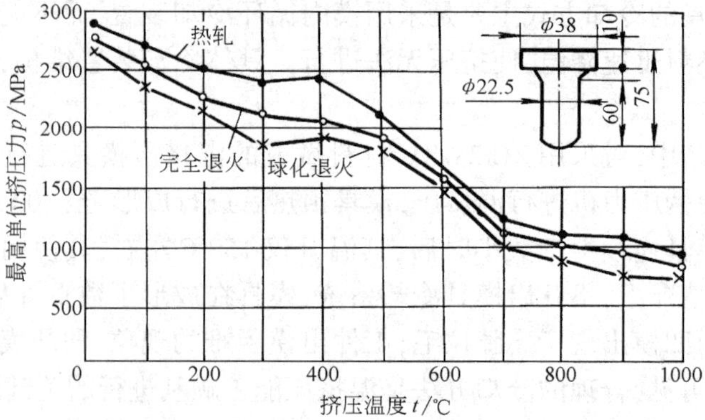

图 8-11　50 钢预先热处理对最高凹模单位挤压力的影响

$$\left(\text{最高凹模单位挤压力}=\frac{\text{最大挤压负荷}}{\text{凹模受压面积在垂直方向的投影}}\right)$$

图 8-12 是在不同温度下正挤压的"负荷-行程曲线"。由图可知,曲线的变化趋势几乎一致。随温度的增加,挤出零件需要的负荷减少。就单根曲线的型式与冷挤压曲线类似。

有色金属温挤压时,加热温度对挤压力的影响也是很明显的。例如对纯铝和铝合金进行反挤压试验时发现,在 150℃时挤压力为室温时的 59%,200℃时为 41%,250℃时为 37%,挤压铝合金或其他有色金属时情况类似。

根据单位挤压力和所选择的模具材料,同时考虑挤压时模具的升温情况,便可决定挤压变形程度的极限值。据有关资料介绍,坯料在 700 ~800℃下进行正挤压,而且润滑和模具条件正常时,其极限变形程度 ε 如下:

1Cr18Ni9Ti、W9Cr4V2 等钢,$\varepsilon \leqslant 0.6$;

1Cr13、G Cr15、T12、30 CrMnSi 等钢,$\varepsilon \leqslant 0.65 \sim 0.7$;

35、40、45 Cr、50 等钢,$\varepsilon \leqslant 0.7 \sim 0.75$;

10、15、20、20 Cr、20Mn 等钢,$\varepsilon \leqslant 0.8 \sim 0.85$。

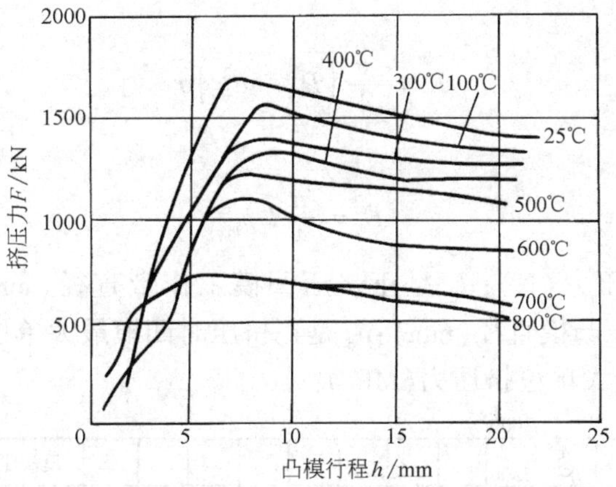

图 8-12 在各温度下正挤压的负荷－行程曲线

（45 钢，原材料 ϕ37.2mm，凹模锥角 120°，变形程度 65%）

二、温挤压力的计算方法

温挤压的成形温度范围较宽，与冷、热挤压相比，影响温挤压压力的因素相对较多。在实际生产中，较多的是使用经验计算法和图表计算法来确定温挤压压力。下面推荐几种温挤压压力的计算方法。

1. 经验公式计算法 对于在 200～600℃ 反挤压时凸模单位压力可按下式计算：

$$p_p = 1.575(76w_C + 1.3w_{Ni} - 0.08w_{Cr} - 0.1t + 0.36\varepsilon_A + 143)$$

式中，p_p 为凸模最大单位压力（MPa）；w_C、w_{Ni}、w_{Cr} 分别为 C、Ni、Cr 的质量分数（%）；t 是坯料加热温度（℃）；ε_A 是断面减缩率（%）。

从式中可知，钢的含碳量对温挤压压力的影响最大。式中未列出的元素在温挤压时影响很小，可忽略。经测试这一经验公式计算结果的误差在 10% 以内。

已知凸模的单位挤压力 p_p，则反挤压力为：

$$F = p_p A_p$$

式中，F 为挤压力（N）；A_p 为凸模工作部分的水平投影面积（mm^2）。

使用这一经验公式计算时应注意：①仅适用于 200～600℃ 时的反挤压力；②适用于一般碳钢和低合金钢及常用的奥氏体、铁素体和马氏体不锈钢。

2. 图表计算法 图 8-13 是温挤压单位挤压力计算图。使用方法：根据温挤压的挤压温度和挤压件的材料，可在计算图的中部找到变形抗力 p（未经修正的单位挤压力），然后由挤压方式（正挤压、反挤压）确定向左或向右，寻找相应于挤压件的变形程度，最后向下决定修正后的单位挤压力 p_d（正挤压）和 p_p（反挤压）。最终按单位挤压力 p_d 或 p_p 决定挤压力 F。

正挤压时

$$F = \frac{\pi}{4}\left(D^2 - d_d^2\right)p_d$$

反挤压时

$$F = \frac{\pi}{4}d_p^2 p_p$$

式中，F 是最大挤压力(N)；d_d 是正挤压凹模工作带直径(mm)；D 是凹模内径(mm)；d_p 是反挤压凸模直径(mm)；p_d 是正挤压时凹模最大单位挤压力(MPa)；p_p 是反挤压时凸模最大单位挤压力(MPa)。

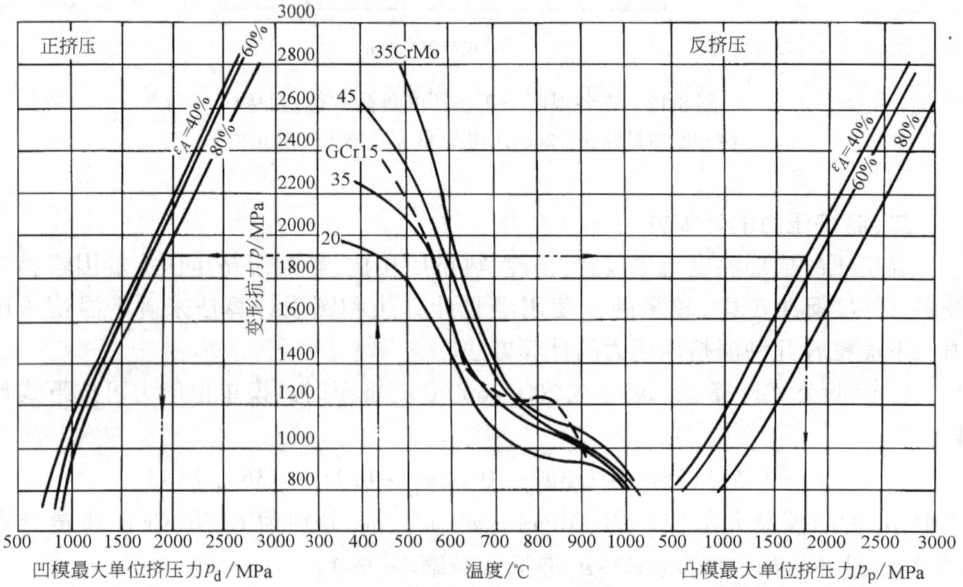

图 8-13　温挤压单位压力计算图

例如，在 440℃正挤压 20 钢时，可沿图中横坐标 440℃向上交到 20 钢的曲线上，然后箭头向左标到正挤压断面收缩率 80% 曲线上的一点，这一点垂直指向横坐标上的数据为 1900MPa；这就是 20 钢在 440℃、变形程度为 80% 时的正挤压单位挤压力 p_d，也即作用在凹模上的最大单位挤压力。如果是反挤压，则箭头向右标去，同样可查到反挤压时某一断面收缩率的单位挤压力 p_p，也即作用在凸模上的最大单位挤压力。断面收缩率 40% 与 60% 的曲线相当接近，说明在 60% 以下，断面收缩率的大小对单位挤压力的影响不太显著。

图中轴承钢 GCr15 的曲线比较特殊，它在 700～800℃温挤压时的单位挤压力几乎保持不变，只有当成形温度大于 850℃以后单位挤压力才有所下降。因为，在 800℃时 GCr15 的球状珠光体变为片状珠光体组织，后者的强度要高于前者，850℃以后，当珠光体完全转变为奥氏体组织后，单位挤压力才有明显下降。

图8-13上所得数值的试验的正挤压凹模锥角为120°,反挤压凸模锥角为166°(无平底部分)。试验时所用坯料除GCr 15是经球化退火的以外,其余都是热轧材料。试验设备为曲柄压力机,模具在60~100℃预热。坯料采用电炉加热,润滑剂为石墨胶质溶液,涂刷在模具上。挤压温度在600℃以下者,坯料作磷酸盐表面处理。600℃以上者,坯料不作预先表面处理。

3. 近似计算法 前面介绍的两种计算法所适用的钢种有限,特别是不适用于有色金属和合金。在无法使用上述两种计算方法时,可以采用近似计算法。计算方法如下:

正挤压时,凸模单位挤压力(即单位挤压力)为

$$p_p = Cn\sigma_b$$

式中,C是拘束系数,可查表8-3;n是材料的硬化指数,可查表8-3,挤压温度较低时,取较大值,反之,取较小值;σ_b为在温挤压温度时材料的抗拉强度(MPa),几种材料的σ_b值可查表8-4。

反挤压时,相对于坯料断面积的单位挤压力

$$p_m = Cn\sigma_b$$

在反挤压时,因坯料断面积与凸模断面积不一致,所以凸模单位压力,即相对于凸模的单位挤压力为

$$p_p = \frac{A_m}{A_p}p_m = Cn\sigma_b\frac{A_m}{A_p}$$

式中,A_m是坯料断面积(mm^2);A_p是凸模断面积(mm^2)。

表8-3 拘束系数 C 和硬化指数 n

断面收缩率(%)	拘束系数 C		硬化指数 n	
	正挤压	反挤压	正挤压	反挤压
40	1.8	1.6	1.5~2	1.5~2
60	2.6	2.6	1.7~2.2	1.7~2.2
80	3.6	4.0	1.8~2.2	1.8~2.2

表8-4 几种有色金属材料在常用温挤压温度时的抗拉强度 σ_b

材料	温度/℃	σ_b/MPa
铅黄铜 HPb59-1	300	26
	400	16
黄铜H62	300	28
铝合金2A12(LY12)	250	22

图8-14给出根据材料室温抗拉强度查寻在不同温度下材料抗拉强度的图表(适用于钢)。图中曲线上所列数据为材料在室温时的抗拉强度,纵坐标为温度,

根据不同温度，便可在横坐标上查出该材料在该温度下的抗拉强度。例如：室温时 σ_b 为 600 MPa 的材料，在 600℃时 σ_b 为 240 MPa，在 700℃时为 150 MPa，在 800℃时为 110 MPa。

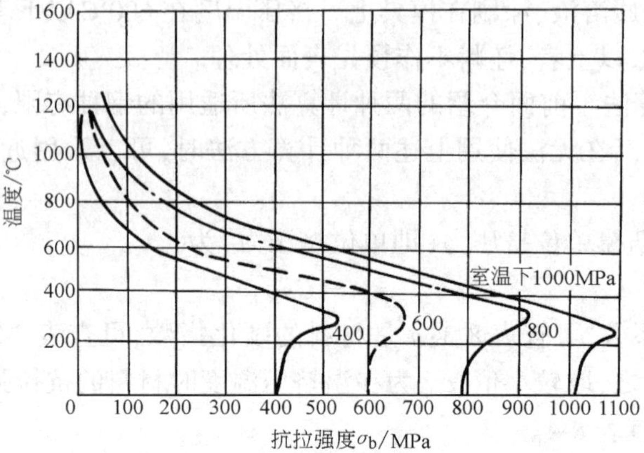

图 8-14 随温度而变化的抗拉强度 σ_b 图表（适用于钢）

第五节 温挤压用润滑剂

温挤压虽然兼顾了冷挤压和热挤压的特点，但其润滑方法和润滑剂的选择也有自己的要求。

一、对温挤压润滑剂的要求

当挤压温度在 250℃以上时，采用冷挤压时的润滑方法，会使磷化层和皂化剂烧损，使润滑条件恶化，因此，在温挤压时，润滑剂应满足下列要求：

1）对摩擦表面具有最大活性和足够的粘度，不易流失，较好地粘附摩擦表面。润滑剂的粘度大，活性高，有利于摩擦表面形成牢固的、足够厚的润滑层的能力。保证在单位挤压力达 2000MPa 时不被挤走。

2）润滑剂应具有一定的热稳定、耐热性和绝热性，使润滑剂在温挤压温度下不失效，仍然具有良好的润滑性能，同时也能部分隔绝模具与高温坯料接触，延长模具寿命。

3）润滑剂的化学稳定性要高，在温挤压条件下不分解、不氧化，且无毒、无臭，对制件及模具无腐蚀作用。

4）在温挤压温度下能均匀地粘附在坯料表面或模具表面上，形成均匀牢固的润滑膜。

5）具有良好的悬浮分散和可喷涂性能，使用方便，易于实现机械化、自动化作业，劳动条件好，成形后易于清除。

二、适宜于温挤压润滑剂的基本材料

1. 石墨　石墨在室温时的摩擦因数为0.11～0.19，在温挤压温度范围内的摩擦因数变化情况见图8-15。当石墨在500℃左右时，摩擦因数急剧增加。这是因为石墨在空气中产生氧化，形成CO_2开始逸散，润滑性能变坏，但它在温挤压温度范围内常使用，而且在800℃以上挤压碳钢和低合金钢润滑效果仍然较好。但在温挤压不锈钢时，在500℃以上石墨即产生粘附现象，润滑效果不好。

为了防止石墨在500℃氧化，可将氧化硼（B_2O_3）（熔点460℃）作为石墨的粘结剂。这样在300～700℃范围内挤压，均能保持较低的摩擦因数。在温挤碳素钢、低合金钢和不锈钢时，能保证良好的润滑性能，不产生粘附现象。这是因在高温时，氧化硼可以防止石墨与大气直接接触，而且B_2O_3对钢的附着性能很好。

2. 二硫化钼　二硫化钼在温挤压温度范围内的摩擦因数很低，见图8-15。二硫化钼（MoS_2）在350℃以上开始部分氧化成MoO_3，摩擦因数开始增加，但是还未完全转变为MoO_3时仍有较好的润滑性。MoO_3在760℃以上时开始蒸发，因此在较高温度范围（400℃以上）其润滑性能不及石墨。MoS_2在450℃时的性能与石墨类似，基本能适用于碳钢、低合金钢。但在500℃时挤压不锈钢，会产生粘膜而不能使用。如加入B_2O_3作为粘结剂，则在200～700℃范围内，温挤压碳素钢、低合金钢和不锈钢，均能保持较好的润滑性能。但对于高镍合金，硫的渗透是十分敏感的，即使少量的硫，都可能引起晶间破坏。

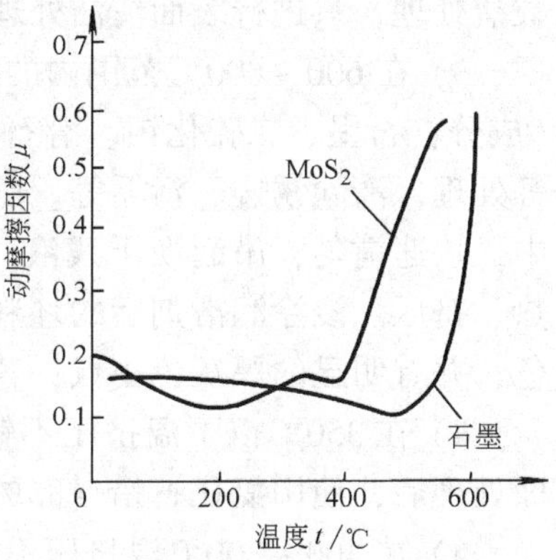

图8-15　石墨、二硫化钼在温挤压温度下的摩擦因数

3. 玻璃　在介绍热挤压润滑剂时，已对玻璃润滑剂的性能做了简介。其在高温及中温状态下具有良好的润滑性能。玻璃润滑剂的成分可根据需要配制，使其在使用温度下具有胶粘性能。在与温挤压坯料接触时，所使用的玻璃润滑材料应由固体状态变成胶粘固体状态，而非液态。因为胶粘润滑剂会产生适当的机械阻力，而不致在高压下被挤走。同时软熔的胶粘薄膜还有隔热作用，能够使模具隔热并防止坯料表面冷却。

4. 氧化铅　氧化铅（PbO）在室温时比一般润滑剂的摩擦因数高，但538℃以上时，润滑性能最好。但熔融状态的氧化铅对不锈钢有剧烈的腐蚀作用，而且铅对人体健康有一定危害，使其应用受到限制。

三、在温挤压温度下润滑剂的选用

通过对温挤压润滑剂使用的大量试验，总结出了在不同挤压温度下、不同材料所使用的各种润滑剂。

1）在450℃以下室温以上温挤压碳钢和合金结构钢时，可以采用石墨或二硫化钼（用汽缸油调和，调和比是石墨或二硫化钼与油之比是1:2，以体积计），但在温挤压前坯料应做磷酸盐处理。

2）在400～800℃范围内温挤压碳钢和合金结构钢、模具钢、高速工具钢等时，可以采用石墨油剂（调和比例同上）。在600℃以上温挤压，坯料不能作磷酸盐处理，只进行表面清洁处理。

3）在600～800℃范围内的温挤压，除不锈钢外的其他钢可以采用水剂石墨（成分：石墨、二硫化钼、滑石粉、纤维素和水）。挤压前将坯料作喷砂或抛丸等处理，清除锈迹、污垢等。然后加热至200℃左右，出炉浸入水剂石墨润滑剂中，快速搅匀，吊起沥干残液，在干燥处摊开晾干。干燥后的坯料即可进行加热、挤压。浸涂润滑剂后的坯料表面必须留有0.03～0.1mm厚的薄膜，呈黑炭色，并有明显的黑灰色小点；若不然必须重新浸涂。

4）在350℃以下温挤压不锈钢时，可以与冷挤压一样，坯料采用草酸盐表面处理后，使用氯化石蜡（85%）加二硫化钼（15%）作润滑剂。

5）在400～800℃温挤压不锈钢时，小批量生产可采用氧化铅（PbO，用油调和）作润滑剂；若是大批量生产时，可以试用氧化硼 B_2O_3 +25%（质量分数）石墨或氧化硼+33%（质量分数）二硫化钼；或者使用硼砂 $Na_2B_4O_7$ +10%（质量分数）Bi_2O_3 作润滑剂。在400～600℃温挤不锈钢时，有时也要对坯料作草酸盐处理或者镀铜。

6）在温挤压有色金属时，可以采用石墨或者使用铝金属粉作润滑剂。

第六节　温挤压模具

温挤压模具在结构上与冷、热挤压模具基本相同。但基于温挤压兼顾了冷、热挤压的特点，故模具的冷却系统设计不能采用热挤压时的外部喷射冷却，应采用模内循环冷却系统。在选用模具材料时也与冷、热挤压有一定的区别。

一、温挤压模具的结构特点

温挤压模具在挤压成形过程中，要经受高压及变形热的作用，最大单位压力可高达2000～2500MPa，在连续生产时模具温度可达300～500℃或更高。因此，作为温挤压模具应具备如下特点：

1）具有抗室温及中温破坏的足够的硬度、强度与韧性。

2）在反复变形力与热的作用下，必须具有高的抗磨损、耐疲劳性能。

3）模具工作部分易损零件应装拆方便，固定可靠。

4）在模具上应设计循环冷却系统，使凸模、凹模等模具工作零件充分冷却。

5）所选用的模具材料应有良好的加工工艺性。

图 8-16 为反挤压模具简图。其基本结构与冷挤压模具相同。组合凹模 4 采用三层预应力圈冷压合，其计算和压合过程见冷挤压。凸模 3 采用螺母、锥套固定在上模板 2 上，更换方便，且固定可靠。

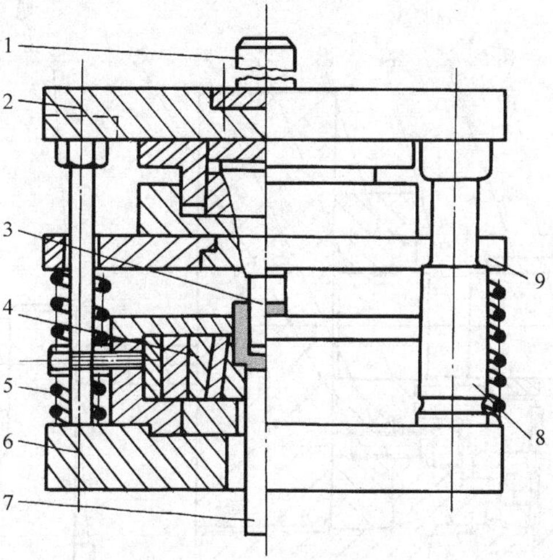

图 8-16 反挤压模具结构简图

1—模柄 2—上模板 3—凸模 4—组合凹模 5—弹簧 6—下模板 7—顶杆
8—导拄、导套 9—卸料板

图 8-17 为一联轴器零件的温挤压模具结构图。该模具的一个显著特点就是凸模拆装方便，固定可靠。由图可见，凸模 23 的外形尺寸较大，若采用螺母、衬套方法固定，加上凸模的质量，整套固定装置的质量会很大，不利于操作人员的拆装和更换；图中的凸模采用了斜楔固定方法，即将斜楔 34 插入上模座 18 的导槽，用手锤敲击斜楔，使斜楔的斜面与凸模的斜面配合，并利用自锁现象来固定凸模。该结构凸模定位准确且更换方便，更换凸模时无须卸下斜楔，只要将其敲松便可卸下凸模。凸模的冷却采用外部喷射冷却。凹模采用冷却水循环冷却，冷却水从冷却水管 31 注入，经预应力圈 12 与凹模 13 间的冷却水槽流出，使模具降温。

二、温挤压用模具材料

作为温挤压模具材料应具备如下特点：模具温升后模具材料的屈服强度应高于挤压时作用在模具上的单位挤压力；在高温下具有足够的耐磨性；能承受一

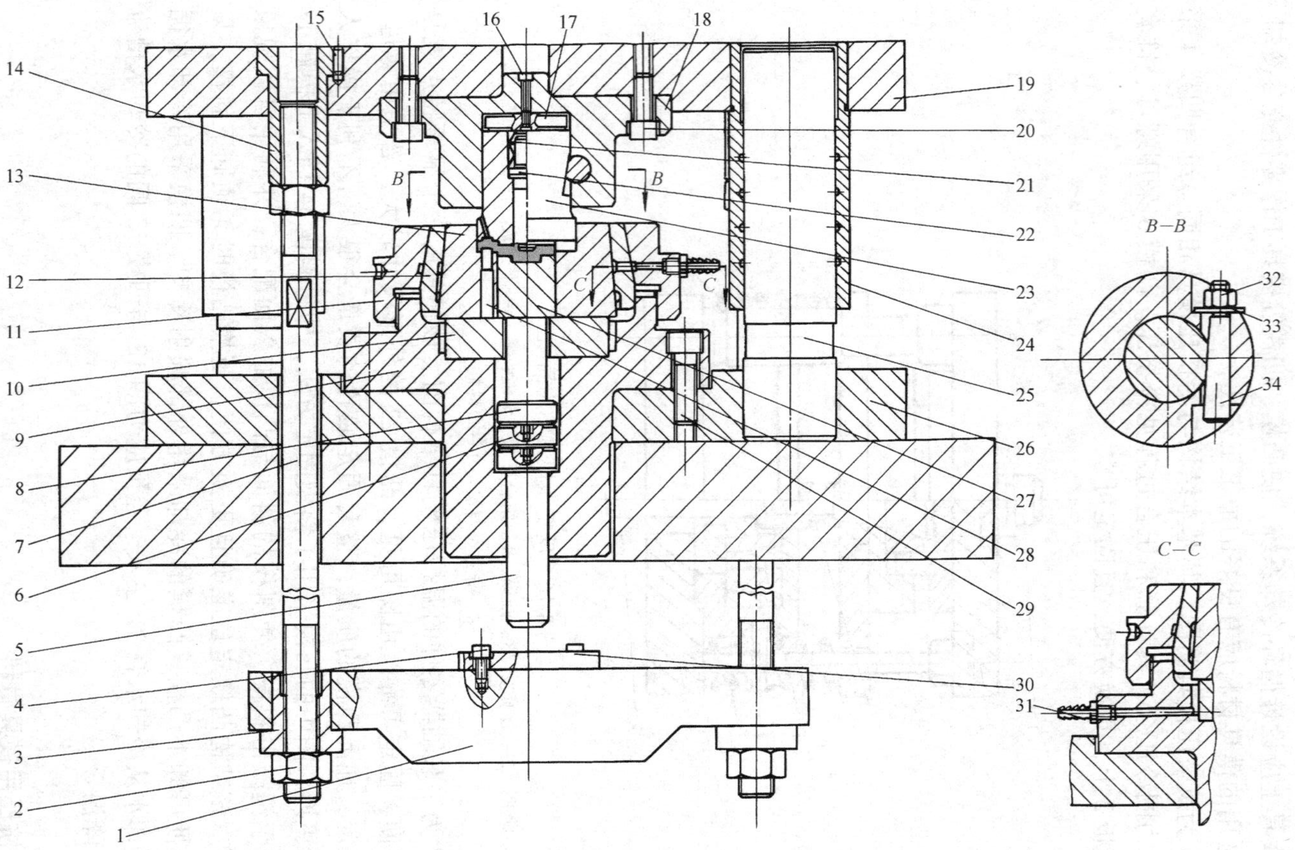

图 8-17　温挤压模具结构简图

1—顶料板　2、32—螺母　3—拉杆下衬套　4、16、20、29—螺栓　5—顶杆　6—垫板　7—拉杆　8—成型顶杆　9—下模座　10—凹模垫板　11—下螺母　12—预应力圈　13—凹模　14—拉杆上衬套　15—圆柱销　17—凸模垫块　18—上模座　19—上模板　21—碟形弹簧　22—定位杆　23—凸模　24—导套　25—导柱　26—下模板　27—顶料块　28—小凸模　30—顶料垫板　31—冷却水管　33—垫圈　34—凸模斜楔定程度的冲击，应有足够的韧性，防止裂纹产生；要求较好的物理性能，如热膨胀率小，热导率大，比热容大。

温挤压用模具材料的选用，可根据成形温度、单位挤压力等参数在冷挤压模具材料和热挤压模具材料中选取。

表 8-5 是常用温挤压模具材料种类及性能。在 200 ~ 400℃ 范围内温挤压时，可以采用与冷挤压相同的模具材料，如 Cr12MoV 或高速钢 W18Cr4V、W6Mo5CrV2 和 6W6Mo5Cr4V 等。Cr12MoV 作为冷挤压模具钢，其特点是强度高、耐磨性好；但在 400 ~ 500℃ 以上温挤压时力学性能急剧下降，特别是在高温下的耐磨性下降较快，不能再作为温挤压模具材料使用。热作模具钢 3Cr2W8V、5CrNiMo、5CrMnMo 等，作为温挤压模具材料时强度不高，高温下的耐磨性较差，但其韧性较好，在 700 ~ 850℃ 温挤压，单位压力在 1100MPa 时，也是一种较好的温挤压模具材料。高速钢 W18Cr4V、W6Mo5CrV2 和 6W6Mo5Cr4V 等，回火温度较高，在高温下具较高的硬度和耐磨性，在温挤压时应注意模具预热和连续冷却，避免急冷急热，高速钢可作为一种较好的温挤压模具材料。其允许承受的单位挤压力可达 2000 ~ 2200MPa。

表 8-5 温挤压模具材料

模具材料	淬火温度/℃	回火温度/℃	使用硬度 HRC	温挤压温度/℃
Cr12MoV	1000 ~ 1050（空冷）	450 ~ 550	55 ~ 58	200 ~ 400
W18Cr4V	1200 ~ 1240（油冷）	550 ~ 700	50 ~ 63	200 ~ 800
W6Mo5CrV2	1160 ~ 1270（油冷）	550 ~ 680	50 ~ 63	200 ~ 800
3Cr2W8V	1150 ~ 1250（油冷）	550 ~ 600	48 ~ 52	650 ~ 850
5CrNiMo	830 ~ 870（油冷）	450 ~ 570	48 ~ 52	650 ~ 850

高速钢碳化物的不均匀性对模具寿命有很大影响，碳化物偏析既降低了高速钢的韧性，又降低了其强度。因此，在制造温挤压模具时必须对高速钢原材料的碳化物不均匀性加以控制，才能保证模具具有稳定的寿命。

将高速钢的高强度与合金含量较低的工具钢的韧性结合起来的基体钢，其化学组成与高速刚的基体组成一样，显微组织中基本上没有过剩的碳化物。这样，就在具有高强度的同时消除了高速钢所具有的脆性，使其具备更好的韧性。这些基体钢作为温挤压模具材料，在保持了高速钢的特性外，韧性要明显优于高速钢。国内这些基体钢主要有：65Cr4W3Mo2VNb、6Cr4Mo3Ni2WV 和 7W7Cr4MoV 等。其热处理工艺可参照有关手册。

三、凸模、凹模设计

温挤压模具工作部分零件，如凸模、凹模等基本上沿用了冷挤压模具的设计原则。温挤压时正挤压凸模、反挤压凹模设计可见冷挤压模具设计部分。图

8-18 为温正挤压凹模。其圆锥部分与工作带部分的圆角 r，根据温度的高低取 $r=1\sim4$mm（挤压温度高时取大值）。工作带长度 h 取 3 ~ 5mm，比冷挤压时取得稍大，主要是为了防止磨损，D_2 比 d_1 大 0.2 ~ 0.4mm。

图 8-19 为常用的温反挤压凸模。其工作带宽度 h 取 3 ~ 5mm，d 比 d_0 值大 0.6 ~ 1.2mm，这两者都比冷挤压时稍大。为了有利于金属流动，凸模端面的斜度可取 5° ~ 10°。圆角过渡部分在满足零件要求的条件下尽可能取得大些，一般要大于 1mm，取 2 ~ 3mm 为好。凸模的长度与直径之比，在单位挤压力大时，应取≤2.5，以增加其稳定性。

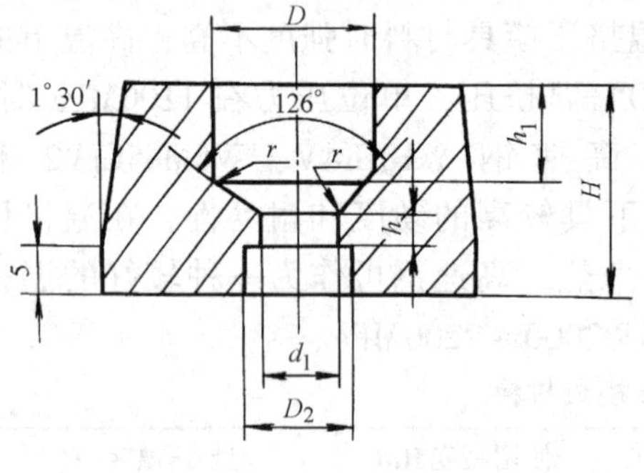

图 8-18　正挤压凹模

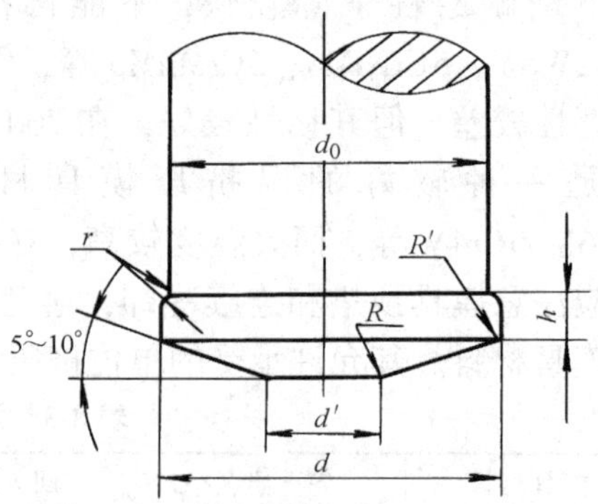

图 8-19　反挤压凸模

由于温挤压时的单位挤压力、挤压件尺寸精度和表面质量更接近于冷挤压，故凸模和凹模设计时，除前述的不同外，其余设计参数可见冷挤压部分。预应力组合凹模的计算和结构形式也见冷挤压部分。

第七节　温挤压件的质量和力学性能

把温挤压界定在室温以上、再结晶温度以下的挤压工艺，则根据前述的分析可知，温挤压件的质量及力学性能应更接近或类似于冷挤压。如温挤压件的尺寸精度力求接近冷挤压，温挤压后也会出现加工硬化现象，能起到强化零件的作用。

1. 温挤压件的尺寸精度　温挤压的成形温度越低，其尺寸精度也越接近于冷挤压。引起尺寸变化的主要因素与冷挤压时相同：模具的弹性变形、挤压设备的弹性变形及模具的磨损等；其次是坯料加热、挤压后的冷缩量等。

准确控制坯料加热温度和挤压成形温度，对温挤压件的尺寸精度影响很大。图 8-20 是 45 钢的膨胀曲线。在 700℃时如果温度波动 50℃，则由于收缩其尺寸就有 ±0.001mm/mm 的变化。这相当于 1/3 ~ 1/5 的冷挤压件尺寸公差。在 700 ~

800℃，由于钢有相变，使得热膨胀曲线有变化。在进行温挤压的凸模、凹模等工作部分尺寸计算时，除了要考虑模具受力后的弹性变形量外，还必须考虑模具升温后的热膨胀量和制件冷却后的冷缩量。

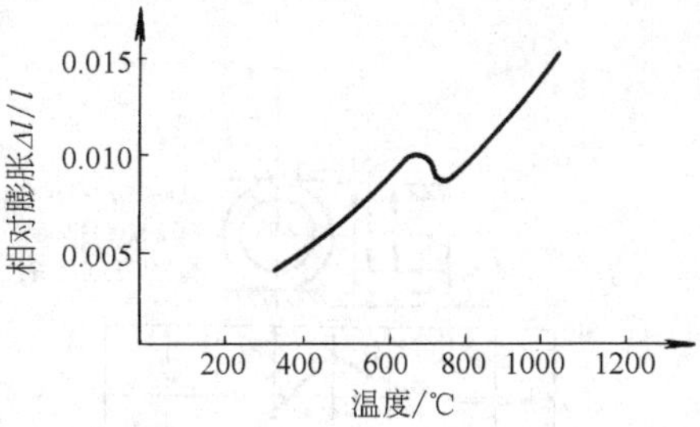

图 8-20　45 钢的膨胀曲线

钢在 200 ~ 850℃ 温挤压时，挤压件的尺寸公差可作如下考虑：50mm 以下直径的正挤和反挤压件，直径公差不应小于 0.1mm。如批量较大，直径公差可以取 0.2 ~0.3mm。此外，高度尺寸与温度控制的准确性关系很大，其公差可取 0.4 ~0.8mm。内、外径的偏移应按 0.1 ~0.3mm 控制。如果上述公差仍达不到零件图的要求，可在温挤压后增加冷整形工序。

2. 温挤压件的表面粗糙度　影响温挤压件表面粗糙度的主要因素是润滑条件，如润滑条件不理想，模具表面会因磨损而变得粗糙，进而擦伤挤压件表面，甚至发生粘附现象。其次，加热氧化也会使表面粗糙度值变大。温挤压温度选择越低，所能达到的表面粗糙度值也越低。一般钢的温挤压件外表面的粗糙度达 R_a3.2 ~1.6μm，内孔表面可达 R_a0.8 ~0.4μm。若要进一步降低表面粗糙度值，可在温挤压后进行冷整形。

3. 温挤压件的力学性能

（1）硬度　当温挤压度在再结晶温度以下时，便会产生加工硬化。有时，虽然加热温度处于再结晶温度以下，但是变形时产生的热效应，特别是表面摩擦的结果，致使在产品的表面层产生再结晶，但对整个挤压件来说，加工硬化现象还是存在的。一般来说，挤压温度越高，挤出的制件硬度越低，即冷作硬化越小。无论钢的成分如何，退火的坯料硬度越低，温挤压后硬度的增加率就越大。

（2）屈服载荷　从反挤压件上取下环状试件，从与轴垂直的方向压缩，测定试样的屈服载荷，其结果见图 8-21。由图可见，随着成形温度变化，屈服载荷发生变化。在 500℃以上，屈服载荷急剧下降，但相对机械加工产品而言，温挤压产品的屈服载荷相对要高。

（3）抗拉强度　图 8-22 为温挤压件的抗拉强度。图示是由经 50% 断面减缩率的正挤压产品上取下的试样，进行抗拉强度试验的结果。在 500℃以下的温挤压温度范围，45 钢、35CrMo 钢抗拉强度逐渐增强。温度继续上升，则抗拉强度下降。不锈钢 0Cr18Ni9 冷挤压后，抗拉强度为 1300MPa，为坯料抗拉强度的 2 倍；温挤压时，抗拉强度增加的程度减小，如在 400℃挤压时，产品抗拉强度为 900MPa，与坯料抗拉强度相比，增加了不到 30%。

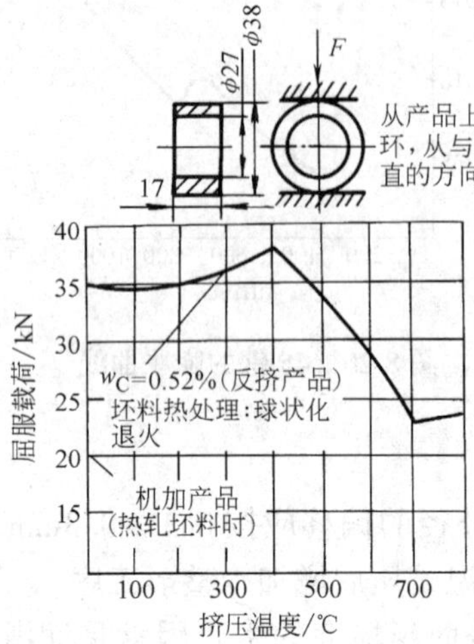

图 8-21　成形温度对产品屈服载荷的影响

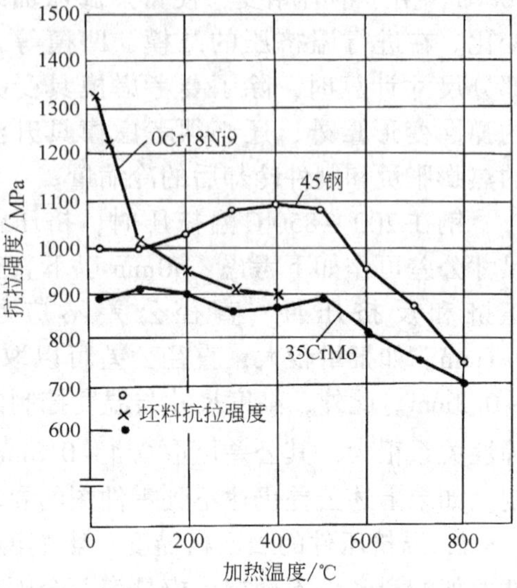

图 8-22　温正挤压件的抗拉强度

由此可见，像不锈钢这种在冷挤压时冷作硬化剧烈的材料，采用温挤压非常有效，变形力可大大下降。碳钢和低合金钢存在蓝脆现象。在蓝脆温度下温挤压，可得到抗拉强度较高的产品。

（4）冲击吸收功　图 8-23 为 35CrMo 和 0Cr18Ni9 两种钢在不同温度下正挤压加工（断面减缩率为 50%）的产品，在室温下进行冲击试验的结果。从图中可见，冷挤压时，冲击吸收功比坯料的冲击吸收功降低了很多。但当温度升至温挤压温度范围时，冲击吸收功就增大了。不过，35CrMo 钢在 500 ~ 600℃时冲击吸收功急剧下降，比冷挤压产品的冲击吸收功还要低得多，这是因为该温度区域正是 35CrMo 在曲柄压力机上温挤压时出现蓝脆现象。而没有蓝脆现象的 0Cr18Ni9，则随着温挤压温度的增加，产品冲击吸收功一直在增加。

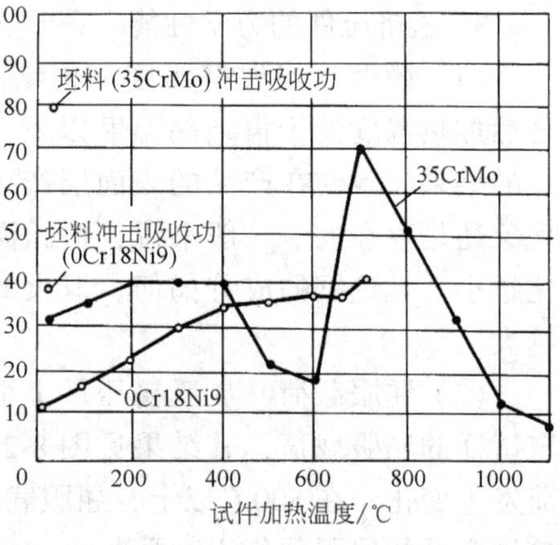

图 8-23　温挤压件在室温下的冲击吸收功

（5）疲劳强度　有人曾将材料为 20Cr 的汽车活塞销在 680℃温挤压，对其进行疲劳强度试验。发现出现疲劳裂纹的周次为 8 万 ~ 10 万次；而采用冷挤压成形时，出现裂纹的周次为 5 万　~ 6 万次；采用机械加工时，则为 5 万 ~ 8 万次。

由此可见，温挤压件的疲劳强度是最高的。

通过以上的试验及对比可表明，钢在 200～400℃温挤压时，产品的力学性能与同样变形程度的冷挤压产品相近；而在 400～850℃温挤压时，产品的抗拉强度、屈服强度为经热成形退火后产品的 1.1～1.5 倍。

思考与练习题

1. 为什么说模具的冷却和润滑是温挤压成败的关键因素？
2. 过共析钢的温挤压温度应如何确定？成形温度超过了相变温度对最终热处理有何影响？
3. 温挤压对润滑剂有什么要求？常用润滑剂的种类、特点和使用方法如何？
4. 与冷、热挤压相比，温挤压模具结构有什么特点？

第九章 型材挤压

型材挤压是把加热到一定温度的铸锭放在挤压机的挤压筒中，挤压机的压力通过挤压杆、垫片作用在铸锭上，迫使金属流出挤压模，从而获得所需形状、尺寸、性能的型材制品。随着型材在各个工业部门，特别是工业与民用建筑业、汽车制品业和航空工业等行业的广泛应用，大量的断面复杂、壁厚不均和形状各异的型材的相继出现，使型材挤压工艺及模具技术占有十分重要的地位。本章将着重介绍铝合金型材挤压技术。

第一节 型材挤压方法概述

型材挤压方法可按三个基本特征分类。按挤压型材的类型，可分为实心型材挤压、空心型材挤压和沿型材长度方向断面变化的实心型材挤压；按坯料相对挤压筒的移动特点，可分为正挤压、反挤压和联合挤压等；按挤压时所采用的工具类型及工艺装备，可分为卧式挤压机挤压、T. A. C 反向挤压、热挤压、蠕变挤压和冲击挤压、辊挤法和有效摩擦连续或半连续挤压、静液挤压及无残料挤压等。

一、实心型材挤压

挤压实心型材采用两种基本方法，即金属正向流动的挤压、金属反向流动的挤压，分别见图 9-1、图 9-2。

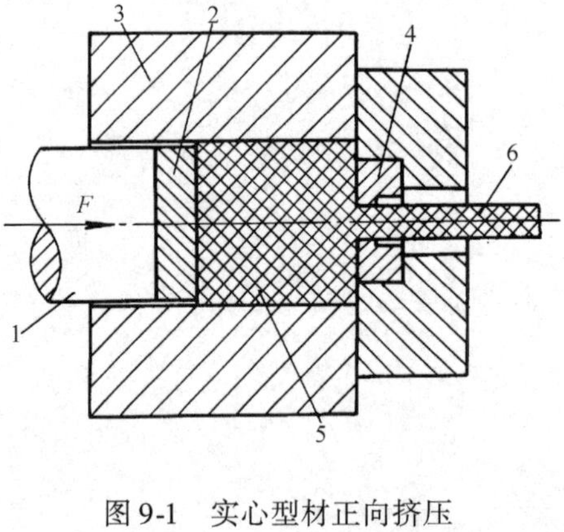

图 9-1 实心型材正向挤压

1—挤压杆 2—挤压垫 3—挤压筒 4—挤压模 5—锭坯 6—挤压制品

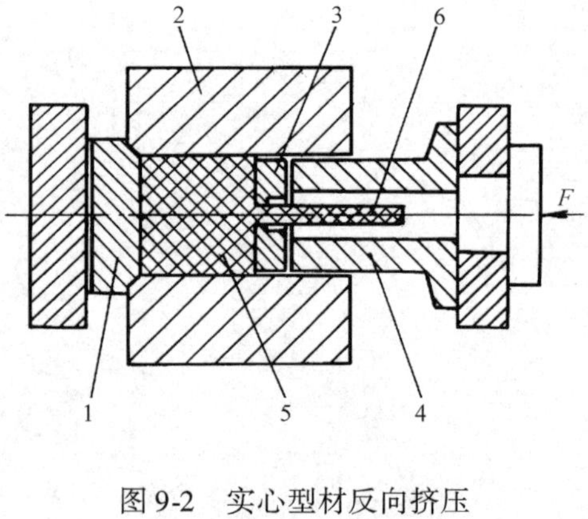

图 9-2 实心型材反向挤压

1—堵头 2—挤压筒 3—挤压摸 4—挤压杆 5—锭坯 6—挤压制品

二、空心型材挤压

根据空心型材的外形、孔的数目及尺寸形状、孔对型材断面中心位置的非对称分布程度以及一系列其他因素，可采用两种基本方法挤压空心型材：

1. 挤压针管材挤压法　可对空心或实心锭坯进行挤压，当采用实心锭坯时，在挤压之前要先进行穿孔。该方法挤压出的空心型材制品没有接缝，一般只能生产形状简单、内孔较大的异形断面管材，见图 9-3。

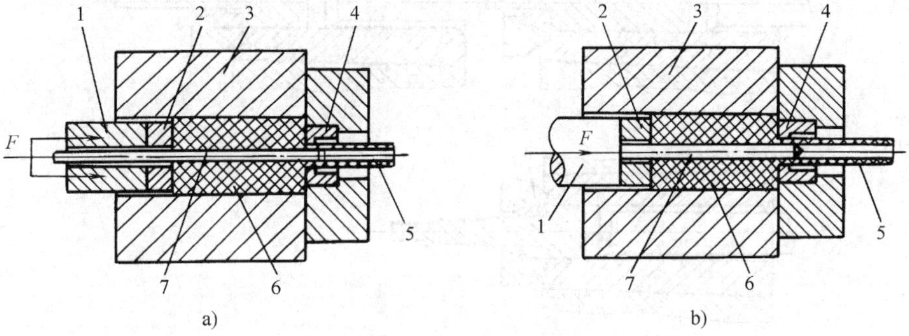

图 9-3　无缝管材正向挤压

a）实芯锭坯先穿孔的挤压　b）空心锭坯挤压

1 —挤压杆　2—挤压垫　3—挤压筒　4—挤压模　5—挤压制品　6—锭坯　7—挤压针

2. 组合模焊合挤压　挤压时采用实心锭坯，组合针和模子是一个整体或者装配成一个刚性结构。坯料 4 放入挤压筒中 2（图 9-4a）。在挤压杆 1 通过挤压垫片 3 所传递的作用下，坯料金属在高压作用下被模子 6 分成两股或两股以上的金属流，在模子的焊合室内被重新焊合（图 9-4b）。最终在模孔和组合针的缝隙之间形成型材。用此方法生产的空心型材在其宏观组织上有明显的焊缝，焊缝的数目等于被分开的金属流的股数。

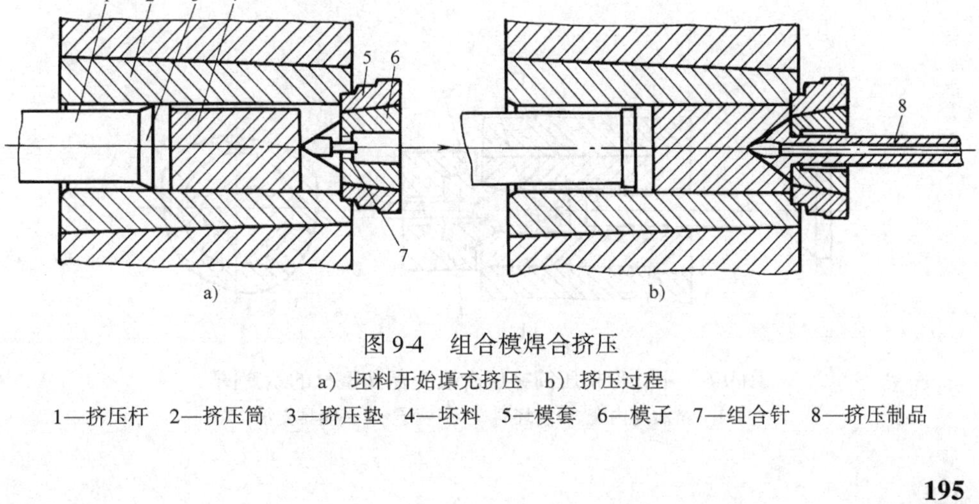

图 9-4　组合模焊合挤压

a）坯料开始填充挤压　b）挤压过程

1—挤压杆　2—挤压筒　3—挤压垫　4—坯料　5—模套　6—模子　7—组合针　8—挤压制品

三、变断面实心型材挤压

1. 用几套可拆卸的挤压模分步挤压基本型材部分和大部分的方法　用单独的挤压模挤压型材各个断面，每个挤压阶段结束以后，更换模子（图9-5）。

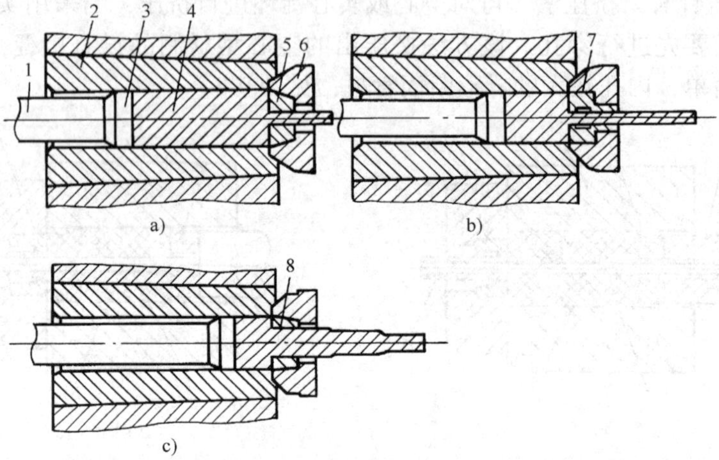

图9-5　用三个可拆卸模挤压阶段变断面型材的示意图

a）挤压基本型材部分　b）挤压过渡区　c）挤压大头部分

1—挤压杆　2—挤压筒　3—挤压垫片　4—坯料

5、7、8—模子　6—模具支承

2. 采用异形挤压筒的挤压方法　挤压断面形状简单且长度不大的型材大头部分时，可在挤压筒内孔的横断面形状与型材大头部分的横断面形状相同的挤压筒内进行挤压（图9-6）。

3. 逐渐变断面实心型材挤压　逐渐变断面实心型材主要采用带活动件的模子的挤压方法来挤压。模子的活动件在挤压过程中沿径向移动。利用仿形导向装置保证模子的活动件的移动，导向装置与挤压机的前机架相连接（图9-7）。

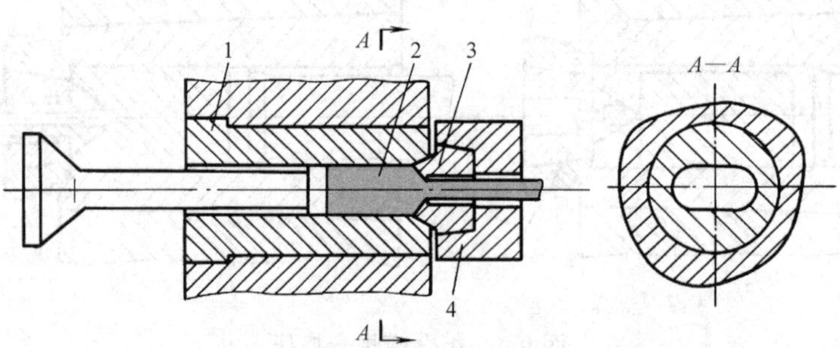

图9-6　用异形挤压筒挤压阶段变断面型材的示意图

1—挤压筒内套　2—坯料　3—模子　4—模具支承

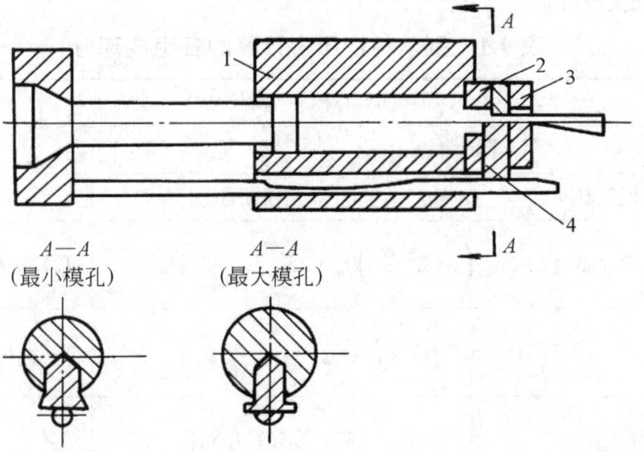

图 9-7 挤压逐渐变断面型材的示意图
1—挤压筒 2—导环 3—模子的固定件 4—模子的活动件

第二节 型材挤压力的计算

影响挤压力的因素很多，主要有金属的化学成分与组织性能、挤压温度、挤压速度、挤压系数（变形程度）、工模具的形状结构、表面接触摩擦条件、产品形状与尺寸，以及锭坯的形状、尺寸与表面状态等。

计算型材挤压力的公式很多，根据假设和推导方法不同基本上可分为三类：①平均主应力法，利用塑性方程求解平均主应力平衡方程式，主要代表公式有别尔林公式和古布金公式；②滑移线法，利用润滑线场求解平衡方程式，代表公式有约翰逊公式等；③经验系数法，根据挤压力与某些主要因素之间的定性关系，通过反复测量确定一系列经验系数的方法，主要代表为竹内等人提出的公式。此外，用上限定理法和有限单元法确定挤压力的计算，近年来也获得了发展。

一、别尔林挤压力计算公式

И. Д. 别尔林（Перлин）根据平均主应力理论推导出的公式，由于考虑了各种挤压条件，得到了普遍应用。别尔林公式把全部挤压力 F 分成四部分，即

$$F = R_s + T_{zh} + T_t + T_g \tag{9-1}$$

式中，R_s 是用以平衡阻碍金属基本变形的内摩擦力，即基本变形力；T_{zh} 是用以平衡变形区压缩锥侧表面上所产生的摩擦力；T_t 是用以平衡挤压筒和穿孔针侧表面所产生的摩擦力；T_g 是用以平衡挤压模具的工作带表面上所产生的摩擦力。它们的计算方法，与锭坯断面形状、模具形式、挤压制品种类、挤压方法有关，

其各项公式列于表 9-1。

表 9-1 别尔林挤压力计算的各组成部分

实心棒、型材			
分量	圆锭		扁锭
	单孔模挤压	多孔模挤压	单孔模挤压
R_s	$0.785(i+i_j)\left(\cos^{-2}\frac{\alpha}{2}\right)D_0^2\cdot 2\bar{S}_{zh}$		$1.15a_0b_0i\alpha(\sin^{-1}\alpha)\cdot 2\bar{S}_{zh}$
T_{zh}	$0.785i(\sin^{-1}\alpha)D_0^2f_{zh}\bar{S}_{zh}$		$a_0b_0i(\sin^{-1}\alpha)f_{zh}\bar{S}_{zh}$
T_g	$\lambda A_gf_gS_{zh1}$	$\lambda(\sum A_g)f_gS_{zh1}$	$\lambda A_gf_gS_{zh1}$
T_t	$\pi D_0(L_0-h_s)f_tS_t$		$2(a_0+b_0)(L_0-h_s)f_tS_t$
圆管材			
分量	圆锭		
	圆柱式固定针挤压	瓶式固定针挤压	舌型模挤压
R_s	$0.86i\left(D_0^2\cos^{-2}\frac{\alpha}{2}-d_1^2\cos^{-2}\frac{\varphi}{2}\right)\cdot 2\bar{S}_{zh}$		$1.75iD_0^2\cdot 2\bar{S}_{zh}$
T_{zh}	$1.57\sin^{-1}\alpha(D_0^2-d_1^2)\times\left[\ln\left(\frac{D_0-d_1}{D_1-d_1}\right)\right]f_{zh}\bar{S}_{zh}$	$\pi\left(\sin\frac{\alpha+\alpha_0}{2}\tan^{-2}\frac{\alpha-\alpha_0}{2}\right)\times t_0^2\left(\ln\frac{t_0}{t_1}\right)f_{zh}\bar{S}_{zh}$	$1.57D_0^2\left(\ln\frac{D_0-d_1}{D_1-d_1}\right)\bar{S}_{zh}$
T_g	$\pi\lambda(D_1+d_1)h_gf_gS_{zh1}$		
T_t	$\pi(D_0+d_1)(L_0-h_s)f_tS_t$		$\pi D_0L_0f_tS_t$

注：

1. 挤压方式为正挤压。反挤压时，挤压力中的分量 $T_t\approx 0$。T_t 一般占挤压力的 30% ~40%。
2. λ 为挤压系数，$i=\ln\lambda$；$i_j=\ln\sqrt[4]{\sum A_1\bar{t}^{-2}}$，当挤压同样断面的 m 根圆棒时，$i_j=\ln m$；A_1 为制品断面积（mm^2）；$\bar{t}$——型材平均壁厚（mm），$\bar{t}=(t_1+t_2+\cdots+t_n)/n$。
3. D_0、D_1 为挤压筒内径和制品的外径；d_1 为制品内径（mm）；L_0 为锭坯长度（mm）；a_0、b_0 分别为扁锭的宽和厚度（mm）；t_0、t_1 分别为穿孔后锭坯和管子的壁厚（mm）；α 为挤压模半锥角，平模正挤压时，$\alpha\approx 60°$，平模反挤压，取 $\alpha\approx 80°$；α_0 为瓶式针过渡锥面半锥角。
4. h_s 为压缩变形区高度，即模子与挤压筒接触处铸锭死区的高度（mm），当 $\alpha>60°$时，$h_s=\frac{1}{2}(D_0-D_1)(0.58\text{ctg}\alpha)$；当 $\alpha<60°$时，$h_s=0$；A_g、h_g 分别为工作带区接触面积（mm^2）和高度（mm）。
5. $\bar{S}_{zh}$、S_t、S_g 分别为压缩变形区、锭坯与挤压筒接触层、工作带区的变形抗力（MPa）；f_{zh}、f_t、f_g 分别为压缩变形区、锭坯与挤压筒接触区、工作带区的接触摩擦因数。

二、古布金公式

古布金公式也是基于平均主应力理论推算出来的，适用于一般的挤压过程，其形式为：

$$F = ZF\sigma_{抗}\ln\lambda\left(L + \mu\tan\alpha + \mu\cot\alpha + \frac{4\mu L}{D_0\ln\lambda}\right) \quad (9\text{-}2)$$

式中，Z 是变形不均匀系数，热挤压铝合金时，推荐 $Z = 1.5 \sim 2.0$，复杂产品取上限；F、D_0、L，分别为挤压筒面积（mm^2）、铸锭直径与长度（mm）；λ 是挤压系数；μ 为摩擦因数；α 为模角（°）；$\sigma_{抗}$ 是不同条件下的变形抗力（MPa），可从有关图表中选取。

三、经验系数公式

$$p = kK_f\left(\ln\lambda + \frac{4\mu L}{D}\right) \quad (9\text{-}3)$$

$$F = Ap \quad (9\text{-}4)$$

式中，p 为单位挤压力（MPa）；F 为挤压力（N）；A 为挤压筒内孔面积（mm^2）；λ 为挤压系数；μ 为摩擦因数；K_f 为材料在挤压温度下的变形抗力（MPa），可从有关图表中查取；L 为镦粗后的铸锭长度（mm）；k 为表征挤压难易程度的经验系数，对于实心型材取 $k = 1.0 \sim 1.1$，对于空心型材取 $k = 1.1 \sim 1.5$。

第三节 铝型材常用合金及生产工艺过程

一、铝合金型材常用合金及其特性

挤压型材用铝及铝合金的牌号、化学成分及其品种、用途列于表 9-2 中。

表 9-2 挤压型材常用铝合金的牌号及其性能、用途

牌 号（原牌号）	合金组别	合金性能	主要用途
1035（L4）	Al（工业纯铝）	铝密度小，导电性好，导热性高，对光的反射率高。热中子吸收截面较小，表面光泽美观，在大气中的耐蚀性也较好，铝具有面心立方晶格，无同素异构转变，塑性好，可进行各种形式压力加工。纯铝不可热处理强化，其力学强度较低	主要用来制作电线、电缆、铝箔和日用器等
3A21（LF21）	Al－Mn（防锈铝）	热处理不强化合金，合金塑性高，焊接性能好，强度比工业纯铝高，耐蚀性能和工业纯铝相近	主要用于制造飞机油箱、油路、导管、铆钉线等，在建筑、食品等工业中也有广泛的应用

（续）

牌　号（原牌号）	合金组别	合金性能	主要用途
6063（LD31）	Al-Mg-Si（锻铝）	优良的可挤压性、焊接性，抗蚀性高，热处理强化显著	建筑门窗、幕墙的首选材料
6A02（LD2）	Al-Mg-Si-Cu（锻铝）	可热处理强化铝合金，具有中等强度，耐蚀性较高，无应力腐蚀破裂倾向，焊接性能良好，塑性好	复杂形状的锻件和模锻件，飞机发动机零件
5A06（LF6）	Al-Mg-Mn（防锈铝）	热处理不强化的铝合金，其密度小。强度比纯铝高，疲劳强度和焊接性能良好，耐蚀性好，塑性好	焊接结构、冷模锻零件；焊接容器受力零件，蒙皮骨架零件，广泛用于造船业
2A70（LD7）	Al-Cu-Mg-Ni-Fe（锻铝）	在高温下有高的强度，具有良好的工艺性。主要用于锻压在150～250℃以下工作的各种耐热零件	航空发动机活塞、导风轮、轮盘等，收音机蒙皮板
2A12（LY2）	Al-Cu-Mg-Mn（硬铝）	高强度硬铝合金，可进行热处理强化、有较高的强度和耐热性，但焊接性能不好	飞机蒙皮、隔框、翼肋、翼梁，建筑、交通、造船用材料
2A06（LY6）	Al-Cu-Mg-Mn（高强度硬铝）	可热处理强化合金，有较高的强度和耐热性，焊接性能不好	125～250℃工作铆钉
7A04（LC4）	Al-Zn-Mg-Cu（超硬铝）	可热处理强化合金，强度高于硬铝，其屈服强度接近于抗拉强度，屈强比高，比强度也高，但塑性较低。使用温度于125℃以下或在一定温度下短时间工作可承受较大负荷结构材料	飞机蒙皮、螺钉、飞机承力构件、大梁珩条、隔框、翼肋，起落架等

二、铝合金型材的生产工艺流程

挤压是铝合金型材成形加工中的主要工序，其他工序及其连续性取决于型材的供应状态，而供应状态又首先取决于用户所提出的要求。

热挤压状态下供应的型材，在挤压后进行以下工序：拉伸矫直；锯切夹头；在辊式矫直机上矫直和压平其纵向和横向的几何形状；切取试样；做力学性能试验和切成定尺。若型材在不做力学性能试验的情况下交货时，当几何形状矫完以后应马上切成定尺，最后一道工序是技术检查科验收型材。

退火状态下供应的型材，是在挤压后进行退火，其余工序的顺序与上述的相似。但是，如果型材在挤压后其几何形状具有很大的纵向弯曲时，则型材在退火前要进行拉伸矫直。

在淬火及自然时效状态下供应的型材，是在挤压后进行淬火。在淬火及人工时效状态下供应型材，是在矫直和精整几何形状以后进行人工时效。淬火后的工序顺序也和生产热挤压状态下供应的型材相同。

在生产铝合金型材时，上述的这些工序是最基本的。但在个别情况下，工艺程序与前面所叙述的不同，比如，生产挤压6063铝合金型材时，当型材挤出模孔以后，常直接用空气或水-空气混合物强烈冷却的方法淬火。此时，对型材进行直接矫直，而后人工时效，这种工艺方法特别适合生产建筑型材和某些淬火温度范围宽而对性能要求不太严格的民用产品。

图9-8和图9-9分别示出各种状态下的铝合金挤压型材的工艺流程和民用建筑型材的工艺流程。

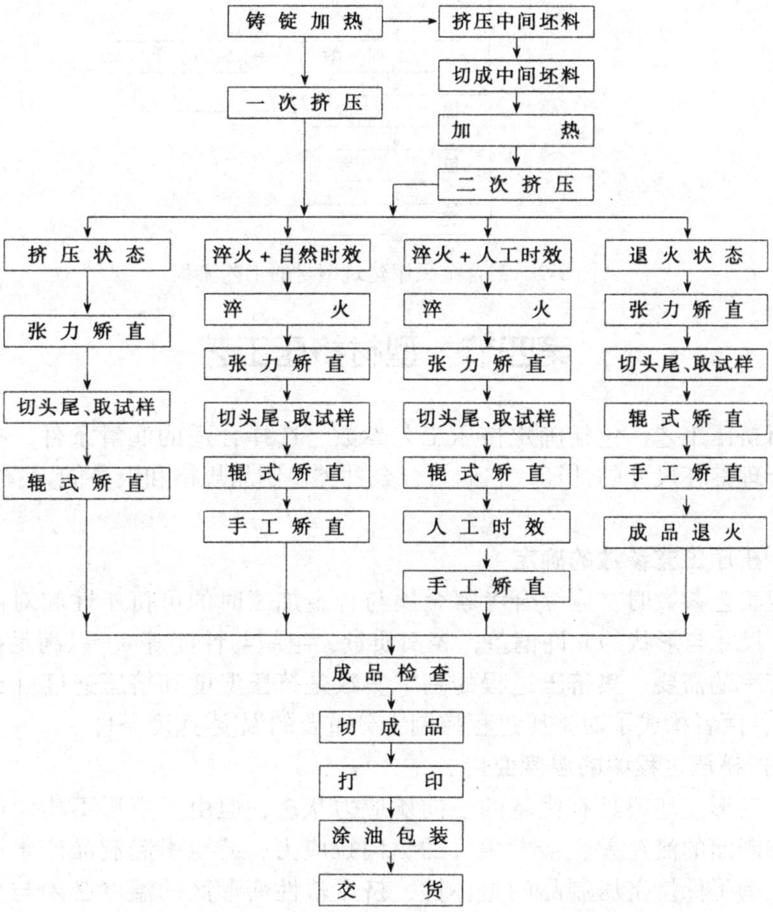

图9-8 各种状态下铝合金型材的工艺流程

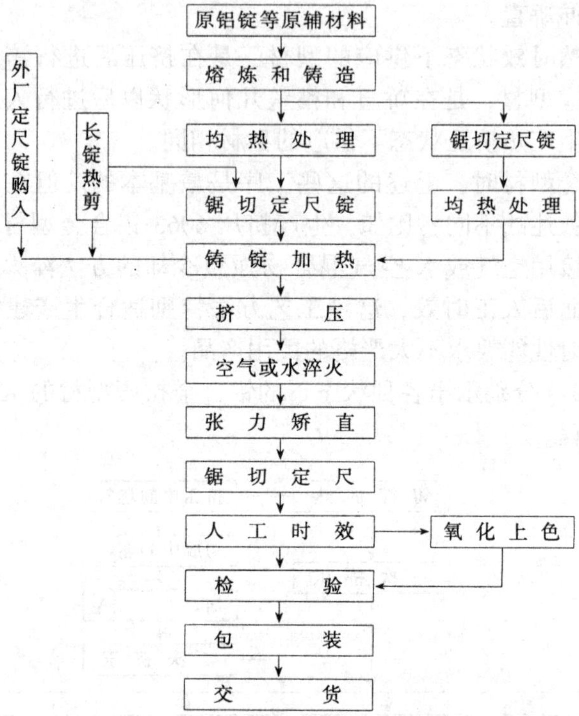

图 9-9　铝合金民用建筑型材的工艺流程

第四节　型材挤压工艺

型材挤压工艺，包括确定挤压工艺参数、选择合适的润滑条件、挤压比的确定及合理锭坯尺寸的计算。它们与合金种类、制品规格和设备能力有关。

一、挤压工艺参数的确定

确定工艺参数时，应综合考察金属与合金加工时的可挤压性和对制品质量的要求（尺寸与形状的允许偏差，表面质量，组织与性能等），以满足提高成品率与生产率的需要。热挤压过程的基本参数是挤压温度和挤压速度（或金属出口速度），两者构成了对挤压过程控制十分重要的温度-速度条件。

（一）挤压过程中的温度变化

挤压变形使坯料具有优越的三向压应力状态，但由于变形不均匀性导致金属沿锭坯断面的流速差，会发生大的纵向拉应力，甚至引起制品产生周期性表面裂纹。为了保持挤压制品的整体性，挤压塑性变形区的温度必须与金属塑性最好的温度范围相匹配。

塑性变形区温度取决于坯料和工具的加热温度、变形热以及被周围介质所吸收的热量。挤压速度越大，被周围介质吸收的热量就越小，则塑性变形区的温度就越高；反之亦然。在一定的变形程度下，要么选择合适的预热温度，要么选择合适的变形速度，都可以使塑性变形区的温度保持在规定的范围内。当变形速度较小时，必须提高预热温度；而变形速度较大时，则必须降低预热温度。

在挤压铝合金时，挤压温度较低（400～500℃），挤压速度较慢（≤25mm/s），而且铝合金的导热性很高，所以在计算塑变区的温度场时必须考虑由于挤压金属的热传导和金属与挤压工具之间的热交换而引起的温度变化。

（二）挤压时的温度条件

确定挤压的温度制度时，应该考虑以下一些因素：

1）分析合金的塑性图与状态图，了解合金最佳塑性温度范围和相变情况，避免在多相和相变温度下变形。

2）挤压过程温度条件的特点、影响温度条件变化的因素和调节方法以及温升情况。

3）尽可能地降低变形抗力以减小挤压力和作用在工具上的载荷。

4）保证最大的金属流出速度。

5）保持温度不超过该合金的临界温度，以免塑性降低产生裂纹。

6）保证挤压时金属不粘结工具，恶化制品表面质量。

7）保证挤压制品的温度分布均匀、尺寸精度高、组织均匀和力学性能最佳。

在确定挤压时的最佳温度时，还应该考虑铸锭的冶金学特点：如结晶组织的特点、合金化学成分的波动、金属间化合物的特点，以及坯料的疏松程度、气体和其他的非金属与金属杂质的含量等。

常用铝合金挤压时锭坯的加热温度（表 9-3），可供制定工艺和设计模具时参考。

（三）挤压时的速度条件

挤压时的速度有三种：挤压速度 v_j，表示挤压机柱塞、挤压杆和挤压垫的移动速度；金属流出速度 v_l，表示金属流出模孔时的速度，$v_l = \lambda v_j$；变形速率 $\dot{\varepsilon}$，即单位时间内变形量变化的大小。

挤压时的速度与温度是联系在一起的。一般来说，提高挤压速度会造成锭坯的温度升高，因此要降低锭坯的加热温度。

热加工的目的是利用金属材料在高温下屈服强度下降这一现象来实现大的变形量。但是，如果锭坯原始温度和挤压速度导致制品出口温度接近该合金的固相线温度时，则表面将产生裂纹、粗糙，质量变坏。图 9-10 为挤压速度与出口温度之间的关系曲线。图中给出了两条极限曲线：一条表示设备能力的最大挤压力曲线；另一条表示合金制品开裂的冶金学极限。在两条曲线之间的交点上，提供了理论上最大挤压速度和相应的最佳出口温度。应强调的是，这个最佳值只是从挤压速度角度出发，不一定能满足制品的物理-冶金性能要求。

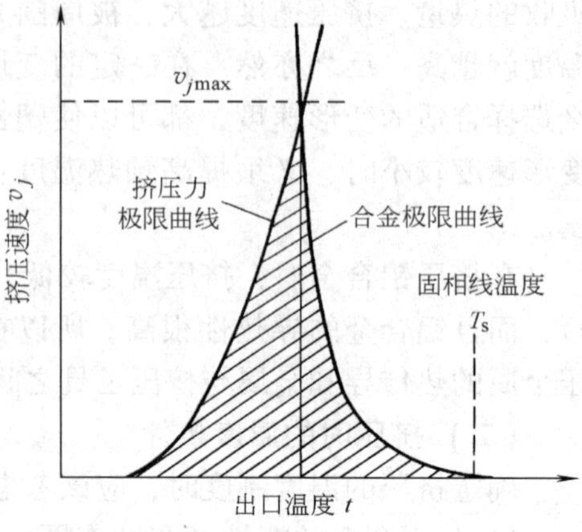

图 9-10　挤压速度极限图

在确定常规挤压时的实际金属流出速度时，可在已知挤压温度的基础上综合考虑材料与工艺参数（如金属变形抗力与塑性、挤压力、流动不均匀的特性、工模具结构形式及预热条件）以及设备条件等因素。

表9-3 给出了常用的铝合金挤压各种型材的锭坯、挤压筒加热温度和平均的流出速度。

表 9-3　常用铝合金的温度－速度规程

合　金	制　品	温　度/℃		平均流出速度 v_l /m·min^{-1}
		锭坯	挤压筒	
2A14	圆棒、方棒、六角棒及通用型材	380~440	360~440	1~2.5
2A12		380~440	360~440	1~3.5
2A50		380~440	360~440	3~6
2A80、2A70、5A02		320~430	350~400	3~15
7A40		350~430	330~400	1~2
1050A、1035		390~440	360~430	40~250
3A21		390~440	360~430	20~100
5A05、5A06		400~450	480~440	1~2
6A02、6063、6061		430~510	400~480	3~15、6063 合金可达到 120
2A12	一般用途型材、高负载型材、空心型材、大头型材、壁板	380~460	360~440	1~2.5
		430~460	400~440	0.8~2
		420~470	400~450	0.5~1.2
2A11	一般用途型材	330~460	360~440	1~3
7A04	等断面型材、大头型材、壁板	370~450	360~430	0.8~2
		390~440	390~440	0.5~1
5A02、5A03、5A05 5A06、5B06	型材、壁板	420~480	400~460	0.6~1
6063	装饰型材	320~500	300~450	到 120
6063、6A02	空心建筑型材	400~510	380~460	8~60、6063 合金可达 100
6A02	重要用途型材	490~510	460~480	3~15

二、挤压比

挤压比值一般在6~100范围内，主要受下列因素影响。

1. 金属与合金的可挤压性　确定了挤压温度后，随着挤压比的增大制品流出模孔的温度与速度均升高。为避免产生制品表面的粗糙化与裂纹，应选择适当挤压比。

2. 制品质量要求　根据制品断面上的组织与性能要求，挤压热加工态（R态）的制品时，挤压比一般不得小于10~12。在挤压需继续加工（如轧制、拉伸、或锻造等）的坯料时，挤压比最好不小于5。挤压用于二次挤压的坯料，一般不限制挤压比的大小，只根据二次挤压的挤压筒规格来推算出一次挤压的挤压比。挤压小断面型材时，为了使金属流动较为均匀，可采用多模孔挤压以降低挤压比。为了获得表面质量好的制品，挤压比一般不小于20。使用组合模挤压空心型材时，应尽可能采取较高的挤压比值（以及较高的挤压温度与较长的焊合腔），以保证制品焊缝质量。

3. 设备能力限制　根据挤压力与挤压比的对数（$\ln\lambda$）成正比的关系，综合考虑挤压筒直径（挤压垫上的单位挤压力）和金属坯料在挤压温度下所承受的挤压应力大小，使所确定的挤压比值既能实现挤压过程又不超过设备的能力。

三、挤压时的润滑

1. 润滑的作用　挤压加工一次变形量很大，金属与模具接触面上的单位正压力极高（相当于金属变形抗力的3~10倍，甚至更高）。变形金属的表面更新作用加剧，从而使金属粘结模具的现象严重。因此，挤压时润滑剂的作用是尽可能地使表面干摩擦转变为边界摩擦。这不仅提高了制品表面质量和模具的使用寿命，而且由于降低了模具对金属的冷却作用，使金属流动不均匀性减少，挤压能耗降低。

使用平模热挤压型材与棒材时，平模工作面与挤压筒壁交接处存在一个环形的死区，可有效地阻止锭坯表面上的氧化物、夹杂与灰尘进入制品表面，故不允许涂抹润滑剂。但是，挤压钛及钛合金材料时则必须润滑，这是由于新生的未经氧化的表面金属粘结模具很严重，致使挤出的制品表面上形成较深的划痕与擦伤。采用锥模挤压棒材时，可以进行润滑。此时，为防止锭坯的不良表面进入制品表面，可机械车削除去加热前的锭坯表皮或冷挤锭坯表皮。挤压型材与棒材时，均不润滑挤压垫，以防缩尾形成。采用润滑挤压法时，润滑剂涂抹部位一般限于挤压筒壁、平模工作面和模孔。

使用锥模挤压管材时，穿孔针的摩擦作用可使金属的流动较为均匀。因此，不管是否有穿孔操作，均应润滑冷却穿孔针。挤压厚壁管时，亦不允许润滑挤压垫。

当使用组合模挤压空心型材与管材时，为了保证接缝质量，绝对不允许润滑。

2. 常用的润滑剂　在高温高压的热挤压条件下，要求润滑剂具有足够的粘度与活性，具有较高的闪点和较少的灰分，以保证良好的表面润滑状态。同时，还要求润滑剂具有一定的化学稳定性，对金属与工具无腐蚀作用，无污染环境、有害于人体健康的作用。

1）对铝及铝合金，多采用在粘性物油中添加各种固态填料的悬浮状润滑剂、应用最广的是润滑剂为70% ~80%的72号汽油加20% ~30%的石墨，挤压时，油的燃烧物和石墨所构成的润滑油膜具有足够的强度。但其韧性不足，在挤压比足够大时可能产生局部润滑膜破损，而使金属粘结模具导致制品表面起皮，建议在润滑剂中加入表面活性物质。直到目前为止，润滑挤压尚未在铝合金方面获得广泛应用，因为润滑挤压时用普通结构的模子不能完全消除死区，从而导致制品的皮下缩尾。此外，润滑挤压还有可能出现制品表面的气泡、起皮和润滑剂燃烧产物的压入等缺陷。

2）大多数铜及铜合金管棒材的挤压，可采用L-AN68（40号机油）与20% ~30%鳞片状石墨调制成的润滑剂；当挤制青铜与白铜时，可将鳞片状石墨份量加至20% ~40%。低温时，为增加润滑剂的流动性，应加入5% ~9%的煤油予以稀释；高温时，可加入适量松香使石墨呈悬浮状态。

3）挤压高温高强合金如铜镍合金、镍、钛及钢时，石墨润滑剂有可能使钢材表面增碳，二硫化钼润滑剂中的硫有可能使蒙乃尔合金产生晶间裂纹，都难以满足制品质量要求，所以，目前大多采用玻璃润滑剂。固态的玻璃润滑剂在挤压温度和高压下呈粘糊状熔融状态，具有强粘着性和高熔点。使用这种润滑材料，可使制品表面良好，挤压速度显著提高，允许挤压比增大，从而使某些难于挤压的复杂管材如双金属管和带筋管以及变断面型材的挤压成为可能。

4）挤压钨、钼、钽、铌、铪、钛及其合金时，大多使用玻璃润滑剂。对一些塑性较差或表面易氧化污染的金属及合金，可采用包套挤压法，使用普通润滑剂即可。如挤压钛、锆、铌、钨、铀和铸铁等金属材料时，可使用铜套或软钢套包覆；挤压硬铝、超硬铝等合金时，可使用纯铝套包覆。包套挤压法还可使被挤金属免受表层的附加拉应力作用，有效地提高被挤材料的塑性。

四、锭坯尺寸选择

锭坯尺寸选择得是否合理，直接影响到挤压制品的质量、成品率、生产效率等技术经济指标。锭坯尺寸（直径和长度）越大，制品越长，从而使切头尾、切压余的几何损失和挤压周期内的辅助时间所占的比例越小。

选择锭坯直径时，应在满足制品断面力学性能要求和均匀性要求的前提下尽可能采用较小的挤压比。但是，在挤压外接圆大的复杂形状断面型材时，要考虑模孔轮廓不能太靠近挤压筒壁，以免制品出现分层缺陷。多孔模挤压时，还应考虑各模孔间的最小距离，既保证各模孔间流动速度均匀，又要考虑挤压模的强度。

挤压管、棒、型、线材的锭坯一般为实心圆锭坯，但在生产有些特殊要求的管材时最好使用空心锭坯。

（一）锭坯直径计算

计算锭坯直径时，应综合考虑挤压筒直径、锭坯直径偏差量、加热膨胀后仍能顺利进入筒内等因素。

（1）按间隙值计算

$$D_p = D_0 - \Delta D \tag{9-5a}$$

$$d_p = d_0 + \Delta d \tag{9-5b}$$

式中，D_p、d_p 分别为锭坯外径与空心锭内径（mm）；D_0、d_0 分别为挤压筒直径与穿孔针针杆直径（mm），当使用圆柱式针时，$d_0 = d_1$（d_1 为型材孔径）；ΔD、Δd 分别为使锭坯和针顺利送入又不产生纵向裂纹的间隙值，见表 9-4。

表 9-4 挤压筒与锭坯的间隙选择

金属材料	挤压机		挤压筒直径/mm	间隙值/mm		备 注
	类型	吨位/t		ΔD	Δd	
铝	卧式	—	—	3~10	4~8	
	立式			1.5~3	3~4	
	冷挤			0.2~0.3	0.1~0.8	
铜	卧式	—	≤100	1~3	1~5	
			100~300	5		
			≤300	10		
	立式	6	75~120	1~2		
稀有金属	卧式	4	66.72	1~2	1~1.5	包套挤压
		15	85	1.5~3	1.5~2	—
		31.5	220~260	4~5	5	包套挤压
		31.5	220~260	5	6	光坯挤压
	立式	6	65~120	1.5~2	1~1.5	包套挤压
				1.5	1	光坯挤压

（2）按热膨胀计算

$$D_p = \frac{D_0 - \Delta D}{1 + \alpha t} \tag{9-6}$$

式中，α为挤压温度下金属材料的线膨胀系数，见表9-5；t为锭坯加热温度（℃）。

表9-5　金属材料的线膨胀系数　　（10^{-6}/K）

金属材料	铝	镁	钛	铜	镍
线膨胀系数α	25	31.5	10	18.5	15.2

（3）按填充系数计算

$$D_p = \frac{D_0}{\sqrt{\lambda_c}} \tag{9-7}$$

式中，λ_c为填充系数，$\lambda_c = 1.07 \sim 1.15$。

（4）按挤压筒直径选择　锭坯直径可直接由挤压筒直径确定，因此应首先正确确定挤压筒直径。挤压筒直径必须满足三个条件：①挤压比大小应满足制品质量要求；②单位挤压力大小应满足金属塑性变形的需要；③挤压力不能超过设备能力。

（二）锭坯长度计算

圆断面锭坯长度L_p可按下式计算：

$$L_p = \left[\frac{(L_1 + l_1)m + l_2}{\lambda} + h_y\right]\lambda_c \tag{9-8}$$

式中，λ、λ_c分别为挤压比和填充系数；L_1为成品型材长度（mm）；l_1、l_2分别为长度裕量和切头尾长（mm），对穿孔料头应按实心断面计入，穿孔料头长为其直径的1～1.5倍；m为一次挤压的型材数；h_y为压余厚度（mm）。

在工艺计算时，不同产品可选取不同锭坯长度L_p以提高成品率。工厂习惯采用几种长度，以便于管理。

第五节　型材挤压模具的分类、组装方式和挤压设备

一、型材挤压模具的分类

（1）按模孔轴向断面形状　可分为平模、锥形模、平锥模、流线形模和双锥模等，见图9-11。

（2）按被挤压的产品品种　可分为棒材模、普通实心型材模、壁板模、变断面型材模和管材模、普通管材模、空心型材模等。

（3）按模孔数目　可分为单孔模和多孔模。

（4）按挤压方法和工艺特点　可分为热挤压模、冷挤压模、静液挤压模、反挤压模、连续挤压模、水冷模、宽展模、卧式挤压机用模和立式挤压机用模

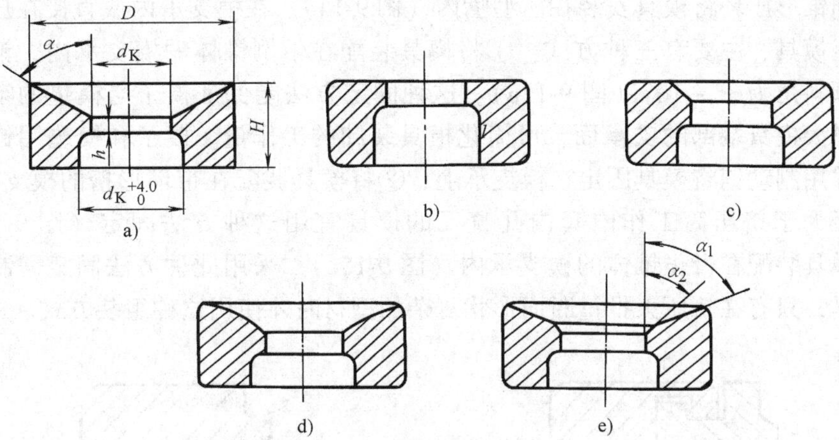

图 9-11 挤压模的模孔压缩区断面形状

a）锥形摸 b）平模 c）平锥模 d）流线型模 e）双锥模

等。

（5）按模具结构 可分为整体模、分瓣模、可卸模、活动模、舌型组合模、平面分流组合模、嵌合模、叉架模、前置模、保护模等。

（6）按模具外形结构 可分为带倒锥体的锥形模、带凸台的圆柱形模、带正锥体的锥形模、带倒锥体的锥形-中间压环锥形模、带倒锥的圆柱－锥形模、加强式模具等，见图 9-12。

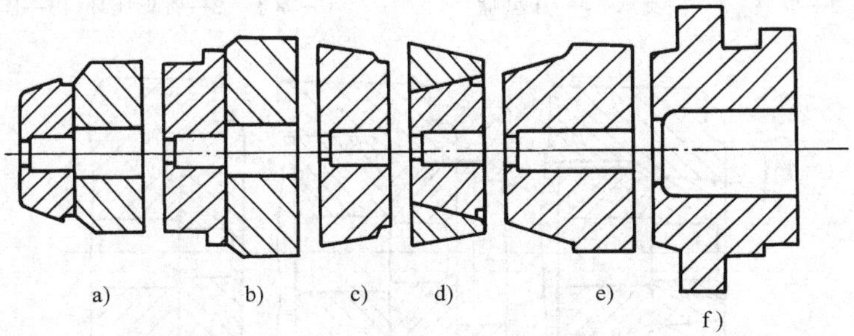

图 9-12 挤压模的外形结构

a）带倒锥体的锥形模 b）带凸台的圆柱形模 c）带正锥体的锥形模

d）带倒锥-中间压环锥形模 e）带倒锥的圆柱-锥形模 f）外形加强模

二、型材挤压模具的组装方式

模具组件一般包括模子、模垫以及固定它们的模支承或模架（在挤压空心制品时，模具组件还包括针尖、针后端、芯头等）。根据挤压机的结构和模座型式（纵动式、横动式和滚动式等）的不同，模具的组装方式也不一样。

在带压型嘴的挤压机上，压型嘴与模支承用锁键连接（图 9-13）。也有的利用中间锥形压环将模具安装在压型嘴内（图9-14）。在模支承内或直接在压型嘴内固定模具，主要有三种方式：①将模具装配在带倒锥体的模支承内，锥体母线的倾斜角为3°~10°（图9-15a）。这种固定方法能保证模子与模垫的牢固结合，增大模具端部的支承面，可简化模具装卸的工作量。模子和模垫用销子固定，并用制动销将模具固定在模支承上；②将模具装配在带环形槽的模支承内，当直径大于挤压筒工作内套内孔直径的模具宜用这种方法固定（图9-15b）；③将模具装配在带正锥体的模支承内（图9-15c），采用此种方法固定需制造专用工具，只有在挤压大批量断面形状复杂的型材时才使用这种组装方式。

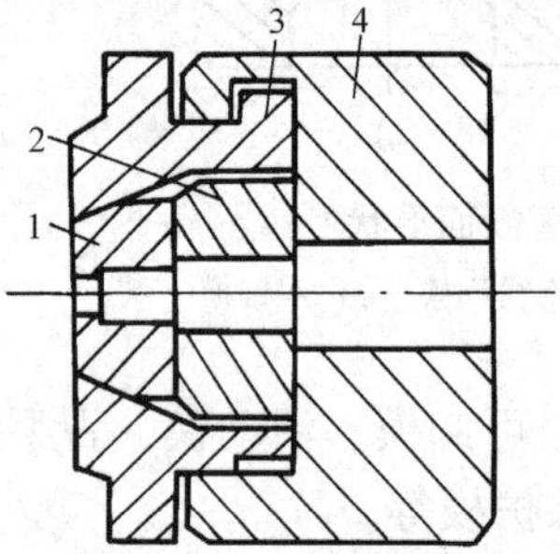

图9-13　压型嘴与模支承用锁链连接的模具组装方式

1—模子　2—模垫　3—模支承　4—压型嘴

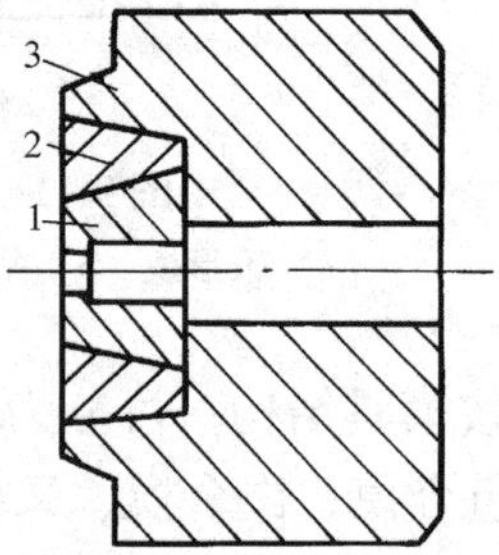

图9-14　利用中间锥形压环将模具安装在压型嘴内的装配方式

1—模子　2—锥形压环　3—压型嘴

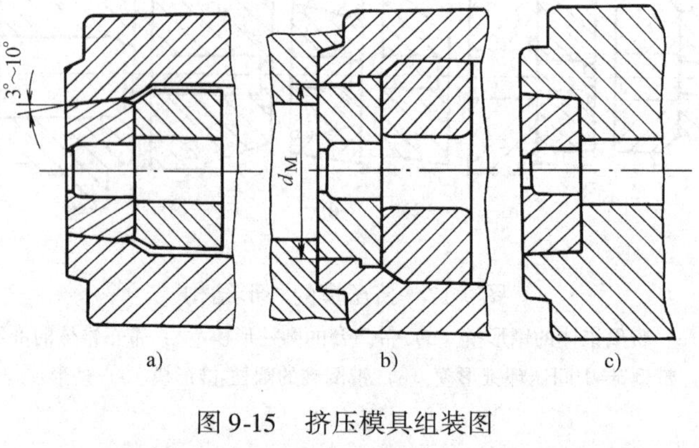

图9-15　挤压模具组装图

a）装配在带倒锥体的模支承内　b）装配在圆柱形的横支承内

c）装配在带正锥体的模支承内

在不带压型嘴的挤压机上安装矩形或方形断面的压环，将模子1和模垫2装入压环3内，再将压环安装在横向移动模架或旋转式模架内，利用T形锁键连接压环与模支承（图9-16）。模具在模架中的固定方式见图9-17~图9-18。

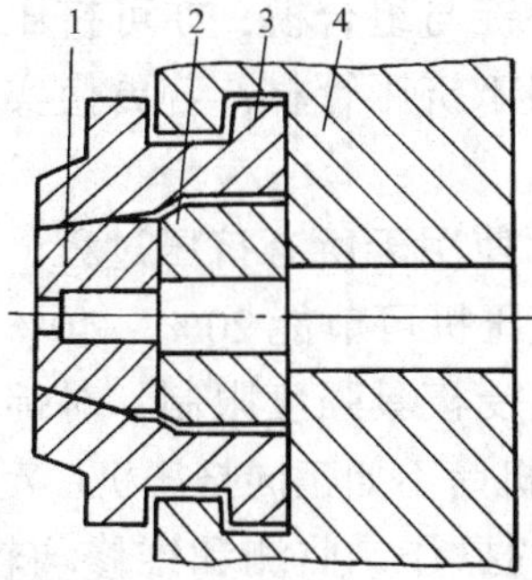

图 9-16 挤压机上不带压型嘴的模具组装方式

1—模子 2—模垫 3—压环 4—模支承

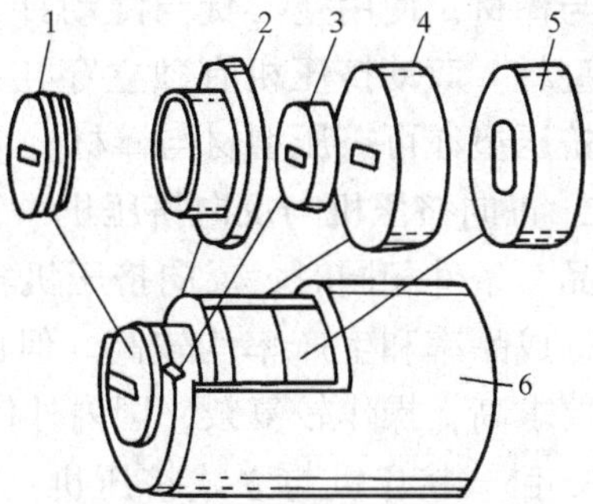

图 9-17 模具在模架中的组装方式

1—模子 2—模座 3—模垫

4—前支承环 5—后支承环 6—模架

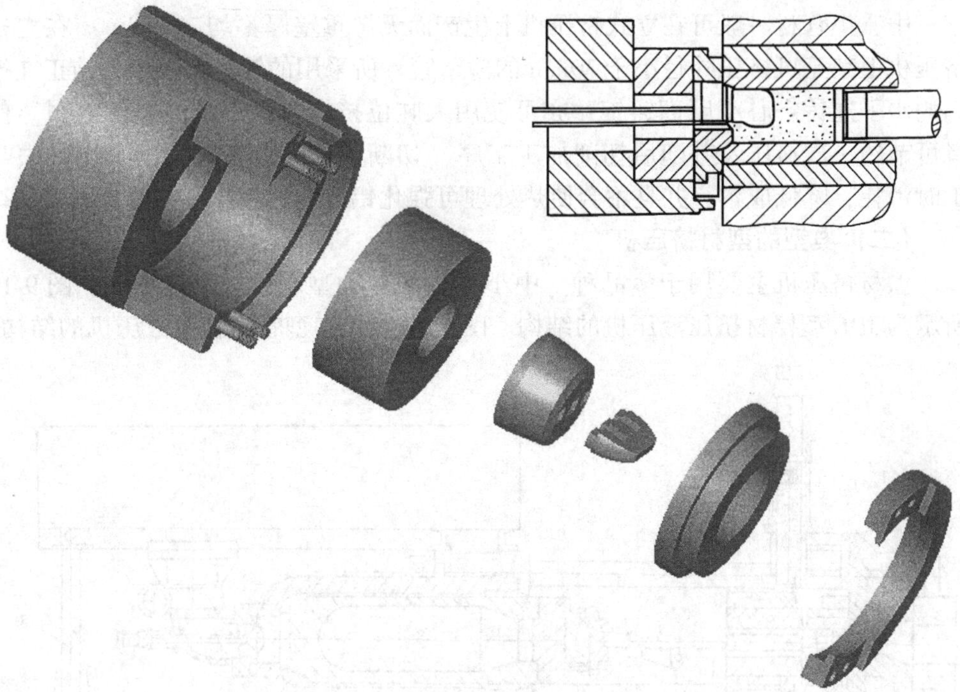

图 9-18 桥式模具装配示意图

三、型材挤压设备

(一) 型材挤压机的分类

型材挤压设备使用最广泛的是液压传动的挤压机。按其结构及用途有以下几种类型。

1. 单动挤压机与双动挤压机 单动挤压机无独立穿孔系统，适于挤压实心型材与棒材；使用空心锭与随动针，或使用实心锭与组合模，亦可挤压管材与空心型材。双动挤压机有独立穿孔系统，一般用于挤压管材；若更换实心挤压杆与挤压垫亦可挤压型材与棒材。

2. 正向挤压机与反向挤压机　正向挤压机已使用于所有挤压过程，挤压各种制品。条件相同时，反向挤压机相对于正向挤压机可节能 20% ~40%，制品质量、成品率和生产率均较高。但由于制品规格受模具强度限制，对锭坯表面质量要求高，操作较复杂，国内外使用反向挤压机尚不如正向挤压机广泛。

3. 卧式挤压机与立式挤压机　卧式挤压机的操作、监测和维修均较方便，使用较普遍。但是长期使用过程中的磨损、变形及各种零部件的热膨胀，可导致主要挤压工具如挤压杆、穿孔针、挤压筒、模座不对中，使管材壁厚不均或型材挤压时流动不均匀。

中、小管材一般可在立式挤压机上生产而无严重壁厚不均（偏心）。在立式挤压机上甚至可挤压外径小于 30mm 的薄壁管。所采用的锭坯可使用目前正在推广的水平连铸空心小断面铸锭；亦可使用大吨位挤压机挤压的厚壁管毛料。前者可节约一次挤压及其随后切削加工工序（切断、镗孔、车皮）的金属损失与工时消耗，降低成本，并且不会使热处理可强化铝合金的挤压效应降低或消失。

（二）典型的型材挤压机

型材挤压机主要用于多品种、中小批量的各种型、棒、线材加工。图 9-19 所示为 JDL 型棒材挤压液压机的结构。图 9-20 为 JSL 型管材挤压液压机的结构，

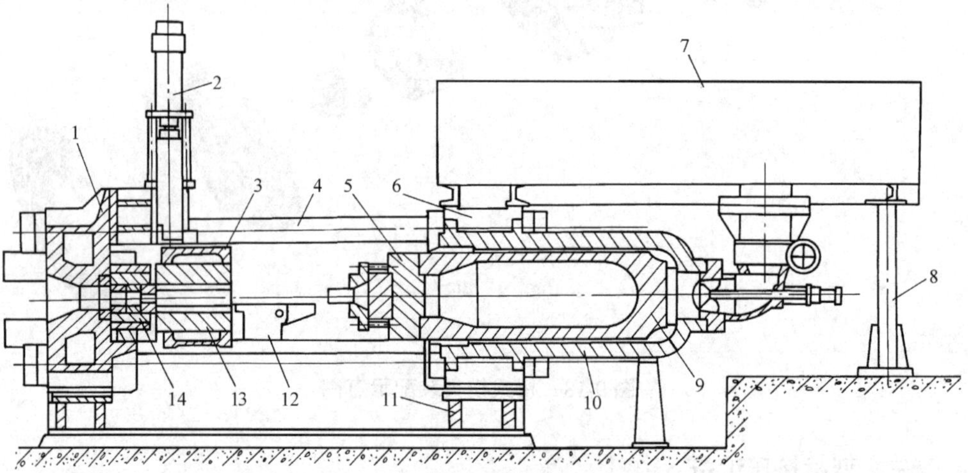

图 9-19　JDL 型棒材挤压液压机

1—前梁　2—剪切缸　3—挤压筒支座　4—张力柱　5—主活动横梁　6—后梁　7—油箱　8—支架　9—主柱塞　10—主液压缸　11—机座　12—供锭器　13—挤压筒　14—滑动模架

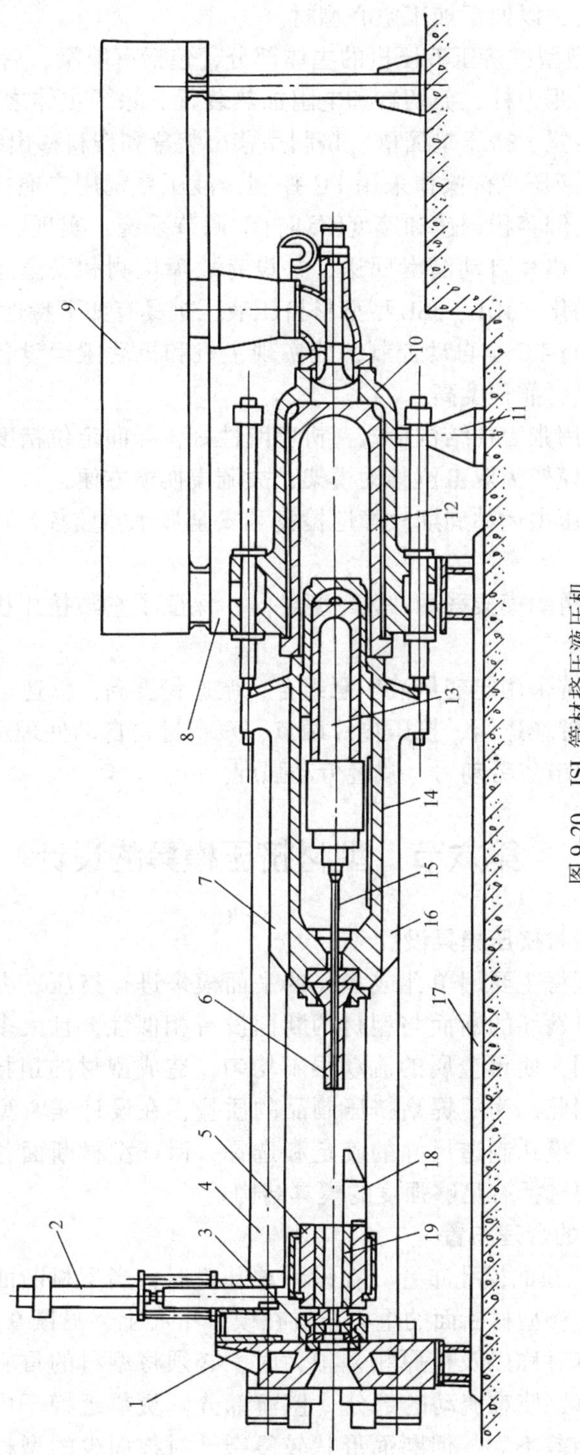

图 9-20 JSL 管材挤压液压机

1—前梁 2—剪切缸 3—滑动模架 4—张力柱 5—挤压筒支座 6—挤压杆 7—主活动横梁 8—后梁 9—油箱 10—主液压缸 11—支架 12—主柱塞 13—穿孔柱塞 14—副液压缸 15—穿孔针 16—穿孔活动横梁 17—机座 18—供锭器 19—挤压筒

它设有穿孔装置，以便于加工空心型材。

JDL、JSL 型型材挤压液压机的主体部分，包括有前梁、后梁、主活动横梁、挤压筒、机架及张力柱、剪切缸和电阻加热装置。除了主体之外还装有供锭器、送锭机、定位装置、挤压垫溜槽、挤制品移出装置和残料移出装置等。JDL 型和 JSL 型型材挤压液压机构操作采用 PC 控制，液压系统用二通插装阀集成油路操纵系统、电液比例容积调速和速度闭环自动调节系统，实现了锭坯的自动供给、余料自动回收、垫片自动润滑回送，并设有故障检测和安全运行显示装置，可以实现生产自动化。JDL、JSL 型型材挤压液压机具有如下特性：

1）可以进行 PC 全自动控制，能实现主机和机后搬运设备或其他外围设备的自动控制，且可靠程度高。

2）机架采用张力柱结构形式，机座刚性好，导向定位精度高。

3）改挤压模架为双工位移动模架，故调模换模方便。

4）设有挤压主运动周期故障巡检盘和安全显示器监控，可实现安全生产运转。

5）挤压筒滑动模架采用“X”型导向，保证了它与挤压机动梁之间的较高的同轴精度。

6）动力系统采用定变量液压泵组合，调速精度高，低速运动稳定性能好。

7）设置了锭坯送给、挤压垫片调节、残余材料自动处理运输系统等外围辅助设备后，可以节省劳动力，减轻劳动强度。

第六节　型材挤压模具的设计

一、实心型材挤压模具设计

普通实心型材主要用单孔或多孔的平面模来进行挤压。由于许多型材的断面不对称，而且锭坯的断面与型材的断面没有相似性，且大多数型材各个部分的壁厚也不相同，使得金属的流动很不均匀，造成型材的扭拧、波浪、弯曲及裂纹等缺陷。因此，为了提高挤压制品的质量，在设计实心型材模具时，应考虑模孔的配置、模孔制造尺寸的确定和选择，保证型材断面各个部位的流动速度均匀，并且要选择有足够强度的模具结构。

（一）模孔的合理布置

1. 单孔挤压模的模孔布置　在设计单孔模时，当型材断面有两个或两个以上对称轴时，应将型材断面的重心布置在模子中心上，见图 9-21a；当型材断面只有一个或没有对称以及壁厚相差很大时，必须将型材的重心相对于模子的中心做一定的偏移，使难流动的部分（壁薄部分）更靠近模子中心，见图 9-21b；对于壁厚虽然相差不大，但断面形状较复杂、对称面少的型材，应将型材断面外接圆的中心布置在模子中心上，见图9-21c；对于挤压比很大或流动很不均匀的某些型材，有时可采用平衡模孔，即再配置一个用于调整金属流动的辅助模孔，见图9-21d；当模具的装配方向不能改变时，应将型材的大面放在下面，以防止型材由于自重而产生扭拧和弯曲，见图9-21e。

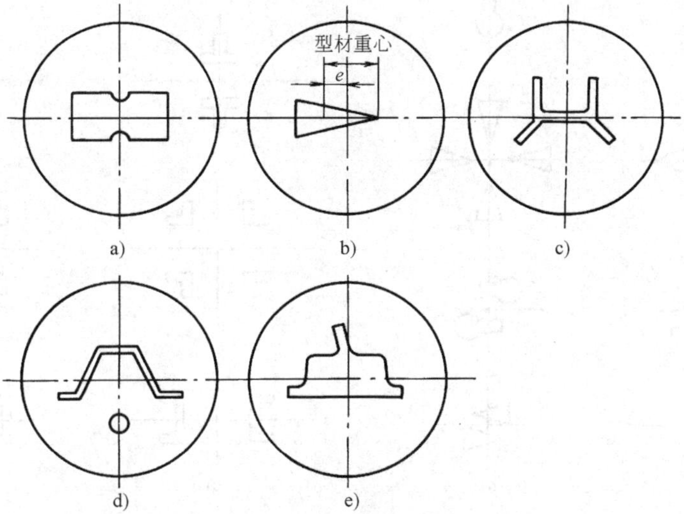

图9-21　单孔模模孔排列示意图

在布置模孔时还应注意型材的装饰面最好不与出料台接触，以防止划伤装饰面；此外，模孔的布置还应便于修模等。

2. 多孔挤压模的模孔布置　对于对称性较差且断面积较小的型材，可以采用多孔模挤压，这样不仅可以改善金属的流动均匀程度，而且还能降低挤压比，提高挤压生产率。对于壁厚相差较大的型材，应将壁厚的部位布置在模子的外缘，而将壁薄的部位布置在靠近模子的中心；对于壁厚相差不大的型材，采用多孔模挤压时可将型材模重心均布在以模子中心为圆心的某一同心圆上，见图9-22。

在布置多孔模的模孔时，不仅需要考虑型材断面各部分流动的均匀性，有时还需要考虑模子的强度问题。为了保证模具的强度，多孔模各个模孔之间的距离应当合适，不能过小。在实际生产中模孔之间的间距大体在15～50mm范围内，对于19.6MN以下的挤压机取20～30mm；49MN左右的挤压机取35～50mm；对于78.4MN以上的大型挤压机，可取60mm以上。同时，模孔间距也应系列化，以便模垫可互相交换使用。

当了防止锭坯表面的杂质流入挤压制品中去，不论是单孔模还是多孔模，模孔边缘距挤压筒内壁应保持一个最小距离，此值一般取挤压筒直径的10%～15%，见表9-6。

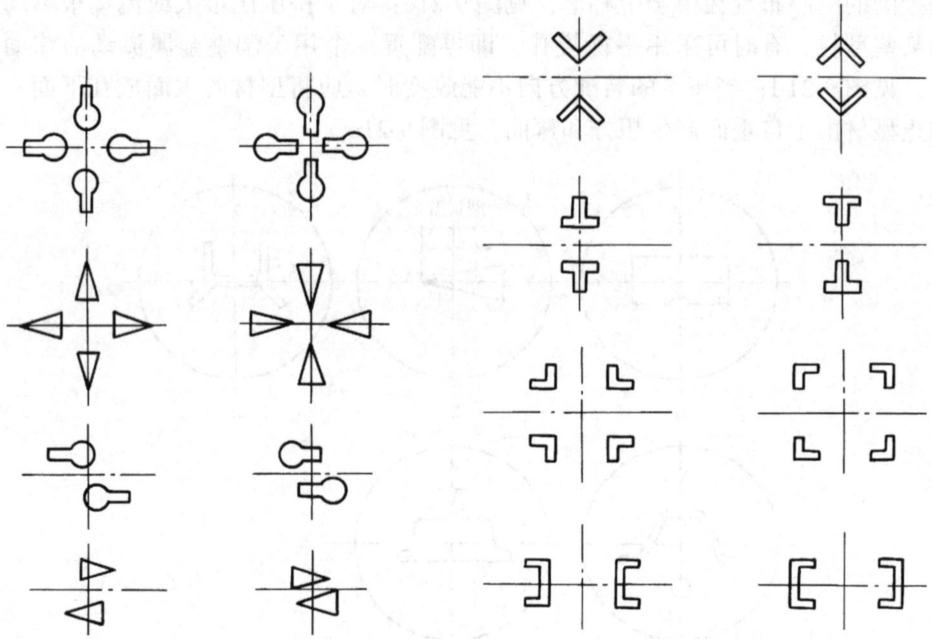

图 9-22　多孔型材模模孔的配置方案

a)、c) 不合理　b)、d) 合理

表 9-6　型材模孔与挤压筒壁间的最小距离

挤压筒直径/mm	85～95	115～130	150～200	200～280	350～500	>500
模孔边缘与挤压筒壁间最小距离/mm	10～15	15～20	20～25	30～40	40～50	50～60

(二) 模孔几何尺寸的确定

在确定模孔几何尺寸时，应考虑型材和模子的冷却收缩、工作带在载荷作用下的畸变、不均匀变形引起的拉缩变形、金属在流入模孔时不能急转变而引起的非接触变形以及型材在拉伸矫直时的断面尺寸收缩等因素。此外，还应当考虑到型材在拉伸矫直时，不论是在长度上还是在断面上，各个部分的变形是不相同的。

1. 外形尺寸（宽和高）的确定　实心型材的模孔尺寸 A 可按以下公式进行计算：

$$A = A_0(1 + K) + \Delta \tag{9-9}$$

式中，A_0 为型材外形的基本尺寸（mm）；K 为模孔裕量系数，不同金属的 K 可在表 9-7 所列的数值范围内选取；Δ 为型材外形尺寸的正偏差，可按有关国家标准查取。

表 9-7 不同金属的模孔裕量系数 K

金属种类	裕量系数 K（%）	金属种类（代号）	裕量系数 K（%）
纯铜	1.5	L1 ~ L7、LF2、LF3、LF21、LD2、LD31 等	1.0 ~ 1.2
黄铜	1.0 ~ 1.2	LF5、LY11、LY12、LD5、LD8、LC4 等	0.7 ~ 1.0
青铜	1.7	MB1、MB2、MB15 等	1.0 ~ 1.2
		高镁合金	1.0 ~ 1.2

2. 壁厚处模具间隙尺寸的确定　实心型材的壁厚处模具间隙尺寸 B 可按以下公式进行计算：

$$B = B_0 + \Delta \tag{9-10}$$

式中，B_0 为型材壁厚的基本尺寸（mm）；Δ 为型材壁厚尺寸的正偏差，可按有关标准查取。对于图 9-23 所示的情况，由于受型材断面形状的影响、挤出制品的壁厚往往小于所要求的尺寸，因此，在设计这些型材壁厚尺寸时，还必须加上一定的修正量。修正量的值是用型材断面尺寸乘以壁厚系数。对于一般断面形状的型材，壁厚系数可取 0.002；对于 H 形、角形和深槽形型材，还应适当加大修正量。

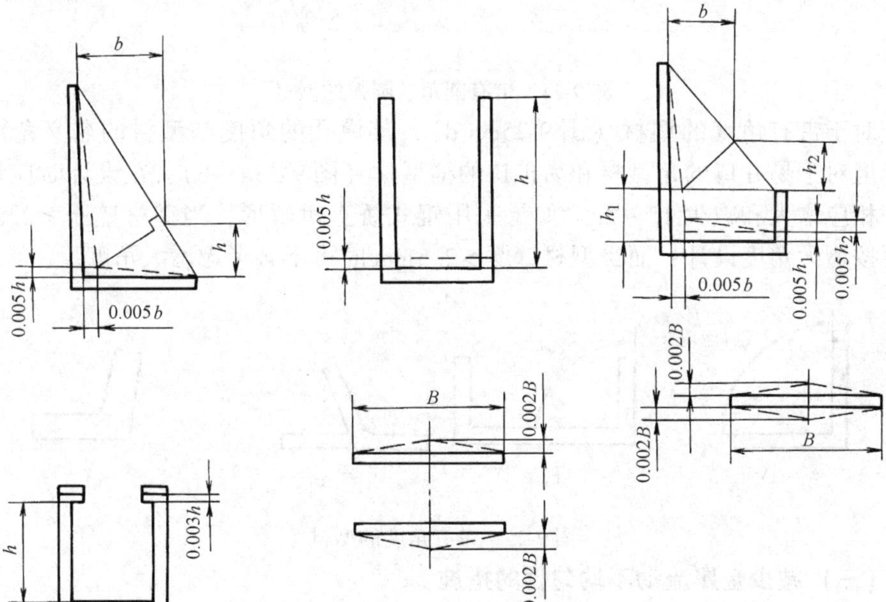

图 9-23　模孔壁厚修正的几种情况

3. 圆角、圆弧和角度的确定　对于没有偏差要求的圆角和圆弧的型材，模孔可以按名义尺寸设计，见图 9-24。对于有偏差要求的圆角、圆弧以及由圆角与圆弧组成的型材，其模孔尺寸可按前述的式（9-9）或式（9-10）计算，并根据生产经验加以修正。

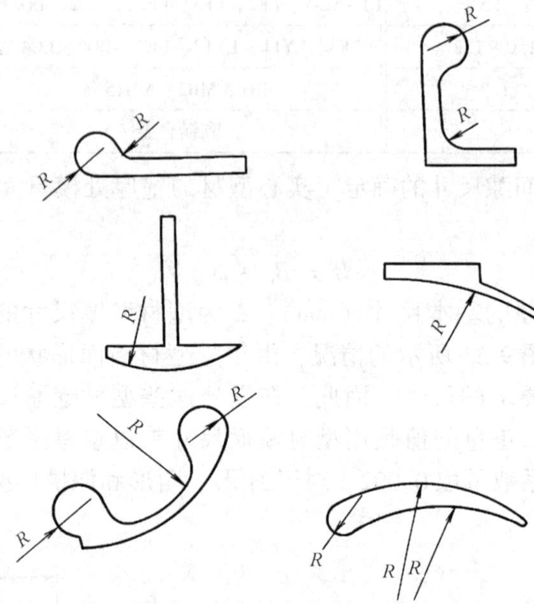

图 9-24　带有圆角、圆弧的型材

对于带有角度的型材（图 9-25c、d），其模孔的角度与型材的名义角度相同；但对于易并口的角型材和易扩口的槽型材（图 9-25a、b），在设计时应将其角度相应增大和减少 1°～2°。如果采用辊式矫直机矫形，当型材壁厚 < 2. 5mm 时可按增大角度设计；而当型材壁厚 > 2. 5mm 时可不必考虑增大角度。

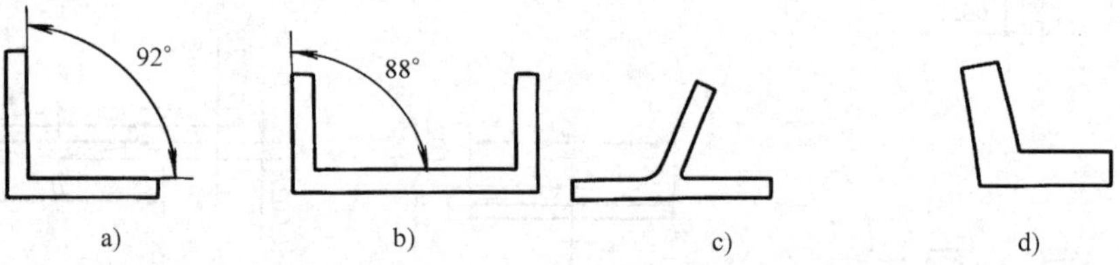

图 9-25　带有角度的型材

（三）减少金属流动不均匀性的措施

1. 采用不等长的工作带　由于型材各部分的壁厚不均匀，需要采用不等长的工作带来达到调整流速的目的，其原则是型材断面壁厚处的定径带长度应大于壁薄处的定径带长度，即比周长（面积与周长之比）大的部分的定径带长度要小于比周长小的部分的定径带，这样可以使定径带的摩擦阻力对各部分的影响趋于均衡，从而达到调整金属流速的作用。

对于宽厚比小于30的型材或最大宽度小于挤压筒直径1/3的型材，可按以下公式计算模孔的工作带长度：

$$h_2 = \frac{h_1 S_1 f_2}{S_2 f_1} \tag{9-11}$$

式中，h_1、h_2 分别为断面 A_1、A_2 处的模具工作带长度（mm），见图9-26；S_1、S_2 分别为断面 A_1、A_2 处的周长（mm）；f_1、f_2 分别为断面 A_1、A_2 处的断面积（mm^2）。

在实际生产中，一般采用更简便的计算方法，即根据型材壁厚的比值求出工作带的长度，即

$$h_2 = \frac{h_1 b_2}{b_1} \tag{9-12}$$

式中，b_1、b_2 分别为断面 A_1、A_2 处的壁厚（mm）。

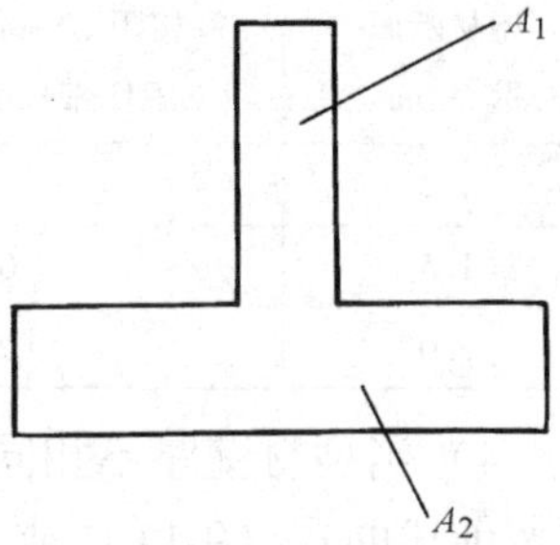

图9-26 壁厚不等的“T”字型材断面

使用上述方法计算型材各个区段模孔工作带长度时，应先给定一个区上工作带长度数值作为计算的参考值（一般给定型材壁厚最薄的区段上的最小工作带长度）。一般说来，纯铜、黄铜、青铜的最小工作带长度 $h=6\sim8$mm；白铜、镍合金 $h=4\sim5$mm；铝及铝合金的模孔最小工作带长度可在表9-8所列数值范围内选择。

表9-8 模孔工作带的最小长度数值

挤压机能力/MN	122.5	49.0	34.3	15.97～19.60	6.17～12.25
模孔工作带最小长度/mm	5～10	4～8	3～6	2.5～5	1.5～3
模孔空刀尺寸/mm	3	2.5	2	1.5～2	0.5～1.5

对于宽厚比大于30的型材，或型材的壁厚相同以及相差不大但断面形状很复杂的型材（如建筑用铝合金门窗型材等），模孔工作带长度的确定除应考虑以上因素外，还应考虑型材区段距挤压筒中心的距离，即挤压筒中心区或模孔中心区的工作带应加长，而边缘工区的工作带应减短，一般可按以下规则进行确定：

（1）采用单孔模挤压 可按单一同心圆规则来确定模孔工作带的长度，见图9-27。

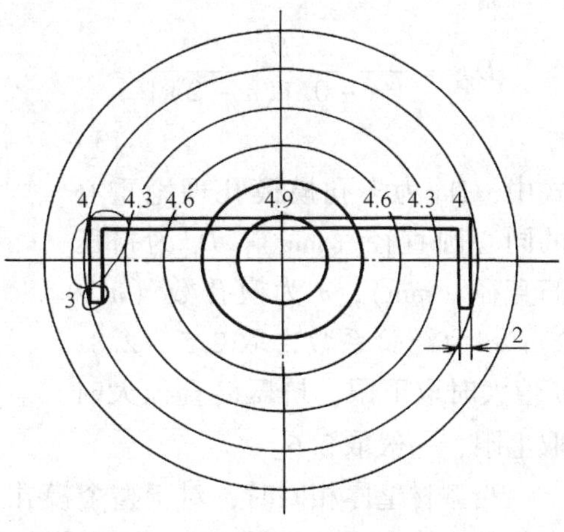

图9-27 单孔模的同心圆规则

1）确定模孔工作带长度时，先以整个型材断面上金属最难流出处为基准点，该处的工作带长度一般为该处型材的1.5～2倍。

2）与基准点相邻区段的工作带长度可为基准点的工作带长度加上1mm。

3）型材壁厚相同时，与模子中心距离相等处其工作带长度相同；从模子中心起，每相距10 mm（同心圆半径）工作带长度的增减数值可按表9-9所列数值进行确定。

表9-9　模孔工作带长度增减值

型材断面壁厚/mm	每相距10mm（同心圆伴径）工作带长度增减值/mm	型材断面壁厚/mm	每相距10mm（同心圆伴径）工作带长度增减值/mm
1.2	0.20	2.5	0.35
1.5	0.25	3.0	0.40
2.0	0.30		

4）当型材壁厚不相同时，模孔工作带长度的确定除应遵循上述规则外，还应按前述的式（9-11）或式（9-12）进行计算，然后再依靠设计者的经验进行适当确定。

（2）采用多孔模挤压　可按复合同心圆规则来确定各模孔工作带长度，见图9-28。

多孔模的各个模孔的中心应均匀布置在相距模子中心的某一个合适直径（$D_心$）的同心圆上，此同心圆的直径（$D_心$）可按下式进行计算并由设计者根据需要进行必要的调整。

$$D_心 = \frac{D_t}{[a - 0.1(n - 2)]} \tag{9-13}$$

式中，$D_心$为多孔模模孔理论重心的同心圆直径（mm）；D_t为挤压筒直径（mm）；n为模孔数（$n>2$）；a为经验系数，取2.5～2.8，n值大时取下限，挤压筒直径大时取上限，一般取2.6。

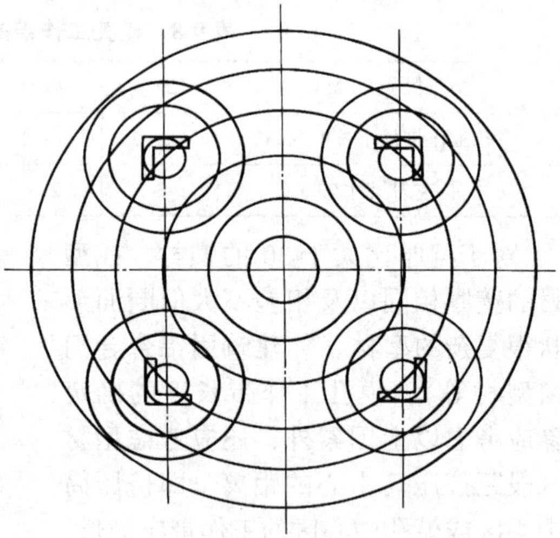

图9-28　多孔模的复合同心圆规则

当型材壁厚相同时，对于整个模孔来说，从模子中心（型材重心不与模子中心重合）起，每相距10mm（整个模子的同心圆半径）工作带长度的增减数值应按表9-9所列数值进行拟定。对于任一模孔来说，从模孔中心（型材重心坐标可由设计者确定，原则上可与模孔中心重合）起，每相距10mm（任一模孔的同心圆半径）工作带的增减数值也应按表9-9列数值进行拟定。最后将上述两种情况综合考虑，再依靠设计经验进行确定。

当型材壁厚不同时，既要遵循复合同心圆规则，还应按前述式（9-11）或式（9-12）进行计算。

采用不等长的工作带控制金属的流速的措施具有一定的限度，因为金属通过工作带时要冷却收缩，以致脱离与工作带的接触，这样也就失去了工作带控制金属流动速度的作用，因此，模孔工作带的最大长度应有限值，一般为15～25mm。但是，如果模子在工作时是嵌入挤压筒里面的，由于工作温度较高，金属的冷却收缩不明显，其工作带长度可以加大，最多可达到30mm以上。

对于以下几种情况，需酌情对模孔工作带长度进行增减，见图9-29。

1）交接圆边有凹弧 R（$R>1.5$mm）者，工作带可加上1mm，见图9-29a。

2）型材局部有孔处工作带可加上1mm，见图9-29b。

3）交接圆边有凸弧 R（$R>1.5$mm）者，工作带可减短1mm，见图9-29c。

4）壁厚相同的各个端部的工作带可减短1mm，见图9-29d。

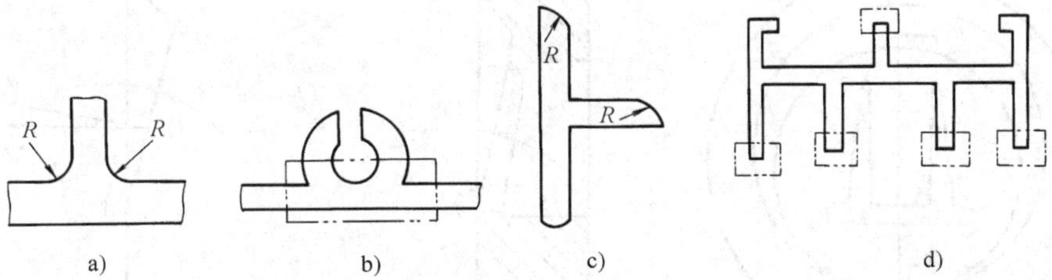

图9-29　应酌情增减工作带长度的几种情况

2. 采用阻碍角或促流角　用增减工作带长度的办法来调整金属的流速是有一定限度的。当型材壁厚差别很大，计算出的工作带长度超过其极限值时，就要采用阻碍角的办法来调整金属的流动速度。

阻碍角就是在型材壁厚大、比周长小的部位的模孔工作带入口处作出一小斜面，以增加金属在此处的流动阻力，斜面与模子轴线之间的夹角 $\gamma_{阻}$ 称为阻碍角，斜面的高度 $h_{阻}$ 称为阻碍高度，见图9-30。

当阻碍角 $\gamma_{阻}=3°$时，开始有明显的阻碍作用。阻碍作用最大时 $\gamma_{阻}$ 为15°，当继续增加阻碍角时，其效果则逐渐变劣。当阻碍角大于15°时，因接近金属的自然流动角，不但不能起阻碍作用，反而会加快金属的流动速度。因此，一般在设计时控制在 $\gamma_{阻}=3°\sim12°$之间，以便在试挤时根据需要修模。阻碍高度 $h_{阻}$ 一般不超过25mm。

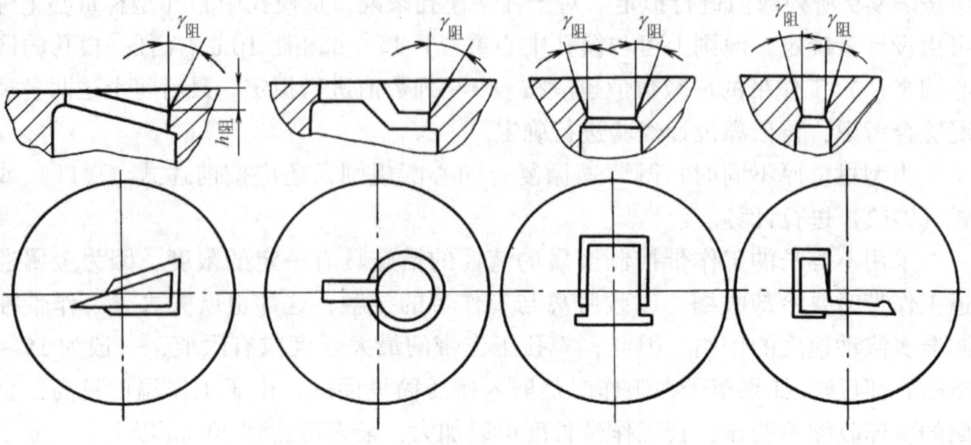

图 9-30　带有阻碍角的模子

对于壁厚大的部分可以作阻碍角，同样对于壁厚薄的部分可以作促流角，增加金属供应量，见图 9-31。

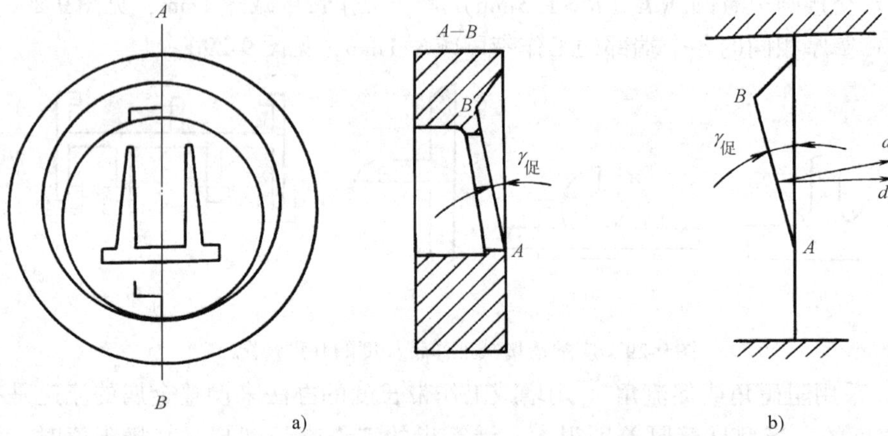

图 9-31　用促流角控制金属的流速

a）促流角示意　b）分解图

促流角 $\gamma_促$ 是指倾斜于模子端面与模子轴线垂直面之间的夹角，一般可取 $\gamma_促=3°\sim10°$。由于模子端面是由型材壁厚较厚的部分向较薄的部分倾斜，因此，模子端面对金属的反作用力 d_p 可以分解成一个垂直分力 d_y 与一个水平分力 d_x。在 d_x 的作用下，将促使金属沿模子端面向型材壁薄部分流动　这样便可以增加型材壁薄处的金属供给量，促使流速加快从而使整个断面上金属流动均匀。

3. 采用平衡模孔　在挤压断面形状特别复杂、对称性很差或各个部分壁厚相差很大而在模子面上只能布置一个模孔的型材时，为了均衡流速，保证制品尺寸、形状的准确性或为了减少挤压比，可以在模子平面的适当位置附加一个或多个平衡模孔，见图9-32。

平衡模孔一般设计成圆形的，以便有可能利用附加挤出的制品；平衡模孔的大小、形状、个数以及与型材模孔的距离都是很重要的，在设计时恰当地选择。

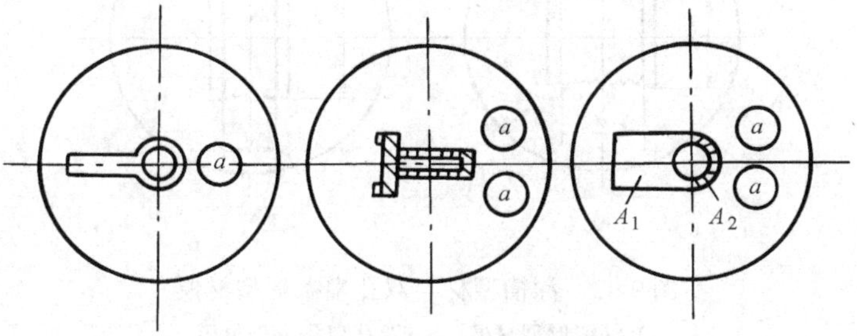

图9-32　带有平衡模孔的模子

a—平衡模孔　A_1、A_2—型材各部分面积

平衡模孔的直径$D_{衡}$可以按以下公式计算：

$$D_{衡} = 2a\left(1 + \sqrt{1 + \frac{s_1}{\pi a n}}\right) \tag{9-14}$$

式中，$a = (A_1 - A_2)/s_2$；A_1、A_2分别为型材大、小断面部分的面积（mm^2）；s_1、s_2分别为型材大、小断面的内外周长（mm）；n为平衡模孔的数量。

由上式计算出来的平衡模孔直径只能是近似的，必须通过挤压实践来进一步确定其与型材模孔的距离和修正其直径的大小。

采用平衡模孔降低了材料的利用率，因此，除特殊情况外一般很少采用。

（四）型材模子的强度校核

当挤压深槽形型材或是双孔扁条形型材时（图9-33），模子在高温高压作用下容易产生弹性翘曲，甚至塑性变形，严重时还会从危险断面发生断裂，因此，对于这两类型材的模子，必须进行强度校核。

1. 深槽形型材模的强度校核　对于深槽形型材模的突出部份，可以认为是一个受均布载荷的悬臂梁，一般按以下公式校核其危险截面处模具的最小厚度H_{min}：

$$H_{min} = l\sqrt{\frac{3pa}{[\sigma_b]b}} \tag{9-15}$$

式中，H_{min}为模具（包括模子、模垫等的总厚度）的最小厚度（mm）；l为槽形悬臂的长度，即槽形型材的槽深尺寸（mm）；p为单位压力，等于挤压机的吨位与挤压筒断面积之比（MPa）；a为模孔悬臂梁根部截面处的宽度（mm）；b为悬

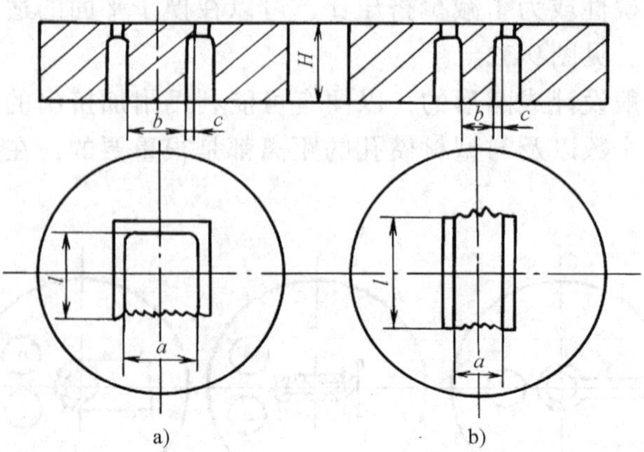

图 9-33　深槽型材与双孔扁条形型材模

a）深槽形型材模　b）双孔扁条形型材模

臂梁根部截面出口处宽度，$b = a - 2c$（mm）；c 为悬臂梁根部截面出口空刀尺寸（mm）；$[\sigma_b]$ 为模具材料许用抗拉强度，当温度为 400℃时，3Cr2W8V 钢的 $[\sigma_b]$ 取 1000MPa（当温度为 450℃时，$[\sigma_b]$ 取 600 ~ 650MPa）；5CrNiMo 取 6000MPa。

为了计算方便，可令 $a = b$，其结果对其厚度影响不大，则式（9-15）可以写成：

$$H_{min} = l\sqrt{\frac{3p}{[\sigma_b]}} \tag{9-16}$$

由式（9-16）可见，当单位压力 p 一定时，模具的厚度与悬臂梁长度成正比。

对有悬臂梁的模子，由式（9-16）校核满足抗拉强度要求后，在生产过程中模子仍还可能发生弯曲，即悬臂梁部分产生挠度从而影响制品尺寸，因此，还应进行弯曲挠度的校核。

模子的最大挠曲变形可按下式进行计算：

$$\delta_{max} = \frac{ql^4}{8EJ} \tag{9-17}$$

式中，δ_{max} 为悬臂梁端部的最大挠度（mm）；l 为槽形悬臂的长度（mm）；q 为悬臂梁单位长度上的压力，$q = \frac{Q}{l}$（N/mm），Q 为悬臂梁承受的总压力（MN）；E 为材料的弹性模量，可取 2.2 × 105MPa；J 为悬臂梁截面的惯性矩，$J = \frac{1}{2}bh^3$（mm^4），b、h 分别为悬臂梁的宽度和高度（mm）。

实践证明，悬臂梁的弹性挠度对型材尺寸精度有很大影响，只有当 δ_{max} <

1mm 时才能保证型材尺寸精度。

2. 双孔扁条形型材模的强度校核　对于双孔扁条形型材模，可以认为是一个两端固定的均布载荷梁，一般按以下公式校核其弯曲变形：

$$H_{\min} = l\sqrt{\frac{pa}{2[\sigma_{bb}]b}} \tag{9-18}$$

式中，l 为两个危险截面间的距离，即形成固定梁的长度（mm）；$[\sigma_{bb}]$ 为模具材料的许用抗弯强度（MPa）；其他符号与式（9-15）相同。

有时，双孔扁条形型材模还需按下式校核其两个危险截面的抗剪强度，从而求出避免模具破坏的最小厚度 $H_{\min}$：

$$H_{\min} = \frac{apl}{2[\tau]b} \tag{9-19}$$

式中，$[\tau]$ 为模具材料的许用剪切强度，$[\tau] = (0.55\sim0.60)[\sigma_{bb}]$（MPa）；$p$ 为单位压力（MPa）；l 为两个危险截面之间的距离，即固定梁的长度（mm）；b 为固定梁截面出口处宽度，$b = a-(3\sim6)$ mm；a 为固定梁的宽度，即两个模孔的间距（mm）。

当模具厚度一定时，固定梁的抗剪强度可以通过改变两个模孔间距 a 来满足。

二、空心型材与焊合管材挤压模具（组合模）设计

空心型材是在型材断面上带有一个或多个内孔的型材，管材是空心型材中最简单的一种。空心型材挤压可采用挤压无缝管材的挤压方法和组合模焊合挤压法两种方法生产。

组合模是将模芯置于模孔中与模子组合成一个整体，模孔的形状和尺寸决定了型材的外形和尺寸，而模芯的形状和尺寸则决定着型材内孔的形状和尺寸。常见的组合模有舌形模和平面分流模等。挤压时，锭坯在强大的压力作用下被模子上的桥分成几股金属流入焊合室，金属在焊合室中被重新焊合后流出模孔形成空心型材。组合模与无缝管材的挤压方法相比，具有以下优点：

1）可以生产多孔、双壁和断面极为复杂的空心型材。

2）可以在无穿孔系统的棒型材挤压机上用实心锭坯生产空心制品。

3）制品的尺寸精确，壁厚偏差小，内外表面质量好，型材的内孔可以小到 0.6mm。

4）金属流动较均匀，缩尾少。

但是，组合模挤压也存在一些缺点：

1）制品表面有焊缝。

2）挤压时工作应力较高，模具易损坏。

3）模具加工复杂，制造成本高。

（一）舌形模设计

舌形模又称桥式模，在空心铝合金型材的挤压生产中，舌形模是应用最早的一种，与其他组合模相比，舌形模具有最小的挤压力，型材各个部分金属流动均匀，可以采用较高的挤压速度等一系列优点，因此舌形模在硬铝合金空心型材的挤压生产中应用得比较普遍。舌形模的主要缺点是挤压压余大，强度较差，且制造加工困难。

1. 舌形模的结构类型　舌形模主要有四种结构形式，见图9-34。

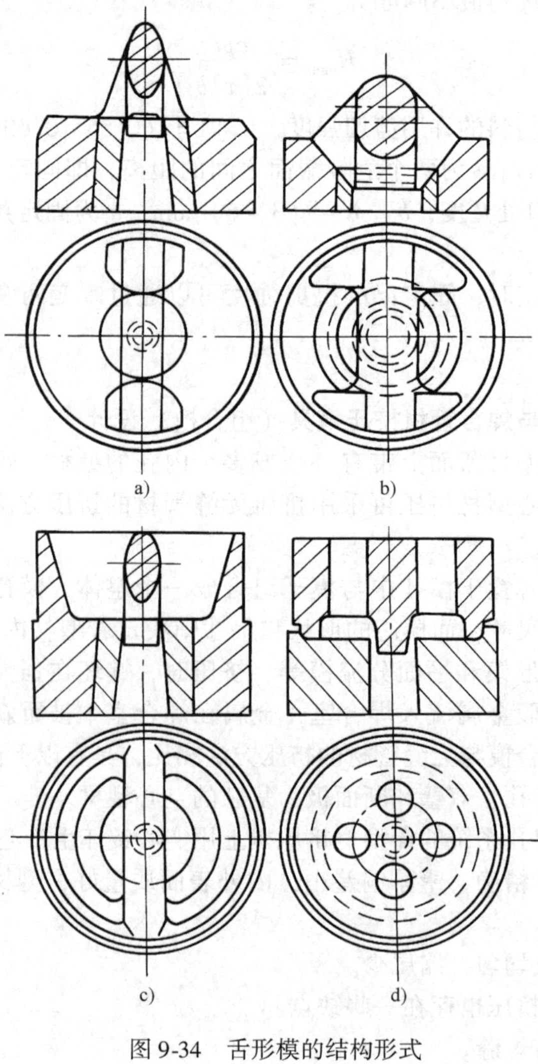

图9-34　舌形模的结构形式

a）突出桥式　b）半突出桥式　c）埋入桥式　d）平面桥式

隐桥式舌形模（如带埋入桥）的优点是加工制造稍简单些，模具强度稍高些，挤压压余少且可用剪刀分离；突出桥式舌形模在挤压时一般采用拉断的方式使制品与压余分离，可以使模腔中的金属清理得干净些，不会影响制品前端的焊缝质量，而用剪刀分离压余时难免有此缺点。目前，国外多采用埋入桥的舌形模，国内则多使用突出桥式舌形模。

2. 舌形模的设计　舌形模的设计结构要素比较复杂，为了简便起见，仅以图 9-35 为例，对其主要结构要素进行分析。

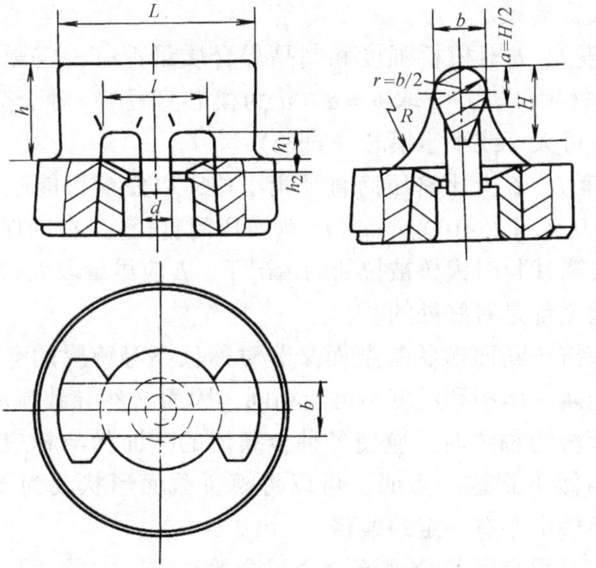

图 9-35　舌形模的结构要素分析图

（1）模桥　模桥断面形状较理想的一种是水滴形的，它可以有效地阻碍锭坯中心部分金属的流动，使金属流动均匀。但是，由于模桥在工作时受到金属的强烈摩擦而极易磨损，并将磨损下来的金属微粒带入金属流中影响焊缝质量。因此，模桥表面最好镀镍，也可以将桥顶做成平面的，以使金属在其平面上形成死区，从而减轻对模桥的摩擦作用。

为了获得良好的水滴形，模桥的高与宽之比 $h/b=1.5\sim2.0$，模桥根部圆弧半径 $R=H-r$，桥面圆弧半径 $r=b/2$。

1）模桥高度 h。h 决定挤压残料的高度。挤压残料高度一般取为（1.5～2.0）h。因此，如果 h 过大，则会使残料增加，直接影响挤压成品率，且分离残料也较困难，所以 h 应尽可能取下限；当 h 过小时，在高压作用下，模桥易弯曲，甚至被剪断。根据生产经验，对于内径为 20～70mm 的管材舌形模，模桥高度 h 可按下式来计算：

$$h=(1.5\sim2.0)\,d \tag{9-20}$$

式中，d 为模芯（舌头）直径；（1.5～2.0）为经验系数，内径较大的管材取下限，反之取上限。

对于挤压空心型材的舌形模，当形状较简单时 h 可取 40～50mm，当形状复杂时 h 应根据不同情况而定。

桥孔高度 h_2 和 h_1 会直接影响模桥强度、制品的焊缝质量和挤压成品率。h_2 越大，焊缝质量越好；但当 h 一定时，h_2 增大会削弱模桥的强度，若 h 也相应增大又会影响挤压成品率。因此，可将 h_1 设计成负值或零，即采用带突出半桥式或带埋入桥式舌形模。

2）模桥宽度 b。b 对模桥强度和制品焊合质量都有一定影响。对于内径为 20～70mm 的管材舌形模，可取 $b=d$（d 为模芯直径）；对于空心型材舌形模，根据具体情况 b 可大于或小于模芯（直径）尺寸。

3）模桥长度 L。L 应比挤压筒直径稍小些，以使模桥能顺利地放入挤压筒中，一般取 $L=D_t-$（2～10）mm（D_t 为挤压筒直径）。在确保模桥根部有足够强度，不致因分离残料时模桥被拉断的情况下，L 应尽量取大些，这对焊缝质量和制品的尺寸精度都是有好处的。

在用舌形模挤压断面形状复杂而又非对称且不等壁厚的空心型材时，由于被模桥分开的金属流体积和温度不可能相同，因而必然导致流动不均匀。因此，在布置模孔和模桥的轴线时，应使各种金属流的断面积与相应的模孔面积之比尽可能相等；当做不到这一点时，可以将模桥截面形状改为不规则的水滴形，或者使模芯对模桥中心有一定的偏移。

（2）焊合室　焊合室是金属流会合焊合的地方，它的大小和高度对挤出制品的焊缝质量、尺寸精度都有很大的影响。焊合室太浅，由于摩擦力小而不能建立起足够的反压力，从而使焊合区压力不足而导致焊缝质量不高，同时也限制了挤压速度不能提高；焊合室太深，分离压余后易残留金属。在挤压空心型材时，应注意用焊合室的大小来控制压力，使模芯受力均匀而不偏移。焊合室的高度与挤压筒直径有关，见表 9-10。

表 9-10　焊合室高度与挤压筒直径的关系

挤压筒直径/mm	115	130	170	250～270	300 以上
焊合室高度/mm	10	15	20	30	40

（3）模芯（舌头）　模芯用于控制空心型材内孔的形状和大小；它可以与模桥做成一个整体，也可以做成装配式。模芯的长度为焊合室高度、模子入口圆锥部分高度、模孔工作带长度与模芯伸出工作带的长度的总和；模芯伸出工作带的长度要合适，一般小吨位挤压机可伸出 2～4mm，大吨位挤压机可伸出 10mm 左右。

(4) 模孔工作带　在工作带的有效长度范围内，随着工作带长度的增加，挤压制品的焊缝强度也增加，因此，为了保证可靠的焊合，空心型材模具的工作带比实心型材模具要长一些，并且在模孔工作带的入口方向上带有1°的锥度，为了使金属流动均匀，舌形模各个部分的模孔也应采用不等长的工作带，位于桥下部分的工作带长度应比其余部分小一半左右等等。此外，舌形模孔也有阻碍角与促流角或做成两上或四个模孔对称的形式，以平衡金属的流动。

3. 模孔尺寸　舌形的模桥与模套用热压或冷压配合，通过螺钉将模桥与模体连在一起。空心型材模孔的外形尺寸 A 可按以下公式进行计算：

$$A = A_0(1 + K) \tag{9-21}$$

式中，A_0 为型材外形的基本尺寸（mm）；K 为模孔裕量系数。

空心型材的壁厚尺寸 B 可按以下公式进行计算：

$$B = B_0 + \Delta \tag{9-22}$$

式中，B_0 为型材壁厚的基本尺寸（mm）；Δ 为型材壁厚模孔尺寸增量，当 $B_0 < 3$ 时，$\Delta = 0.1\text{mm}$，当 $B_0 > 3$ 时，$\Delta = 0.2\text{mm}$。

4. 舌形模的强度校核　舌形模在挤压时的受力情况是比较复杂，可以把模桥与模桥支座看成是一个 π 字形框架固定在支承面上，并受有单位长度上的均匀载荷和由于作用在模芯上的摩擦力所体现的集中载荷，是一个三次静不定的受力系统，计算复杂。舌形模容易出现变形的问题，一般是模桥被压弯和模桥支座的根数被剪断，因此，必须对模桥的抗弯强度和抗剪强度进行校核。为简化计算，可将模桥看成是一个两端固定，受均布载荷的梁，水滴形模桥截面，也可近似认为是椭圆形截面或三角形截面，见图 9-36。

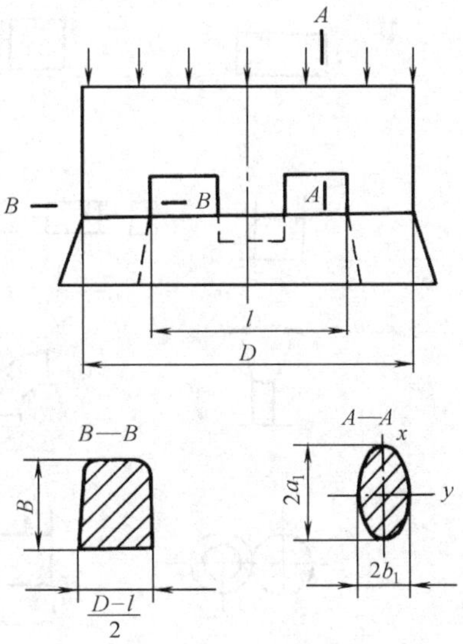

图 9-36　舌形模强度计算示意图

(1) 抗弯强度校核　按两端固定受均布载荷梁的条件，模桥抗弯强度按下式进行校核：

$$\sigma_{弯} = \frac{M_{max}}{W} \leqslant [\sigma_{bb}] \tag{9-23}$$

式中，$[\sigma_{bb}]$ 为模具材料的许用弯曲应力（MPa）。最大弯矩 M_{max} 与抗弯模量 W 可按以下公式来计算：

$$M_{max} = \frac{ql^2}{12}$$

式中，q 为模桥单位长度上的载荷，（N/ mm）；l 为模桥支座之间的长度（mm）。

模桥截面设为三角形时 $W=\frac{ba^2}{12}$

模桥截面设为椭圆形时 $W=\frac{\pi a_1^2 b_1}{4}$

式中，b、a 分别为模桥截面宽度、高度（mm）；$a_1 b_1$ 分别为椭圆的长轴之半和短轴之半。

（2）抗剪强度校核　两个模桥支座截面的抗剪强度按以下公式进行校核：

$$\tau_{剪}=\frac{F}{A_{剪}}=\frac{F}{2A_1}\leqslant[\tau_{剪}] \quad (9\text{-}24)$$

式中，$\tau_{剪}$ 为两个模桥支座截面所受的剪切应力（MPa）；F 为作用在模桥上的力，F 由三部分组成：作用在桥顶上的力 F_1，作用在桥截面上的摩擦力 F_2 以及作用在模芯上的摩擦力 F_3；$A_{剪}$ 为剪切面积（mm^2）；A_1 为模桥的断面积（mm^2）；$[\tau_{剪}]$ 为模具材料的许用剪切应力（MPa）。

（二）平面分流模设计

1. 平面分流模挤压型材的特点

1）可适于用舌形模很难生产，甚至无法生产的双孔、多孔或内腔复杂的空心型材，见图 9-37。

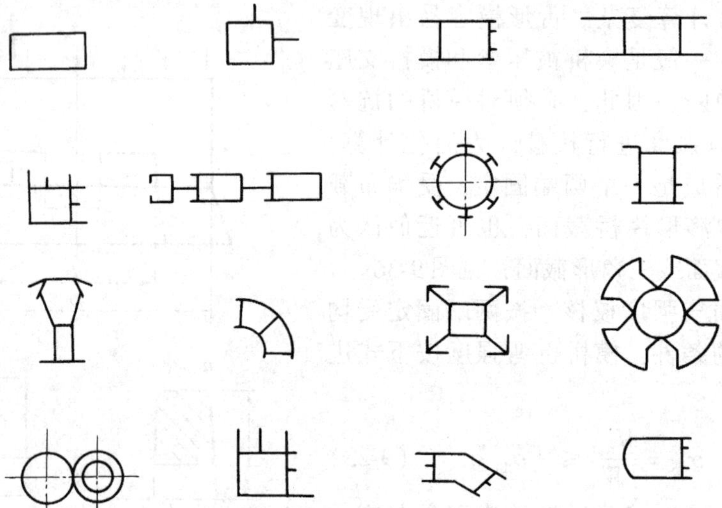

图 9-37　平面分流模挤压的产品示例

2）可以生产悬臂梁较大、用平模很难生产的半空心型材的挤压。

3）可以生产断面形状复杂、壁厚相差大或多齿的（如散热片型材）、难以用不等长工作带、阻碍角和促流角调整流速的实心型材。

4）平面分流模较舌形模容易加工，挤压残料较舌形模的短且分离残料容易。

由于用平面分流模挤压的制品存在2~4条甚至更多条焊缝，妨碍其制品在很多重要结构上的应用；此外，与平模和舌形模相比，平面分流模的变形阻力约高30%，因而目前只限于生产纯铝、铝-锰系、铝-镁系和铝-镁-硅系合金。如果能减小挤压阻力，则可以扩大挤压合金的范围。例如在上模（阳模）上再加上一个保护模，把分流桥保护起来，降低分流桥的承受力，把分流桥减窄，增大分流比，从而可以挤出铝-锌-镁系等合金。再则，平面分流模在挤压过程中不易修模，因而要求设计精确，加工准确。

2. 平面分流模的结构设计　平面分流模一般由上模（阳模）和下模（阴模）组合而成。上模有分流孔、分流桥及模芯。分流孔是金属流向焊合室的通道，分流桥是用于支承模芯，模芯是用来形成型材内腔形状和尺寸的。下模有焊合室和模孔，焊合室是把分流孔分开的几股金属重新焊合起来的空间；模孔用来形成型材外部形状和尺寸。模芯和模孔上有工作带，同样可以采用不等长的工作带来调整金属流出模孔的速度。模孔出口处和模芯上有空刀，其目的在于金属流出模孔后不再受阻，不会划伤制品的内、外表面。平面分流模的结构见图9-38。

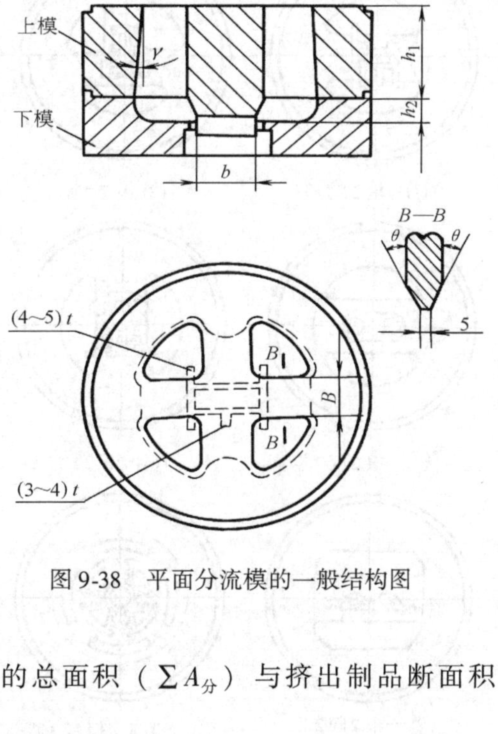

图9-38　平面分流模的一般结构图

（1）分流比　分流比是指分流孔的总面积（$\sum A_{分}$）与挤出制品断面积（$A_{型}$）之比，一般用K来表示：

$$K=\frac{\sum A_{分}}{A_{型}} \tag{9-25}$$

分流比的大小直接影响到金属流动阻力的大小、制品的成形和焊合质量。K值越小，则挤压时变形阻力越大，这对模具的使用和挤压生产都是不利的。一般，在保证模具有足够强度前提下K值应尽量选取大一些，这样有利于金属的流动与焊合。对于挤压空心型材取$K=10\sim30$；对于挤压管材取$K=5\sim10$。

（2）分流孔　分流孔的个数、形状、面积大小和排列方式，对挤压制品的质量、挤压力和模子寿命都有很大的影响。

分流孔个数的选择要根据制品外形尺寸、断面形状和模孔排列位置来确定，一般有二孔、三孔、四孔和多孔。对于制品外形尺寸小、断面形状较对称的，可采用二孔或三孔；对于制品的外形尺寸大、断面形状复杂的，选用四孔或多孔。一般情况下，分流孔个数要尽量少，以减少焊缝，增大分流孔面积，降低挤压力。

分流孔的形状要根据制品的外形来确定，一般有圆形、扁椭圆、腰子形、扇形和异形（图 9-39）。对于小直径管材和对称轴多的简单断面型材，多用圆

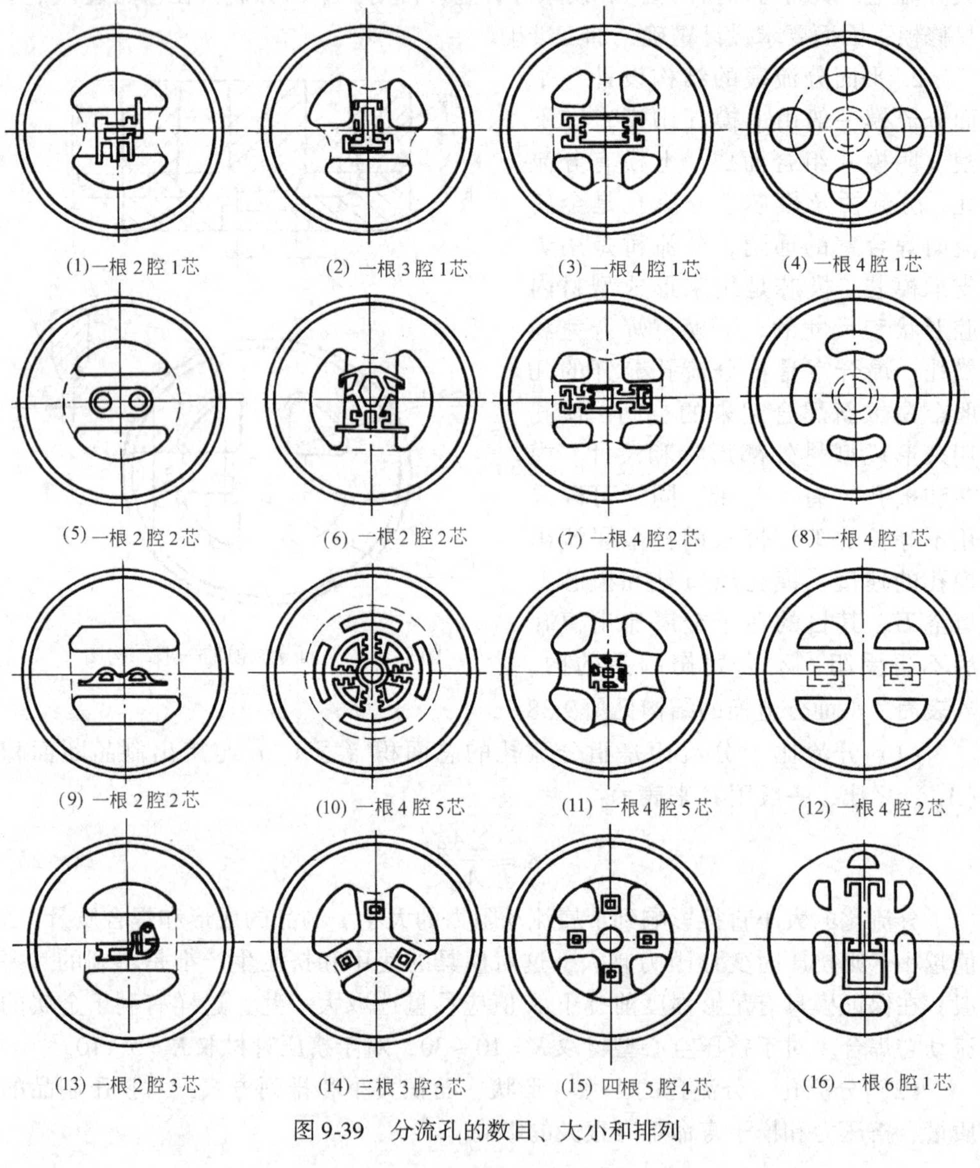

图 9-39　分流孔的数目、大小和排列

形、扁椭圆形；对于大直径管材和外形较大的型材，多采用腰子形；对于复杂断面型材，采用扇形和异形。

分流孔在模子平面上的合理布置，对于平衡金属流动速度、减少挤压力和提高模具寿命都有一定的影响。对于断面形状对称性较好的空心制品，分流孔中心的同心圆直径应大致等于$0.7D_t$（D_t为挤压筒直径）；对于断面形状不对称的空心型材或异形管材，应尽量保证各个部分的分流比基本相等，或型材断面积稍大部分的K值应略低于其他部分K值。此外，分流孔的布置应尽量与制品保持几何相似性，为了保证模子强度和制品质量，分流孔不能布置得过于靠近挤压筒或模子边缘，也不宜布置得过于靠近挤压筒中心。

为了降低突破挤压力（即开始挤压时的最大挤压力），提高焊缝质量，或在制品的外形尺寸较大、扩大分流比又受到模子强度限制时，分流孔道可以做成锥形的，即分流孔入口端断面积小些，与焊合室相接的一端断面积大些。一般，其锥度可取$\gamma=3°\sim6°$。

（3）分流桥　分流桥的结构和尺寸对金属的流动速度、焊合质量、挤压力大小和模子强度等有明显的影响。

分流桥宽度B的确定，从加大分流比、降低挤压力方面来考虑，B应小些；但从改善金属流动的均匀性来考虑，B应大些，模孔最好能被分流桥遮蔽。一般可取$B=b+(3\sim20)$ mm（b为模孔型腔宽度），当制品外形及内腔尺寸大时取下限；反之，取上限。

分流桥截面形状主要有矩形、矩形倒角和水滴形三种（图9-40），后两种有利于金属的流动与焊合，也便于模具加工，因而被广泛应用。矩形倒角截面桥的下部倒角（也称焊合角θ）一般取30°～45°；对于难挤压的型材取$\theta=30°$，桥底圆角$r=2\sim5$mm；在焊合室高度$h_{焊}=(1/2\sim2/3)B$的条件下，可取$\theta=h_{焊}/(1/2\sim1/3)B$。

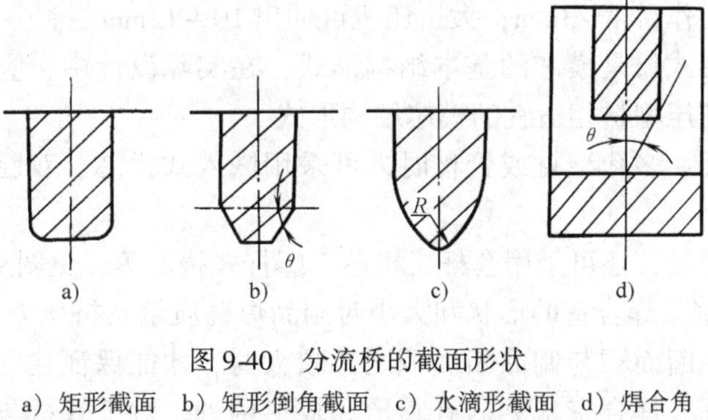

图9-40　分流桥的截面形状

a）矩形截面　b）矩形倒角截面　c）水滴形截面　d）焊合角

分流桥的高度（$h_{桥}$）直接影响挤压力的大小和模子的强度，一般在保证模

具强度的条件下 $h_{桥}$ 越小越好，以便降低挤压力。因此，$h_{桥}$ 在设计时是经过粗略的强度计算后确定的。

为了增加分流桥的强度，往往在分流桥的两端添置桥墩；蝶形桥墩不仅能增加分流桥的强度，而且能改善金属的流动，避免产生死区。

(4) 模芯　模芯又称舌头。它的结构直接影响模子的强度、制品的焊合质量以及模具加工的难易程度。模芯的工作带部分是决定型材内腔形状和尺寸的关键部位。

根据模芯工作带部分的结构不同，模芯可以分为凸台式、锥台式、锥式三种基本结构形式，见图 9-41。

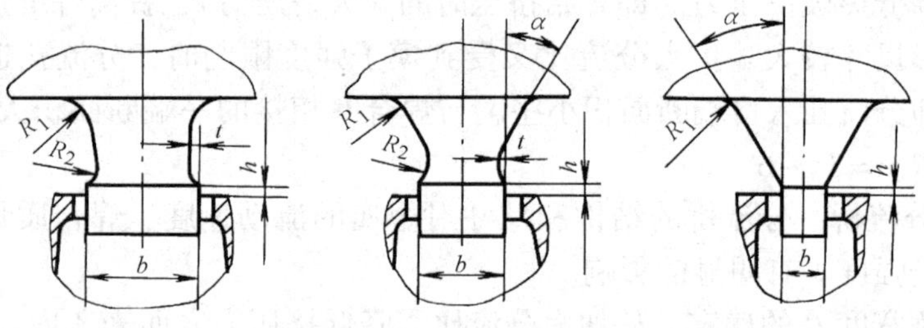

图 9-41　模芯定径带的结构形式

a) 凸台式　b) 锥台式　c) 锥式

当型材内孔尺寸（宽度或直径）$b<10$mm 时，多采用锥式模芯。这种模芯的强度高，在挤压过程中稳定性好，不易偏斜，所以挤出的制品壁厚偏差较小。当 $b=10\sim20$mm 时，一般采用锥台式模芯；当 $b>20$mm 时，多半采用凸台式模芯。

当模芯尺寸较大时，应在模芯出口端设计出空刀部位；模芯工作带与模孔工作带相配合时，应在入口端及出口端均长出 0.5～1.0mm；对于小挤压机，模芯可伸出模孔工作带 1～3mm；大挤压机可伸出 10～12mm。

上述三种形式仅是模芯的基本结构形式，在实际设计中，应根据具体情况设计出与每个挤压型材相适宜的模芯结构形式。

当挤压双孔、多孔型材或管材时，可采用嵌入式模芯、双腔式模芯等，见图 9-42。

当挤压管材时，还可采用套杆式模芯、螺杆式模芯等，见图 9-43。

(5) 焊合室　焊合室的形状和大小对制品焊缝质量及挤压力有很大的影响，只有当焊合室横断面积与制品断面积之比较大时，才能保证建立起足够大的静压力使焊缝牢固。焊合室常见的有圆形和蝶形两种。对于管材与外接圆直径较小的型材多采用圆形焊合室，对于外接圆直径较大且断面较复杂的型材，一般采用蝶形焊合室；有时根据需要可采用与型材外形大体相似的异形焊合室形状，见图9-44。

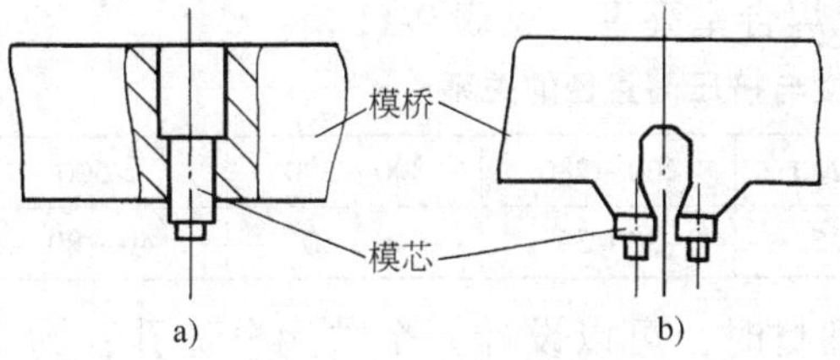

图9-42 特殊的模芯结构形式
a）嵌入式模芯 b）双腔式模芯

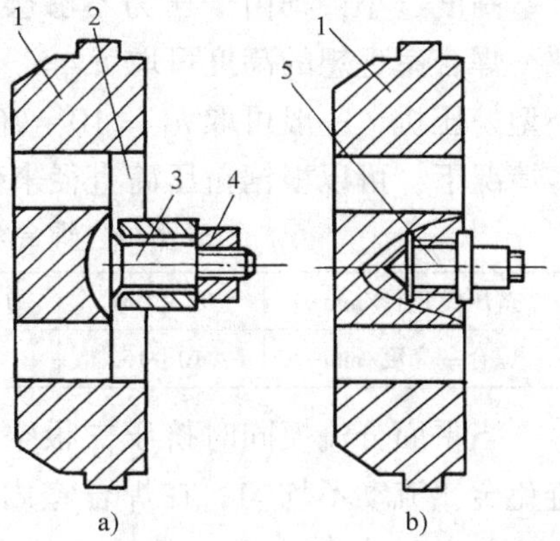

图9-43 套杆式模芯、螺杆式模芯结构图
a）套杆式模芯 b）螺杆式模芯
1—上模 2—浮动套 3—套杆
4—螺母 5—螺杆式模芯

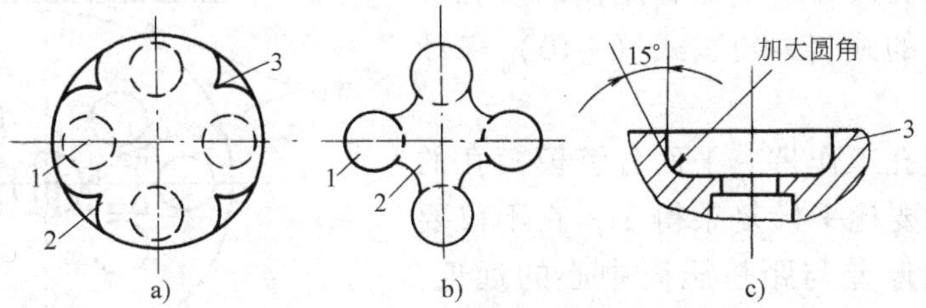

图9-44 焊合室的形状
a）圆形的 b）蝶形的 c）焊合室剖面
1—分流孔 2—焊合室 3—死区

圆形焊合室（图9-44a）在两个分流孔之间会产生一个十分明显的死区，不但增大挤压阻力，而且影响焊缝质量。蝶形焊合室（图9-44b）有利于消除这种死区，提高焊缝质量。

为了消除焊合室边缘与模子入口平面之间接合处的死区，可采用大圆弧（$R=5\sim20$mm）过渡，或将焊合室入口处做成带有15°左右的斜度；当焊合室较大时，为了有利于金属的流动，有时将焊合室的底平面设计成带有一定的斜度（图9-45c）。在与蝶形焊合室对应的分流桥根部也做成相应的凸台，这样可以改善金属的流动，减少挤压阻力。

当分流孔形状、个数及排布方式确定后，焊合室的断面形状和大小也可以基本上确定，因此，合理地选择焊合室高度具有重大意义。焊合室的高度是指分流桥底部与模孔入口平面之间的距离。焊合室高度过大，虽有利于金属的焊合，但会影响模芯的稳定性，从而使挤出的制品壁厚不均，且挤压力也大；焊合室高度过小，则由于压力不够会使焊缝质量不高，从而导致挤出制品表面开裂。焊合室理想的高度可取 $h_{焊} = (1/2 \sim 1/3)B$（B 为分流桥宽度）；对于中、小型挤压机，一般可取 $h_{焊} = 10 \sim 20$mm，或等于管材壁厚的 6～10mm 倍；在很多情况下，可以根据挤压筒直径来确定焊合室高度，见表 9-11。

表 9-11　焊合室高度与挤压筒直径的关系

挤压筒直径/mm	95～130	150～200	200～280	300～500	>500
焊合室高度/mm	10～15	20～25	30～35	40～50	40～80

当平面分流模同时挤压二根空心型材时，可以设计一个共用分流孔；为了避免金属流动不均匀，在焊合室内可设计一个隔墙，相当于二个焊合室，见图 9-45。

焊合室一般设计在下模（阴模）上，也可设计在上模（阳模）上，有时也可在上、下模设计各半。

（6）模孔尺寸　平面分流模的模孔尺寸可按前述的式（9-9）、式（9-10）来计算。

（7）模孔工作带　平面分流模模孔的工作带长度要比平模复杂得多，它不仅要考虑型材壁厚差与距挤压筒中心的远近，而且还必须考虑型材壁厚差与距挤压筒中心的远近，而且还必须考虑模孔被分流桥遮蔽的情况以及分流孔的大小和分布；在某些情况下，从分流孔中流入的金属量的多少甚至对调节金属流动起主导作用，处于分流桥底下的模孔由于金属流进困难，工作带必须减薄。一般说来，可按以下原则进行确定：

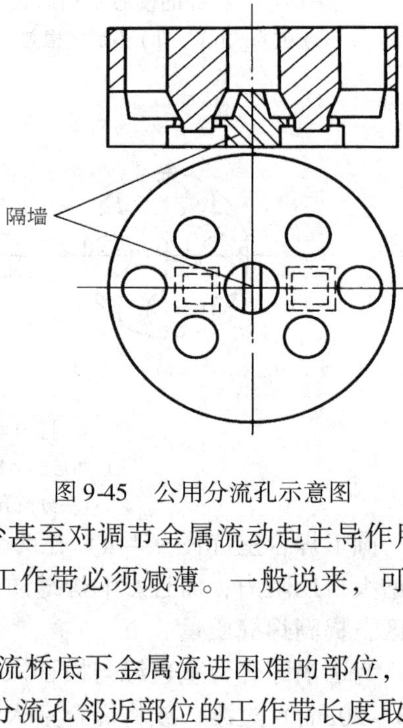

图 9-45　公用分流孔示意图

1）空心部位工作带长度的确定。处于分流桥底下金属流进困难的部位，其工作带长度可取制品壁厚的 2 倍，即 $2t$；与分流孔邻近部位的工作带长度取 $2t+1$ 或更长些；其余部位根据具体情况来确定。

2）与空心部位相邻的实心部位工作带长度的确定。处于分流桥底下金属不能直接到达的部位，其工作带长度可取（3～4）t；处于分流孔下面的部位，金属可以直接到达，其工作带长度可取（4～5）t。

3）模芯工作带的入口端和出口端均应比模孔工作带加长 0.5～1mm。

4）模孔工作带长度变化较大时，模芯相应部位的工作带长度也应随之变化。

（8）模孔空刀　平面分流模的孔空刀结构可按图9-46进行选取。一般说来，当型材壁厚 $t>2\mathrm{mm}$ 时，可采用加工容易的直空刀和斜空刀结构（图9-46a、c）；当 $t<2$ 或带有悬臂处可用组合空刀结构（图9-46d）；对于危险断面处（如带有小燕尾槽的型材等）可用图9-46b、e两种空刀结构。

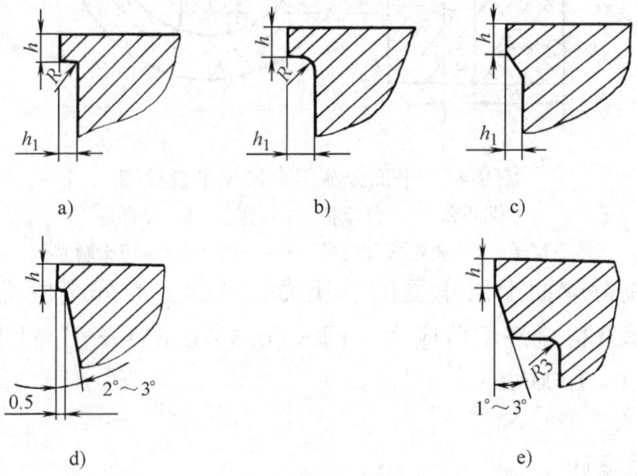

图9-46　平面分流模孔空刀结构

a）直线空刀　b）圆弧空刀　c）斜度空刀

d）圆弧与斜度组合切口　e）工作带有斜度的圆弧切口

3. 平面分流模的强度校核　平面分流模在挤压时承受载荷最不利的情况发生在分流和焊合室尚未进入金属及金属充满分流孔和焊合室开始流出模孔两个时段，其破坏形式主要是分流桥被压弯和分流桥两端危险截面被剪断。对于双孔或四孔的分流模，可以将其一个或二个分流视为受均布载荷的简支梁，对其危险断面进行抗弯强度和抗剪强度校核。

（1）抗弯强度校核　平面分流模可按两端固定受均布载荷的简支梁的条件，校核分流桥的最小高度 $H_{\min}$，见图9-47。

$$H_{\min}=l\sqrt{\frac{p}{2\left[\sigma_{\mathrm{bb}}\right]}} \tag{9-26}$$

式中，$H_{\min}$ 为分流桥的最小高度（mm）；l 为分流桥二个危险断面间的长度（mm）；p 为单位压力（MPa）；$[\sigma_{\mathrm{bb}}]$ 为模具材料许用抗弯强度，对3Cr2W8V钢，在450℃时取 $[\sigma_{\mathrm{bb}}]=1000\mathrm{MPa}$。

（2）抗剪强度校核　平面分流模的抗剪强度可按以下公式进行校核：

$$\tau=\frac{Q_{桥}}{A_{桥}}\leqslant[\tau] \tag{9-27}$$

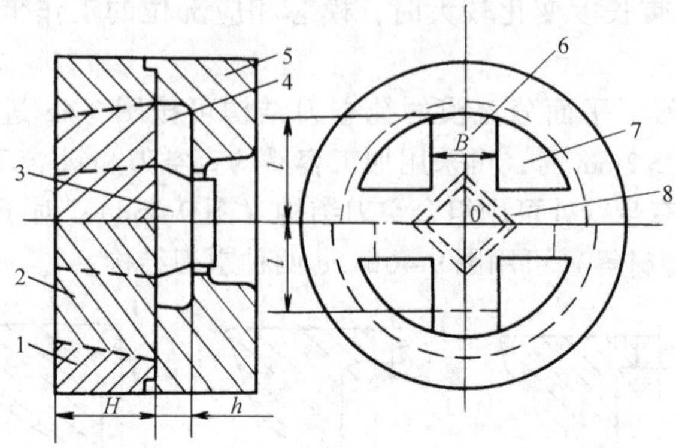

图 9-47　平面分流组合模强度校核图
1—模外套　2—分流桥　3—模芯　4—焊合室
5—模子　6—固定式分流桥　7—分流孔　8—挤压制品

式中，$Q_{桥}$ 为分流桥端面上所承受的总压力（N）；$A_{桥}$ 为分流桥受剪切的总面积（mm^2）；[τ]为模具材料许用剪应力，[τ] = (0.5 ~ 0.6)[σ_{bb}]，对于 3Cr2W8V 钢，在 450℃时[σ_{bb}] = 1000MPa。

三、导流模设计

导流模又称前室模，其实质是在型材模前面加放一个型腔，形状为与型材外形相似的异形或与型材最大外形尺寸相当的矩形（图 9-48）。铸锭镦粗后，先通过导流模产生预变形，金属进行第一次分配，形成与型材相似的坯料，然后再进行第二次变形，挤压出各种断面的型材。采用导流模不仅可增大坯料与型材的几何相似性，便于控制金属流动，特别是当挤压截面差别很大的型材时能起到调节金属流速的作用，使壁薄、形状复杂的型材易于成形，而且能挤压外接圆尺寸较大的型材（如宽展挤压），减少产品扭拧和弯曲变形，改善模具的受力条件，实现连续挤压，大大提高成品率和模具寿命，特别是对于舌比大于 3 的形状复杂的型材，用普通平面模几乎无法挤压，而采用导流模可

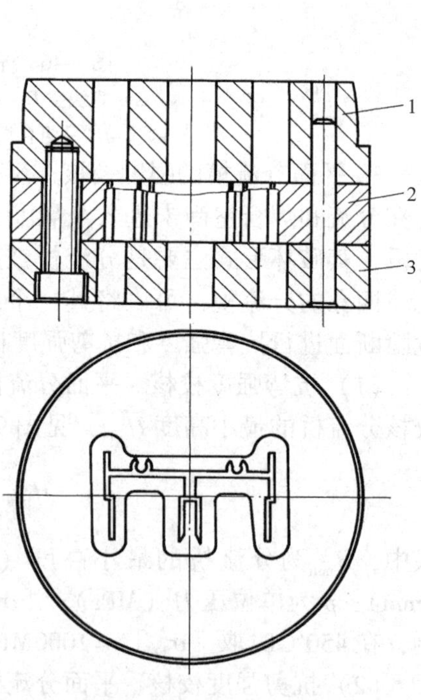

图 9-48　导流模结构图
1—导流模　2—型材模　3—模垫

使模具寿命提高几十倍。

这种模具的主要缺点是金属需经二次变形，挤压力高于一般平面模，因此，主要用于挤压软合金型材。除了难于成形的散热片型材以外，6063 民用建筑型材也常用这种形式的模子挤压。导流模与挤压机后部的牵引机构配合，可最大限度地减少型材的弯扭变形，简化工艺流程，节省工艺装备，从而大大提高了型材的生产效率和产品质量。

导流模的基本结构形式有两种：一种是将导流模和型材模分开制造，然后组装成一个整体进行使用；另一种是直接将导流模和型材加工成一个整体。可以根据挤压机的结构、产品特点以及模具装配结构的不同，选择不同的模具结构。

导流模的设计原则是有利于金属预分配和金属流速的调整。一般来说，导流模的轮廓尺寸应比型材的外形轮廓尺寸大 6～15mm，其深度可取 15～25mm，导流孔的入口最好呈 3°～15°，导流模腔的各点应均匀圆滑过渡，表面应光洁，以减少摩擦阻力。

在平模上配置设计合理的导流模后，可有效地控制变形金属的出口流速，得到合格的挤压制品。图 9-49 为模孔通过平模圆心的薄板挤压和配置三种不同型腔的导流模及挤出铝合金型材的前端形状。采用初始设计的导流模腔，挤出型材的前端中心部位的外凸量由不加导流模的 3.5mm 减小到 2.5mm。加大导流模两侧端部的圆角半径后，挤出型材的前端基本平齐。继续加大两端的圆角半径，并加大中心到两边的开口宽度变化，则挤出板料前端的中心部位出现内凹。这说明板料两侧的流速已大于中心部位。

为克服型材前端起皱和波浪等缺陷，导流模型腔不但要在端部加大尺寸，而且在支叉和折弯处也要适当加大，否则会产生局部滞后。试验表明，如导流模型腔局部过大，也要影响其余部分，使出口流速分布不均匀。

当导流模（槽）主要起焊合作用时，导流模（槽）的厚度按表 9-12 数据设计，以保证型材衔接处焊缝具有一定的力学性能，使挤压牵引型材和随后的拉伸矫直时不拉断。图 9-50 和图 9-51 为两种典型导流槽设计方案。

表 9-12　导流模（槽）的厚（深）度 *H*

筒径 ϕ/mm	115	130	170	225	250	≥300
H/mm	10	15	20	25	30	40

导流孔的外形应光滑（图 9-51），目前有两种意见：一种是外形不允许保留尖角；另一种是内圆角处可以是尖角。一般，导流孔外形若不光滑，金属在模面上会发生紊流而产生表面应力，或不能同步进入导流模而出现流线，型材经氧化后出现色差。而内圆角处做成尖角的理由是，因为这种形式能更好地控制金属流动，当出现表面质量问题时再修成四角也很方便，所以很多工厂采用图

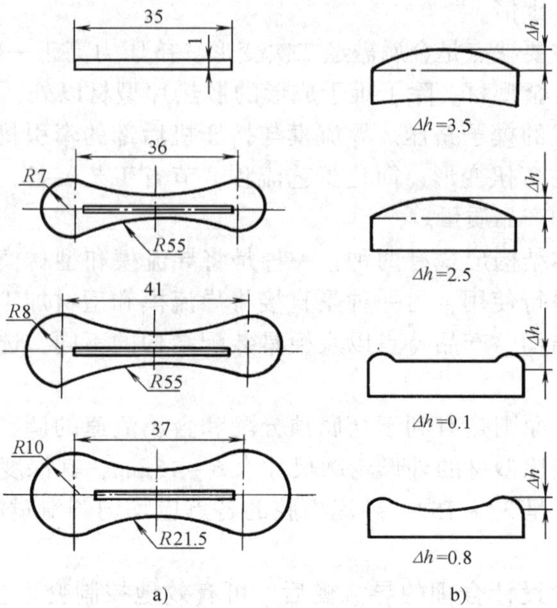

图 9-49　平模和配置不同型腔的导流模和挤出板料的前端形状

a）平模和配置的导流模　b）挤出板料前端形状

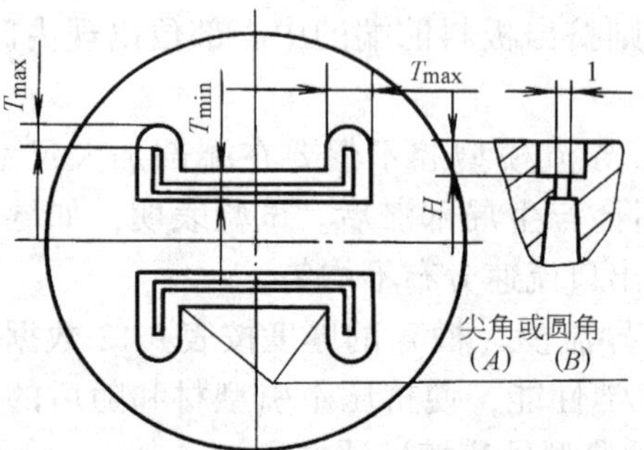

图 9-50　双孔等壁型材导流槽的设计原则（$H=0.7T_{max}$，$T_{min}=H$）

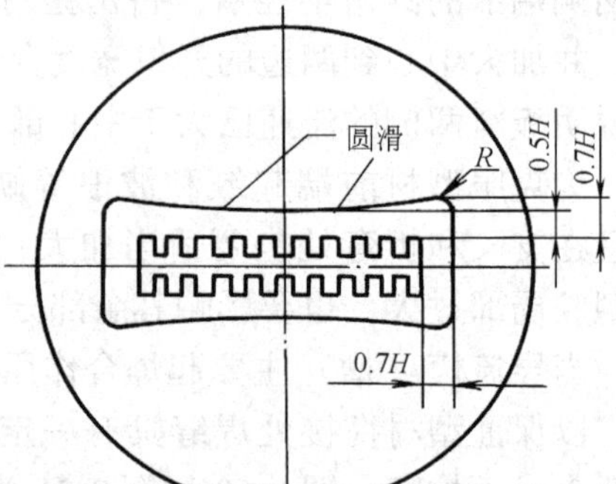

图 9-51　对称挤压导流模（槽）的设计原则〔H为导流模（槽）厚（深）度〕

9-52 所示（A）种形式。

导流腔壁一般是垂直于模子平面的。切残料时往往把导流腔内的金属拉出，而使端面出现洞穴，再挤下一个锭坯时就把空气封闭在洞穴里，而使型材表面出现气泡，影响表面质量。当出现这种情况时，可将导流孔做成图 9-53 的形式，导流孔壁与挤压方向成 3°～5°。

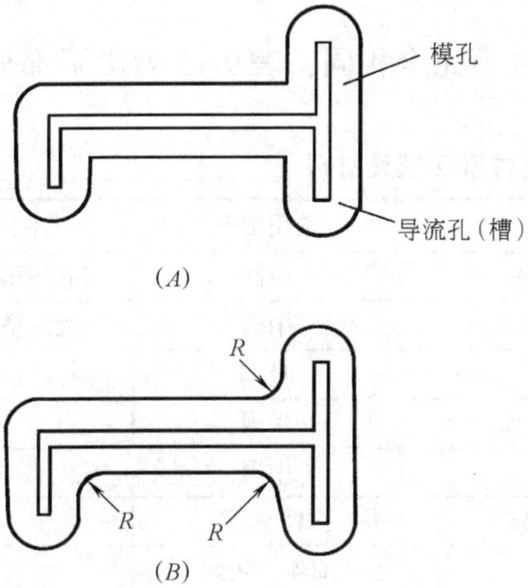

图 9-52　导流孔的模腔

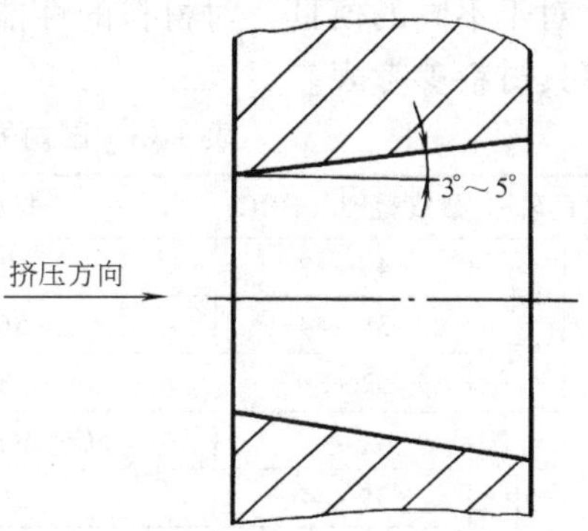

图 9-53　锥式入口导流孔

第七节　型材挤压模具材料

一、型材挤压对模具材料的要求

1. 高的强度和硬度　挤压模具一般在高比压条件下工作，因此，模具材料要求高温下有高的强度和韧性，以防过早地（一般为 550℃以下）产生退火和回火现象。在常温和高温下具有高的冲击韧性和断裂韧性值，以防止模具在低应力条件下或冲载荷作用下产生脆断。通常模具材料在常温下 σ_b 应大于 1500MPa。在工作温度下，挤压工具材料的 σ_s 不应低于 650MPa，模具材料的 σ_s 不应低于 1000MPa。

2. 高导热性和稳定性　能迅速地从模具的工作表面散发热量，防止被挤压工件和模具本身产生局部过烧或损失应有的机械强度，具有小的膨胀系数和良好的抗蠕变性能。在高温下有抗氧化稳定性，不易产生氧化皮。

3. 高的耐磨性　在长时间的高温高压和润滑条件不良的情况下，表面有抵抗磨料磨损的能力，特别是在挤压铝合金时，有抵抗因金属的“粘结”作用而磨损模具表面的能力。

4. 良好的淬透性　以确保模具的整个断面（特别是大型模具的横断面）有高且均匀的力学性能。并具有一定的抗腐蚀性和良好的渗氮特性。

5. 抗激冷、激热的适应能力　以抗高热应力和防止模具在连续、反复、长时间使用中产生热疲劳裂纹。另外，抗反复循环应力性能强，即要求高的持久强度，防止过早疲劳破坏。

6. 良好的工艺性能　材料易于熔炼、锻造、加工和热处理。所用的模具材料在国内应易获取，价廉物美。

二、型材挤压模具材料的合理选择

对于不同的模具，对材料的性能要求也不完全相同，表 9-13 列出了部分国家模具材料参考表。

表 9-13　国内外常用型材挤压模具材料

工模具名称		硬度范围（HRC）	材料选用	选用国家	备注
挤压筒	外衬	44～47	5CrNiMo	中国	所有挤压机
		35～44	5CrNiW	中国	大规格
		32～39	SKT4	日本	
	中衬	44～47	5CrNiMo、5CrMnMo	中国	
		35～44	5CrNiW	中国	
		48～50	4X5B2ΦC（ЗИ958）	俄罗斯	
		37～45	SKD61、H10	日本、美国	
	内衬	48～52	3Cr2W8V	中国	小规格
		44～47	5CrNiMo	中国	大规格
		40～45	5XB2C	俄罗斯	
		46～50	4X5B2ΦC（ЭИ958）	俄罗斯	
		42～49	SKD、H19	日本、美国	
		40～47	H11、H12、H21	日本、美国	
挤压轴		48～52	3Cr2W8V	中国	小规格
		44～47	5CrNiMo	中国	大规格
		40～45	4XB2C、5XB2C	俄罗斯	
		42～45	35X5BMC	俄罗斯	
		45～50	SKD62、SKD61	日本、美国	
		47～51	H12	日本、美国	
挤压垫		45～50	3Cr2W8V	中国	小规格
		40～45	4XB2C	中国、俄罗斯	大规格
		44～48	45X3B3MΦC	俄罗斯	
		41～49	SKD62、H10	日本、美国	
		44～44	H14、H21	日本、美国	
模具	平面模	45～52	3Cr2W8V	中国	
		42～48	5CrNiMo	中国	简单模
		43～48	45X3B3MDC（ДИ23）	俄罗斯	大规格
		48～52	2X8K8M6B2	俄罗斯	
	组合模芯	43～47	H11、H13、H21	日本、美国	
		42～47	H12、H23、H24、H26	日本、美国	
		45～50	SKD5、H19、H20	日本、美国	
		38～43	ЗИ867A、ЗИ929M	俄罗斯	

（续）

工模具名称		硬度范围/（HRC）	材料选用	选用国家	备注
模具	组合模芯	≤40	X50NiCrWV1313	德国	
		40～45	Steljite	英国、美国	
		42～47	A286、inco718、Nimunic90	英国、美国、德国	
	模套	40～45	3X2B8Φ、5XB2C	中国、俄罗斯	
		39～43	H11、H13	日本、美国	
	模支承	35～40	5CrNiMo	中国、俄罗斯	
		40～45	3Cr2W8V	中国、俄罗斯	
		39～43	SKD61、SKD62	日本、英国	
	模垫	42～48	5CrNiMo、5CrMnMo	中国、俄罗斯	
		39～43	SKT4、SKD61	日本、美国	
	支承环	42～48	5CrNiMo、5CrMnMo	中国、俄罗斯	
		45～52	SKT4	日本、美国	
穿孔针	实心	48～52	3Cr2W8V	中国、俄罗斯	小规格
		42～48	5CrNiMo	中国、俄罗斯	大规格
	无水	40～45	H2、H26、H11、H19、H13	日本、美国	
	内冷	45～54	SKD62	日本、美国	
		40～45	3 X 2B8Φ、14 X 2B5ΦM	中国、俄罗斯	
	空心水内冷	43～47	4 X 5B2ΦC、35X5BMC、4X4M2BΦC、(Д22)、H12、H13	中国、俄罗斯 日本、美国	

思考与练习题

1. 铝合金型材按断面可分为实心型材和空心型材，所采用的挤压方法分别有哪些？
2. 如何确定铝型材挤压工艺的的工艺参数？
3. 铝型材挤压工艺毛坯尺寸如何确定？
4. 挤压模按模孔的断面形状分成哪些？按模具结构又分成哪些？
5. 在实心型材模的设计中减少金属流动不均匀的措施有哪些？
6. 在热挤压多孔实心型材模的设计中，模孔的排列应注意什么？
7. 实心型材挤压模如何设计？（即模孔位置、模孔尺寸、工作带、空刀应如何确定？）
8. 舌形模的特点、结构类型及用途分别是什么？
9. 舌形模的结构要素设计包括哪些内容？
10. 平面分流模的工作原理及特点是什么？
11. 如何设计平面分流模的分流孔、模桥、模芯、焊合室、模孔尺寸、空刀？

12. 试制定建筑铝合金型材的平模、平面分流模的机械加工工艺规程。

13. 型材挤压模为什么要进行抛光处理，其抛光方法有哪些？

14. 型材热挤压模具为何要进行热处理？4Cr5MoSiV1（H13）钢的热处理工艺应如何制定？

15. 型材挤压模为什么要进行渗氮处理？

16. 热挤压型材模具钢应具备哪些性能条件？

第十章　挤压新技术新工艺

随着科学技术的不断发展，在挤压领域中出现了一些新技术新工艺，如静液挤压、等温挤压、连续挤压、复合材料挤压等。这些新技术新工艺使挤压工艺在工业生产和科学研究方面得到更为广泛的应用。

第一节　静液挤压

一、概述

（一）静液挤压基本原理

静液挤压作为一种挤压新工艺，早在 20 世纪 70 年代初在工业中得到应用，到 80 年代其工艺和技术已日趋成熟。

静液挤压是利用高压粘性介质对坯料施加压力，使坯料材料通过凹模出口挤出的一种挤压工艺。图 10-1 所示为静液挤压原理图。图中的高压粘性介质为油液。挤压轴对油液施加压力，压力经过油液传递给坯料。当油液的压力足够大时，坯料产生塑性变形，通过凹模型腔出口挤出。

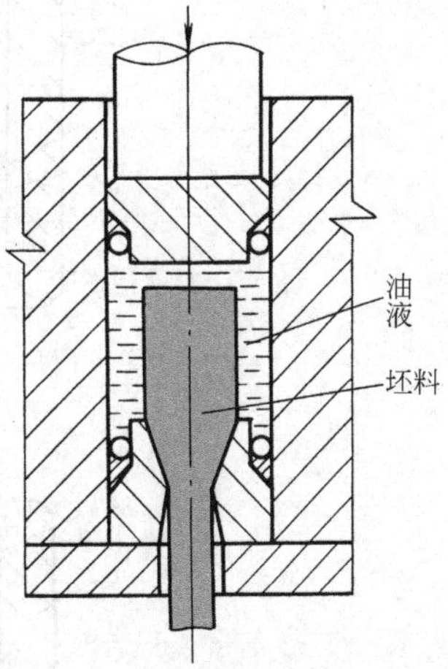

图 10-1　静液挤压原理图

（二）静液挤压特点

一般传统的挤压，坯料与凹模型腔侧壁接触，存在着较大的摩擦阻力。而静液挤压时，坯料侧面处于高压粘性介质的包围之中，其侧面只存在与高压介质之间较小的的粘性摩擦力，从而使挤压力大为降低。由于高压粘性介质对坯料的三向压力，提高了被挤材料的塑性，尤其在某些情况下还可以对制件出口处施加反向压力，进一步提高被挤材料的塑性。因此，静液挤压可以使脆性材料的挤压成为可能。静液挤压时，在挤压变形区的金属与凹模型腔表面接近于流体润滑状态，金属流动均匀，接近于理想状态的流动。

但是静液挤压时，需要高压介质的充填与排泄等操作，生产效率较低，同时还需要对挤压材料进行去除表皮及预加工处理，降低了材料利用率，这些都增加了静液挤压的生产成本，使其的应用受到一定的限制。

（三）静液挤压的分类

静液挤压一般按温度可分为冷静液挤压、温静液挤压、热静液挤压三种。将金属和高压粘性介质处于室温时的挤压称为冷静液挤压；在室温以上到金属再结晶温度以下的挤压称为温静液挤压；在金属再结晶温度以上的挤压称为热静液挤压。

二、静液挤压的方法及应用

图 10-2 为静液挤压的各种方法。图 a 是种简单的正挤压，金属材料被高压介质挤出凹模型腔出口。图 b 是带有反压力的正挤压，将金属材料从一高压介质挤到另一次高压介质中，主要用于脆性材料的正挤压。由于反压力的存在而增加了挤压筒中的高压介质压力，从而限制了坯料的挤压比。图 c 是机械静液挤压，挤压轴直接在坯料的上端面施加轴向压力，可以防止挤压中坯料和挤压

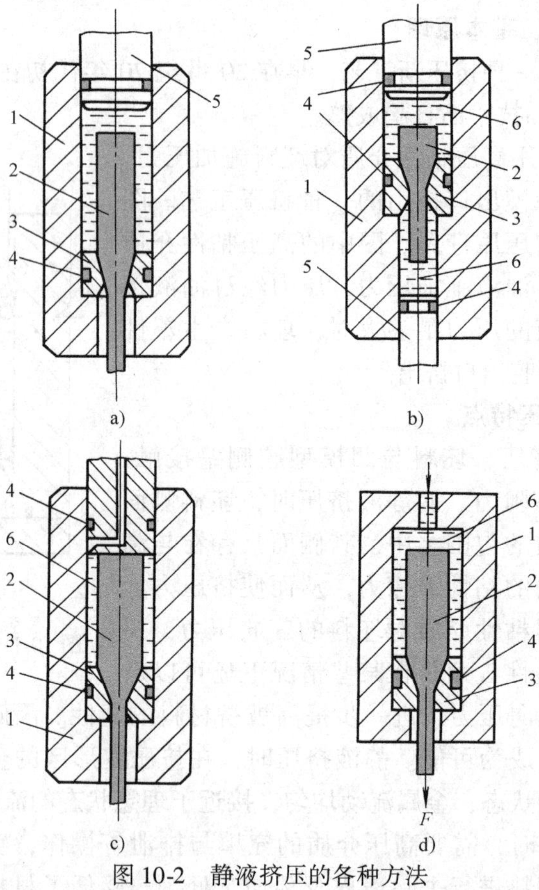

图 10-2　静液挤压的各种方法

a）简单正挤压　b）具有反压力的正挤压　c）机械静液挤压　d）拉拔静液挤压

1—挤压筒　2—坯料　3—挤压凹模　4—密封圈　5—挤压轴　6—高压介质

件的偏移，还有利于控制和避免突然失压。图 d 是拉拔静液挤压，这种方法是在出口处的挤压件上施加一拉力，主要用于塑性好的材料挤压，这样有利于减小挤压件在挤压中的畸变。

静液挤压由于有良好的润滑条件和均匀的金属流动性，因此特别适合于形状复杂、尺寸精度及表面质量要求高的异型管材与棒材的成形。对于一些高强度铝合金，由于存在高温脆性问题，在普通热挤压温度下只能用较低的挤压速度进行挤压，生产效率低。采用静液挤压则可在较低温度下实行大变形程度的高速挤压。小规格铜管如用静液挤压，变形程度可提高很多，与常规生产工艺——热挤压成管坯，再冷轧，反复数次拉拔和退火等多道工序相比，生产效率得到极大的提高。

由于静液挤压所需的压力较小，坯料又处于较强的三向压应力状态，因此特别适合于钛合金、高温合金、难熔金属材料的管棒型材的挤压。

如钛合金在中等变形程度下，可以采用冷静液挤压法来成形简单断面形状的管棒型材，挤压件尺寸精度高，表面质量好，力学性能均匀；利用挤压中的加工硬化现象，可以较大地提高挤压件材料的力学性能。采用热静液挤压钛合金，与普通热挤压相比，挤压温度可大大下降，并且金属材料的流动均匀性提高。在较低的温度条件下进行钛合金挤压，可以减少钛合金的吸气及氧化，并可简化加热工艺。

高温合金如镍基合金等材料由于塑性低，加工温度范围窄，塑性成形、车削、焊接加工性能差，可以利用加反压力的静液挤压使坯料处于极大的三向压应力状态来改善其变形能力，进行直接成形或近终成形。

难熔金属如铬、钒、钨、钼等，因其变形抗力大、塑性差而难以加工，而且在 900 ~ 1500 °C高温下不能暴露在空气中成形，否则要与气体发生反应，使力学性能下降。采用静液挤压，以玻璃—石墨混合物为高压介质，可以较好地进行成形。

三、静液挤压工艺参数

(一) 挤压力确定

挤压力是选择挤压设备、设计模具和选择高压介质的依据。静液挤压时挤压力的特征见图 10-3。随着挤压轴的向前运动，挤压力不断上升，直到一个最高值 F，然后再有所下降。在随后的挤压过程中，挤压力基本稳定不变 F_1，直到结束时，挤压力才陡然下降。挤压力存在最高峰是因为挤压开始时，模具型腔工作部分还没有建立润滑介质薄膜的缘故。

1. 单位挤压力　静液挤压的平均单位挤压力可按下式计算：

$$p = 15.95\ln R(0.375\mathrm{HV} + 4) \tag{10-1}$$

式中，p 为平均单位挤压力（MPa）；R 为挤压比；HV 为坯料维氏硬度。

对于形状复杂的工件，按式（10-1）计算的平均单位挤压力要增加 30%。另外，热静液挤压的平均单位挤压力可按下式计算：

$$p = K\sigma_s \ln R \qquad (10\text{-}2)$$

式中，K 为表征变形区润滑条件的参数，取 1.4～1.7。

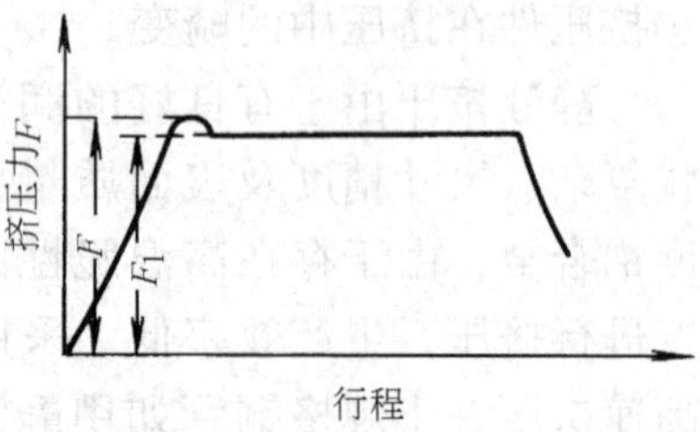

图 10-3　静液挤压时挤压力-行程曲线

2. 挤压力　压力机的挤压所需的总挤压力可按下式计算：

$$F = K_T p \frac{\pi D^2}{4} \qquad (10\text{-}3)$$

式中，K_T 为挤压轴与挤压筒之间摩擦影响系数，取 1.1～1.2；D 为挤压筒直径（mm）。

（二）高压介质的选用

静液挤压所用的高压介质分粘性液体和粘塑性体。粘性液体有蓖麻油、矿物油等，主要用于冷静液挤压和 500～600 °C以下的温、热静液挤压；粘塑性体主要有耐热脂、熔融盐、玻璃、玻璃-石墨混合物等，主要用于较高熔点金属（700 °C以上）的热静液挤压。热静液挤压时，高压介质可起到润滑剂和隔热材料的作用。表 10-1 为各种高压介质的适用范围。

表 10-1　高压介质的种类与工作条件

工作条件		高压介质
冷挤压	工作压力 < 1000MPa	蓖麻油、煤油、机油、锭子油、汽缸润滑油等
	工作压力 ≥ 1000MPa	甘油、乙二醇及其各种混合物、MoS_2 或石墨与水的混合物
温挤压	（≤500 °C）	蓖麻油、气缸润滑油、气缸润滑油 + 石墨（+ MoS_2）、沥青、沥青 + 石墨
热挤压	（700～1200 °C）	耐热脂、沥青、沥青 + 石墨、有机硅液体、玻璃、熔融盐等

四、静液挤压模具

1. 挤压筒　冷静液挤压时，有时挤压筒所承受的压力比传统挤压中所承受的压力还大，考虑到密封和强度方面的要求，挤压筒采用特殊的多层结构，或用钢带缠绕式结构。热静液挤压时，工作压力较低，一般采用两层或三层热套式结构即可满足强度要求。

2. 挤压凹模　图 10-4 为静液挤压凹模一般结构。凹模前端内外受力，凹模入模锥角较小。l_1 是坯料入口锥长度，一般取坯料直径的 5%～10%；l_2 是金属成形部分长度；l_3 是凹模工作带长度，轴对称工件取 $l_3 = (0.2 \sim 0.4)d$，非轴对称工件取 $l_3 = (0.4 \sim 0.8)d$；l_4 是出口锥长度，一般取 5～10mm，出口锥角取 5°～10°。挤压模的凹模入模锥角 α 按下式确定：

$$\alpha = \sqrt{\frac{3}{2}\left(1 + \ln\frac{d_0}{d}\right)\ln\frac{D}{d}\sqrt{\mu}}$$

式中，d、d_0 分别为挤压件和坯料的横截面直径（mm）；D 为挤压筒直径（mm）；μ 为摩擦因数，取 0.03～0.05。

冷静液挤压时，凹模材料可用 Cr12MoV、3Cr2W8V、4Cr5W2VSi 或 W18Cr4V 等工具钢。为了提高凹模寿命，可以在决定挤压件外形尺寸的凹模部位采用硬质合金镶圈。温热静液挤压时，凹模材料多采用热强钢或硬质合金。

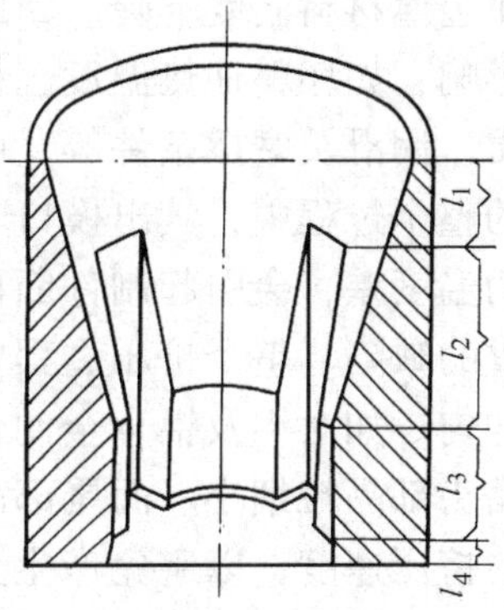

图 10-4　静液挤压凹模结构

3. 挤压轴　挤压轴的形状见图 10-5。挤压轴材料一般采用 GCr15、3Cr2W8V 等材料。

挤压轴总长为 $L = (4.5 \sim 5.5)D$（D 为挤压轴工作部分直径）；工作部分长度为 $L_1 = (0.7 \sim 1)D$；支承部分直径为 $D_0 = (1.2 \sim 1.5)D$；锥角 $\alpha = 30° \sim 60°$。

4. 芯杆　挤压管材或异形空心型材时要使用芯杆。芯杆由芯尖、芯体两部分组成。由于芯尖工作条件非常恶劣，一般采用组合式结构，采用抗粘性好、耐热、又具有较好韧性的超耐热合金、硬质合金等材料；芯体采用工具钢。如果挤压温度高于 600～700 °C，可以将芯杆设计成空心，挤压时进行通冷却水冷却，见图 10-6。

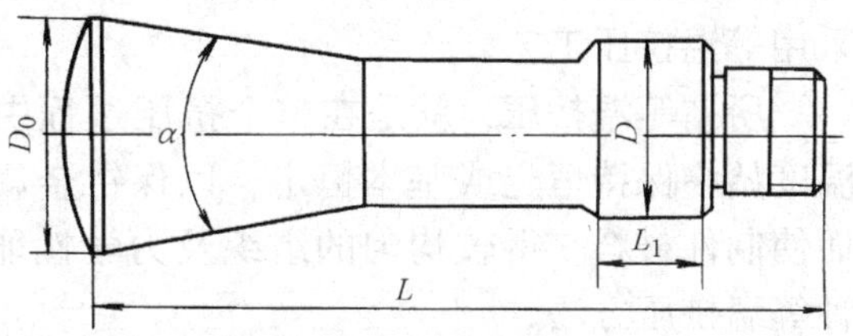

图 10-5　挤压轴结构

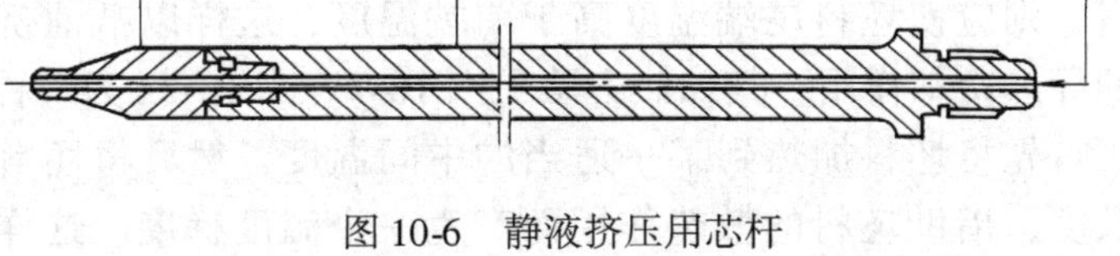

图 10-6　静液挤压用芯杆

第二节 等温挤压

金属材料在实际挤压中，由于塑性变形功和摩擦功转换成热能，导致挤压筒、挤压模、变形材料温度的上升。同时由于挤压筒、挤压模的传热作用，又使金属材料温度下降。因此金属材料在挤压出模口的实际温度受到多种因素的影响，如坯料加热温度、挤压筒加热温度、挤压比、挤压速度、挤压材料的性质、润滑及摩擦条件等。由于这些因素相互之间的影响，导致金属材料在挤压的整个过程中，其出模口不同部位的实际温度产生较大的波动。模口不同部分的温度差，会引起制件断面上的组织性能不均匀，甚至产生扭曲、裂纹等较严重的缺陷。整个挤压过程中模口附近的温度变化，会引起制件头尾组织性能不均匀。如对铝及铝合金制件，由于挤压过程中变形温度的不断提高，导致了制品头部晶粒细小。而尾部晶粒粗大。因此对于硬铝合金挤压时不得不采用较低的挤压速度，以避免产生上述缺陷。在挤压铜及铜合金、钛合金等温度较高的金属，由于坯料温度比挤压筒温度高出许多，在挤压过程中，坯料尾端温度显著下降，导致制品头部组织晶粒粗大而尾部细小。严重时坯料尾端为不完全结晶组织，造成挤压力剧增甚至造成挤压无法进行。

在生产中为了防止坯料温度的显著下降，采用提高挤压速度的措施，但这一措施对塑性较差的合金会产生裂纹等缺陷，为了避免上述问题的发生，人们采用等温挤压工艺。

所谓等温挤压，就是在整个挤压过程中，挤压模模口附近的变形区金属的温度始终保持恒定或基本恒定，以保持金属的等变形抗力和流动的均匀性，从而使制件材料获得较均匀的组织及力学性能。在生产实践中，一般采用以下两种等温挤压方法。

一、坯料梯温加热等温挤压

该方法是通过控制加热装置中各区段的温度，使得坯料在长度方向存在着一个温度梯度，这样来抵消挤压过程中模口附近温度的变化。对于铝及铝合金等挤压温度较低的材料，应使坯料的前端温度高于尾端的温度，以避免由于变形功与摩擦功的转换而导致材料挤压后期的温度升高。对于黑色金属等挤压温度较高的材料，则应使坯料尾端温度高于前端温度，这样以抵消挤压过程中挤压筒对坯料的导热冷却作用。其加热方法见图 10-7。图 10-7a 为一种较简单的梯温加热方法。首先将坯料加热到某一适当的中间温度，然后将坯料从加热线圈中移出一定长度，借助坯料的散热作用而产生一个温度梯度。这样，挤压时可将所需要的温度端先送入挤压筒。这种加热工艺可以使坯料两端温差可达 200 °C

以上。另一种方法见图 10-7b，对加热线圈进行分区控制，以形成高、中、低温三个加热区，使坯料的前端区的温度比尾端区的高。

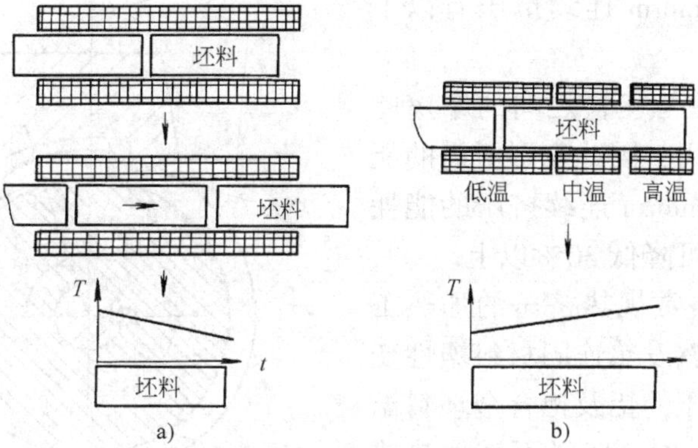

图 10-7 梯温加热方式示意图

二、控制挤压速度等温挤压

挤压时，由于挤压速度是影响制品出模口温度的主要因素，因此通过控制挤压速度，可以使制品出模口温度保持恒定。控制挤压速度等温挤压有两种方法：一种是温度-速度闭环控制法，即在挤压过程中测定挤压模模口制品温度的变化，并将测定的结果进行反馈，随时调整挤压速度，以达到实现等温挤压的目的；另一种是速度控制等温挤压法。该方法是通过数值程序控制计算来确定挤压模模口处温度与挤压速度的关系，来对挤压轴的挤压速度进行程序控制。

第三节 其他挤压工艺

一、连续挤压

由于常规的型材挤压的挤压筒长度是有限的，因此其挤压的整个生产过程是不连续的，在挤压周期中非生产性间隙占的时间较长，影响了生产效率，并且由于这些间断性的生产，使得挤压产品产生了料头和料尾，产品的成品率下降。为了提高生产效率和产品成品率，20 世纪 70 年代以来，产生了如 Conform 连续挤压法、连续铸挤、静液连续挤压法、轧挤等多种连续挤压工艺。所有这些工艺中，Conform 连续挤压法是应用得最广、自动化程度最高的方法。

（一）Conform 连续挤压法

1. Conform 连续挤压原理　图 10-8 是 Conform 连续挤压装置原理图，随着挤压轮的不断旋转，即可以获得“无限”工作长度的挤压筒。挤压时，借助于挤压轮凹槽表面的主动摩擦作用，坯料连续不断地被送入，并通过安装在挤压靴上的模子挤出所需断面形状的制品。

2. Conform 连续挤压特点　与常规的挤压相比，Conform 连续挤压有以下特点：

1）挤压型腔与坯料之间的摩擦能量得到有效的利用，因此变形所需的能耗下降。一般 Conform 连续挤压的能耗比相应常规挤压可降低 30% 以上。

2）可以省略常规热挤压的加热工序，这是由于摩擦发热连同材料塑性变形热，可使被挤压的铝及铝合金坯料温度上升 400 ~ 500 °C，坯料不需加热或采用较低温度预热即可，从而大大节省能耗。

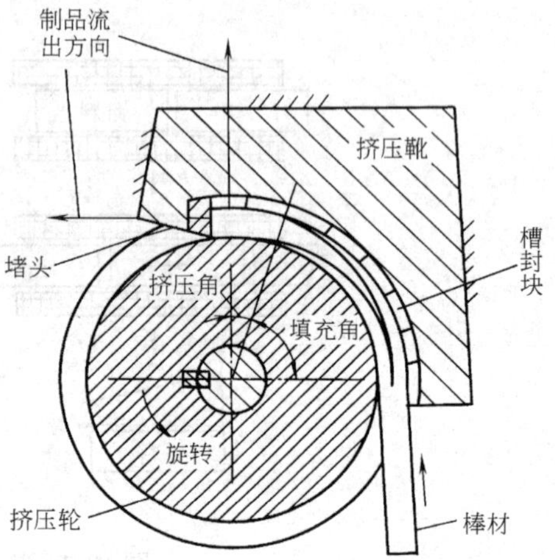

图 10-8　Conform 连续挤压原理图

3）可无间断地挤压长度达数千至数万米的成卷制品，制品成品率高达 98.5%。

4）挤压件长度方向合金的组织、力学性能均匀性好。

5）挤压设备紧凑，无需常规的加热设备，设备造价较低。

采用 Conform 连续挤压，在挤压纯铝及软铝合金时最大挤压比可达 200；挤压铜及铜合金时最大挤压比可达 20。表 10-2 为 Conform 连续挤压制品的种类、规格范围与用途。

表 10-2　Conform 连续挤压制品的种类规格范围与用途

品名	尺寸规格/mm	主要特征与用途
线材	$\phi1 \sim \phi6$	导线，线圈绕组，焊丝，高性能复合材料线材
棒材	$\phi10 \sim \phi30$	以粉末和颗粒为原料直接成形的铝基，铜基复合材料，微晶、细晶材料
管材	$\phi5 \times 0.4 \sim \phi55 \times 2$	冰箱，空调用管，电视天线，石油化工、交通运输热交换器用管
型材	截面积 $20 \sim 500mm^2$ 最大外接圆直径 $\phi200$	建筑型材、热交换器用多孔扁管、异型（空心）导体
包覆线材	最大芯材直径 $\phi8.5$ 最小包覆层厚度 $\phi0.15 \sim \phi0.2$	同轴电缆，高压架空导线，防护篮网，载波导体，超导包覆线材

3. Conform 连续挤压设备

（1）单轮单槽连续挤压机　一般采用卧式结构，坯料送进、制品流出和主要工模具的相对配置关系见图 10-9。图 a 采用径向出料方式，主要用于挤压铝及铝合金、铜及铜合金的线材、管材和型材。图 b 采用切向出料方式，用于挤压包覆材料，如铝包钢线材。

（2）单轮双槽连续挤压机　其基本原理是：两个凹槽内的坯料通过槽封块上的两个进料口，汇集到挤压模前的空间内，焊合成一体后再通过挤压模成形出所需的制品。其与单轮单槽连续挤压机一样也分为径向出料和切向出料形式，分别挤压出上述各自的产品。

（3）双轮单槽连续挤压机　图 10-10 为双轮单槽连续挤压机基本结构示意图，它克服了单轮连续挤压机的分流模尺寸小、挤压力较高、模芯与挤压轮寿命短的缺点，将模芯直接装在堵头上，简化了挤压模结构，挤压力降低。同时由于金属流动的对称性好，所挤压的薄壁管或包覆材料的壁厚尺寸精度得到提高。当然，与单轮连续挤压机相比，双轮单槽连续挤压机在设备结构与控制上要复杂一些。

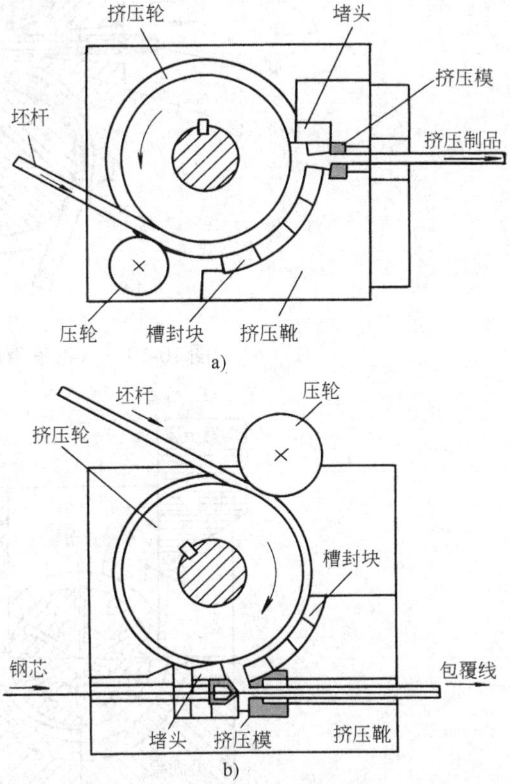

图 10-9　卧式单轮单槽连续挤压机的基本结构形式

a）径向出料　b）切向出料

（二）连续铸挤

连续铸挤是一种将连续铸造与 Conform 连续挤压结合成一体的新型连续挤压方法。图 10-11 是其基本工作原理图。坯料以熔融金属的形式通过电磁泵或重力浇铸连续供给，由水冷式槽轮与槽封块构成的环形型腔同时起到结晶器和挤压筒的作用。连续铸挤所需的能耗很低，坯料直接由液态进行成形，省略了预处理工序，工艺流程简单。

（三）静液连续挤压法

图 10-12 是静液连续挤压装置，该装置利用高速液体的牵引作用，对坯料施以变形力。采用这种方法，由于坯料受到静液作用，没有拉应力存在，所以可以达到较高的断面减缩率，对铜线来说最高可达 98%。

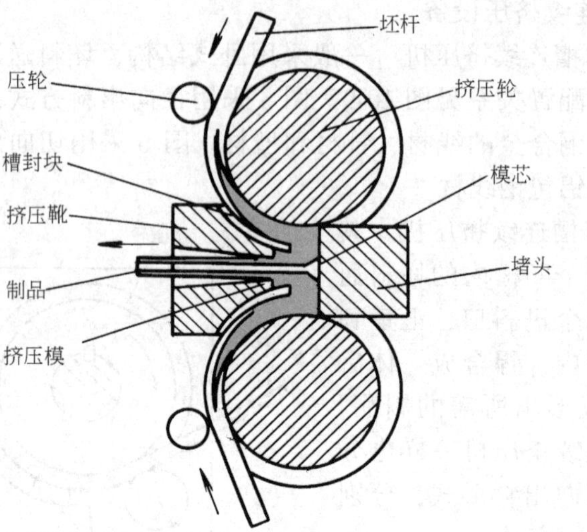

图 10-10　双轮单槽连续挤压示意图

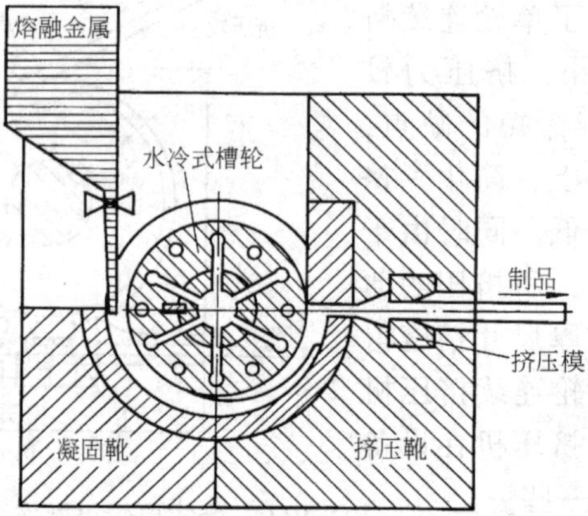

图 10-11　连续铸挤工作原理图

（四）轧挤法

轧挤法是将孔型轧制与挤压成形两种方法结合在一起的一种连续挤压工艺。该法利用具有两个半圆型轧槽轧辊，或一个带槽轧辊和一个凸形轧辊（图 10-13）构成挤压型腔。通过轧辊的旋转及安装在挤压型腔出口处的挤压模来进行连续挤压。但是轧挤法由于挤压型腔长度较短，轧辊与坯料的接触面积较小，难以获得足够大的挤压力，因此难以直接采用冷坯料来获得热挤压变形的效果。同时轧挤法由于设备结构上的原因，挤压模的安装空间也较小，影响了该法的推广应用。

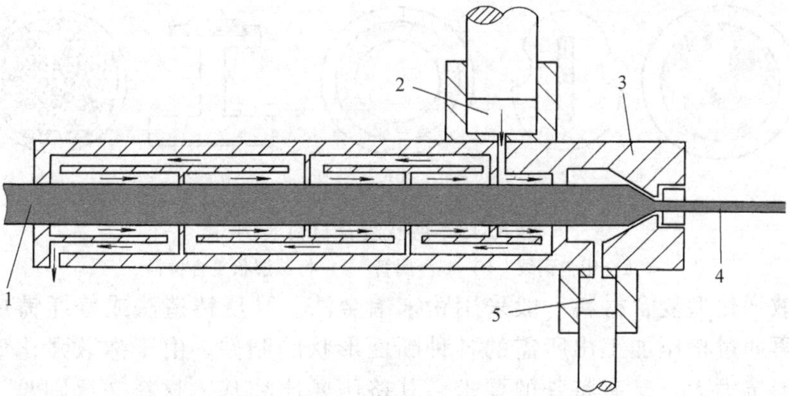

图 10-12 静液连续挤压装置

1—连续坯料 2—液压室 3—挤压模 4—挤压件 5—挤压室

二、复合材料挤压

复合材料由于具有独特的力学性能，在宇航、电子、汽车、军事、机械等工业领域中起到越来越重要的作用，因此复合材料的挤压也得到不断的发展。

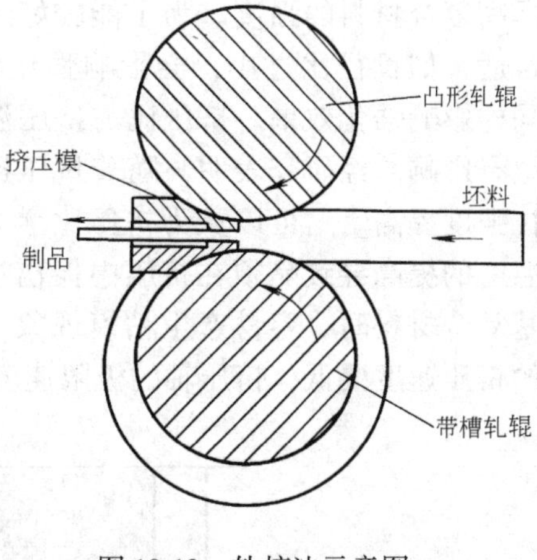

图 10-13 轧挤法示意图

1. 复合材料种类 用于挤压成形的复合材料分为两大类。一类为弥散强化型复合材料，即在基本金属中分散有颗粒、晶须或纤维等强化材料的复合材料（图 10-14）。弥散强化型复合材料中颗粒强化铝基复合材料已应用于轿车发动机气缸零件、摩托车刹车片及航天航空器仪表等零件。另一类是层状复合材料，即构成复合材料的组元成层状分布。其主要是双金属管、包覆材料及其他层状复合材料（图 10-15）。如铝包钢线作为架空高压输电导线，既能满足铝表层导电性能好，又能符合内芯为钢芯强度高的要求。

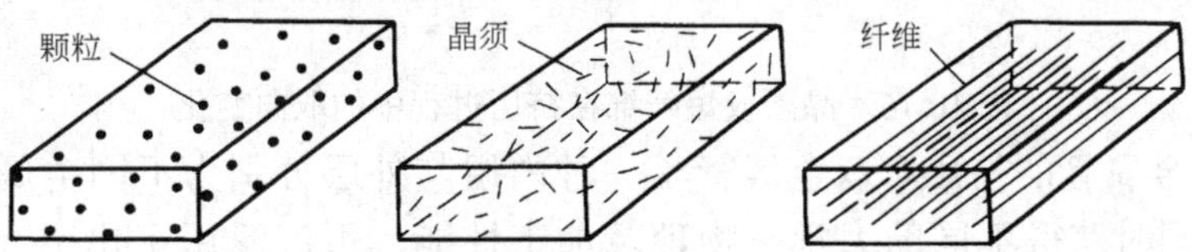

图 10-14 分散强化型复合材料示意图

a）颗粒弥散强化 b）晶须弥散强化 c）纤维强化

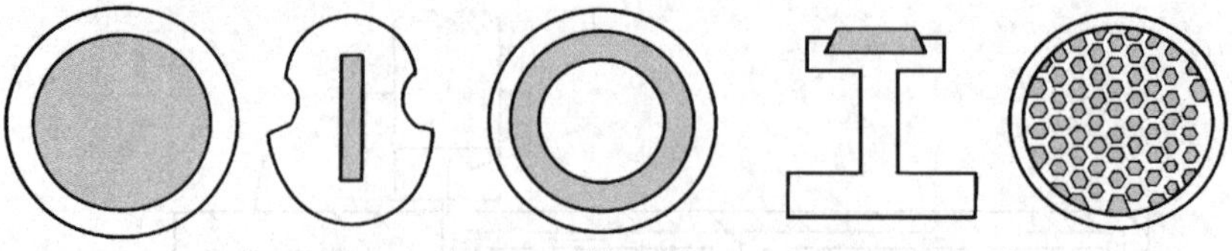

图 10-15　层状复合材料实例
a）铝包钢线　b）双金属管　c）特殊层状复合材料

弥散强化型复合材料一般采用粉末冶金法、高压铸造法或普通铸造法制取坯料，再通过挤压加工出所需的各种断面形状的制件。由于弥散强化型复合材料的变形抗力大，又有特殊的要求，其挤压要比纯基体材料来得困难，因此在挤压方法、挤压设备及挤压工艺参数的选择上需要特别加以考虑。如在采用粉末冶金或铸造制坯的弥散强化型复合材料坯料中，晶须或短纤维呈无序分布。由于基体金属的塑性变形，可以增加晶须或短纤维的取向性，见图 10-16，从而提高复合材料的强度。为了能较好地达到上述目的，晶须或短纤维的长径比要合适，如长径比过小，会影响强化效果；长径比过大，在挤压时又容易折断，同样影响强化效果。挤压比与挤压温度对晶须强化型铝基复合材料的抗拉强度也有影响。经研究表明，随着挤压比的增加和挤压温度的上升，复合材料的抗拉强度提高。这可以认为挤压比增大时，挤压制品中晶须的取向性增强，挤压温度的提高导致晶须在挤压中损伤和折断减少所致。在采用合金钢模具挤压铝基复合材料时，容易产生粘模现象，造成制件表面粗糙及拉毛，因此复合材料的挤压速度要低，挤压轴的极限速度一般取 3 ~ 120mm/min。

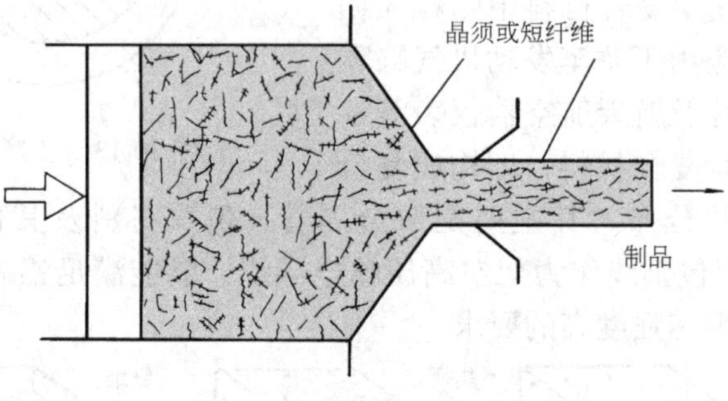

图 10-16　晶须或短纤维在挤压过程中的取向变化

2. 双金属管的挤压　双金属管是一种内层与外层分别为不同金属或合金的管材，以同时获得不同的力学、物理及加工性能，可广泛用于化工、石油、发电、食品工业中对管材内外需要不同介质与性能的某些特殊场合。双金属管可用复合坯料挤压法进行挤压。

图 10-17 为复合坯料挤压法的原理图。挤压前将成形内外层用的两个空心坯

料组合成一个复合坯料，然后加压。这样的复合坯料通过挤压模型腔出口挤出，形成双金属管。为了提高双金属管两种材料的接合强度，挤压前的复合坯料的接触界面要清洗干净。为了防止坯料加热时接触界面上产生氧化，必须在复合坯料两端面的内外层之间的缝隙进行焊接和包套，以保证其气密性。

由于挤压时金属流动的不均匀性，要引起复合坯料双金属管材的内外管壁厚度不均，因此必须在良好的润滑状态下进行挤压。挤压时要选用合理的挤压比与挤压锥角，或者采用静液挤压法成形，以获得壁厚较均匀的双金属管。

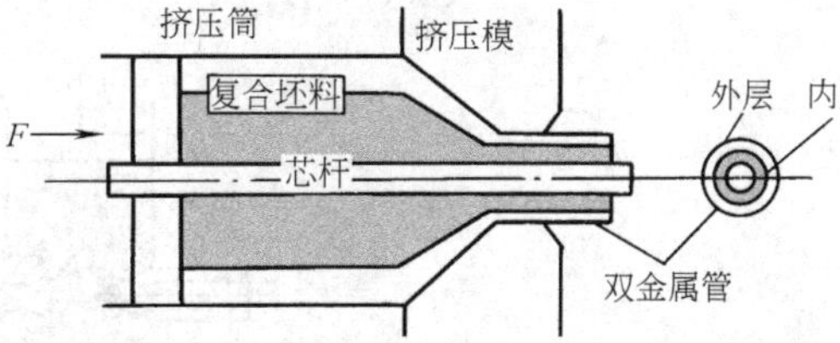

图 10-17　双金属管复合坯料挤压法示意图

3. 包覆材料的挤压　包覆材料分为单芯包覆材料与多芯包覆材料两大类。前者包括电线、电缆、高强度导线、耐蚀导线、异型复合导电材料等；后者为低温超导多芯复合线。

单芯包覆材料一般可采用普通挤压法、静液挤压法、带张力挤压法等进行成形。图 10-18 为普通挤压法，这与双金属复合坯料挤压成形原理相同。其最大优点是工艺简单，且由于热挤压时变形区内高温高压作用，内外层材料贴合面可实现冶金结合。但此法也由于内外层金属材料流动不均匀，容易造成如包覆层厚度不均、竹节、断芯等缺陷。

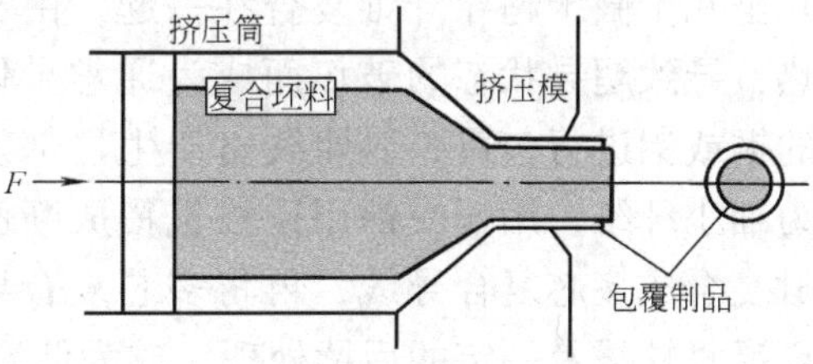

图 10-18　包覆材料普通挤压法

采用静液挤压法可以克服上述挤压方法所存在的缺陷。由于坯料与挤压筒壁、挤压垫片及挤压模型腔之间充填着粘性介质而不直接接触，润滑状态良好，从而改善了金属流动的均匀性。与普通挤压法相比，静液挤压可以在室温或较低的温度下实现大变形程度的挤压，因而特别适合于在高温下两种材料接合面容易氧化的复合材料的挤压。由于上述优点，静液挤压可以生产各种精密电子器材件用的复合导线、耐蚀性复合导线、复合电板等断面形状比较简单的单芯包覆材料产品。然而，该类包覆材料采用静液挤压法生产效率较低、成本高，不适合复杂断面形状包覆材料的挤压。

带张力挤压法是一种在挤压机挤压模腔出口处对包覆制品施加拉力的一种挤压法。图 10-19 所示三种形式：正向挤压、分流模挤压、侧向挤压。图 a、b 均为正向挤压法，图 c 为侧向挤压法。带张力挤压法由于对挤压件施加拉力，在不增加挤压力前提下可以实现较大的挤压比，也就是说可以获得较薄的包覆

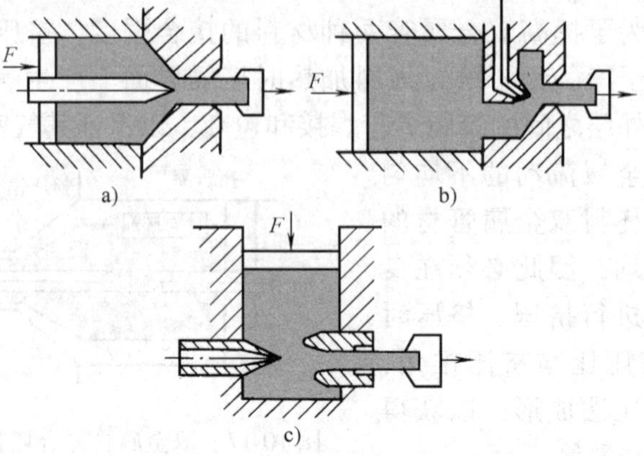

图 10-19　带张力挤压法示意图

a）正向挤压　b）分流模挤压　c）侧向挤压

层，如露天条件下使用的钢丝网，其铝包覆层厚度可小于0.1mm。

多芯包覆材料为低温超导复合线材，其芯部一般由几百至上千根直径为十几至几十微米超导纤维复合在一起。由于电场、磁场的变化可引起超导导线发热，导致超导状态的破坏而成为通常导体，因此需要采用电阻小、热传导性好的铜或铝进行包覆，以便线材产生局部发热时可以迅速地被散发掉。超导导体为细小纤维，用铜或铝用拉拔包覆成断面为六角形的包覆线材，然后将包覆线材复合成多芯复合导线，再将多芯复合导线与铜进行静液复合挤压，挤压后再经反复拉拔及一定的后续处理，成为低温超导线材。

三、多坯料挤压

多坯料挤压法是在一个挤压筒体上开设有多个挤压筒孔，在各个挤压筒孔

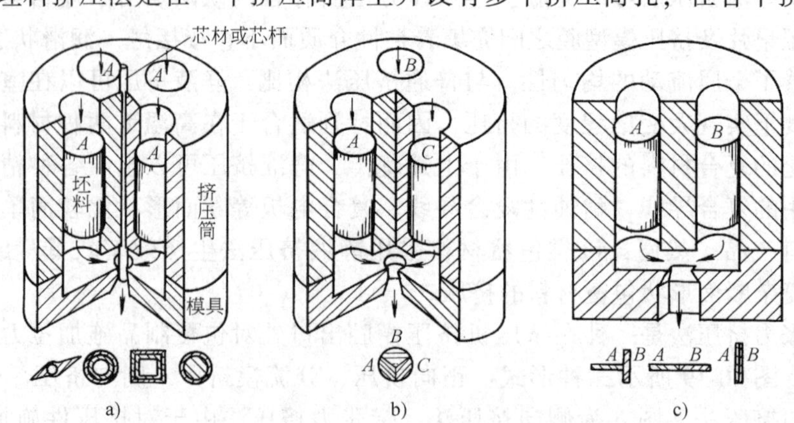

图 10-20　多坯料挤压原理图

中装入尺寸和材质相同或不同的坯料，然后同时进行挤压，使其流入带有凹模型腔的挤压模内，焊合成一体后由模口挤出，以获得所需形状及尺寸的制品。图 10-20 为多坯料挤压原理图。图 a 中所示为各挤压筒孔内充填同一种的合金坯料，同时进行挤压，只要改变模具型腔和芯杆形状，就可以成形异形空心型材；图 b、c 为多个挤压筒内分别充填不同的合金坯料，得到多种层状复合材料。这些层状复合材料用一般塑性加工方法是难以成形的。

第四节　挤压工艺 CAD 简介

按照传统的挤压工艺的设计方案，其过程可分为挤压工艺分析、挤压工步设计、组合凹模各尺寸参数的优化及绘制模具总图的零件图几个部分。

挤压工艺分析和挤压工步设计是非常重要的设计环节，其不仅要对零件的挤压工艺性进行分析，还要合理地安排零件成形工艺。挤压零件的工艺是否合理是决定挤压成败的关键，同时又将影响到挤压模具的使用寿命。工步设计时，要根据挤压时金属流动规律的分析，合理地分配各道变形工步的变形程度。工艺设计的优劣，往往取决于设计人员的多年工作经验的积累，有时在设计中不可避免地带有一些主观随意性。

随着计算机技术的飞速发展，挤压 CAD 软件不断完善，目前完全可以采用计算机来代替许多重复的、繁琐的工作。挤压工艺计算机设计的专家系统，可以克服设计上的片面性，充分发挥书本知识和设计专家的经验，提高挤压工艺分析的科学性，还能帮助缺乏实际设计经验的工程技术人员完成复杂的工艺设计任务。

组合凹模的尺寸优化设计，在挤压 CAD 中占有很重要的位置。通常采用的组合凹模尺寸优化设计，是以厚壁筒中拉美公式为基础的优化方程。最新的优化方法是把有限元分析与优化计算相结合的综合优化方法，这种方法使组合凹模的受力分析更加接近实际，这样有利于提高优化精度，使组合凹模的尺寸设计更趋合理。

挤压模总图设计是设计人员的设计思想与技巧的体现。但是在绘图时，存在着许多重复而枯燥的劳动。挤压零件形状一般对称性、规律性较强，模具结构相对来说比较简单，这就为模具的标准化创造了有利的条件。采用标准化的模具结构，建立标准模架和标准零部件图库，设计时只要调用和装配图库中的标准零件，对工作零件的成形部分进行局部修改，就能迅速生产模具总图。挤压模具的标准化可以节省大量的绘图时间，使设计人员把更多的精力花在设计创新上。图 10-21 为挤压模具 CAD 系统的结构流程图。

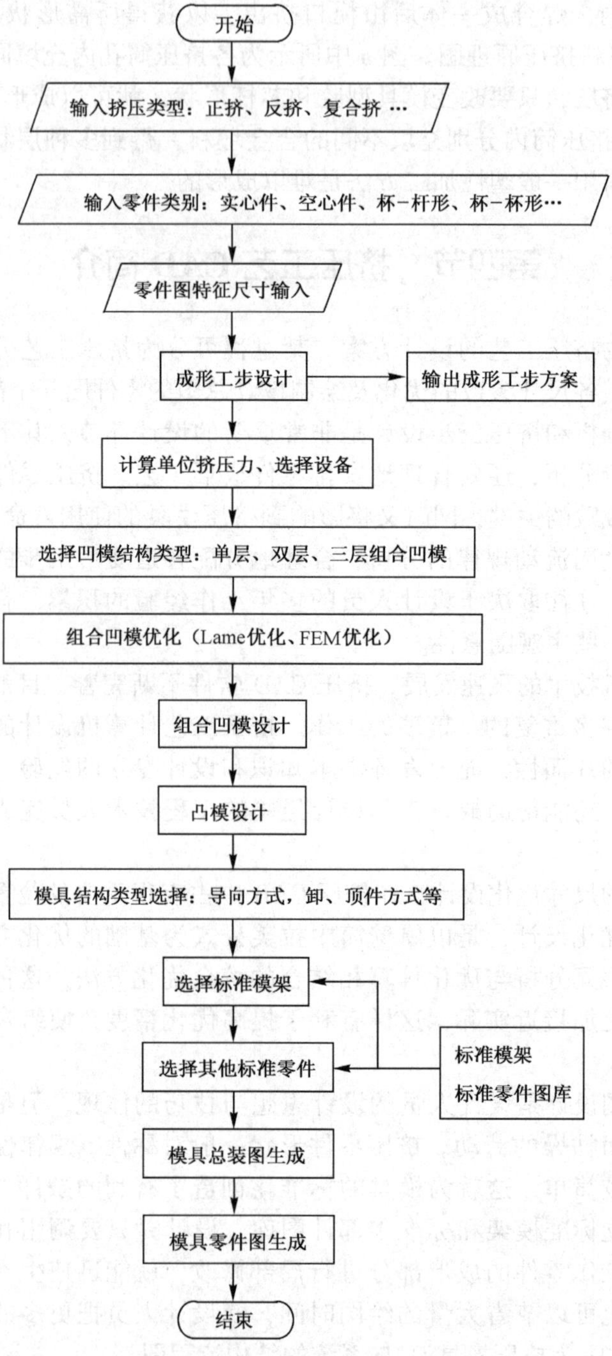

图 10-21　挤压模 CAD 系统流程图

参考文献

1 上海交通大学《冷挤压技术》编写组．冷挤压技术．上海：上海人民出版社，1976
2 洪深泽主编．挤压工艺及模具设计．北京：机械工业出版社，1996
3 高锦张主编．塑性成形工艺与模具设计．北京：机械工业出版社，2001
4 杨长顺编著．冷挤压模具设计．北京：国防工业出版社，1996
5 卢险峰编著．冷锻工艺与模具．第1版．北京：机械工业出版社．1999
6 阮雪榆，俞子骁，吴公明．黑色金属冷挤压许用变形程度．锻压技术，1981（2）：1～6
7 夏巨谌主编．精密塑性成形工艺．第1版．北京：机械工业出版社．1999
8 林治平编著．锻压变形力的工程计算．北京：机械工业出版社，1986
9 林法禹．特种锻压工艺．北京：机械工业出版社，1991
10 阮雪榆．冷锻技术在中国的发展．中日塑性加工学术座谈会冷间锻造论文集．1985（10）
11 程慈龄，贾俐俐．截面几何形状对复合挤压变形规律的影响．热加工工艺，1986（6）：6～9
12 贾俐俐，程慈龄．正挤压多边形截面时的凹模轮廓形状的合理设计．模具技术，1989（1）
13 贾俐俐，高锦张．长轴类花键挤压成形极限研究．中国机械工程，2002（22）：1974～1976
14 吴诗惇编著．冷温挤压技术．北京：国防工业出版社，1995
15 俞汉清，陈金德编．金属塑性成形原理．北京：机械工业出版社，1999
16 王祖唐，关廷栋，肖景容等．金属塑性成形理论．北京：机械工业出版社，1989
17 贾宪安、胡九锡．热挤压工艺及模具设计．北京：机械工业出版社．1986
18 姚心仪等．轴承锻工工艺学．北京：机械工业出版社．1989
19 谷维忠编．钢的冷挤压工艺及模具设计．北京：中国铁道出版社，1986
20 李天佑主编．冲模图册．北京：机械工业出版社，1995
21 王孝培主编．冲压手册．北京：机械工业出版社，1990
22 张质良．温塑性成形技术．上海：上海科学技术文献出版社．1986
23 徐新成等．铁路重载货车轴承滚动体温塑性成形研究．锻压技术，2001（3）：3～5
24 徐新成等．温塑性成形模具润滑研究．热加工工艺，2002（3）：20～21
25 徐新成等．车用水泵联轴器精锻工艺研究．锻压机械，2002（6）：33～35
26 徐新成．中大型轴承滚子温锻工艺．轴承，1997（3）：15～19
27 徐新成．冲击电锤离合件温挤压成形．热加工工艺，1997（2）：55～56
28 谢建新、刘静安著．金属挤压理论与技术．北京：冶金工业出版社，2001
29 刘静安编著．铝型材挤压模具设计、制造、使用及维修．北京：冶金工业出版社，2002
30 刘静安．轻合金挤压工具与模具：上下册．北京：冶金工业出版社，1990
31 王树勋等．实用模具设计与制造．长沙：国防科技大学出版社，1992
32 刘静安．挤压模具技术的理论与实践．重庆：北京科技文献出版社重庆分社，1989
33 贾俐俐，高锦张．基于流函数法的铝型材导流模合理设计．机械工程学报，2002（11）：

92～95

34 马怀宪. 金属塑性加工学—挤压、拉拔与管材冷轧. 北京：冶金工业出版社，1991

35 魏军. 有色挤压车间机械设备冶金工业. 北京：冶金工业出版社，1988

36 赵云路，唐志玉. 铝塑型材挤压成形技术. 北京：机械工业出版社，2000

37 王祝堂，田荣璋等. 铝合金及其加工手册. 长沙：中南工业大学出版社，1989